高等学校计算机专业规划教材

数据结构与算法
C语言描述
第2版

沈华 文志诚 杨晓艳 张明武 编著

U0352288

Data Structures
and Algorithms in C
Second Edition

机械工业出版社
China Machine Press

图书在版编目（CIP）数据

数据结构与算法：C语言描述/沈华等编著.—2版.—北京：机械工业出版社，2015.8
（高等学校计算机专业规划教材）

ISBN 978-7-111-51142-7

I. 数…　II. 沈…　III. ①数据结构 – 高等学校 – 教材　②算法分析 – 高等学校 – 教材　③C语言 –
程序设计 – 高等学校 – 教材　IV. ①TP311.12　②TP312

中国版本图书馆CIP数据核字（2015）第191863号

本书运用实例法、图示法和问题驱动法等教学方法生动、系统地介绍各种常用的数据结构以及排序、
查找算法，阐述各种数据结构的逻辑关系、存储表示及运算。全书共分为四个部分：第一部分主要介绍
什么是数据结构，什么是算法，它们之间有着怎样的联系，以及如何进行算法分析。第二部分和第三部
分分别重点介绍常见的线性结构和非线性结构。在实际应用中，最常遇到的两个运算是查找（即搜索）
和排序，实现这两种运算的各种算法将在第四部分介绍。

本书可以作为高等院校计算机科学与技术及相关专业本科生的教材，也可以作为报考高等学校计算机
专业硕士研究生入学考试的复习用书，同时还可以作为广大工程技术人员的参考资料。

出版发行：机械工业出版社（北京市西城区百万庄大街22号　邮政编码：100037）

责任编辑：佘　洁　朱　劼　　　　　　　　责任校对：殷　虹

印　　刷：北京瑞德印刷有限公司印刷　　　版　　次：2015年10月第2版第1次印刷

开　　本：185mm × 260mm　　　　　　　印　　张：22.5

书　　号：ISBN 978-7-111-51142-7　　　　定　　价：45.00元

凡购本书，如有缺页、倒页、脱页，由本社发行部调换

客服热线：(010)88378991　88361066　　　　　投稿热线：(010)88379604

购书热线：(010)68326294　88379649　68995259　　读者信箱：hzjsj@hzbook.com

序

在计算机科学中，数据结构是一种在计算机中组织和存储数据，以便高效利用这些数据的有效方式。几乎所有的程序或软件系统都用到了数据结构。数据结构是许多高效算法的基本要素，同时它也使得管理大规模数据成为可能。数据结构课程是计算机科学的一门非常重要的专业基础课，也是 IT 类各专业的核心基础课。

数据结构中的数据和结构是两个紧密联系而又相互关联的概念，数据是数据结构的主要组成部分，它不涉及数据之间的关系；结构才涉及而且只涉及数据之间的关系。从中文构词上来看，数据结构更强调的是结构，即数据之间的关联方式。我们需要将适用于计算机的问题求解策略用计算机能理解的形式输入计算机中，告诉计算机如何一步一步地处理数据并最终得到问题的解，这就是算法。因此，从抽象层面上讲，数据结构是为算法服务的。不同的应用需求需要不同的算法，不同的算法需要不同的数据结构来支持。从实现层面上讲，数据结构是为算法实现服务的。

本书作者具有多年的教学和科研经验，对各种数据结构及应用算法有深入的了解。本书对什么是数据结构、什么是算法、算法和数据结构之间的关系进行了生动的阐述，并对各种线性数据结构、非线性数据结构、查找算法和排序算法等做了详尽的描述和分析。本书基本概念清晰，重点和难点问题讨论深入，而且循序渐进，为读者深入理解和应用数据结构给出了启示。本书既注重对数据结构经典内容的论述，又强调数据结构的应用，对相关内容进行了启发式讨论，是一本值得阅读和选用的教科书。

何炎祥

武汉大学计算机学院

2010 年 8 月 18 日于武汉珞珈山

前　言

　　计算机在社会各领域的应用已经无处不在。计算机需要加工处理的数据越来越复杂、规模也越来越大，对数据组织和处理的效率提出了更高的要求。在计算机科学中，数据结构是一种在计算机中组织、存储数据，以便高效利用这些数据的有效方式，它是许多高效算法的基本要素，几乎所有的程序或软件系统都要用到数据结构。"数据结构"作为一门独立的课程在国外是从 1968 年才开始设立的。1968 年，美国唐·欧·克努特教授开创了数据结构的最初体系，他所著的《计算机程序设计技巧：第 1 卷　基本算法》是第一本较系统地阐述数据的逻辑结构和存储结构及其操作的著作。数据结构课程是计算机科学的基础核心课程，它对于外围课程的知识与经验具有迁移性、衍生性，并对学生自学知识和获取实践经验具有基础性、发展性。该课程教学的突出难点是知识的抽象性和动态性，学习过程也是复杂程序设计的训练过程，理论性和实践性均较强，被认为是比较难学的课程。对学生来说，学习这门课程的主要难度体现在，不知道如何根据实际问题选择合适的数据结构（包括两个层次，如何选择合适的数据逻辑结构构建问题模型和如何选择合适的数据存储结构实现求解问题模型的算法）和如何应用选择的数据结构进行问题的求解（当然，这个问题还需要"算法设计与分析"这门课程来进一步解决）。

　　基于上述考虑，本书充分运用实例法深入浅出、形象地讲解各种数据结构，针对一个讲解实例给出了不同的求解方案，让读者能够了解如何选择合适数据结构求解问题，并切身体会采用同一种数据结构的不同存储结构实现同一个算法在执行效率和编程难度上的差异，从而激发学生的学习兴趣和热情。而且，以问题驱动的方式引导学生进行逐步深入思考，有利于帮助学生建立计算思维，使得他们不仅知其然，而且知其所以然。

　　本书分为四个部分共 12 章。第一部分包括第 1 章和第 2 章，主要介绍数据结构的概念、算法的概念、数据结构和算法之间的密切关联以及简单的算法分析。第二部分包括第 3~7 章，这一部分以"线性表"为主线分别详细讨论了六种常见的线性结构。第三部分介绍了非线性结构中树（第 8 章）、二叉树（第 9 章）和图（第 10 章）的基本概念、存储结构、一些基本操作的实现以及它们的经典应用。第四部分介绍了查找（第 11 章）和排序（第 12 章）的各种常用算法，同时展现了各种数据结构的完美应用。

　　本书在内容组织上力求丰富充实、科学合理，符合学生的认知规律，力求将每种数据结构分析透彻。在语言描述上力求深入浅出、简单明了。为了帮助学生理解和掌握各种数据结构，书中列举了大量的思考题、例题和习题。本书主要采用面向过程的 C 语言作为数据结构和算法的描述手段，在保持 C 语言优点的同时尽量使算法描述简单清晰。

　　与本书配套的资料有书中程序的源代码、习题参考答案以及电子课件等，教师可登录华章网站下载。

本书第 1 ~ 10 章主要由湖北工业大学沈华博士编写，第 11 ~ 12 章主要由湖南工业大学文志诚博士编写，湖北工业大学杨晓艳博士对书中代码进行了校验，全书由湖北工业大学张明武教授修改定稿。

在本书的编写中，负责本书编辑出版工作的机械工业出版社华章公司策划编辑、教材部副主任朱劼老师和佘洁编辑付出了大量辛勤的劳动。武汉大学何炎祥教授在百忙之中认真审阅了全书，提出了许多宝贵和中肯的意见。在此，谨向每一位关心和支持本书编写工作的各位朋友、老师表示衷心的谢意！

由于作者的知识和写作水平有限，书中难免有错误和不足之处，恳请各位专家、读者批评指正。作者 E-mail：nancy78733@126.com。

沈 华

2015 年 4 月于武汉南湖

教 学 建 议

教学内容	教学要点及教学要求	课时安排	
		计算机专业	非计算机专业
第1章 数据结构	• 熟悉并掌握数据、数据元素、数据项的概念 • 熟悉并掌握数据的逻辑结构、数据的物理结构、数据运算的概念，以及常见的几种数据的逻辑结构和物理结构，并充分理解数据结构的含义 • 熟悉并掌握数据类型、抽象数据类型的概念	2	1~2 （选讲）
第2章 算　法	• 熟悉并掌握算法的概念和算法的五个特性，以及算法和程序之间的区别和联系 • 充分理解算法和数据结构之间的关系 • 了解描述算法的方法 • 掌握一般的算法时间复杂度和空间复杂度的分析方法，能够对给定算法进行时间和空间的复杂度分析	2	1~2 （选讲）
第3章 线性表	• 熟悉并掌握抽象数据类型——线性表 • 熟悉并掌握线性表的几种存储结构和在不同存储结构上线性表基本运算的实现过程，重点掌握的存储结构是顺序表和单链表 • 能够对适合应用线性表的实际问题进行线性表抽象，并能够根据应用环境和应用要求为其选择合适的存储结构，同时能够给出实现算法	8~10	6~10 （选讲）
第4章 栈	• 熟悉并掌握抽象数据类型——栈，重点掌握栈与线性表之间的关系、栈的结构特性 • 熟悉并掌握栈的存储结构——顺序栈和链栈，以及在不同存储结构上栈的基本运算的实现过程 • 了解两个方向生成的栈 • 能够对适合应用栈的实际问题进行栈抽象，并能够根据应用环境和应用要求为其选择合适的存储结构，同时能够给出实现算法	2~4	2 （选讲）
第5章 队　列	• 熟悉并掌握抽象数据类型——队列，重点掌握队列与线性表之间的关系、队列的结构特性、队列和栈的共性与个性 • 熟悉并掌握队列的存储结构——链队列、顺序队列和循环队列，以及在不同存储结构上队列的基本运算的实现过程，重点掌握循环队列的产生、实现、判空条件和判满条件 • 了解双端队列 • 能够对适合应用队列的实际问题进行栈抽象，并能够根据应用环境和应用要求为其选择合适的存储结构，同时能够给出实现算法	2~4	2（选讲）

（续）

教学内容	教学要点及教学要求	课时安排	
		计算机专业	非计算机专业
第6章 串	● 熟悉并掌握抽象数据类型——串，重点掌握串与线性表之间的关系、空串与空格串的区别、串相等的概念、模式匹配的概念、串运算的特点 ● 熟悉并掌握串的存储结构——顺序串、串的堆结构、串的块链结构，以及在不同存储结构上队列的基本运算的实现过程，重点掌握串的堆结构的存储思想 ● 了解表示顺序串串长的显式方式和隐式方式 ● 掌握朴素模式匹配算法和KMP算法	4	2 （选讲）
第7章 数组及广义表	● 熟悉并掌握抽象数据类型——数组，重点掌握数组与线性表之间的关系、数组维数的概念，明确一维数组与向量、二维数组与矩阵之间的关系 ● 了解将多维数组映射到一维存储空间的方法，重点掌握二维数组映射到一维存储空间的方法，能够将二维数组元素的二维地址转换为一维存储地址，深刻理解数组的"随机访问性" ● 了解特殊矩阵（包括特殊形状矩阵和稀疏矩阵）的概念以及对特殊矩阵进行压缩的意义和压缩的目标 ● 熟悉并掌握几种常见特殊形状矩阵的压缩存储方法，并且能够通过矩阵元素的行列下标得到其在压缩向量中的下标 ● 熟悉并掌握稀疏矩阵的压缩存储方法，重点掌握稀疏矩阵的三元组顺序表压缩存储方法，以及基于三元组顺序表实现的矩阵的转置运算的算法 ● 熟悉并掌握广义表的概念，广义表与线性表之间的关系、广义表的性质、广义表的基本运算 ● 了解广义表的存储结构	6	4 （选讲）
第8章 树与森林	● 熟悉并掌握（根）树的概念、相关术语，掌握（根）树的几种存储结构以及每种存储结构的优缺点 ● 熟悉并掌握树的创建方法 ● 掌握树的先序、后序和层次遍历算法 ● 了解树的相关应用 ● 熟悉并掌握森林的概念，森林的先序、中序、后序、层次遍历算法	4	2~4 （选讲）
第9章 二叉树	● 熟悉并掌握二叉树的概念，深刻理解二叉树和树的区别，熟悉并能灵活应用二叉树的五个性质，掌握五个性质的证明思路，掌握满二叉树和完全二叉树的概念、特点以及它们之间的关系 ● 熟悉并掌握二叉树的几种存储结构，以及每种存储结构的优缺点 ● 熟悉并掌握二叉树的创建方法 ● 熟悉并掌握二叉树的先序、中序、后序遍历的递归和非递归算法以及层次遍历的实现算法，并且能够灵活运用二叉树的遍历算法解决实际应用问题	8	4~8 （选讲）

（续）

教学内容	教学要点及教学要求	课时安排	
		计算机专业	非计算机专业
第9章 二叉树	• 掌握线索、线索二叉树、二叉树的线索化的概念和给二叉树加线索的方法，了解对线索二叉树进行遍历的方法以及线索在遍历过程中的作用 • 掌握哈夫曼树的概念、生成方法、特点以及应用（哈夫曼编码），掌握二叉排序树的概念、特点、生成（插入运算）和删除运算，了解平衡二叉树的概念和各种失去平衡情况下的调整规则 • 了解树、森林和二叉树的相互转换过程和树转换得到的二叉树的特点，并深刻体会二叉树的二叉链表和树的左孩子右兄弟表示法之间的联系 • 了解树和森林的遍历与对应二叉树的先序、中序遍历之间的关系	8	4~8（选讲）
第10章 图	• 熟悉并掌握图的概念、相关术语，掌握图的两种常用存储结构和每种存储结构的特点以及图的创建算法 • 熟悉并掌握图的深度优先搜索遍历和广度优先搜索遍历，并能够灵活运用图的两种遍历算法解决实际应用问题 • 熟悉并掌握连通图的生成树、连通网的最小生成树的概念，掌握最小生成树的两种生成算法 • 了解什么是图的最短路径问题，重点掌握求解网络单源最短路径的算法和求解网络每对顶点间最短路径的算法 • 掌握有向无环图的两种主要应用——AOV网的拓扑排序和AOE网的关键路径，并深刻理解它们对实际工程和应用问题的指导意义	8	4~8（选讲）
第11章 查找	• 熟悉并掌握查找的概念、分类以及其他相关概念，明确静态查找和动态查找的区别 • 重点掌握各种查找法和它们的性能评价，重点掌握二分查找、散列查找、二叉排序树（在第9章给出），深刻了解散列查找法与其他查找方法之间的区别	4	4（选讲）
第12章 排序	• 熟悉并掌握排序的概念、分类以及其他相关概念，明确内部排序和外部排序的区别 • 重点掌握各种内排序法和它们的性能评价及稳定性，重点掌握直接插入排序法、冒泡排序法、快速排序法、直接选择排序法、堆排序法、归并排序法、基数排序法 • 了解磁盘的组成和工作原理 • 了解几种常用的外排序方法——多路平衡归并、置换选择排序、最佳归并树	6~8	4~6（选讲）
教学总学时建议		56~64	36~54

说明：

① 计算机专业本科教学使用本教材时，建议课堂授课学时数为56~64（包含习题课、课堂讨论等必要的课堂教学环节，实验另行安排学时），不同学校可以根据各自的教学要求和计划学时数酌情对教材内容进行取舍。

② 非计算机专业的师生使用本教材时可适当降低教学要求。若授课学时数少于54，建议主要学习几种常见的

数据结构——线性表、栈、队列、串、数组、树和图,有关算法分析、查找、排序的内容可以适当简化。

课堂教学建议:

作者编写本书的目的在于帮助读者理解和回答下面四个问题:什么是数据结构?有哪些数据结构?为什么需要数据结构?如何应用数据结构?全书第 1~12 章的内容均围绕上述四个问题进行展开,这些内容对于掌握数据结构的含义、几种常见的数据结构、灵活应用数据结构均是至关重要的。线性表是线性部分的基础,我们可以将栈、队列、串、数组看作线性表的某种应用。同时,能否充分掌握树和图的各种存储结构,能否基于存储结构实现各种树和图的应用,线性表掌握的好坏也起着关键性作用。因此建议将第 3 章作为重中之重的内容进行细致、全面、深入地讲解。非线性结构中的很多内容可以用来解决许多实际应用问题,如哈夫曼编码算法、二叉排序树、完全二叉树、深度优先搜索算法、广度优先搜索算法、最小生成树、最短路径算法等等。因此建议教师花费足够多的学时讲解第 9 章和第 10 章。

实验教学建议:

① 实验一:线性表的应用。

② 实验二:线性结构部分的综合性实验。

③ 实验三:二叉树的创建以及二叉树遍历算法的应用。

④ 实验四:图的创建以及图遍历算法的应用。

⑤ 实验五:查找部分的综合性实验。

⑥ 实验六:内部排序部分的综合性实验。

目　录

序

前言

教学建议

第一部分　概论部分

第1章　数据结构 ·············· 3

1.1　什么是数据 ············· 3

1.2　什么是数据结构 ············· 3

  1.2.1　数据的逻辑结构 ········· 3

  1.2.2　数据的存储结构 ········· 6

  1.2.3　数据的运算 ··········· 8

1.3　什么是数据类型 ············· 9

1.4　什么是抽象数据类型 ······· 9

1.5　知识点小结 ·········· 10

习题 ············· 10

第2章　算法 ·············· 11

2.1　什么是算法 ············· 11

2.2　算法的描述 ············· 11

2.3　算法的性能分析 ········· 12

  2.3.1　时间复杂度 ·········· 13

  2.3.2　渐近符号 ··········· 13

  2.3.3　空间复杂度 ·········· 15

  2.3.4　复杂度分析举例 ········ 15

2.4　算法的性能度量 ············· 18

  2.4.1　性能度量的方法 ········ 18

  2.4.2　生成测试数据 ········· 19

2.5　知识点小结 ············· 19

习题 ············· 19

第二部分　线性部分

第3章　线性表 ············· 22

3.1　线性表抽象数据类型 ······· 22

  3.1.1　线性表的逻辑结构 ······ 22

  3.1.2　线性表的基本运算 ······ 22

  3.1.3　线性表的 ADT 描述 ····· 23

3.2　线性表的应用——两个一元多项式

   相加 ············· 24

  3.2.1　问题描述与分析 ········ 24

  3.2.2　问题求解 ··········· 25

3.3　线性表的实现 ············· 26

  3.3.1　顺序表 ············ 26

  3.3.2　单链表 ············ 41

  3.3.3　静态单链表 ·········· 52

  3.3.4　一元多项式相加问题的求解

   实现 ············· 56

3.4　线性表的其他实现及应用场景

   分析 ············· 69

  3.4.1　双（向）链表 ········· 69

  3.4.2　循环单（向）链表 ······ 71

  3.4.3　循环双（向）链表 ······ 74

3.5 知识点小结 ·············· 75
习题 ···················· 75

第4章 栈 ·················· 77

4.1 栈抽象数据类型 ············ 77
  4.1.1 栈的逻辑结构 ·········· 77
  4.1.2 栈的基本运算 ·········· 78
  4.1.3 栈的 ADT 描述 ········· 78
4.2 栈的应用——表达式求解 ····· 79
  4.2.1 问题描述与分析 ········ 79
  4.2.2 问题求解 ············ 79
4.3 栈的实现 ··············· 85
  4.3.1 顺序栈 ·············· 85
  4.3.2 链栈 ··············· 88
  4.3.3 在表达式求解问题上的性能
      分析与比较 ········· 91
4.4 顺序栈的一种有趣实现——两个
  方向生长的栈 ·········· 91
4.5 栈与递归的天然联系 ········ 92
4.6 知识点小结 ············· 93
习题 ···················· 93

第5章 队列 ················ 95

5.1 队列抽象数据类型 ·········· 95
  5.1.1 队列的逻辑结构 ········ 95
  5.1.2 队列的基本运算 ········ 95
  5.1.3 队列的 ADT 描述 ······· 96
5.2 队列的应用——模拟舞伴配对
  问题 ················ 96
  5.2.1 问题描述与分析 ········ 96
  5.2.2 问题求解 ············ 97
5.3 队列的实现 ············· 97
  5.3.1 顺序队列 ············ 97
  5.3.2 循环队列 ············ 101
  5.3.3 链队列 ············· 107

5.4 双端队列及队列应用场景举例 ····· 110
  5.4.1 双端队列 ············ 110
  5.4.2 队列应用场景举例 ········ 111
5.5 知识点小结 ············· 111
习题 ···················· 112

第6章 串 ·················· 113

6.1 串抽象数据类型 ··········· 113
  6.1.1 串的逻辑结构 ········· 113
  6.1.2 串的基本运算 ········· 113
  6.1.3 串的 ADT 描述 ········ 114
6.2 串的实现 ··············· 114
  6.2.1 串的顺序存储表示 ······ 114
  6.2.2 串的堆分配存储表示 ····· 118
  6.2.3 串的块链存储表示 ······ 120
6.3 串的模式匹配 ············ 124
  6.3.1 朴素的模式匹配算法 ····· 124
  6.3.2 KMP 算法 ··········· 128
6.4 知识点小结 ············· 133
习题 ···················· 133

第7章 数组及广义表 ·········· 134

7.1 数组的类型定义 ··········· 134
  7.1.1 数组的定义 ·········· 134
  7.1.2 数组的性质 ·········· 134
  7.1.3 数组的基本运算 ········ 134
7.2 多维数组的线性存储方法 ····· 135
7.3 特殊矩阵的压缩存储 ········ 138
  7.3.1 特殊形状矩阵的压缩存储 ··· 138
  7.3.2 随机稀疏矩阵的压缩存储及其
      运算 ··············· 142
7.4 广义表 ··············· 154
  7.4.1 广义表的基本概念 ······ 154
  7.4.2 广义表的性质 ········· 155
  7.4.3 广义表的基本运算 ········ 155

7.4.4　广义表的存储结构 ·············· 156

7.5　知识点小结 ············· 159

习题 ············· 159

第三部分　非线性部分

第8章　树与森林 ············· 162

8.1　认识树 ············· 162

8.1.1　（根）树的定义 ············· 162

8.1.2　基本术语 ············· 163

8.1.3　树的基本运算 ············· 164

8.2　树的实现 ············· 167

8.2.1　需要解决的关键问题 ············· 167

8.2.2　关键问题的求解思路 ············· 167

8.2.3　树的存储结构 ············· 167

8.2.4　存储方案的比较分析 ············· 178

8.3　树的创建 ············· 178

8.3.1　问题描述与分析 ············· 178

8.3.2　问题求解 ············· 179

8.4　树的遍历 ············· 180

8.4.1　问题描述与分析 ············· 180

8.4.2　问题求解 ············· 180

8.5　树的应用 ············· 181

8.5.1　并查集 ············· 181

8.5.2　等价类 ············· 182

8.5.3　决策树 ············· 184

8.6　森林 ············· 184

8.7　知识点小结 ············· 185

习题 ············· 185

第9章　二叉树 ············· 186

9.1　认识二叉树 ············· 186

9.1.1　二叉树的定义 ············· 186

9.1.2　二叉树的基本运算 ············· 187

9.1.3　二叉树的性质 ············· 189

9.2　二叉树的实现 ············· 194

9.2.1　需要解决的关键问题 ············· 194

9.2.2　关键问题的求解思路 ············· 195

9.2.3　二叉树的存储结构 ············· 195

9.2.4　方案的比较分析 ············· 203

9.3　二叉树的创建 ············· 203

9.3.1　问题描述与分析 ············· 203

9.3.2　问题求解 ············· 203

9.4　二叉树的遍历 ············· 204

9.4.1　问题描述与分析 ············· 204

9.4.2　问题求解 ············· 208

9.4.3　二叉树遍历应用举例 ············· 211

9.5　线索二叉树 ············· 215

9.5.1　线索二叉树的应用需求 ············· 215

9.5.2　二叉树的线索化 ············· 217

9.5.3　线索二叉树上的运算 ············· 219

9.6　二叉树的应用 ············· 227

9.6.1　哈夫曼树及其应用 ············· 227

9.6.2　二叉排序树及其应用 ············· 233

9.6.3　平衡二叉树 ············· 236

9.7　树、森林与二叉树的关系 ············· 241

9.7.1　树、森林与二叉树的相互
转换 ············· 241

9.7.2　树、森林与二叉树在遍历运算
上的关系 ············· 244

9.8　知识点小结 ············· 244

习题 ············· 245

第10章　图 ············· 246

10.1　认识图 ············· 246

10.1.1　图的定义 ············· 246

10.1.2　基本术语 ············· 246

10.1.3　图的基本运算 ············· 252

10.2　图的实现 ············· 253

10.2.1　需要解决的关键问题 ············· 253

10.2.2 关键问题的求解思路 ········ 253

10.2.3 图的存储结构 ············· 254

10.2.4 存储方案的比较分析 ········ 261

10.3 图的创建 ··············· 262

10.3.1 问题描述与分析 ··········· 262

10.3.2 问题求解 ··············· 262

10.4 图的遍历 ··············· 264

10.4.1 问题描述与分析 ··········· 264

10.4.2 深度优先搜索遍历 ········· 265

10.4.3 广度优先搜索遍历 ········· 272

10.4.4 图遍历的应用 ············ 277

10.5 生成树 ················ 277

10.5.1 连通图的生成树 ··········· 277

10.5.2 连通网的最小生成树 ········ 278

10.6 最短路径 ··············· 280

10.6.1 单源最短路径 ············ 281

10.6.2 每对顶点间的最短路径 ······ 284

10.6.3 最短路径应用举例 ········· 288

10.7 有向无环图及其应用 ········ 288

10.7.1 AOV 网与拓扑排序 ········ 288

10.7.2 AOE 网与关键路径 ········ 290

10.8 知识点小结 ············· 293

习题 ···················· 293

第四部分 重要运算部分

第 11 章 查找 ··············· 296

11.1 查找的基本概念 ·········· 296

11.2 静态查找 ··············· 297

11.2.1 顺序查找 ··············· 297

11.2.2 二分查找 ··············· 299

11.2.3 分块查找 ··············· 303

11.3 动态查找 ··············· 304

11.4 散列技术 ··············· 312

11.4.1 散列表的概念 ············ 312

11.4.2 散列函数的构造方法 ········ 312

11.4.3 处理冲突的方法 ··········· 312

11.4.4 散列表的查找 ············ 315

11.4.5 散列表的应用 ············ 317

11.5 知识点小结 ············· 318

习题 ···················· 318

第 12 章 排序 ··············· 319

12.1 排序的基本概念 ·········· 319

12.2 插入排序 ··············· 321

12.2.1 直接插入排序 ············ 321

12.2.2 希尔排序 ··············· 324

12.3 交换排序 ··············· 325

12.3.1 冒泡排序 ··············· 325

12.3.2 快速排序 ··············· 327

12.4 选择排序 ··············· 330

12.4.1 直接选择排序 ············ 330

12.4.2 树形选择排序 ············ 332

12.4.3 堆排序 ················ 333

12.5 归并排序 ··············· 338

12.5.1 （内部）归并排序 ·········· 338

12.5.2 外部归并排序 ············ 339

12.6 分配排序 ··············· 339

12.6.1 箱排序 ················ 339

12.6.2 基数排序 ··············· 339

12.7 各种（内部）排序方法的比较 ··· 341

12.8 知识点小结 ············· 342

习题 ···················· 342

参考文献 ·················· 344

第一部分 概论部分

有用就会有需求，有了需求就会有动力，因此在开始本课程学习之前，我们必须弄清楚下面几个问题，这将有助于端正学习态度，明确学习目的并找到一种有效的学习方法。

第一个问题：**我们为什么需要学习数据结构？**

计算机领域分两个大方向：一个是硬件方向，另一个是软件方向。硬件方向又包括两个大的方面，一个是硬件器件技术的发展，另一个是如何在现有硬件条件下设计出高性能的计算机系统。软件是程序、数据以及文件的集合，它大致可分为系统软件和应用软件两大类。系统软件追求的是如何在方便用户使用的前提下将计算机系统的性能发挥到极致。应用软件则是直接面对终端用户，它寻求的是更好的服务质量和更好的用户服务体验。我们将从应用软件开发者的视角去探寻数据结构的重要地位。

实际问题往往很复杂，当我们去求解实际问题的时候，一般是对实际问题的模型进行求解。所谓模型就是对实际问题的一个简化，是反映问题本质的数据集合以及数据之间关系的集合。对模型的求解则是对给定的输入找到对数据的一系列处理步骤，使得能够得到预期的输出。为了让计算机实现我们对模型的求解思路，则必须将模型映射到存储器中，这样计算机才能根据人的意图对操作对象（即数据）进行处理。

通过上面的分析可知，计算机的各种应用实际上都是对数据的处理，因此对数据以及它们之间关系的分析、表示是不可或缺的。

什么是结构？我们来看下面的例子，一个家族成员之间的双亲与孩子的关系构成了一个树形的家谱图；城市之间的互通关系构成了一张网状的交通图；操作系统各模块之间的单向依赖关系（即第 $i+1$ 层中的模块可以调用第 i 层中的模块，但第 i 层中的模块不能调用第 $i+1$ 层中的模块）构成了一个层次结构；长、宽、高之间的关系构成了三维空间结构；自然数集上的"<"关系构成了一个有向无环图；人与人之间的不同社会关系构成了不同的社会结构。通过这些例子我们可以发现，结构是关系的一种表现形式，可以说结构即关系。数据结构就是数据以及数据之间的关系，它对更好地使用计算机来解决实际问题至关重要。

第二个问题：**我们应该从这门课程学到什么？如何学？**

我们将会从这门课程中学习几种典型的数据结构（这些数据结构基本涵盖了现实中的绝大多数关系类型）以及两种在实际问题中经常要涉及的运算（查找和排序）的各种实现算法。

我们要能清晰地知道每种数据结构描述的是数据之间怎样的一种关系，有哪些典型应用，它们在存储器中有哪几种存储表示，这些存储表示方式各有什么优缺点，不同数据结构之间有哪些联系和区别，查找和排序有哪几种不同的实现算法，这些算法在时间开销和空间开销方面的比较。

简单地说，我们应该从这门课程中学习各种相关的计算思维：描述和表示数据及数据之间关系的方法、将它们映射到存储器中的方法、根据数据的逻辑结构设计算法、根据数据的存储结构实现算法、根据实际应用选择合适的存储映射结构等等。

学习的目的是应用，将所学知识转化为自身的能力。因此，在学习数据结构的过程中，我们要特别注重实践环节，在计算机上验证书中给出的各种数据结构的实现和应用算法，在此基础上应该尝试着用所学内容去解决实际问题。首先通过对问题的观察理解，分析出问题求解的对象、涉及的主要操作，然后通过联想寻找该问题与我们已有知识之间的联系，选用适当的数据结构描述问题的处理对象，最终达到解决问题的目的。

本部分下面的内容主要是帮助读者认识本课程的两大主角——数据结构和算法。

一个问题可以用不同的数据结构来描述，针对不同的结构它有多种不同的处理方法，有些方法效率高，有些则不然。也就是说，我们需要针对问题找到合适的数据结构，这样才能产生求解问题的高效方法。可见，数据结构和问题的处理方法（即算法）是密不可分的。瑞士著名科学家 N. Wirth 用下述著名公式生动描述了数据结构与算法之间的这种密切关系：

$$程序 = 数据结构 + 算法$$

下面是对这种密切关系的详细解读。

计算机求解应用问题有两个视图：抽象视图和实现视图。抽象视图关注的是数据之间已存在的某种关系，与机器无关，它体现出的结构称为数据的逻辑结构。算法设计者在抽象视图层面上设计抽象算法。实现视图主要解决如何让计算机"看见"数据以及数据之间的逻辑关系，以便计算机能够根据程序设计者设计的程序处理"看见"的数据。计算机的可视区是内存（当然还有高速缓存和寄存器），因此实现视图需要将数据和它们之间的逻辑关系存储到内存中。计算机在存储数据之间的关系时，数据对应的存储映像之间也会呈现出一种（新）结构，这种结构称为数据的存储结构。例如，线性表是抽象视图中的对象，元素之间的线性关系（逻辑关系）存储在存储器中可能仍然呈现出一种线性结构（顺序表），也可能呈现出一种非线性结构（链表）。程序设计者在实现视图层面上将抽象算法转换成具体的可执行程序。

第1章　数据结构

通过前面的讲述，我们已经对数据结构有了一个初步的印象：它是数据之间关系的描述。我们需要进一步了解的即什么是数据？数据之间常见的关系有哪些？这些关系在存储器中如何表示？"数据结构"和我们通常所说的"数据类型"、"抽象数据类型"之间有什么区别和联系？这些问题将在本章中一一得到解答。

1.1　什么是数据

简单地说，**数据**（Data）是描述客观事物且能被计算机识别并加工处理的对象，它可以是数值、字符、声音、图像等。

数据元素（Data Element）是数据的基本单位，是数据集合中的个体。在计算机程序中通常作为一个整体来考虑和处理。数据元素在不同的数据结构中有不同的称谓，如在树结构中称为结点，在图结构中称为顶点，在数据库表中称为记录等等。它可以由一个或多个数据项组成。

数据项（Data Item）是数据的最小单位，是不可再分的。因此仅由一个数据项构成的数据元素称为原子元素，由多个数据项构成的数据元素称为结构元素。

数据对象（Data Object）是性质相同的数据元素的集合，它是数据的一个子集。

例如，某班级的成绩表，就是一个数据对象，其中某个同学的成绩（对应于表中的一行）就是一个数据元素，构成该同学成绩的各个字段就相当于数据项。再如，整数集是一个数据对象，其中的每个整数是一个数据元素且为原子元素。

1.2　什么是数据结构

结构即关系，**数据结构**（Data Structure）是相互之间存在一种或多种特定关系的数据元素的集合。数据结构是一个二元组，记为：*data_structure* =（D，S），其中 D 为数据元素的集合，S 是 D 上关系的集合。

通过前面的介绍可知，讨论数据结构的目的是，能够在抽象视图和实现视图中设计和实现高效的算法，使得我们能够高效地使用数据解决应用问题。因此，数据结构应该包括数据元素的逻辑结构、存储结构和相适应的运算三个方面的内容。

换句话说，在计算机中，数据结构是以高效使用数据为目标的存储和组织数据的一种特定方式。一种数据结构就是组织和存储数据的一种特殊格式。常见的数据结构有线性表、栈、队列、树、图等。

1.2.1　数据的逻辑结构

数据的逻辑结构（Logical Structure of Data）是指数据之间的逻辑关系。它与计算机无关，它可以作为从具体问题中抽象出来的数据模型。数据的逻辑结构通常有以下四种基本的结构类型：集合结构、线性结构、树形结构和网状结构（也称为图状结构），如图 1-1 所示。

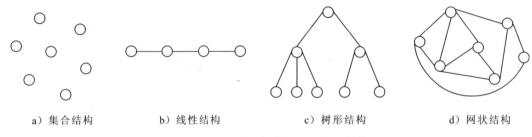

a）集合结构   b）线性结构   c）树形结构   d）网状结构

图 1-1 四种常见的数据（逻辑）结构

从图 1-1 可以看出，在集合结构中数据元素彼此之间没有直接关系，只有"属于同一集合"的联系；在线性结构中数据元素之间存在着一对一的关系；在树型结构中数据元素之间存在着一对多的关系；在网状结构中数据元素之间存在着多对多的关系。我们把描述数据元素之间一对一关系的逻辑结构称为线性结构，把描述数据元素之间一对多或多对多关系的逻辑结构称为非线性结构。一般概念的数据结构指的是数据的逻辑结构，在不引起混淆的情况下，我们将数据的逻辑结构简称为数据结构。

对基本结构类型进行组合和嵌套，可以构成现实世界中任何复杂的数据结构类型。为了加深读者对上述四种基本结构的认识和理解，我们将联系实际讨论这四种基本的逻辑结构。假定如表 1-1 所示的一个数据实例表，它是某单位职工简表。

表 1-1 某单位职工简表

职工号	姓名	性别	出生日期	职务	部门
01	万一	男	1965.03.20	处长	教务处
02	赵二	男	1973.06.14	科长	教材科
03	张三	女	1969.12.07	科长	考务科
04	李四	女	1977.08.05	主任	办公室
05	刘五	男	1964.08.15	科员	教材科
06	王六	女	1980.04.01	科员	教材科
07	王敏	女	1977.06.28	科员	考务科
08	张才	男	1972.03.17	科员	考务科
09	马立人	男	1980.10.12	科员	考务科
10	江河	男	1981.07.05	科员	办公室

这张表中包含 10 个职工记录（即 10 个数据元素），每个职工记录由 6 个数据项组成，它们分别是职工号、姓名、性别、出生日期、职务和部门，10 个职工的职工号依次为 01、02、…、10。每个职工号是所属职工的唯一编号，可以用职工号作为该职工的关键字。在讨论问题时，为了简单起见，我们用一个职工号代表整个职工记录。对于这个职工简表，可以存在着上述四种基本的逻辑结构。

1）如果我们认为职工简表中的每条记录都是相对独立的，职工之间不存在任何关系，则职工简表就是一种集合结构，如图 1-2 所示。图中的每个结点代表一个职工，结点之间相互独立，也就是说没有任何连线相互连接。

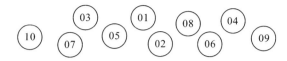

图 1-2　职工的集合结构示意

2）对于职工简表，每个人的出生日期不同，若按照出生日期的先后顺序进行排序，则 05 号职工为 1964 年出生，年龄最大，他排在第 1 位；10 号职工为 1981 年出生，年龄最小，他排在第 10 位；其他的职工则按序排在中间，并且有各自不同的位置序号。这样，职工简表就是按照职工年龄从大到小排列的线性结构，如图 1-3 所示。

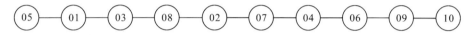

图 1-3　职工的线性结构示意 1

在线性结构中除第 1 个元素外，每个数据元素有且仅有一个直接后继元素，除最后一个元素外，每个数据元素有且仅有一个直接前驱元素。数据元素之间是一对一的关系。

对于职工简表，若按照职工号的大小顺序进行排序，也会得到一种线性结构，如图 1-4 所示。

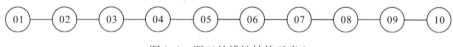

图 1-4　职工的线性结构示意 2

3）若考虑职工之间的领导与被领导关系，即一个职工被另一个职工领导，而它又可以领导若干个职工，此时职工之间的关系就是树形结构，如图 1-5 所示。

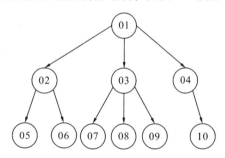

图 1-5　职工的树形结构示意

在这棵树形结构中，最上面的 01 元素为树根，它是最顶层的领导，即教务处处长，向下为 3 个分支结点，它们为部门领导，都是顶层 01 号职工的直接下属，再往下一层为树叶结点，它们是一般的科员，其中 05 号和 06 号职工归 02 号职工领导，07、08 和 09 号职工归 03 号职工领导，10 号职工归 04 号职工领导。

在树形结构中，除树根结点外，每个元素有且仅有一个直接前驱结点；除最底层的叶子结点外，每个元素允许有若干个直接后继结点，每个叶子结点没有后继，也可以说具有 0 个后继结点。数据元素之间是一种一对多的关系。

4）如果按照职工之间的兴趣来进行划分和组织，假定 01、02、04 和 06 号职工同为一个兴趣小组，喜欢跳舞；03、05 和 08 号职工为第 2 个兴趣小组，喜欢唱歌；07、09 和 10 号职工为第 3 个兴趣小组，喜欢游泳；则职工之间的相互关系就是一种网状结构，如图 1-6 所示。

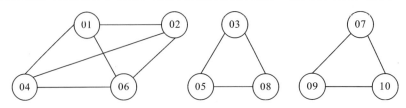

图 1-6 职工的网状结构示意

在网状结构示意中，使用带箭头的连线表示顶点之间的单向联系，若使用无箭头的连线则表示顶点之间的双向联系，此时被无箭头连接的两个顶点之间互为前驱和后继。例如，图 1-6 中，01 顶点有 3 个直接前驱顶点，分别为 02、04 和 06 顶点，同时这 3 个顶点也都是 01 顶点的直接后继顶点。由此可见，网状结构中的每个顶点可以有任意多个直接前驱顶点和任意多个直接后继顶点。数据元素之间是一种多对多的关系。

1.2.2 数据的存储结构

数据的存储结构（Storage Structure of Data）（也称为数据的物理结构）是指数据元素及其关系在计算机存储器中的表示（映像）。其主要内容是指在存储空间中使用一个存储结点来存储一个数据元素，通过在存储空间中建立各存储结点间的关联来表示数据元素之间的逻辑关系。数据的存储结构有以下四种基本方式：

1）顺序存储方式：在这种存储方式中所有的存储结点相继存储在连续的存储区内，用存储结点间的位置关系表示数据元素之间的逻辑关系。按照这种方法得到的存储表示称为**顺序存储结构**（Sequential Storage Structure）。

2）链式存储方式：在这种存储方式中每一个存储结点不仅存储一个数据元素，还需要存储一个指针。该指针指向与本存储结点有逻辑关系的存储结点，即用指针来表示数据元素之间的逻辑关系。采用这种方法得到的存储表示称为**链式存储结构**（Linked Storage Structure）。

3）索引存储方式：这种存储方式通常在存储结点信息的同时，另附设索引表。索引表中的每一项称为索引项，其一般形式为"（关键字，地址）"，用于指示一个存储结点或一组存储结点的存储地址。如果每一个存储结点均在索引表中有索引项，则将该索引表称为**稠密索引**（Dense Index），此时索引项记录的是相应存储结点的存储地址；如果一组存储结点在索引表中对应一个索引项，则该索引表称为**稀疏索引**（Sparse Index），此时索引项记录的是该组存储结点的存储首地址。采用这种方法得到的存储表示称为**索引存储结构**（Index Storage Structure）。

4）散列存储方式：这种存储方法的基本思想是将存储结点关键字作为选定散列（Hash）函数的输入，得到的函数值作为存储结点的存储地址。按照这种方法得到的存储表示称为**散列存储结构**（Hash Storage Structure）。

为了加深读者对上述四种基本结构的认识和理解，我们将利用表 1-1 所示的数据实例表联系实际讨论这四种基本的存储结构。

表 1-1 中包含 10 个职工记录（即 10 个数据元素），根据 1.2.1 节我们知道，如果规定职工号小的记录排在前面，职工号大的记录排在后面（如图 1-4 所示），那么这 10 个数据元素之间在逻辑上就具有了线性关系。

假设这 10 名职工要到一间教室去开会。对教室中的座位从前向后、从左向右，从 0 开始依次进行编号。这样处理的目的是，将二维的座位空间转换为一维的座位空间。这样处理后，我们就可以用该教室模拟内存，教室中编号为 i 的座位就可以看作内存地址为 i 的存储单元，职工到教室中就座可以看作将数据元素存储到存储器中。现在我们的任务是，在教室中安排这10名职工就座并且要保存他们之间的线性关系。

一种逻辑结构可映射为不同的存储结构。对于上述任务，我们可以通过四种途径解决，每个解决途径对应着一种存储结构。

（1）顺序结构

如果这10名职工按照职工号从小到大的顺序从教室的第10号座位开始依次就座的话（即职工号相邻的职工，他们的座位号也相邻），我们就得到了一种顺序存储结构。也就是说，逻辑上相邻（即职工号相邻）的职工，他们的座位也相邻。因此，会议主持人只要知道了职工号为01的职工的座位号，那么他可以通过一个简单的线性表达式（$10 + x - 01$）计算出职工号为 x 的职工的座位号。例如，通过公式 $10 + 05 - 01$ 可以知道座位号为14的座位上就座的是职工号为05的职工。

做进一步假设，假设在10名职工去开会之前，教室中已有其他单位的开会人员就座。那么，顺序结构要求教室中必须存在至少10个连续的空座位，否则就会存储分配失败。可能会出现如下情况：教室中的空座位的总个数远远大于10个，但因为没有10个及以上的空座位构成连续座位空间，导致顺序存储分配的失败。

通过上述讨论可知，顺序存储结构是用存储位置的相邻来存储逻辑上的相邻关系；每个数据元素的存储地址可以通过一个简单的线性公式得到，因此每个元素的访问时间相同，顺序存储结构具有随机访问性，搜索效率高；但它需要一组地址连续的存储单元来依次存放数据元素，因此不够灵活，不利于存储空间利用率的提高。

（2）链式结构

如果表1-1中的10名职工在教室里是任意就座的，那么逻辑上相邻（即职工号相邻）的职工其座位号不一定相邻。为了存储职工之间逻辑上的相邻关系，此时每个职工需要准备一张卡片，卡片上记录了职工号相邻的下一个职工的座位号，职工号为10的职工的卡片上可以记录一个特殊的值（如0或-1）表示他是最后一位职工。每位职工需要把他手中的卡片存放在他旁边（座位号增加的方向）的一个或多个座位上。卡片到底占多少个座位视卡片大小而定。对于会议主持人而言，他也需要一张卡片，用来记录职工号为01的职工的座位号。这样，我们就得到了一种链式存储结构。其中，01号职工的座位号是整个链表的入口。

卡片上记录的是座位号，座位号相当于内存地址，所以卡片相当于指针变量。安排每个职工就座时，除了要给他们分配座位（结点结构中的数据域）外，还要分配一个或多个座位（结点结构中的指针域）来存放他们手中的卡片，这两部分座位空间就构成了职工在教室中的存储映像（即结点结构）。通过卡片上的座位号，我们可以在教室中找到某位职工逻辑上的下一位职工。主持人手中的卡片相当于记录头指针的指针变量。当主持人需要在教室中找到职工号为 x（$01 \leqslant x \leqslant 10$）的职工时，他根据他手中卡片上记录的座位号找到01号职工，再根据01号职工手上的卡片找到02号职工，再根据02号职工手上的卡片找到03号职工，依次类推最终找到 x 号职工。可见，在链式存储结构中，当我们要查找任何一个职工时都需要从入口开始，顺着职工手中的卡片进行查找，所以访问不同职工所花费的时间是不一样的，访问01号职工最快，访问10号职工最慢。做进一步假设，假设在10名职工去开会之前，教室中已有其他单位的开会人员就座，那么，只要教室中有空位置，就可以安排职工就座。

通过上述讨论可知，链式存储结构是用指针来存储逻辑上的相邻关系；每个数据元素的存储地址都记录在（逻辑上的）前一个数据元素的指针域中，第一个元素的存储地址是整个链表的入口地址，记录在头指针中，因此每个元素的访问时间不同，链式存储结构不具有随机访问性；但它比较灵活，元素在内存中"见缝插针"地进行存储，有利于存储空间利用率的提高。

（3）索引结构

与链式存储方式类似，职工可以在教室中任意就座；与链式存储方式不同的是，每位职工手中并没有卡片，主持人手中也没有卡片，取而代之的是一张索引表。索引表记录了每位职工的职工号和其座位号的映射关系。这样我们就得到了一种索引结构。当主持人需要找到 x（01 ≤ x ≤ 10）号职工时，只需要在索引表中找到对应的记录就可以知道该职工的座位号。可见，索引结构既保证了灵活性、存储空间高利用率，又保证了较好的搜索效率。

在上述的索引结构中，每位职工都对应一个索引记录（即每个数据元素都有一个索引项），我们把这种索引结构称为**稠密索引结构**。需要注意的是，索引表也是需要存储空间进行存储的。当数据元素很多时，对应的索引表会很大，需要的存储空间大，这样不仅会降低存储空间的利用率，也会使搜索效率有所下降。这时我们需要考虑使用另一种索引结构——**稀疏索引结构**。

假设某单位的职工数为1000人，在稠密索引结构中，索引表包含1000条记录。现在我们在职工进入教室之前将职工分组，每4人一组，那么共分为250个小组。以小组为单位在教室中可以任意就座（也就是说，组号相邻的小组可以就座在不相邻的座位空间），但小组中的4个成员必须连续就座。主持人手中的索引表记录了小组号和该小组的起始座位号（即小组中首位职工的座位号）的映射关系。这样我们就得到了一个稀疏索引结构，此时，索引表的长度缩短为250。也就是说，在稀疏索引结构中，不再是每位职工对应一个索引记录，而是一个小组对应一个索引记录。小组之间的相邻关系由索引表记录，小组内部成员间的相邻关系由他们座位的相邻来记录。

（4）散列结构

当然我们也可以借助一个hash函数（称为散列函数或哈希函数）来安排职工在教室中就座。每个职工在进入教室之前，我们需要做如下准备工作：

1）确定该单位职工在教室中就座的空间，即确定散列空间。一般的做法是，在教室中划定一组连续的空闲座位空间作为散列空间，该空闲空间的大小即为散列空间的大小。

2）选择一个好的hash函数。所谓好的hash函数是指，该hash函数能够将职工比较分散地分布到散列空间中，减少冲突的发生。所谓冲突是指将不同的职工分配到了散列空间中的同一个位置。

3）确定一种解决冲突的方案。当职工进入教室时，他将自己的职工号提交给hash函数，hash函数根据职工号计算得到对应的散列值。散列值就是散列空间中的某个座位号，如果这个座位是空闲的，那么职工就座，否则需要根据解决冲突方案为该职工重新确定一个座位号（这个过程可能被重复执行多次直到重新确定的这个座位是空闲的为止）。

这样我们就得到了一种散列结构。当主持人需要找到 x（01 ≤ x ≤ 10）号职工时，只需要重复该职工进入散列空间时座位号的计算过程就可以得到该职工的座位号，从而在教室中顺利访问到 x 号职工。

一种逻辑结构为什么可映射为不同的存储结构呢？从上面的例子我们可以体会到，数据的逻辑结构回答了数据之间具有什么样的关系，是分析阶段的产物；数据的存储结构解决了如何将这个产物装入存储空间的问题。因此才会出现一种逻辑结构可映射成不同存储结构的情况。当然，数据的逻辑结构会被映射为哪一种存储结构要视具体应用决定。

1.2.3　数据的运算

数据的运算（Operations）是指在数据逻辑结构上定义的一组数据被使用的方式，其具体实现要在存储结构上进行。常用的基本运算：

1）建立数据结构：使一个数据结构可用并将其初始化。

2）检索数据元素*：从结构中找出满足某种条件的元素。

3）插入数据元素：在结构中的某个指定位置增加一个元素。

4）删除数据元素：撤销结构中指定位置的元素。

5）更新数据元素：修改结构中某指定位置元素的内容。

6）求长*：计算结构中的数据元素个数。

7）读取运算*：读出结构中指定位置元素的内容。

8）排序运算：使结构中的元素递增或递减有序。

其中，右上角带有*号的操作为引用型操作，即数据值不发生变化；其他为加工型操作。

1.3　什么是数据类型

在数学等式 $x^2 - 2y + 3 = 1$ 的等式中，变量 x 和 y 可以取任意值，如 [1, 30] 范围内的整数、[0.01, 7.7] 范围内的实数或者仅仅取值为 0 和 1。因此，为了求解这个等式，我们必须确定变量 x 和 y 取什么类型的值。在计算机科学编程中，数据类型就是用来实现这个目的的。**数据类型**（Data Type）是一个值的集合和定义在此集合上的一组操作的统一体。例如，整数类型就是具有一定取值范围的整数值集合和加（+）、减（-）、乘（×）、除（÷）等运算的统一体。

在编程语言中，有两类数据类型：系统定义的数据类型（也称为基本数据类型）和用户定义的数据类型（也称为用户自定义类型）。

许多编程语言提供以下基本数据类型：int、float、char、double、bool 等。基本数据类型的数据在内存中占据的位数由编程语言、编译器和操作系统确定。即使是相同的基本数据类型，在不同的编程语言中它的大小（即所占字节数）也可能不同。因为数据类型所有可能的取值（即取值范围）取决于它在内存中占据的位数，所以在不同编程语言中相同数据类型的取值范围也可能不同。例如，int 类型数据的大小可能是 2 字节或 4 字节。如果它的大小是 2 字节（16位），那么它的取值范围是 [-32 768, 32 767]（即 [-2^{15}, $2^{15} - 1$]）；如果它的大小是 4 字节（32 位），那么它的取值范围是 [-2 147 483 648, 2 147 483 647]（即 [-2^{31}, $2^{31} - 1$]）。

如果系统定义的数据类型不能满足应用需求，那么一些编程语言允许用户定义自己的数据类型，这样的数据类型被称为用户定义的数据类型（或用户自定义类型）。C/C++ 语言中的结构体（structure）和 C++/Java 语言中的类（class）都是用户自定义类型的典型例子。

1.4　什么是抽象数据类型

众所周知，在默认情况下，所有基本数据类型（如 int、float 等）均支持诸如加法、减法这样的基本操作。系统提供基本数据类型的这些操作的实现。因此，对用户自定义数据类型而言，用户需要定义它能够完成的操作。这就意味着，通常用户自定义数据类型的定义包括对其操作的定义。想使用用户自定义数据类型去解决实际应用问题，用户还需要给出这些操作的实现。

为了简化求解问题的过程，我们将数据结构和它的操作封装在一起称之为抽象数据类型。**抽象数据类型**（Abstract Data Type，ADT）是数据类型概念的引申和发展，是指一个数学模型以及在其上定义的操作集合。可以用如下公式表示抽象数据类型：

ADT = 数据的逻辑结构（数据的声明）+ 在此结构上定义的一组运算（操作的声明）

对抽象数据类型进行定义就是约定抽象数据类型的名字和约定在该类型上定义的一组运算

各自的名字，约定各个运算所带的参数个数、参数类型、参数的顺序和参数的含义，以及每个运算的功能。这样顶层应用就可以像引用基本数据类型那样，方便地引用定义好的抽象数据类型，同时也给底层的实现提供了依据和目标。引入抽象数据类型后，上层的应用和底层的实现并不直接联系，它们通过抽象数据类型间接联系，从而可以做到相互独立，互不影响。应用和实现的分离，达到了抽象的目的，并提高了软件的复用程度。此外，抽象数据类型将数据和运算封装在一起，使得用户只能通过抽象数据类型里定义的运算来访问其中的数据，实现了信息隐藏。

抽象数据类型可以用以下三元组表示：ADT = (D, R, P)。其中，D 是数据元素的有限集，R 是 D 上关系的有限集，(D, R) 构成了一个数据（的逻辑）结构；P 是在该数据结构基础上定义的一组运算的集合。可以用以下格式定义抽象数据类型：

```
ADT   抽象数据类型名
{       数据元素集 D: <数据元素集的定义 >
        数据关系集 R: <数据关系的定义 >
        基本运算集 P: <各种基本运算的定义 >
}ADT   抽象数据类型名
```

1.5   知识点小结

数据是指能被计算机识别且加工处理的一切对象。数据元素是数据的基本单位，数据项是数据的最小单位。仅有一个数据项构成的数据元素称为原子元素，由多个数据项构成的数据元素称为结构元素。数据对象是性质相同的数据元素的集合，它是数据的一个子集。

数据结构包括三个方面的内容：数据的逻辑结构、数据的存储结构和运算。其中，数据的逻辑结构是指数据元素之间的逻辑关系，它就是我们通常意义上的数据结构；数据的存储结构是数据元素及其关系在存储器中的表示；运算是数据元素被使用的一组方式。运算的定义基于数据的逻辑结构，而运算的实现则基于数据的存储结构。

数据类型是一个值的集合和在此集合上定义的一组操作或运算的统一体。抽象数据类型是数据类型的引申和发展，它与数据结构的关系可以用下面两个公式表示：

ADT 的定义 = 数据的逻辑结构 + 运算的定义（面对的是应用层，与计算机无关）

ADT 的实现 = 数据的物理结构 + 运算的实现（面对的是实现层，与计算机有关）

引入抽象数据类型的目的是把数据类型的表示和数据类型上运算的实现与这些数据类型和运算在程序中的引用隔开，使它们相互独立。对于抽象数据类型的描述，除了必须描述它的数据结构外，还必须描述定义在它上面的运算。

习   题

1.1 简述下列术语：数据，数据元素，数据对象，数据结构，数据类型。

1.2 什么是数据的逻辑结构？有哪几种常见的数据逻辑结构？

1.3 什么是数据的存储结构？有哪几种常见的数据存储结构？

1.4 试述数据的逻辑结构与存储结构之间的区别与联系。

1.5 从逻辑上可以把数据结构分为哪两类？

1.6 什么是抽象数据类型？它有什么作用？

第2章 算 法

本章主要回答以下几个问题：什么是算法，如何描述一个算法，如何鉴定一个算法的好坏。

2.1 什么是算法

算法是计算机科学的基本概念。许多问题都有现成的求解算法，对于大规模计算机系统，设计高效算法是求解问题的核心。**算法**（Algorithm）是指建立在数据结构基础上的求解问题的一系列确切的步骤。同时，所有算法均具有如下五个特性（Feature）：

1）有效性（Effectiveness）。要求算法中有待实现的运算都是基本的，每种运算至少在原理上能由人用纸和笔在有限的时间内完成。

2）确定性（Definiteness）。算法的每一种运算必须有确定的意义，该种运算执行何种动作应无二义性，目的明确。

3）有穷性（Finiteness）。一个算法总是在执行了有穷步的运算后终止，即该算法是可达的。

4）输入（Input）。一个算法有 0 个或多个输入，在算法开始运算之前给出算法所需数据的初值，这些输入取自特定的对象集合。

5）输出（Output）。作为算法运算的结果，一个算法产生一个或多个输出，输出是同输入有某种特定关系的量。因此，算法也可以看作一系列将输入转换为输出的计算步骤。

计算理论范畴中的算法与程序有不同的含义。算法是解决问题的一系列确切步骤；程序是算法在计算机中的实现，它是程序员选用一种计算机能够识别的语言对被实现算法的重新描述。经过编译器的编译，程序最终被转换为一系列指令。当冯·诺依曼型计算机中的执行部件执行这一系列指令并得到 1 个或多个输出后，出现了"奇迹"：计算机解决了实际应用问题。

通过上面的讨论，我们可以发现不懂计算机编程的人也完全可以写出非常好的算法，但程序必须由具有一定计算机背景的人来完成。因此，算法的设计和算法的实现（即程序）可能由同一个人完成，也可能由不同的人完成。

此外，程序和算法还有一个显著的不同：程序可以不受"有穷性"的约束，但算法必须满足此特性。没有满足有穷性的算法将意味着算法没有解决问题（因为不可能产生输出），我们也就不能将其称为算法。也就是说，算法中一定存在导致求解结束的触发条件（当然可能有多个触发条件，不同的触发条件可能导致不同的输出）。程序是算法的实现，在程序的执行过程中，如果我们一直不给它运行结束的指令，那么它将一直运行下去。

因为本书讨论的程序总会结束，因此，本书不严格区分算法和程序，有时这两个名词可以互换。

2.2 算法的描述

算法的描述方式多种多样，一般而言，描述算法最合适的语言是介于自然语言和程序语言之间的伪语言，它可以使用任何表达能力强的方法使算法表达更加清晰和简洁，而不至于陷入具体的程序语言的某些细节。此外，算法的描述方式还有：以文字框图进行图示的算法流程图（只适用小而简单的算法）；用自然语言描述的算法规则及基本算法思想；以某种程序设计语言编程方式展示的算法实现。考虑到读者易于上机验证算法和提高读者的实际程序设计能力，本书将先采用自然语言或伪代码的形式描述算法的基本思想，然后给出基于 C 语言的算法实现。

例 2.1 给定两个正整数 m、n（设 $n \leq m$），求其最大公因子。

算法描述：

1）以 n 除 m，余数为 r，$0 \leq r < n$；

2）判断 r 是否为零，若 r 为零，则输出 n 的当前值，算法结束，否则执行步骤 3；

3）$m \leftarrow n$，$n \leftarrow r$，执行步骤 1。

算法实现：

```c
int GreatestCommonFactor(int m,int n)
{
    int r;
    if(m<n)   //交换 n 和 m,使之满足 n≤m
    {
        r=m;
        m=n;
        n=r;
    }
    if(m>0 && n>0)
    {
        while(1)
        {
            r=m%n;
            if(0==r)
                return n;
            m=n;
            n=r;
        }
    }
    return-1;   //n 或 m 不是正整数
}
```

2.3 算法的性能分析

算法分析一般应考虑算法的正确性、可维护性、可读性、运算量及占用存储空间等诸多因素。我们这里讲的**算法分析**（Algorithm Analysis）主要是指对算法效率的分析。算法效率包括两个方面：时间效率和空间效率。其中，时间效率指出了正在讨论的算法运行得有多快；空间效率则关心算法需要的额外空间。

求解一个问题可能有许多不同的算法，我们当然希望选用一个占存储空间小、运行时间短的算法。但实际上这两个方面往往不可兼得，为了缩短算法的执行时间往往要以牺牲更多的空间为代价（以空间换时间），而为了减少算法所占的额外存储空间可能要消耗更多的计算时间（以时间换空间）。到底是采用追求快速执行的算法还是采用从节约空间角度设计的算法，需要根据具体问题做出选择。为此我们需要对算法从时间和空间上进行评价，从时间方面的分析称为**时间复杂度**（Time Complexity），从空间方面的分析称为**空间复杂度**（Space Complexity）。

设问题的规模为 n，所谓问题规模（也称为输入的大小）是指处理问题的大小，即用来衡量输入数据量的整数。例如，在排序和搜索问题中，用数组或表中元素的个数作为问题规模；在图的算法中，问题规模通常用顶点的个数或边的个数来表示；在矩阵运算中，问题规模通常是输入矩阵的维数。我们通常将算法 A 所需要的时间 T 表示为问题规模 n 的函数 $f(n)$，将算法的空间复杂度即算法 A 所需的额外空间 S 表示为问题规模 n 的函数 $g(n)$，然后讨论随着问题规模 n 的增加 $f(n)$、$g(n)$ 的增长快慢，（对同一个问题而言）增长慢的算法优于增长快的算法。

2.3.1 时间复杂度

一个算法所消耗的时间应该是该算法中每条语句的执行时间之和，而每条语句的执行时间是该语句的执行次数与该语句执行一次所需时间的乘积。每条语句执行一次所需要的时间与计算机相关，取决于机器指令性能、速度以及编译所产生的代码质量等。但算法时间复杂度所反映的算法所需时间资源的量，只依赖于要解决的问题的规模、算法的输入和算法本身，因此在讨论算法的时间复杂度时，我们应该从实际计算机中抽象出来，在一台抽象的计算机上进行讨论，也就是说，假设每条语句执行一次的时间总是以一个时间常量为上界，这样，我们就可以将一个算法的时间消耗表示为该算法中所有语句的频度之和。所谓语句的频度（Frequency Count），是指在一个算法中语句重复执行的次数。

假设当给算法 A 以大小为 n 的输入时，算法的运行时间为：

$$f(n) = n^2 \log n + 10n^2 + n + \cdots \tag{2-1}$$

我们主要关心的是在大规模输入实例情况下算法 A 的运行情况，我们发现 n 的值越大，式（2-1）中的低阶项 $10n^2$ 和 n 的影响就越小，因此可以说算法 A 的运行时间为 $n^2 \log n$ 阶。

一旦去除了表示算法运行时间函数中的低阶项和首项常数，就称我们是在度量算法的渐近运行时间（Asymptotic Running Time）。在算法分析术语中，是用"时间复杂度"这一更为技术性的术语来表示这一渐近运行时间的。

下面列举一些广泛用来表示算法运行时间的函数：$\log_k n$ 对数函数（Logarithmic Function）、cn 线性函数（Linear Function）、cn^2 平方函数（Quadratic Function）、cn^3 立方函数（Cubic Function）、$a^n(a>0)$ 指数函数（Exponential Function）、n^c 或 $n^c \log_k n(0<c<1)$ 次线性函数（Sublinear Function）、$n \log n$ 或 $n^c(1<c<2)$ 次平方函数（Subquadratic Function），其中 c 和 a 为常量。

为了形式化时间复杂度这个概念，特殊的数学符号（即渐近符号）已被广泛使用，这些符号便于运用最小的复杂数学计算来比较和分析运行时间。

2.3.2 渐近符号

令 $f(n)$ 和 $g(n)$ 为两个从自然数集映射到非负实数集的函数，并假设某算法的（时间或空间）开销为 $f(n)$。

1. O 符号（O-notation）

O 符号给出了函数的紧致上界。它通常被描述为：$f(n) = O(g(n))$，表示对于一个很大的 n，$f(n)$ 的上界是 $g(n)$ 的常数因子倍。例如，如果 $f(n) = n^4 + 100n^2 + 10n + 50$，那么 $g(n) = n^4$。这意味着，对于一个很大的 n，$g(n)$ 给出了 $f(n)$ 的最大增长率。

下面我们更加详细地了解 O 符号。O 符号定义为：$O(g(n)) = \{ f(n)$：存在一个正常数 c 和正整数 n_0，使得对所有 $n \geq n_0$ 有 $0 \leq f(n) \leq cg(n)$ 成立 $\}$。$g(n)$ 是 $f(n)$ 的渐近紧致上界。因此，如果 $\lim\limits_{n \to \infty} \dfrac{f(n)}{g(n)}$ 存在，那么 $\lim\limits_{n \to \infty} \dfrac{f(n)}{g(n)} \neq \infty$ 蕴涵着 $f(n) = O(g(n))$。我们的目标是给出不小于算法增长率 $f(n)$ 的最小增长率 $g(n)$。

因为 n 较小时的增长率是没有太大意义的，所以通常我们会忽略它。在图 2-1 中，n_0 是我们考虑某算法增长率的分界点。可见，n 较小时（即小于 n_0）的增长率可能与 n 较大时（即大

于 n_0) 的增长率不同。

2. Ω 符号（Ω-notation）

Ω 符号给出了函数的紧致下界。它通常被描述为：$f(n) = \Omega(g(n))$，表示对于一个很大的 n，$f(n)$ 的下界是 $g(n)$ 的常数因子倍。例如，如果 $f(n) = 100n^2 + 10n + 50$，那么 $g(n) = \Omega(n^2)$。

Ω 符号可以定义为：$\Omega(g(n)) = \{f(n)$：存在一个正常数 c 和正整数 n_0，使得对所有 $n \geq n_0$ 有 $0 \leq cg(n) \leq f(n)$ 成立$\}$。$g(n)$ 是 $f(n)$ 的渐近紧致下界。因此，如果 $\lim\limits_{n \to \infty} \dfrac{f(n)}{g(n)}$ 存在，那么 $\lim\limits_{n \to \infty} \dfrac{f(n)}{g(n)} \neq 0$ 蕴涵着 $f(n) = \Omega(g(n))$。我们的目标是给出不大于算法增长率 $f(n)$ 的最大增长率 $g(n)$。Ω 符号描述的 $f(n)$ 和 $g(n)$ 之间随着问题规模 n 增大的增长关系如图 2-2 所示。

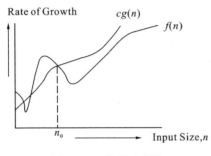

图 2-1 O 符号示意图

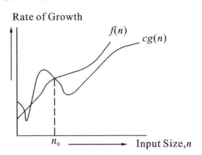

图 2-2 Ω 符号示意图

3. Θ 符号（Θ-notation）

Θ 符号可以确定函数（或算法）的上界和下界是否相同。算法的平均运行时间总是介于下界和上界之间的。如果上界（O）和下界（Ω）给出相同的结果，那么 Θ 符号也会给出同样的结果。对一个给定的函数（或算法），如果 O 和 Ω 表示的增长率（即界限）不相同，那么 Θ 表示的增长率就可能与它们不同。在这种情况下，我们需要考虑针对函数（或算法）所有可能输入的时间复杂度，然后求出它们的均值。

现在给出 Θ 符号的定义：$\Theta(g(n)) = \{f(n)$：存在两个正常数 c_1、c_2 和正整数 n_0，使得对所有 $n \geq n_0$ 有 $0 \leq c_1 g(n) \leq f(n) \leq c_2 g(n)$ 成立$\}$。$g(n)$ 是 $f(n)$ 的渐近紧致界。因此，如果 $\lim\limits_{n \to \infty} \dfrac{f(n)}{g(n)}$ 存在，那么 $\lim\limits_{n \to \infty} \dfrac{f(n)}{g(n)} = c$（$c$ 是一个大于零的常量）蕴涵着 $f(n) = \Theta(g(n))$。$\Theta(g(n))$ 是所有增长率与 $g(n)$ 同阶的函数构成的集合。

根据三个符号的定义，我们不难发现它们之间具有如下关系：

$$f(n) = \Theta(g(n)) \quad \text{iff} \quad f(n) = O(g(n)) \land f(n) = \Omega(g(n))$$

上述三个符号具有一般意义，因此除了用来描述算法的时间复杂度之外，从理论上讲，它们可以用来与任何抽象函数结合，当然也可以用来测度算法的空间量。

常见时间复杂度从好到坏的级别依次是：$O(1)$、$O(\log n)$、$O(n)$、$O(n\log n)$、$O(n^2)$、$O(n^3)$、$O(2^n)$。如图 2-3 所示。有时一个算法的运行时间除了与问题规模（即输入实例大小）n 有关，还与输入实例的具体情况有关。如利用插入排序算法得到递增有序序列，当输入实例

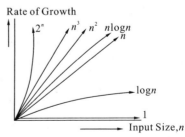

图 2-3 常见函数的增长率

本身是递增有序时，算法只需要进行 $n-1$ 次比较，时间复杂度为 $O(n)$；当输入实例本身递减有序时，算法需要进行 $n(n-1)/2$ 次比较，时间复杂度为 $O(n^2)$。对于这类算法的分析有三种方法：最坏情况分析（Worst Case Analysis）、平均情况分析（Average Case Analysis）和最好情况分析（Best Case Analysis）。

最好情况分析是指在恰好可以使算法运行最快的输入情况下的分析，这种分析不具有实际意义，因为它需要实际问题的输入恰好为这种特殊情况。通过对算法进行最坏情况分析可以了解算法执行时间最坏能达到的程度，也就是说，可以得到算法在所有输入情况下执行时间的上界，这保证了算法的运行时间不会比这个上界更长。平均情况分析需要考察算法所有输入情况，对每种情况做出分析，然后求出它们的（算术）平均值，此时往往需要知道算法各种输入实例的分布情况。

2.3.3 空间复杂度

对算法空间复杂度的分析是指对为了求解问题的实例而执行的计算步骤所需要的内存空间（或字）数目的分析，不包括分配用来存储输入实例的空间。如果算法需要的工作空间大小可以表示成问题规模 n 的函数，那么也可以利用 2.3.2 节中介绍的三种符号求出算法的空间复杂度。

此外，算法空间复杂度有时可以用其他方法来衡量，例如用"存储利用率"（也称为"存储密度"）来评价一个算法的空间效率。所谓存储利用率是指算法所需有效的工作空间大小与实际分配的工作空间大小的比值。这个概念类似于"就座率"，假设某班共有 x 名同学，该班同学到某教室上课，假设该教室共有 y 个座位（ $x \leqslant y$ ），那么这个教室的"就座率"为 x/y。

需要说明的是，由于时间复杂度和空间复杂度概念类同，计量方法相似，且空间复杂度分析相对简单些，因此我们主要讨论的是算法的时间复杂度。

2.3.4 复杂度分析举例

1. 算法时间效率分析举例

例 2.2 以下是两个 n 阶方阵的乘积 $C = A * B$，给出该算法的时间复杂度。

```
#define MAX 10
void matmult(int n,float A[MAX][MAX],float B[MAX][MAX],float C[MAX][MAX])
{
    int i,j,k;float x;
    for(i =1;i <= n;i ++ )                    ①
        for(j =1;j <= n;j ++ )                ②
        {
            x = 0;                            ③
            for(k =1;k <= n;k ++ )            ④
                x + = A[i][k] * B[k][j];      ⑤
            C[i][j] = x;                      ⑥
        }
}
```

解： 首先计算算法中每条语句的执行频度。易知，语句①执行了 $n+1$ 次，语句②执行了 $n(n+1)$ 次，语句③执行了 n^2 次，语句④执行了 $n^2(n+1)$ 次，语句⑤执行了 n^3 次，语句⑥执行了 n^2 次，故算法语句的执行频度 $f(n)$ 为：

$$f(n) = (n+1) + n(n+1) + n^2 + n^2(n+1) + n^3 + n^2 = 2n^3 + 4n^2 + 2n + 1$$

$$\lim_{n \to \infty} \frac{f(n)}{g(n)} = \lim_{n \to \infty} \frac{2n^3 + 4n^2 + 2n + 1}{n^3} = 2$$

故该算法的时间复杂度为 $O(n^3)$，可见随着问题规模的增大，算法的时间效率主要取决于语句执行频度函数的高阶项。

从上面的例子可以看出，统计算法中每一步操作的执行次数，不仅过于困难，而且没有必要。我们应该做的是找出算法中最重要的操作，即所谓的基本操作，它们对总运行时间的贡献最大。不难发现一个算法中的基本操作通常是算法最内层循环中最耗时的操作。例如语句⑤即为例 2.2 所示算法的基本操作，它的执行频度为 n^3，故算法的时间开销为 $O(n^3)$。

例 2.3　分析下面程序段的时间复杂度。

1）
```
void main()
{
    int i =1,k =0,n =100;
    do{
        k + =10 * i;              ①
        i ++;                     ②
    }while(i ==n);
}
```

解：易知已标识出的两个语句是该程序段的基本语句，显然它们各执行了一次，因此此程序段的时间复杂度为 $O(1)$。

2）
```
void main()
{
    int n =10,x =n,y =0;
    while(x > =(y +1)*(y +1))
        y ++;          ①
}
```

解：假设基本语句①执行了 $f(n)$ 次（即 while 循环执行了 $f(n)$ 次）。易知，经过一次循环后 y 的值为 1，经过两次循环后 y 的值为 2，以此类推，经过 $f(n) - 1$ 次循环后 y 的值为 $f(n) - 1$，故要使得能够进行第 $f(n)$ 次循环，必须满足以下条件：

$$n \geqslant (f(n) - 1) + 1) \times ((f(n) - 1) + 1) \Rightarrow f^2(n) \leqslant n \Rightarrow f(n) \leqslant \sqrt{n}$$

根据 O 符号的定义可知，此算法的时间复杂度为 $O(\sqrt{n})$。

3）
```
void main()
{
    int i =1,n =9;
    while(i <=n)
        i =i * 3;      ①
}
```

解：假设基本语句①执行了 $f(n)$ 次（即 while 循环执行了 $f(n)$ 次）。易知，经过一次循环后 i 的值为 3，经过两次循环后 i 的值为 3^2，以此类推，经过 $f(n) - 1$ 次循环后 i 的值为 $3^{f(n) - 1}$，故要使得能够进行第 $f(n)$ 次循环，必须满足以下条件：

$$3^{f(n) - 1} \leqslant n \Rightarrow f(n) - 1 \leqslant \log_3 n \Rightarrow f(n) \leqslant \log_3 n + 1$$

取 $g(n) = \log_3 n + 1$，由 O 符号的定义知，此算法的时间复杂度为 $O(\log_3 n)$。

例 2.4　以下是实现变量计数的程序段，请给出该算法的时间复杂度。

```
void main()
{
    int x =1,i,j,k,n =50;
    for(i =1;i <=n;i ++)
        for(j =1;j <=i;j ++)
            for(k =1;k <=j;k ++)
                x ++;          ①
}
```

解：假设基本语句①执行了 $f(n)$ 次，则有：

$$f(n) = \sum_{i=1}^{n} \sum_{j=1}^{i} \sum_{k=1}^{j} 1 = \sum_{i=1}^{n} \sum_{j=1}^{i} j = \sum_{i=1}^{n} \frac{i(i+1)}{2} = \frac{1}{2}(\sum_{i=1}^{n} i^2 + \sum_{i=1}^{n} i)$$

$$= \frac{1}{2}(\frac{n(n+1)(2n+1)}{6} + \frac{n(n+1)}{2})$$

$$= O(n^3)$$

故此算法的时间复杂度为 $O(n^3)$。

例 2.5 下面是计算 $n!$ 的递归算法，试分析它的时间复杂度。

```
int fac(int n)
{
    if (n <=1)
        return 1;              ①
    else
        return n*fac(n -1);    ②
}
```

解： 设 $f(n)$ 是 fac(n) 的时间开销函数。显然语句①的运行时间是常数阶的，不妨假设 $f(n)=1(n\leqslant1)$；语句②的运行时间为 $O(1) + f(n-1)$，不失一般性，假设一次乘法操作所花的时间为 1 个时间单位，故可得下述递推公式：

$$f(n) = \begin{cases} 1 & n \leqslant 1 \\ 1 + f(n-1) & n > 1 \end{cases}$$

通过如下迭代过程：

$$\begin{aligned} f(n) &= f(n-1) + 1 \\ &= (f(n-2) + 1) + 1 \\ &= f(n-2) + 2 \\ &= \cdots\cdots \\ &= f(n-(n-1)) + n - 1 \\ &= f(1) + n - 1 \\ &= 1 + n - 1 \\ &= n \end{aligned}$$

可得 $f(n) = O(n)$。

前面我们曾提到，有时算法的时间复杂度不仅仅依赖于问题的规模，还与输入实例的初始状态有关，例 2.6 就是对这种情况的举例。所谓一个问题的输入实例是由满足问题陈述中所给出的限制，为计算该问题的解所需要的所有输入构成的。

例 2.6 下面是在数组 $A[n]$ 中查找给定值 key 的算法，试分析它的时间复杂度。

```
int h(int* A,int n,int key)
{
    int i = n -1;
    while(i > =0 && A[i]! = key)
        i --;
    return i;
}
```

解： 显然此算法的时间开销除了与问题规模 n 有关外，还与数组 A 的状态有关。如果给定值 key 等于数组 A 的最后一个元素，那么只需要比较一次即可得出查找成功的结论，这是最好情况，此时算法的时间复杂度为 $O(1)$。如果数组 A 中没有与 key 相等的元素或者 A 的第一个元素等于 key，那么给定值 key 需要与数组中的所有元素比较一次才能得出查找失败或查找成功的结论，这是最坏情况，此时算法的时间复杂度为 $O(n)$。

若不特别说明，在以后的章节中对此种算法的分析所讨论的时间复杂度均是最坏情况下的时间复杂度。因为最坏情况下的时间复杂度是算法在任何输入实例上运行时间的上界，这保证了算法的运行时间不会比它更长。

2. 算法空间效率分析举例

例 2.7 试分析下面程序段的空间复杂度。

```
void exchange( int* a,int* b)
{
    int temp;
    temp = *a;
    *a = *b;
    *b = temp;
}
```

解：因为在程序执行过程中只需要一个辅助变量 *temp*，因此该程序段的空间复杂度为 $O(1)$。

例 2.8 下面算法实现了将给定数组 *A* 倒置的功能，试分析此算法的空间复杂度。

```
void inversion( int* A,int n)
{
    int * B = (int*)malloc(n * sizeof(int));
    int i;
    for(i = 0;i <= n−1;i ++)
        B[i] = A[n−1−i];
    for(i = 0;i <= n−1;i ++)
        A[i] = B[i];
    free(B);
}
```

解：因为在程序的执行过程中用到了一个大小为 *n* 的一维辅助数组 *B*，故该算法的空间复杂度为 $O(n)$。

2.4 算法的性能度量

算法的性能分析是评价算法强有力的工具，它分析的是算法本身的时间、空间开销，与机器无关。然而，有时我们也需要考察算法在计算机上的实际执行效率，这就是算法的性能度量。

如何才能得到程序的具体执行时间呢？这需要借助程序设计语言中获得时间的库函数或方法来解决。

2.4.1 性能度量的方法

度量程序的执行时间的一般方法是：获得程序开始执行时的时间 *start_time* 和结束时的时间 *end_time*，那么程序的执行时间为 *end_time* − *start_time*。

C 语言中获得时间的库函数 clock 和 time 的函数声明包含在头文件 time. h 中。clock 函数返回处理机内部的绝对时钟周期，这个时钟周期从以前的某个时刻开始计时。clock 函数的返回值类型为 clock_t。为了将返回值转换成以秒为单位，我们需要先用强制类型转换把它转成 double 类型，然后将得到的值除以"每秒时钟周期数"。在 ANSIC 中，这个每秒时钟周期数是内部常量 CLOCKS_PER_SEC。time 函数的返回值是按秒计时的时间，类型是 time_t。clock 函数没有输入参数，time 函数需要一个输入参数，它指定返回时间的存储单元，如果不需要保留返回的时间，那么这个参数可以设置为 NULL。求两个 time_t 类型值的差需要调用 difftime 函数。difftime 函数的函数声明也包含在头文件 time. h 中。difftime 函数返回两个 time_t 型变量之间的时间间隔，即计算两个时刻之间的时间差。其返回值类型为 time_t，因此我们在打印输出

difftime 函数的返回值之前需要把它强制转换为 double 类型。

通过调用 clock 函数获得程序实际运行时间的一般方式如下所示：

```
start = clock();
目标程序;
stop = clock();
duration = ((double)(stop - start))/CLOCK_PER_SEC;
```

通过调用 time 函数获得程序实际运行时间的一般方式如下所示：

```
start = time(NULL);
目标程序;
stop = time(NULL);
duration = (double)difftime(stop,start);
```

2.4.2 生成测试数据

分析程序最坏情况下的实际运行时间需要构造特殊的测试数据，一般来说，这并不容易。这时我们可以采用的方法是，首先针对每个实例特征的可能取值集合生成大量的随机测试数据，然后利用这些数据进行测试，最后把测试结果中的最大值看作最坏情况的估计结果。

对于平均情况的时间测量，直觉的想法是，先利用所有可能的实例进行测试，然后取其平均值。但是，这种做法并不总是奏效，因为有些问题的实例非常多，要测试它的所有实例是不可能的。这时我们通常的做法是采用随机数测试方法，然后估计平均时间。

用随机数方法测试程序最坏情况或平均情况的性能，通常选取的实例集要远远小于实际实例集。因此，我们建议首先分析待测试算法的特点，然后根据分析结果选取合适的实例集用于程序测试。

2.5 知识点小结

算法是解决问题的一系列确切的步骤，它必须满足五个特性：有效性、确定性、有穷性、输入性和输出性。通过对算法输入和输出的规定可知，一个算法可以没有输入但必须至少有一个输出。

程序是算法用某种程序设计语言的具体实现。程序可以不满足有穷性，例如操作系统（Operating System）。

算法的性能分析主要是用来度量算法本身的时空开销，与机器无关。我们一般用算法基本操作的执行次数来度量算法的时间效率。一般通过计算算法消耗的额外存储单元的数量来度量算法的空间效率。

算法的性能度量主要是用来度量程序在一台具体的计算机上的实际运行时间，与机器有关。

习 题

2.1 试述算法和程序的区别。

2.2 试述算法和数据结构的关系。

2.3 简述数据的逻辑结构和存储结构如何影响算法的设计与实现。

2.4 判断下述计算过程是否是一个算法：

```
Step1:开始;
Step2:n <= 0;
Step3:n = n + 1;
Step4:重复步骤 3;
Step5:结束;
```

2.5 判断下述计算过程是否是一个算法：

Step1:开始；
Step2:n <= 0；
Step3:n = n + 1；
Step4:若 n = 10^6，则执行步骤 5，否则重复步骤 3；
Step5:结束；

2.6 分析下列程序段的时间复杂度。

(1)
```
void main()
{
    int i = 1,k = 0,n;
    scanf("%d",&n);
    while(i <= n - 1)
    {
        i = i + 1;
        k = k + 10 * i;
    }
}
```

(2)
```
void main()
{
    int i = 1,j = 0,n;
    scanf("%d",&n);
    while(i + j <= n)
    {
        if(i > j)
            i = i + 1;
        else
            j = j + 1;
    }
}
```

(3)
```
void func(int n)
{
    int i = n,j = 0;
    while(i >= (j + 1) * (j + 1))
        j = j + 1;
}
```

2.7 分析下列算法的时间复杂度。

```
int rec(int n)
{
    if(n <= 1)
        return 1;
    else
        return rec(n - 1) * rec(n - 1);
}
```

2.8 在下面两列中，左侧是算法（关于问题规模）的执行时间，右侧是一些时间复杂度。请用连线的方式表示每个算法的时间复杂度。

$100n^3$	(1)	(a)	$O(1)$
$6n^2 - 12n + 1$	(2)	(b)	$O(2^n)$
1024	(3)	(c)	$O(n)$
$n + 2\log_2 n$	(4)	(d)	$O(n^2)$
$n(n+1)(n+2)/6$	(5)	(e)	$O(\log_2 n)$
$2^{n+1} + 100n$	(6)	(f)	$O(n^3)$

2.9 判断下列各对函数 $f(n)$ 和 $g(n)$，当 $n \to \infty$ 时，哪个函数增长更快？
(1) $f(n) = 10^2 + \ln(n! + 10^{n \cdot 3})$，$g(n) = 2n^4 + n + 7$
(2) $f(n) = n^{2.1} + (n^4 + 1)^{0.5}$，$g(n) = (\ln(n!))^2 + n$

2.10 已知有 6 个队 A、B、C、D、E 和 F 进行球赛，已经比赛过的场次有 A 同 B、C，B 同 D、F，E 同 C、F。设每个队每周比赛一次，试给出一种调度算法（用自然语言进行描述），使得所有的队能在最短的时间内相互之间比赛完毕。

第二部分 线性部分

这一部分我们将讨论几种线性结构：线性表、栈、队列、串和广义表、数组，其中的主线为"线性表"。这是因为栈和队列均是运算受限的线性表；串是数据元素类型受限的线性表；线性表是广义表的一种特例；数组则是线性表的推广，即 $n(n \geq 1)$ 维数组总可以被看作是数据元素为 $n-1$ 维数组的线性表，这里 0 维数组表示单个数据元素。可以发现这些数据（逻辑）结构的区别仅体现在运算和数据类型上，它们所描述的数据元素之间的关系是相同的，均为线性关系。所谓**线性关系**（Linear Relation）（也称为线性结构）是指在数据元素的非空有限集中有且仅有一个被称为"首元素"的数据元素，有且仅有一个被称为"尾元素"的数据元素，其余数据元素均有且仅有一个直接前驱元素，有且仅有一个直接后继元素。

例如，我们现在正在使用的这本书（假设这本书共有 n 页），它是一种线性结构：①它有且仅有一个"第 1 页"；②有且仅有一个"第 n 页"；③第 i（$1 < i < n$）页（即其余各页）有且仅有一个直接前驱即第 $i-1$ 页，有且仅有一个直接后继即第 $i+1$ 页。

本部分内容结构图如下所示：

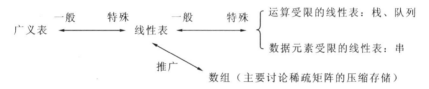

第3章 线 性 表

线性表是一种典型的线性结构，本章将解决以下几个问题：什么是线性表（即线性表的逻辑结构），可以对线性表进行哪些运算，如何实现线性表（即线性表的存储结构）及线性表上的运算，如何应用线性表解决实际问题，如何根据应用需求为线性表选择合适的存储结构。

3.1 线性表抽象数据类型

线性表抽象类型的定义包括两个部分：线性表的逻辑结构和在此基础上定义的一组运算，下面我们依次进行讨论。

3.1.1 线性表的逻辑结构

所谓**线性表**（Linear List）是指 $n(n \geqslant 0)$ 个具有相同特性的数据元素的有限序列。记作：$L(a_1, a_2, \cdots, a_{i-1}, a_i, a_{i+1}, \cdots, a_n)$。

在线性表中，相邻的数据元素之间存在序偶的关系，即 a_{i-1} 领先于 a_i、a_i 领先于 a_{i+1}（$i=1$，$2, \cdots, n-1$），a_{i-1} 为 a_i 的直接前驱元素，a_{i+1} 为 a_i 的直接后继元素。a_i（$i=2,3,\cdots,n$）有且仅有一个直接前驱元素；a_i（$i=1,2,\cdots,n-1$）有且仅有一个直接后继元素。同时将位于 a_i 之前的所有数据元素（即 a_1，a_2，$\cdots$，a_{i-1}）统称为 a_i 的前驱元素；将所有 a_i 之后的数据元素（即 a_{i+1}，a_{i+2}，$\cdots$，a_n）统称为 a_i 的后继元素。

将线性表所含的数据元素个数 n 称为**线性表的长度**（Length of List）。把长度为 0 的线性表（即不包含任何数据元素的线性表）称为**空线性表**（Empty List），简称空表。我们说 a_1 是线性表 L 的第 1 个数据元素，a_2 是线性表 L 的第 2 个数据元素，a_i 是线性表 L 的第 i 个数据元素，a_n 是线性表的第 n 个数据元素，这里的 1、2、i 和 n 分别称为 a_1、a_2、a_i 和 a_n 在 L 中的**位序或位置**（Position Number in List）。

3.1.2 线性表的基本运算

在线性表逻辑结构基础上定义的操作主要有以下几种：

1）InitList(&L)初始化运算：初始化得到一个空表 L，如果初始化成功则返回 0，否则返回 −1。

2）ListEmpty(L)判空运算：判断一个给定的线性表 L 是否为空，如果为空则返回 1，否则返回 0。

3）ListFull(L)判满运算：判断一个给定的线性表 L 是否为满，如果为满则返回 1，否则返回 0。

4）CreateList(&L)创建运算：创建一个线性表 L，创建前 L 已初始化为空，如果创建成功则返回 0，否则返回错误代码。

5）ListLength(L)求长度运算：求解并返回一个给定线性表 L 的长度。

6）LocateElem(L,e)定位运算或称为查找运算：在给定线性表 L 中查找值与给定数据元素 e 相等的数据元素，如果 L 中存在这样的数据元素，那么返回该数据元素在 L 中的位序，否则返回 0（当位序从 1 开始编制时）或 –1（当位序从 0 开始编制时）。

7）ListInsert(&L,i,e)插入运算：在给定线性表 L 的第 i 个位置上插入一个新的数据元素 e。注意给定的位置 i 有制约条件的限制，需要对它的合法性进行判断，即 i 是一个整数且满足 $1 \leqslant i \leqslant \text{ListLength}(L)+1$（当位序从 1 开始编制时）或 $0 \leqslant i \leqslant \text{ListLength}(L)$（当位序从 0 开始编制时）。如果插入成功则返回 0，否则返回错误代码。

8）ListDelete(&L,i,&e)删除运算：删除给定线性表 L 的第 i 个数据元素，并用变量 e 返回它的值。同样地，给定的位置 i 也需要满足约束条件 $1 \leqslant i \leqslant \text{ListLength}(L)$（当位序从 1 开始编制时）或 $0 \leqslant i \leqslant \text{ListLength}(L)-1$（当位序从 0 开始编制时），需要对它的合法性进行判断。如果删除成功则返回 0，否则返回错误代码。

9）VisitList(L,i,&e)访问运算：访问线性表 L 指定位置 i 上的数据元素的值，并用变量 e 返回。给定的位置 i 也需要满足约束条件 $1 \leqslant i \leqslant \text{ListLength}(L)$（当位序从 1 开始编制时）或 $0 \leqslant i \leqslant \text{ListLength}(L)-1$（当位序从 0 开始编制时），需要对它的合法性进行判断。如果访问成功则返回 0，否则返回错误代码。

10）ShowList(L)输出/打印运算：将线性表 L 的内容输出到屏幕上或文件中。

11）DestroyList(&L)撤销运算：撤销线性表 L，即回收 L 的存储空间。

说明：①上述运算中带"&"的参数表示将采用地址传递方式。②我们约定数据元素的位序（或编号）在没有给出特殊说明的时候，均默认从 1 开始。③上述运算并不是线性表的全部运算，因为不同的应用问题对线性表所执行的运算可能不同，所以我们在这里只列举了一些最基本的运算。对于后续章节中介绍的其他数据结构，基于同样的原因我们也只介绍它们的一些最常用的基本运算。④关于判满运算的说明。因为线性表的定义只对序列长度 n 的下界并未对 n 的上界进行限制，因此根据线性表的定义，线性表的基本运算包括判空运算是很自然的，但不应该包括判满运算。那么为什么在上面给出的基本运算中会有判满运算呢？这是为了保证线性表的 ADT 能够做到跨存储结构，也就是说，在实现线性表时无论我们采用的是顺序存储结构还是链式存储结构，在应用层我们看到的 ADT LinearList 是相同的。但在实现层会有所不同，其区别体现在：如果采用的是顺序存储结构，那么我们需要给出判满运算的具体实现；如果采用的是链式存储结构，那么我们不需要给出判满运算的具体实现。为什么会有这样的不同？其原因是：无论是基于静态存储分配还是动态存储分配实现的线性表的顺序存储结构，在初期都会生成一定大小的连续的存储空间，该存储空间用来顺序存放线性表的值。这个一定大小的存储空间总会有被放满的时候，所以在采用顺序存储结构实现线性表时我们必须考虑这种情况。这个存储空间的大小限制了它所能表示的线性表的长度。线性表的链式存储结构并不要求存储空间连续，所以它所表示的线性表的长度不会受连续存储空间大小的限制。后续章节中介绍的其他数据结构也有类似的情况，我们将不再另行说明。

3.1.3　线性表的 ADT 描述

```
ADT LinearList{
    数据的逻辑结构:n(n≥0)个具有相同特性的数据元素(假设其类型为 ElemType)的有限序列
    成员函数:以下 L ∈LinearList,e ∈ElemType,i ∈非负整数
    InitList(&L):初始化得到一个空表 L,if 初始化成功 then return 0 else return -1;
    ListEmpty(L):if L为空 then return 1 else return 0;
    ListFull(L):if L为满 then return 1 else return 0;
    CreateList(&L):if L创建成功 then return 0 else return 错误代码;
    ListLength(L):return L的长度;
    LocateElem(L,e):if 在 L 中查找到 e then return e 在 L 中的位序 else return 0 或 -1;
    ListInsert(&L,i,e):在 L 的第 i 个位置上插入数据元素 e,if 插入成功 return 0 else return 错误
```

代码;

ListDelete(&*L*,*i*,&*e*):删除 *L* 的第 *i* 个数据元素,用 *e* 返回被删除元素的值,if 删除成功 return 0 else return 错误代码;

VisitList(*L*,*i*,&*e*):访问 *L* 的第 *i* 个位置上的数据元素,用变量 *e* 返回该元素的值,if 访问成功 return 0 else return 错误代码;

ShowList(*L*):打印输出 *L* 的内容到屏幕上或文件中;

DestroyList(&*L*):撤销线性表 *L*,回收 *L* 的存储空间。

}ADT LinearList

线性表的 ADT 定义好后,我们就可以利用线性表去求解一些应用问题了。

3.2 线性表的应用——两个一元多项式相加

本节我们将讨论如何利用线性表去求解两个一元多项式相加的问题。

3.2.1 问题描述与分析

【问题描述】 编写程序实现求两个一元多项式 $f_1(x)$、$f_2(x)$ 的和式 $f(x)$,即 $f(x) = f_1(x) + f_2(x)$。

【问题分析】 首先我们需要解决的问题是:如何表示一个一元多项式? 我们知道一个一元多项式的表示形式如下所示:

$$eg:P(x) = 8x^{14} - 3x^{10} + 10x^4$$

观察发现,一元多项式中的每一项可以用一个序偶 < 系数, 指数 > 唯一确定,因此可以用这样的序偶集合来表示一个多项式。如上述一元多项式 $P(x)$ 可以表示为:

$$\{<8,14>,<-3,10>,<10,4>\}$$

如果我们约定,按照指数的大小来确定序偶在集合中的位置,即指数大的序偶排在指数小的序偶的前面。那么,我们就得到了一个以序偶为数据元素的线性表。如上例,我们可以得到一个线性表 LP (<8, 14 >, <-3, 10 >, <10, 4 >)。

序偶的类型定义如下:

```
typedef struct
{
    float coef;  //序偶中的系数分量
    int exp;  //序偶中的指数分量
}PElemType;
```

因此,一个一元多项式就是如下的一个线性表变量:

```
typedef PElemType ElemType;
LinearList f;
```

【程序框架】

```
LinearList f₁,f₂,f;
```

首先通过调用 InitList (&f_1)、CreateList (&f_1)、InitList (&f_2)、CreateList (&f_2) 和 InitList (&f) 得到一元多项式 f_1 和 f_2,以及和式 f。

通过调用 ShowList(f_1) 和 ShowList(f_2) 查看创建的两个一元多项式 f_1 和 f_2,其目的是检查创建的一元多项式是否正确。

然后通过调用 Polynomial_Add (f_1, f_2, &f),得到 f_1 和 f_2 的和式 f。Polynomial_Add 函数的功能是求解两个一元多项式的和。

最后通过调用 ShowList (f) 检查算法 Polynomial_Add 是否正确。

根据上述分析,可以得到如下程序框架:

```
#include < stdio. h >
#include "linearlist. h"
typedef struct
{
    float coef;
    int exp;
}PElemType;
typedef PElemType ElemType;
int Polynomial_Add (LinearList f₁, LinearList f₂, LinearList &f)
{
}
void main ()
{
    LinearList f₁, f₂, f;
    InitList (&f₁);
    CreateList (&f₁);
    ShowList (f₁);
    InitList (&f₂);
    CreateList (&f₂);
    ShowList (f₂);
    InitList (&f);
    Polynomial_Add (f₁, f₂, &f);
    ShowList (f);
}
```

显然下面我们应该给出求解两个一元多项式相加问题的一系列确切步骤，即 Ploynomial_ Add 函数的实现方法。

3.2.2 问题求解

【算法描述】

```
algorithm:Polynomial_Add
input:两个一元多项式 f₁ 和 f₂
output:f₁、f₂ 的和式 f,以及操作代码 0 表示相加操作成功, -1 表示相加操作失败
1. for(i ←1,j ←1,k ←1;i <= ListLength(f₁) && j <= ListLength(f₂);)
2. {
3.      if(0 == VisitList(f₁,i,&e₁) && 0 == VisitList(f₂,j,&e₂))
4.      {
5.          if(e₁. exp > e₂. exp)
6.          {
7.              if(0 != ListInsert(f,k,e₁))    //如果插入操作失败
8.                  return -1;
9.              i ++ ;k ++ ;
10.         }
11.         else if(e₁. exp < e₂. exp)
12.         {
13.             if(0 != ListInsert(f,k,e₂))    //如果插入操作失败
14.                 return -1;
15.             j ++ ;k ++ ;
16.         }
17.         else    //合并同类项
18.         {
19.             coef_add = e₁. coef + e₂. coef;
20.             if(fabs(coef_add) >1e-6)    //如果系数和不为 0
21.             {
22.                 e. coef = coef_add;
23.                 e. exp = e₁. exp;
24.                 if(0 != ListInsert(f,k,e))    //如果插入操作失败
25.                     return -1;
```

```
26.            }
27.                i ++ ;j ++ ;k ++ ;
28.            }
29.        }
30.        else
31.            retrun -1;    //访问 f₁第 i 个元素或 f₂第 j 个元素失败
32. }//for
33. while(i <= ListLength( f₁))    //如果 f₁还有没判断完的元素,那么均复制到 f
34. {
35.        if(0 != VisitList( f₁,i,&e₁) ||0 != ListInsert( f,k,e₁))
36.            return -1;
37.        i ++ ;k ++ ;
38. }
39. while(j <= ListLength( f₂))    //如果 f₂还有没判断完的元素,那么均复制到 f
40. {
41.        if(0 != VisitList( f₂,j,&e₂) ||0 != ListInsert( f,k,e₂))
42.                return -1;
43.        j ++ ;k ++ ;
44. }
45. return 0;    //求解成功
```

显然,上述算法的成功运行依赖于 ADT LinearList 在计算机上的实现,这就需要讨论线性表的存储结构了。线性表在存储器内的表示一般采用两种方式:顺序存储表示和链式存储表示。下面我们分别对线性表的这两种存储方案展开讨论。

3.3 线性表的实现

3.3.1 顺序表

采用顺序存储的线性表简称为**顺序表**(Sequential List)。**线性表的顺序存储结构**是指用一组地址连续的存储单元来依次存放线性表中的数据元素。在线性表的顺序存储结构中,数据元素逻辑上的相邻关系是用其存储地址的相邻关系来表示的。

在顺序表中,每个数据元素 a_i 的存储地址是关于该元素在表中位置 i 的线性函数,只要知道线性表所占连续存储空间的起始地址和每个数据元素所占字节数,就可在相同时间内求出任一数据元素的存储地址。因此,顺序表是一种随机存取结构。

用 $LOC(a_i)$ 表示数据元素 a_i 的存储地址,并假设每个数据元素占 m 个存储单元,则有:

$$LOC(a_i) = LOC(a_{i-1}) + (i - (i-1)) * m = LOC(a_{i-1}) + m \quad i = 2,3,\ldots,n$$

$$LOC(a_i) = LOC(a_1) + (i-1)) * m \quad i = 1,2,3,\ldots,n$$

$$LOC(a_j) = LOC(a_i) + (j-i)) * m \quad i,j = 1,2,3,\ldots,n$$

因为在 C 语言中一维数组占据的是一块连续的存储空间,所以可以用一维数组来表示"一组地址连续的存储单元"。同时,为了一些运算的方便,还需要设置一个整数类型的变量记录线性表当前的长度。

根据前面对顺序表的说明,线性表 $L(a_1,a_2,a_3,a_4,a_5,a_6)$ 的顺序存储结构图如图 3-1 所示。

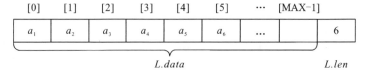

图 3-1 线性表存储结构示意图 1

因为 C 语言中一维数组的下标是从 0 开始的,而我们的约定是在没有特殊说明情况下,数据元素的位序（或编号）从 1 开始，这就使得线性表 L 中的第一个数据元素 a_1 存放在一维数组 $L.data$ 下标为 0 的位置上，第二个数据元素 a_2 存放在下标为 1 的位置上，依此类推，第 i 个数据元素在一维数组中对应的下标为 $i-1$，即数据元素的位序（或编号）总比对应的下标值多 1。

为了使下标与位序（或编号）统一起来，一般做的处理是：舍掉一个数据元素的存储空间，让线性表中的数据元素从一维数组下标为 1 的位置开始依次进行存储，如图 3-2 所示。

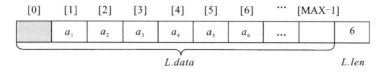

图 3-2　线性表存储结构示意图 2

在不作特殊说明的情况下，我们默认采用的是图 3-1 所示的存储方式，即不舍弃一个数据元素的存储空间，从下标为 0 的地方开始依次存放数据元素。

图 3-1（或图 3-2）中用于存储线性表 L 的数据元素的连续存储空间 $L.data$ 可以通过静态存储分配的方式也可以通过动态存储分配的方式获得。两种方式的主要区别是：对于前者而言，$L.data$ 代表的存储空间在程序的编译阶段获得，并且 $L.data$ 代表的存储空间的大小、位置在程序的运行过程中不能发生改变；对于后者而言，$L.data$ 代表的存储空间在程序的运行阶段获得，并且 $L.data$ 代表的存储空间的大小、位置在程序的运行过程中可以发生改变。

采用静态存储分配方式实现的顺序表，我们称之为静态顺序表；采用动态存储分配方式实现的顺序表，我们称之为动态顺序表。

（1）静态顺序表

静态顺序表的类型定义如下：

```
#define MAX 100
typedef struct
{
    ElemType data[MAX];    //线性表中的数据元素将依次存放在一维数组 data 中
    int len;               //此成员将记录线性表的当前长度
}SqList;
```

说明：SqList 是类型名，表示静态存储分配方式下的顺序表类型。可以利用它定义相应的变量，如：

```
SqList L;
```

定义了一个顺序表变量 L，可以通过如下方式访问到它的成员：$L.data[i]$、$L.len$。

类型定义中出现的 ElemType 代表的是一种抽象的数据类型，根据实际应用的需要可以用 C 语言中的任意基本类型和用户自定义类型进行替换。这样做的目的是便于程序的维护和代码重用。在不同的应用场合，通过利用预处理命令#define 将 ElemType 替换为所需类型或者使用 ty-pedef 给所需类型起个新名字叫做 ElemType，那么就可以重用原来对顺序表的类型定义和运算的实现了。

假设有：

```
typedef int ElemType;
```

1）初始化运算的实现。

```
/*初始化运算:初始化得到一个空线性表*/
```

```
int InitList(SqList *L)
{
    (*L).len = 0;
    return 0;
}
```

2) 判空运算的实现。

```
/*判空运算:判断线性表 L 是否为空,若为空返回 1,否则返回 0*/
int ListEmpty(SqList L)
{
    if(0 == L.len)
        return 1;
    return 0;
}
```

3) 判满运算的实现。

```
/*判满运算:判断线性表 L 是否为满,若为满返回 1,否则返回 0*/
int ListFull(SqList L)
{
    if(MAX == L.len)
        return 1;
    return 0;
}
```

4) 线性表的创建。

```
/*创建运算:创建一个线性表,创建成功返回 0,否则返回 -1*/
int CreateList(SqList *L)          //传入创建运算的线性表是已经初始化为空的线性表
{
    int i;
    printf("please input the length of the list which you want to create: \n");
    scanf("%d",&((*L).len));
    if((*L).len > MAX)
        return -1;                 //预创建的线性表的长度大于静态顺序表的存储能力
    for(i = 1;i <= (*L).len;i ++)
    {
        printf("please input NO. %d element:\n",i);
        scanf("%d",&((*L).data[i-1]));
    }
    return 0;                      //创建成功
}
```

5) 求长度运算的实现。

```
/*求长度运算:返回线性表 L 的长度*/
int ListLength(SqList L)
{
    return L.len;
}
```

6) 查找运算的实现。

```
/*查找运算:在线性表 L 中搜索 e,若查找成功则返回 e 在 L 中的位序,否则返回 0*/
int LocateElem(SqList L,ElemType e)     //采用顺序查找法
{
    int i;
    for(i = 0;i <= L.len - 1;i ++)
        if(L.data[i] == e)
            return i +1;            //查找成功
    return 0;                       //查找失败
}
```

因为查找有两种结果，一种是查找成功，另一种是查找失败。因此，对上述查找运算的实现算法我们需要从两个角度入手分析它的时间复杂度。上述查找算法是顺序查找算法（其他有意思的查找算法我们将在本书的第五部分学习到），其基本思想是：首先第一个数据元素与待查关键字进行比较，如果相等则查找成功，否则让关键字与下一个数据元素进行比较，重复上述过程，直到查找成功或所有数据元素均与关键字进行了比较且没有找到值与关键字相等的数据元素（即查找失败）为止。

显然，此算法的时间开销主要花费在关键字的比较上。因此，我们可以通过统计关键字的比较次数来分析该算法的时间复杂度。当查找失败时，关键字 e 必定与顺序表中的所有数据元素进行了比较，因此时间复杂度为 $O(n)$。当查找成功时，关键字的比较次数既与问题规模（在这里是指顺序表的长度）有关又与被查关键字 e 在顺序表中的位置有关。最好情况下，被查关键字为顺序表中的首个数据元素，此时查找成功的时间开销为 $O(1)$；最坏情况下，被查关键字为顺序表中的最后一个数据元素，此时查找成功的时间开销为 $O(n)$；平均情况下，基于等概率的假设（即假设待查关键字是 n 个位置上的元素的概率相同，均是 $1/n$），由数学期望易知，平均的比较次数为$(n+1)/2$，故时间开销为 $O(n)$。

7）插入数据元素运算的实现。

假设在指定线性表的第 i 个位置（假设 i 合法）插入一个指定元素 e，这意味着：

①将改变原来第 $i-1$ 个元素（用 a_{i-1} 表示）和原来的第 i 个元素（用 a_i 表示）之间的逻辑关系，使得 a_{i-1} 和 a_i 不再相邻。

②建立两个新的逻辑关系：a_{i-1} 与 e 相邻，e 是 a_{i-1} 的新的直接后继元素；e 与 a_i 相邻，e 成为 a_i 的新的直接前驱元素。

③其余元素之间的逻辑关系没有改变。

在顺序表中，逻辑上相邻的数据元素被存放在相邻的存储单元中，以存储地址的相邻来实现逻辑关系在存储器中的存储表示。通过上面的分析，可以得到一种解决顺序表数据元素插入问题的方案：

步骤1　将原来第 i 个位置上的元素至最后一个元素统统向后平移一位（假设顺序表在插入前没有满），这样做既可以保证被平移的元素之间和没被平移的元素之间的逻辑关系不被破坏（它们的物理位置仍相邻），同时又将第 i 个位置空出来。

步骤2　将待插入元素插入到第 i 个位置上。

步骤3　线性表长度加1。

在图3-1所示顺序表的第4个位置上插入一个新的数据元素 e 的处理过程如图3-3所示。

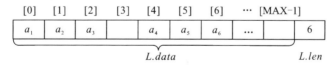

a）将第4个元素到第6个元素一起后平移1位，空出第4个位置(对应的下标为3)

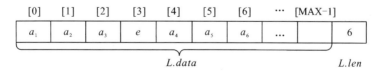

b）在空出的第4个位置(对应的下标为3)上插入新元素 e

图3-3　顺序表插入过程示意图

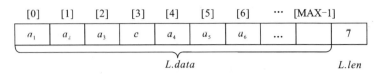

c) 修改顺序表的长度(长度加1)

图 3-3   (续)

```
/*插入运算:在线性表 L 的指定位置 i(位序从 1 开始编址)上插入元素 e*/
int ListInsert(SqList *L,int i,ElemType e)
{
    int j;
    if(i<1 ||i>(*L).len+1)
        return -1;                    //因 i 不合法导致插入操作失败
    if(1 == ListFull(*L))
        return -2;                    //因线性表已满导致插入操作失败
    //将第 i 个元素到最后一个元素一起向后平移一位
    for(j=(*L).len-1;j>=i-1;j--)
        (*L).data[j+1]=(*L).data[j];
    (*L).data[i-1]=e;                 //在第 i 个位置上存放新的元素 e
    (*L).len++;                       //线性表 L 的长度加 1
    return 0;                         //插入操作成功完成
}
```

显然上述实现线性表插入的算法的时间开销主要消耗在数据元素的平移过程,并且平移过程的时间开销除了与顺序表的规模有关之外还与插入的位置有关,因此我们应分不同的情况对其进行时间复杂度的分析(假设顺序表的规模为 n,那么总共有 $n+1$ 个可插入的位置)。

a. 最好情况:最好情况是指在第 $n+1$ 个位置上插入一个新元素,此时不需要向后移动任何元素,即向后移动 $n-(n+1)+1=0$ 个元素,故时间开销为 $O(1)$。

b. 最坏情况:最坏情况是指在第 1 个位置上插入一个新元素,此时需要向后移动原顺序表中的所有元素,即向后移动 $n-1+1=n$ 个元素,故时间开销为 $O(n)$。

c. 平均情况:平均情况是分析在长度为 n 的顺序表中任意合法位置上插入一个新元素,平均需要向后移动的数据元素个数。

我们把在第 i 个位置上插入新数据元素的可能性用 p_i 表示,需要向后移动的数据元素个数用 l_i 表示,通过前面的分析可知,$l_i=n-i+1$。共有 $n+1$ 个可插入的位置,即 i 的合法取值范围为 $[1, n+1]$。在等概率的假设下进行分析,也就是说,在 $n+1$ 个位置上进行插入操作的概率相等,并且插入操作是确定要发生的,则有:

$$\left.\begin{array}{c} \sum_{i=1}^{n+1} p_i = 1 \\ p_1 = p_2 = \cdots = p_{n+1} \end{array}\right\} \Rightarrow P_i = \frac{1}{n+1} \quad (i=1,2,\cdots,n+1)$$

则根据数学期望可求得平均移动的数据元素个数:

$$\sum_{i=1}^{n+1} p_i \cdot l_i = \sum_{i=1}^{n+1} \frac{1}{n+1} \cdot (n-i+1)$$

$$= \frac{1}{n+1}(n+(n-1)+\cdots+1)$$

$$= \frac{1}{n+1} \cdot \frac{n(n+1)}{2} = \frac{n}{2}$$

故在平均情况下的时间复杂度为 $O(n)$。并且可知，在长度为 n 的顺序表中任意合法位置上插入一个新元素，平均需要向后移动一半的数据元素。

8）删除数据元素运算的实现。

假设删除线性表的第 i 个位置（假设 i 合法）上的数据元素，这意味着：

①将改变原来第 $i-1$ 个元素（用 a_{i-1} 表示）和原来的第 $i+1$ 个元素（用 a_{i+1} 表示）之间的逻辑关系，使得 a_{i-1} 和 a_i 成为相邻元素。

②解除了两个逻辑关系：a_{i-1} 与 a_i 相邻的关系和 a_i 与 a_{i+1} 相邻的关系。

③其余元素之间的逻辑关系没有改变。

既然在顺序表中逻辑上相邻的数据元素其存储位置也相邻，那么通过上面的分析，可以得到一种解决顺序表数据元素删除问题的方案：

步骤 1 记录将要被删除的第 i 个元素的值。

步骤 2 将原来第 $i+1$ 个位置上的元素至最后一个元素统统向前平移一位（假设顺序表在删除前不空），这样做既可以保证被平移的这些元素之间和没被平移的元素之间的逻辑关系不被破坏（它们的物理位置仍相邻），同时又存储了新的逻辑关系（即使得 a_{i-1} 和 a_{i+1} 的存储位置相邻）。

步骤 3 线性表长度减 1。

步骤 4 返回被删除的数据元素的值。

以图 3-1 所示顺序表为例，删除第 4 个位置上的数据元素的处理过程如图 3-4 所示。

a）记录下将要被删除的数据元素的值

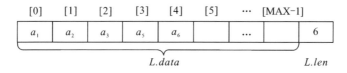

b）将第 5 个位置(对应下标为 4)至最后一个位置上的元素均向前平移 1 位

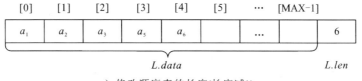

c）修改顺序表的长度(长度减 1)

图 3-4 顺序表删除过程示意图

```
/*删除运算:删除线性表 L 指定位置 i(位序从 1 开始编址)上的元素,并用变量 e 返回被删除的元素*/int
ListDelete(SqList *L,int i,ElemType *e)
    {
        int j;
```

```
    if(i<1||i>(*L).len)
        return -1;                    //因 i 不合法导致删除操作失败
    if(1 == ListEmpty(*L))
        return -2;                    //因线性表 L 为空导致删除操作失败
    *e = (*L).data[i-1];
    for(j=i;j<=(*L).len-1;j++)
        (*L).data[j-1] = (*L).data[j];
    (*L).len--;
    return 0;                         //删除操作成功完成
}
```

显然上述实现线性表删除的算法的时间开销也主要消耗在数据元素的平移操作上。同样地，向前平移过程的时间开销除了与顺序表的规模有关之外还与指定的删除位置有关，因此我们应分不同的情况对此算法进行时间复杂度的分析（假设顺序表的规模为 n，那么总共有 n 个可删除的元素）。

a. 最好情况：最好情况是指在删除第 n 个数据元素，此时不需要向前移动任何元素，即向前移动 $n-n=0$ 个元素，故时间开销为 $O(1)$。

b. 最坏情况：最坏情况是指在删除第 1 个数据元素，此时需要将位于该元素后面的 $n-1$ 个元素统统向前平移，即向前移动 $n-1$ 个元素，故时间开销为 $O(n)$。

c. 平均情况：平均情况是分析在长度为 n 的顺序表中删除任意合法位置上的数据元素，平均需要向前移动的数据元素个数。

同样地，我们用 p_i 表示删除第 i 个数据元素的可能性，用 l_i 表示删除第 i 个数据元素需要向前移动的数据元素个数，通过前面的分析已知，$l_i=n-i$。共有 n 个可供删除的数据元素。在等概率的假设下进行分析，顺序表中 n 个元素被删除的可能性相等，并且删除操作是确定要发生的，则有：

$$\left. \begin{array}{r} \sum_{i=1}^{n} p_i = 1 \\ p_1 = p_2 = \cdots = p_n \end{array} \right\} \Rightarrow p_i = \frac{1}{n} \quad (i=1,2,\cdots,n)$$

则根据数学期望可求得平均移动的数据元素个数：

$$\sum_{i=1}^{n} p_i \cdot l_i = \sum_{i=1}^{n} \frac{1}{n} \cdot (n-i)$$

$$= \frac{1}{n} \cdot ((n-1)+(n-2)+\cdots+1)$$

$$= \frac{1}{n} \cdot \frac{n(n-1)}{2} = \frac{n-1}{2}$$

故在平均情况下的时间复杂度为 $O(n)$。并且可知，在长度为 n 的顺序表中删除任意合法位置上的数据元素，平均需要向前移动一半的数据元素。

9）访问数据元素运算的实现。

```
/*访问运算：访问线性表 L 的位序为 i 的数据元素*/
int VisitList(SqList L,int i,ElemType * e)
{
    if(i<1 ||i>L.len)
        return -1;                    //因 i 不合法导致访问操作失败
    * e = L.data[i-1];                //访问操作成功完成
    return 0;
}
```

```
}
```

10）输出线性表运算的实现。

```
/*打印输出运算:输出线性表 L*/
void ShowList( SqList L)
{
    int i;
    for( i = 0;i <= L. len -1;i ++ )
        printf( "%d",L. data[i]);
    printf( "\n");
}
```

（2）动态顺序表

动态顺序表的类型定义如下：

```
typedef struct
{
    ElemType *data;      //线性表中的数据元素将依次存放在 data 指示的存储空间中
    int len;             //记录线性表的当前长度
    int listsize;        //记录当前为线性表分配的存储空间大小(以可存储的数据元素个数为单位)
}SqList_d;
```

说明：SqList_d 是类型名，表示动态存储分配方式下的顺序表类型。可以利用它定义相应的变量，如：

```
SqList_d L;
```

定义了顺序表变量 L，可以通过如下方式访问到它的成员：$L. data$、$L. len$、$L. listsize$。在程序的执行过程中，通过下面的语句可以为 L 分配一个可以容纳 $L. listsize$ 个 ElemType 类型元素的存储空间。

```
L. data = (ElemType*)malloc(L. listsize *sizeof(ElemType));
```

$L. data$ 所指示的存储空间使用完后别忘了用下述语句释放掉该存储空间，以免造成内存泄漏。

```
free(L. data);
```

在介绍基于动态顺序表的线性表的各种基本运算的实现之前，我们先来看看几个必需的预处理命令：

```
#define INITSIZE 30   //定义符号常量 INITSIZE,表示动态分配空间的初始大小
#define INCSIZE 20    //定义符号常量 INCSIZE,表示动态分配空间的增量
```

初始化动态顺序表时，先为其分配一个容量为 $L. listsize$ = INITSIZE 大小的存储空间，在运行过程中如果出现当前存储空间已满的情况，可通过调用 realloc 库函数为顺序表重新分配一个大小为 $L. listsize = L. listsize$ + INCSIZE 的存储空间。

假设有：

```
typedef int ElemType;
```

1）初始化运算的实现。

```
/*初始化运算:初始化得到一个空线性表 L,若初始化成功返回 0,否则返回 -1*/
int InitList( SqList_d *L)
{
    ( *L). data = (ElemType*) malloc (sizeof (ElemType) * INITSIZE);
    if (0 == ( *L). data)
        return -1;
    ( *L). len = 0;
    ( *L). listsize = INITSIZE;
```

```
        return 0;
    }
```

动态顺序表的初始化运算的功能是为线性表动态分配一个大小为 INITSIZE 的存储空间，并将线性表设置为空（通过将线性表的长度设置为 0 来实现，说明在大小为 INITSIZE 的存储空间中没有存储任何数据元素）。

2）判空运算的实现。

```
/*判空运算:判断线性表 L 是否为空,若为空返回 1,否则返回 0*/
int ListEmpty( SqList_d L)
{
    if (0 == L. len)
        return 1;
    return 0;
}
```

3）判满运算的实现。

```
/*判满运算:判断线性表 L 是否为满,若为满返回 1,否则返回 0*/
int ListFull( SqList_d L)
{
    if (L. len == L. listsize)
        return 1;
    return 0;
}
```

4）线性表的创建。

创建运算的线性表是已初始化为空的线性表。若被创建线性表的长度超过了初始化运算中给线性表分配的存储空间大小，那么我们在回收初始化时分配给线性表的大小为 INITSIZE 的存储空间后，将为该线性表重新动态分配一个更大的存储空间（大小为线性表的长度 + INC-SIZE）。当顺序表的存储空间足够用来存储线性表中的元素时，我们开始在存储空间中依次存放线性表中的所有元素。

```
/*创建运算:创建一个线性表,创建成功返回 0,否则返回 -1*/
int CreateList( SqList_d *L)
{
    int i;
    printf("please input the length of the list which you want to create: \n");
    scanf("%d",&((*L). len));      //若创建线性表的长度大于初始存储空间的大小,那么重新申请一个
                                   //更大的、能满足需求的存储空间
    if((*L). len > (*L). listsize)
    {
        (*L). listsize = (* L). len + INCSIZE;
        free((*L). data);
        (*L). data = (ElemType*)malloc( sizeof(ElemType)*(*L). listsize);
        if(0 == (*L). data)
            return -1;
    }
    for(i = 1;i <= (*L). len;i ++ )
    {
        printf("please input NO. %d element: \n",i);
        scanf("%d",&((*L). data[i-1]));
    }
    return 0;
}
```

5）求长度运算的实现。

```
/*求长度运算:返回线性表 L 的长度*/
```

```
int ListLength(SqList_d L)
{
    return L.len;
}
```

6）查找运算的实现。

```
/*查找运算：在线性表 L 中搜索 e,若查找成功则返回 e 在 L 中的位序,否则返回 0*/
int LocateElem(SqList_d L,ElemType e)    //采用顺序查找法
{
    int i;
    for(i = 0;i <= L.len - 1;i ++ )
        if(L.data[i] == e)
            return i + 1;
    return 0;
}
```

7）插入数据元素运算的实现。

```
/*插入运算：在线性表 L 的指定位置 i(位序从 1 开始编址)上插入元素 e*/
int ListInsert(SqList_d *L,int i,ElemType e)
{
    int j;
    if(i < 1 || i > (*L).len + 1)
        return - 1;                 //因 i 不合法导致插入操作失败
    if(1 == ListFull(*L))
    {                               //若线性表 L 已满则分配一个更大的存储空间
        (*L).listsize = (*L).listsize + INCSIZE;
        (*L).data = (ElemType*)realloc((*L).data,sizeof(ElemType)*(*L).listsize);
        if(0 == (*L).data)
            return - 2;             //因存储分配失败导致插入操作失败
    }
    //将第 i 个元素到最后一个元素一起向后平移一位
    for(j = (*L).len - 1;j >= i - 1;j -- )
        (*L).data[j + 1] = (*L).data[j];
    (*L).data[i - 1] = e;           //在第 i 个位置上存放新的元素 e
    (*L).len ++ ;                   //线性表 L 的长度加 1
    return 0;
}
```

　　基于动态顺序表实现和基于静态顺序表实现的线性表的插入运算之间的不同在于：在插入操作执行前线性表已满，因为静态顺序表中用来存储元素的存储空间的位置、大小是不能改变的，所以此时我们只能报错并宣告插入操作失败；但是，因为动态顺序表中用来存储元素的存储空间的位置、大小是可以改变的，所以此时我们可以重新申请一个更大的存储空间，然后再完成新数据元素的插入。

　　8）删除数据元素运算的实现。

```
/*删除运算：删除线性表 L 指定位置 i(位序从 1 开始编址)上的元素,并用变量 e 返回被删除的元素*/
int ListDelete(SqList_d *L,int i,ElemType *e)
{
    int j;
    if(i < 1 || i > (*L).len)
        return - 1;                 //因 i 不合法导致删除操作失败
    if(1 == ListEmpty(*L))
        return - 2;                 //因线性表 L 为空导致删除操作失败
    *e = (*L).data[i - 1];
    for(j = i;j <= (*L).len - 1;j ++ )
        (*L).data[j - 1] = (*L).data[j];
    (*L).len -- ;
    return 0;
}
```

9）访问数据元素运算的实现。

```
/*访问运算：访问线性表 L 的位序为 i 的数据元素*/
int VisitList(SqList_d L, int i, ElemType *e)
{
    if (i<1 || i>L.len)
        return -1;                //因 i 不合法导致访问操作失败
    *e = L.data[i-1];
    return 0;
}
```

10）输出线性表运算的实现。

```
/*打印输出运算：输出线性表 L*/
void ShowList(SqList_d L)
{
    int i;
    for(i=0;i<=L.len-1;i++)
        printf("%d ",L.data[i]);
    printf("\n");
}
```

11）撤销运算的实现。

因为动态顺序表中用来存储数据元素的存储空间是动态分配的，为了防止内存泄漏，我们增加了撤销运算的实现。撤销线性表运算的主要功能是，将动态顺序表中用于存储数据元素的存储空间回收给系统。

```
/*撤销运算：动态顺序表使用完后要回收其用于存储线性表元素的存储空间*/
void DestroyList(SqList_d *L)
{
    free((*L).data);
    (*L).data = NULL;
    (*L).len = 0;
    (*L).listsize = 0;
}
```

（3）静态顺序表和动态顺序表的比较

1）静态顺序表变量和动态顺序表变量的比较。

```
SqList L1;
SqList_d L2;
```

通过静态顺序表和动态顺序表的类型定义可知，L_1 有两个成员变量，L_2 有三个成员变量。假设符号常量 MAX 代表常数 50，数据元素的类型为 int，每个 int 类型的变量占 2 字节，指针变量占 4 字节。那么变量 L_1 占 $2 \times 50 + 2 = 102$ 字节，变量 L_2 占 $4 + 2 + 2 = 8$ 字节。

2）在线性表基本运算实现方面的比较。

通过比较基于静态顺序表和基于动态顺序表的线性表基本运算的实现过程，我们发现大多数基本运算的实现过程是相同，只有初始化、创建、插入运算的实现过程稍有不同。

- 实现初始化运算的不同。

初始化运算结束后应该得到一个拥有存储数据元素能力（即具有存储空间）且当前状态为空（状态为空是指在拥有的存储空间中没有存储任何数据元素）的顺序表。

静态顺序表的存储空间在程序编译时就已经具备，所以初始化操作只需要简单的将描述线性表当前长度的成员变量设置为 0 就可以了。

动态顺序表在程序编译阶段获得的存储空间并不包括用于存储线性表数据元素的存储空间。因此，对它的初始化操作首先确保它拥有存储数据元素的能力，即给它动态分配一个最多可以容纳 INITSIZE 个数据元素的存储空间，并且用它的指针成员记录这个存储空间的起始地址，然后再将描述线性表当前长度的成员变量设置为 0、将描述动态顺序表当前拥有的存储空间大小的成员变量设置为 INITSIZE。

●实现创建、插入运算的不同。

造成两种顺序表在创建、插入运算实现上不同的原因是，动态顺序表拥有改变属于自己的存储空间的地址或大小的权限，而静态顺序表的存储空间的地址和大小在程序编译时就已确定，程序的运行过程中不能改变，程序结束时其拥有的存储空间才回收给系统。

所以，当被创建的线性表的长度大于顺序表拥有的存储空间大小时，静态顺序表只能宣告无法完成创建，而动态顺序表可以通过申请一个更大的存储空间来完成对该线性表的创建，如果申请不成功，动态顺序表才宣布创建失败；当插入新元素之前，顺序表拥有的存储空间已放满数据元素时，静态顺序表只能宣告无法完成插入，而动态顺序表可以通过申请一个更大的存储空间来完成本次插入操作，如果申请不成功，动态顺序表才宣布插入操作失败。

●关于撤销运算。

因为静态顺序表中用于存储数据元素的存储空间是在编译时分配的，因此在程序结束时会自动回收给系统，故在 3.2.2 节中我们没有给出线性表的撤销运算的实现。

而动态顺序表中用于存储数据元素的存储空间是在程序运行过程中动态分配的，因此在程序结束时不会自动回收给系统。所以，如果我们不提供撤销运算，那么由动态顺序表变量的指针成员所指示的存储空间将不会被回收，这部分空间就不能被系统再次利用，从而造成了内存泄漏。因此，如果线性表采用动态顺序表的实现形式，那么必须提供其撤销运算的定义和实现。

（4）顺序表的测试

如何测试上述基本运算的实现？

我们给出的建议是：首先创建一个头文件"sqlist. h"（"sqlist_d. h"），头文件中包括静态（动态）顺序表的类型定义和基本运算的声明；然后创建一个源文件"sqlist. c"（"sqlist_d. c"），该文件包含了基本运算的实现代码，并且在程序开始处用预处理命令"#include"将"sqlist. h"（"sqlist_d. h"）和其他需要的标准库包含到源文件中；最后写一个测试程序，可以命名为"test_sqlist. c"（"test_sqlist_d. c"），该文件中包含 main 函数，main 函数中有对静态（动态）顺序表变量的声明和对静态（动态）顺序表基本运算的调用，以此完成对静态（动态）顺序表的测试任务，同样地，在测试程序的开始部分必须用预处理命令"#include"将"sqlist. h"（"sqlist_d. h"）和其他需要的标准库包含到该程序中。

图 3-5、图 3-6 是上述建议的示意图。本书所采用的开发工具是 Microsoft Visual C++ 6. 0，开发环境为 Windows 2007。

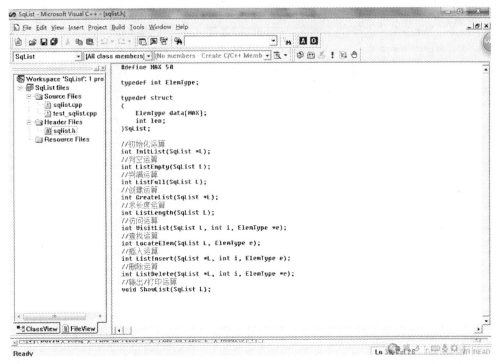

a）头文件sqlist.h

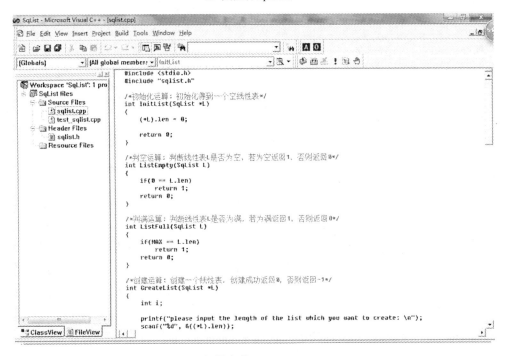

b）源文件sqlist.cpp

图 3-5 静态顺序表测试示意图

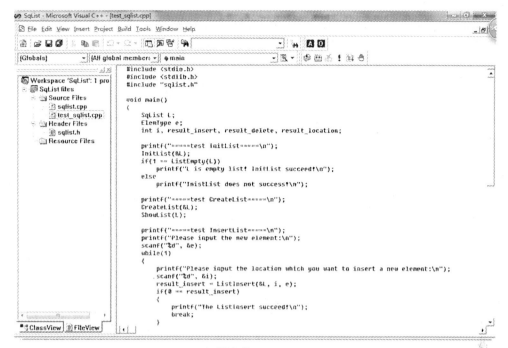

c）源文件test_sqlist.cpp

图3-5 （续）

a）头文件sqlist_d.h

图3-6 动态顺序表测试示意图

b）源文件sqlist_d.cpp

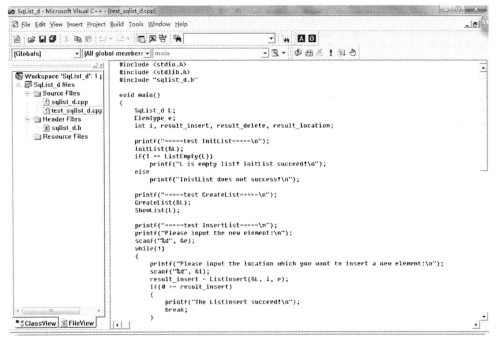

c）源文件test_sqlist_d.cpp

图3-6　（续）

3.3.2 单链表

线性表的顺序表表示的特点是用物理位置的相邻关系来表示数据元素之间逻辑上的相邻关系。这一特点使得在顺序表中我们可以随机存取任意一个数据元素，但同时也使得插入和删除操作需要移动大量的数据元素。为避免插入、删除操作中移动大量的数据元素，我们介绍线性表的另一种存储方法——链式存储结构。

采用链式存储的线性表称为**链表**（Linked List）。线性表的链式存储结构是用一组任意的存储单元来存放线性表中的数据元素。这组存储单元可以是连续的，也可以是不连续的，可以是部分连续的，也可以是部分不连续的。

因为逻辑上相邻的两个数据元素的存储位置可以是不相邻的，所以为了说明每个数据元素与其直接后继之间的逻辑相邻关系，对每个数据元素而言，除了存储其本身的信息之外，还需存储其直接后继的存储位置（即指针），这两部分信息组成了数据元素在存储器中的存储映像，称为**结点**（Node），如图 3-7 所示。

结点包括两个域：①数据域 *data*：用来存放数据元素的值；②指针域（也称为链域）*next*：用来存放数据元素直接后继的存储位置。

通过每个结点的指针域可以将线性表的 n 个结点按其逻辑次序链接在一起，从而构成了一个链表。由于上述链表的每一个结点只有一个指针域，因此这种链表被称为**单链表**（Single Linked List）。

显然，单链表中每个结点的存储地址存放在其前驱结点的 *next* 域中，然而首元结点（即第一个结点）无直接前驱，因此，我们需要设置一个**头指针**（*head*），用来存储首元结点的存储地址。同时，由于尾元结点（即最后一个结点）无直接后继，故尾元结点的指针域为空（图示中用^表示）。

例如，线性表 $L(a_1,a_2,\cdots,a_{i-1},a_i,a_{i+1},\cdots,a_n)$ 的单链表存储结构图如图 3-8 所示。

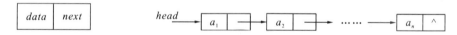

图 3-7 单链表中的结点结构　　　图 3-8 （不带头结点的）单链表存储结构示意图

单链表是由表头唯一确定，而头指针是指向表头的指针，因此单链表可以用头指针的名字来命名，它由头指针唯一确定。

有时为了在对链表进行操作时能够统一处理空表和非空表的情况或者能够统一对首元结点和对其余非首元结点的处理过程，我们在链表的首元结点之前增设一个结点，称为**头结点**（Head Node）。相对于头结点而言，其余结点统称为**表结点**（List Node）。

头结点的结点结构可以与表结点的结点结构相同也可以不同，视具体应用而定。在本节中除特别说明外我们默认为头结点的结点结构和表结点的结点结构相同。因此，对图 3-7 定义的结点结构而言，头结点的 *data* 域可以不存放任何信息，也可以存放一些特殊的信息（如单链表的当前长度、单链表的创建者、创建时间等信息）。在本节中我们默认为头结点的 *data* 域不存放任何信息。

例如，线性表 $L(a_1,a_2,\cdots,a_{i-1},a_i,a_{i+1},\cdots,a_n)$ 的带头结点的单链表的存储结构图如图 3-9 所示。

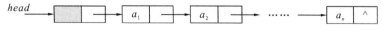

图 3-9 带头结点的单链表存储结构示意图

既然空线性表是指不含有任何数据元素的线性表，那么它所对应的单链表应该不含有任何表结点。也就是说，对于不带头结点的单链表而言，空线性表用头指针为空表示，即 *head* == NULL；对于带头结点的单链表而言，空线性表用头结点的指针域为空表示，即 *head* -> *next* == NULL（如图 3-10 所示）。

图 3-10　带头结点的空单链表示意图

单链表的类型定义如下：

```
typedef struct LNode
{
    ElemType data;
    struct LNode *next;
}LNode,*LinkList;
```

这里定义了两个类型：一个是结点类型 LNode；另一个是指针类型 LinkList，它表示指向 LNode 类型变量的指针类型。例如，

```
LNode s;        //s 是结点的变量
LNode *p;       //p 是指针变量
LinkList q;     //与"LNode *q;"等价,q 是指针变量
```

单链表中的结点所占用的存储空间并不是编译器在编译时预定好的，而是在程序运行过程中不断地进行分配和回收的，故对结点的存储分配本身就是一种动态存储分配。

（1）带头结点的单链表

下面给出基于带头结点的单链表的线性表基本运算的实现。

假设有：

```
typedef int ElemType;
```

1）初始化运算的实现。

```
/*初始化运算:初始化得到一个空线性表,若初始化成功返回 0,否则返回 -1*/
int InitList( LinkList *p_head)
{
    *p_head = (LNode*)malloc(sizeof(LNode));
    if(0 == *p_head)
        return -1;              //因存储分配失败导致初始化运算失败
    (*p_head) -> next = NULL;
    return 0;
}
```

需要注意的是，形参应定义为指向 LinkList 类型变量的指针（即指向 LNode 类型变量的指针的指针）。这是因为初始化函数并不是对头指针所指单链表中的结点进行操作而是需要改变头指针的值。

2）判空运算的实现。

```
/*判空运算:判断线性表是否为空,若为空返回 1,否则返回 0*/
int ListEmpty( LinkList head)
{
    if( NULL == head -> next)
        return 1;
    return 0;
}
```

3）判满运算的实现。

对于链式存储方式而言，一般没有"满"的状态，因为它实现的是动态存储分配。所以这里没有判满运算的实现。

4）线性表的创建。

基于链式存储结构的线性表创建是指单链表的创建。单链表的创建是指在空链表的基础上依次为线性表中的数据元素动态创建结点结构，然后将存储了元素信息的结点插入到已得到的单链表中，直到单链表包含了所有数据元素为止。显然，单链表的创建过程是一个从无到有的迭代过程，因此可以利用循环结构或递归函数来完成。考虑到实现效率，我们选用循环结构来实现。根据结点迭代插入的位置不同将单链表的创建算法分为头部创建法（也称为头插法）和尾插入法（也称为尾插法）两种。

顾名思义，在头部创建法中，每次迭代插入均发生在表头。对不带头结点的单链表而言，这个位置是指头指针 *head* 所指的位置；对带头结点的单链表而言，这个位置是指头结点的指针域 *next* 所指的位置。而在尾部创建法中，每次迭代插入均发生在表尾，即尾元结点的指针域 *next* 所指的位置。

既然在尾部创建法中每次结点的插入均在表尾进行，也就是说，插入的结点将成为新的尾元结点，成为原尾元结点的直接后继，这就需要修改原尾元结点的指针域，使它指向新的尾元结点，因此我们需要一个辅助指针始终指向当前表尾（即下次插入运算将要发生的位置）。

因为在头部创建法中结点的插入发生在表头，新插入的结点将成为新的首元结点，而原来的首元结点将成为新插入结点的直接后继，因此我们需要用原首元结点的地址给新插入结点的指针域赋值，同时需要修改指向首元结点的指针，将新插入结点的地址赋值给头结点的指针域（带头结点的单链表）或头指针（不带头结点的单链表）。

通过上述分析可知，在头部创建法中不需要增设辅助指针，但头部创建法所创建的单链表的增长方向与数据元素位序的增长方向刚好相反，因此在头部创建法中，需要先插入第 n 个数据元素（假设对应线性表的长度为 n），然后插入第 $n-1$ 个数据元素，…，最后插入第 1 个数据元素。尾部创建法所创建的单链表的增长方向和数据元素位序的增长方向一致，因此它将先插入第 1 个数据元素，然后插入第 2 个数据元素，…，最后插入第 n 个数据元素，但是它需要增设一个辅助指针，用来始终指向表尾。

①头部创建法（头插法）。

```
/*创建运算：创建一个线性表,创建成功返回0,否则返回-1*/
int CreateList_AtHead(LinkList head)
{
    int i,temp_len;
    ElemType temp_elem;
    LNode *p = NULL;
    printf("please input the length of the list which you want to create:\n");
    scanf("%d",&temp_len);
    for(i = temp_len;i >=1;i --)
    {
        printf("please input NO.%d element:\n",i);
        scanf("%d",&temp_elem);
        p = (LNode*)malloc(sizeof (LNode));
        if (NULL == p)
          return -1;                    //因存储分配失败导致创建运算失败
        p -> data = temp_ elem;
        p -> next = head -> next;
        head -> next = p;
    }
    return 0;
}
```

②尾部创建法（尾插法）。

```
/*创建运算:创建一个线性表,创建成功返回0,否则返回-1*/
int CreateList_AtTail(LinkList head)
{
    int i,temp_len;
    ElemType temp_elem;
    LNode *p=NULL,*p_tail=head;
    printf("please input the length of the list which you want to create:\n");
    scanf("%d",&temp_len);
    for(i=1;i<=temp_len;i++)
    {
        printf("please input NO.%d element:\n",i);
        scanf("%d",&temp_elem);
        p=(LNode*)malloc(sizeof(LNode));
        if(NULL==p)
            return-1;                 //因存储分配失败导致创建运算失败
        p->data=temp_elem;
        p->next=NULL;
        p_tail->next=p;
        p_tail=p;
    }
    return 0;
}
```

需要注意的是，传入创建运算中的单链表是已被初始化为空的单链表。

5）求长度运算的实现。

```
/*求长度运算:返回线性表的长度*/
int ListLength(LinkList head)
{
    int count=0;
    LNode *p=head->next;
    while(NULL!=p)
    {
        count++;
        p=p->next;
    }
    return count;
}
```

6）查找运算的实现。

```
/*查找运算:在线性表中搜索e,若查找成功则返回e在线性表中的位序,否则返回0*/
int LocateElem(LinkList head,ElemType e)    //采用顺序查找法
{
    LNode *p=head->next;
    int i=1;                        //变量i用来记录p结点的位序
    while(NULL!=p)
    {
        if(p->data==e)
            return i;
        p=p->next;
        i++;
    }
    return 0;
}
```

易知，查找失败时，时间复杂度为 $O(n)$；查找成功时，最好情况下时间复杂度为 $O(1)$，最坏情况和平均情况下都为 $O(n)$。

7）插入数据元素运算的实现。

在合法的第 i 个位置上插入一个新结点，将意味新结点的直接后继是原来的第 i 个结点，第 $i-1$ 个结点的直接后继变成新结点。也就是说，我们需要给新结点的指针域赋值，使其指向原来的第 i 个结点；需要修改第 $i-1$ 个结点的指针域，使其指向新结点。显然无论是取得原来的第 i 个结点的存储地址还是修改第 $i-1$ 个结点的指针域，都需要访问第 $i-1$ 个结点的指针域。因此，我们需要首先找到第 $i-1$ 个结点。（在 i 合法的情况下）算法的基本处理过程如下所述：

a. 查找到第 $i-1$ 个结点。

b. 生成新数据元素对应的结点，并将其值存入结点的 *data* 域。

c. 在第 i 个位置上插入新结点，插入过程如图 3-11 所示。

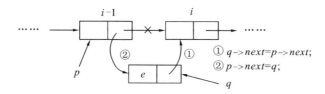

图 3-11　在 p 结点的后面（或第 i 个位置上）插入一个新结点

```
/*插入运算：在线性表的指定位置 i（位序从 1 开始编址）上插入元素 e*/
int ListInsert(LinkList head,int i,ElemType e)
{
    LNode *p = head,*q = NULL;
    int j = 0;                    //变量 j 用来记录 p 结点的位序
    while(NULL != p && j < i-1)    //找第 i-1 个结点
    {
        p = p -> next;
        j ++ ;
    }
    if(NULL == p || j > i-1)
        return -1;                //因 i 不合法导致插入操作失败
    else
    {
        q = (LNode*)malloc(sizeof(LNode));
        if(NULL == q)
            return -2;            //因存储分配失败导致插入运算失败
        q -> data = e;
        q -> next = p -> next;
        p -> next = q;
    }
    return 0;
}
```

用来找第 $i-1$ 个结点的 while 语句结束有三种情况：①NULL == p；②NULL ! = p && $j >$ $i-1$；③NULL ! = p && $j = i-1$。其中，第 1 种情况说明传入的参数 i 过大，大于上界 ListLength（ *head* ）+1；第 2 种情况说明传入的参数 i 过小，小于下界 1；第 3 种情况说明参数 i 合法，并且辅助指针 p 指向了第 $i-1$ 个结点。因此，在 while 语句结束后，需要判断触发它结束的事件或原因，并根据不同的触发事件或原因做出不同的处理。

假设指定插入的位置为第 1 个位置（即 $i=1$），这时我们发现 while 语句不会执行，其原因是 $j = 0 = i-1$，并且指针 p 的初始值为头结点的地址，而头结点可以看作是第 0 个结点，因此在第 1 个位置上进行插入的处理过程与在其他合法位置上进行插入的处理过程一致。

而且，对于带头结点的单链表而言，无论插入前的链表是否为空，对合法插入位置的插入过程都不会涉及对头指针的修改问题，因此，上述算法既适用于对空单链表的插入处理也适用于对非空单链表的插入处理。

相对基于顺序存储的线性表插入运算的实现，基于链式存储的实现更为简单，因为它只需要修改几个指针就可实现数据元素的插入，不需要向后平移数据元素。但在时间开销上，两种存储结构上的插入算法相当：在最好情况下都为 $O(1)$，在最坏情况下都为 $O(n)$，在平均情况下都为 $O(n)$。这是因为，虽然在链式存储结构中插入数据元素不需要平移数据元素，但由于单链表的"单向可及性"使得搜索第 $i-1$ 个表结点的任务必须从表头开始依次访问前 $i-2$ 个表结点的 $next$ 域才能完成。

8）删除数据元素运算的实现。

删除第 i 数据元素（假设 i 合法）意味着第 $i-1$ 个结点的直接后继发生了改变。它的直接后继不再是原来的第 i 个结点，而是原来的第 $i+1$ 个结点。也就是说，我们需要修改第 $i-1$ 个结点的指针域使其指向新的直接后继，因此需要访问第 $i-1$ 个结点。（在 i 合法的情况下）基本处理过程如下所述：

a. 查找到第 $i-1$ 个结点（注意，查找的过程中，还要保证供删除的第 i 个结点存在）。

b. 记录将被删除的数据元素的值。

c. 删除第 i 个结点（即删除第 i 个数据元素），删除过程如图 3-12 所示。

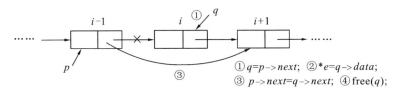

图 3-12　删除第 i 个结点

```
/*删除运算：删除线性表指定位置i（位序从1开始编址）上的元素，并用变量e返回被删除的元素*/
int ListDelete(LinkList head, int i, ElemType *e)
{
    LNode *p = head, *q = NULL;
    int j = 0;                          //变量j用来记录p结点的位序
    if(1 == ListEmpty(head))
        return -2;                      //因线性表为空导致删除操作失败
    //找第i-1个结点，并保证第i个结点也存在
    while(NULL != p -> next && j < i-1)
    {
        p = p -> next;
        j ++ ;
    }
    if(NULL == p -> next || j > i-1)
        return -1;                      //因i不合法导致插入操作失败
    else
    {
        q = p -> next;                  //此时q指针指向的是第i个结点
        *e = q -> data;
        p -> next = q -> next;          //删除第i个结点
        free(q);
    }
    return 0;
}
```

上面给出的基于带头结点的单链表的删除操作的实现过程，统一了对首元元素和对非首元元素的删除操作，也统一了对长度为 1 的单链表和长度大于 1 的单链表的删除操作。

相对基于顺序存储的删除运算的实现，基于链式存储的实现更为简单，因为它只需要通过修改指针就能实现数据元素的删除任务而不需要向前平移数据元素。但在时间开销上，两种存储结构上的删除算法相当：在最好情况下都为 $O(1)$，在最坏情况下都为 $O(n)$，在平均情况下都为 $O(n)$。这是因为单链表的"单向可及性"导致需要从表头开始顺着结点的 $next$ 指针域才能找到第 $i-1$ 个结点。

9）访问数据元素运算的实现。

```
/*访问运算: 访问线性表中位序为 i 的数据元素*/
int VisitList(LinkList head,int i,ElemType *e)
{
    LNode *p = head -> next;
    int j = 1;                          //变量 j 用来记录 p 结点的位序
    if(1 == ListEmpty(head))
        return -2;                      //因线性表为空导致访问操作失败
    while(NULL != p && j < i)           //找第 i 个结点
    {
        p = p -> next;
        j ++;
    }
    if(NULL == p || j > i)
        return -1;                      //因 i 不合法导致访问操作失败
    else
        *e = p -> data;
    return 0;
}
```

10）输出线性表运算的实现。

```
/*输出/打印运算: 输出线性表*
void ShowList(LinkList head)
{
    LNode *p = head -> next;
    while(NULL != p)
    {
        printf("%d ",p -> data);
        p = p -> next;
    }
    printf("\n");
}
```

11）撤销线性表运算的实现。

```
void DestroyList(LinkList *p_head)
{
    LNode *p = (*p_head) -> next,*q = NULL;
    while(NULL != p)                    //撤销所有表结点
    {
        q = p;
        p = p -> next;
        free(q);
    }
    free(*p_head);                      //撤销头结点
    *p_ head = NULL;
}
```

（2）不带头结点的单链表

基于不带头结点的单链表实现线性表的基本运算，相对于带头结点的单链表来说要复杂一些。这是因为：①对空链表的处理会涉及对头指针的修改，对非空链表的处理可能不会涉及对头指针的修改；②对首元结点的处理会涉及对头指针的修改，对非首元结点的处理不会涉及对头指针的修改。因此，我们必须在基本运算的实现过程中特别注意对不同情况的判断并给出相应的处理过程。

下面给出基于不带头结点的单链表的线性表基本运算的实现。

假设有：

```
typedef int ElemType;
```

1）初始化运算的实现。

```
/*初始化运算:初始化得到一个空线性表,若初始化成功返回0,否则返回 -1*/
int InitList(LinkList *head)
{
    *head = NULL;
    return 0;
}
```

请注意：因为单链表的头指针（LinkList 类型）既是入口参数又是出口参数，所以形参用指向头指针的指针变量（LinkList* 类型）表示。

2）判空运算的实现。

```
/*判空运算:判断线性表是否为空,若为空返回1,否则返回0*/
int ListEmpty(LinkList head)
{
    if(NULL == head)
        return 1;
    return 0;
}
```

3）判满运算的实现。

对于链式存储方式而言，一般没有"满"的状态，因为它实现的是动态存储分配。所以这里没有判满运算的实现。

4）线性表的创建。

①头部创建法（头插法）。

```
/*创建运算:创建一个线性表,创建成功返回0,否则返回 -1*/
int CreateList_AtHead(LinkList *p_head)
{
    int i,temp_len;
    ElemType temp_elem;
    LNode *p = NULL;
    printf("please input the length of the list which you want to create: \n");
    scanf("%d",&temp_len);
    for(i = temp_len;i >= 1;i -- )
    {
        printf("please input NO. %d element: \n",i);
        scanf("%d",&temp_elem);
        p = (LNode*)malloc(sizeof(LNode));
        if(NULL == p)
            return -1;                    //因存储分配失败导致创建运算失败
        p -> data = temp_elem;
        p -> next = *p_head;
        *p_head = p;
    }
    return 0;
}
```

②尾部创建法（尾插法）。

```
/*创建运算:创建一个线性表,创建成功返回0,否则返回 -1*/
```

```
int CreateList_AtTail(LinkList *p_head)
{
    int i,temp_len;
    ElemType temp_elem;
    LNode *p = NULL,*p_tail = *p_head;
    printf("please input the length of the list which you want to create: \n");
    scanf("%d",&temp_len);
    for(i = 1;i <= temp_len;i ++)
    {
        printf("please input NO.%d element:\n",i);
        scanf("%d",&temp_elem);
        p = (LNode*)malloc(sizeof(LNode));
        if(NULL == p)
            return -1;              //因存储分配失败导致创建运算失败
        p -> data = temp_elem;
        p -> next = NULL;
        if(1 == i)
            *p_head = p;
        else
            p_tail -> next = p;
        p_tail = p;
    }
    return 0;
}
```

需要注意的是，传入创建运算中的单链表是已被初始化为空的单链表。

5）求长度运算的实现。

```
/*求长度运算：返回线性表的长度*/
int ListLength(LinkList head)
{
    int count = 0;
    LNode *p = head;
    while(NULL != p)
    {
        count ++;
        p = p -> next;
    }
    return count;
}
```

6）查找数据元素运算的实现。

```
/*查找运算：在线性表中搜索 e,若查找成功则返回 e 在线性表中的位序,否则返回 0*/
int LocateElem(LinkList head,ElemType e)          //采用顺序查找法
{
    LNode *p = head;
    int i = 1;                                    //变量 i 用来记录 p 结点的位序
    while(NULL != p)
    {
        if(p -> data == e)
            return i;
        p = p -> next;
        i ++;
    }
    return 0;
}
```

7）插入数据元素运算的实现。

```
/*插入运算：在线性表的指定位置 i（位序从 1 开始编址）上插入元素 e*/
int ListInsert(LinkList *p_head,int i,ElemType e)
{
    LNode *p = *p_head,*q = NULL;
```

```
        int j =1;                                  //变量 j 用来记录 p 结点的位序
        if(1 == i)
        {
            q =(LNode*)malloc(sizeof(LNode));
            if(NULL == q)
                return -2;                         //因存储分配失败导致插入运算失败
            q ->data = e;
            q ->next = *p_head;
            *p_head = q;
        }
        else
        {
            while(NULL != p && j < i -1)           //找第 i -1 个结点
            {
                p = p ->next;
                j ++;
            }
            if(NULL == p ||j > i -1)
                return -1;                         //因 i 不合法导致插入操作失败
            else
            {
                q =(LNode*)malloc(sizeof(LNode));
                if(NULL == q)
                    return -2;                     //因存储分配失败导致插入运算失败
                q ->data = e;
                q ->next = p ->next;
                p ->next = q;
            }
        }
    return 0;
}
```

8）删除数据元素运算的实现。

```
/*删除运算:删除线性表指定位置 i(位序从 1 开始编址)上的元素,并用变量 e 返回被删除的元素*/
int ListDelete(LinkList *p_head,int i,ElemType *e)
{
    LNode *p = *p_head,*q = NULL;
    int j =1;                                      //变量 j 用来记录 p 结点的位序
    if(1 == ListEmpty( *p_head))
        return -2;                                 //因线性表为空导致删除操作失败
    if(1 == i)
    {
        q = *p_head;
        *e = q ->data;
        *p_head = q ->next;                        //删除第 1 个结点
        free(q);
    }
    else
    {
        //找第 i -1 个结点,并保证第 i 个结点也存在
        while(NULL != p ->next && j < i -1)
        {
            p = p ->next;
            j ++;
        }
        if(NULL == p ->next ||j > i -1)
            return -1;                             //因 i 不合法导致插入操作失败
        else
        {
            q = p ->next;                          //此时 q 指针指向的是第 i 个结点
            *e = q ->data;
            p ->next = q ->next;                   //删除第 i 个结点
            free(q);
        }
```

```
    }
    return 0;
}
```

9) 访问数据元素运算的实现。

```
/*访问运算：访问线性表中位序为 i 的数据元素*/
int VisitList(LinkList head,int i,ElemType *e)
{
    LNode *p = head;
    int j = 1;                          //变量 j 用来记录 p 结点的位序
    if(1 == ListEmpty(head))
        return -2;                      //因线性表为空导致访问操作失败
    while(NULL != p && j < i)           //找第 i 个结点
    {
        p = p -> next;
        j ++ ;
    }
    if(NULL == p || j > i)
        return -1;                      //因 i 不合法导致访问操作失败
    else
        *e = p -> data;
    return 0;
}
```

10) 输出线性表运算的实现。

```
/*输出/打印运算：输出线性表*/
void ShowList(LinkList head)
{
    LNode *p = head;
    while(NULL != p)
    {
        printf("%d ",p -> data);
        p = p -> next;
    }
    printf("\n");
}
```

11) 撤销线性表运算的实现。

```
/*撤销运算：单链表使用完后要回收所有结点占用的存储空间*/
void DestroyList(LinkList *p_head)
{
    LNode *p = *p_head,*q = NULL;
    while(NULL != p)
    {
        q = p;
        p = p -> next;
        free(q);
    }
    *p_head = NULL;
}
```

（3）单链表的测试

和顺序表的测试类似，我们在进行单链表的测试时，可以首先创建一个头文件"linklist. h"（"linklist_nh. h"），头文件中包括单链表的类型定义和基于带头结点（基于不带头结点）的单链表的基本运算的声明；然后创建一个源文件"linklist. c"（"linklist_nh. c"），该文件包含了基于带头结点（基于不带头结点）的单链表的线性表基本运算的实现代码，并且在程序开始处要用预处理命令"#include"将"linklist. h"（"linklist_nh. h"）和其他需要的标准库包含到源文件中；最后写一个测试程序，可以命名为"test_linklist. c"（"test_linklist_nh. c"），该文件中包含 main 函数，main 函数中有对单链表变量的声明和对基本运算的调用，以此完成对单链表的测试任务。同样地，在测试程序的开始部分必须用预处理命令"#include"将"linklist. h"（"linklist_nh. h"）和其他需要的标准库包含到该程序中。

3.3.3　静态单链表

静态单链表是一种借助一维数组来描述的线性链表。它将数据元素可能存储的范围局限于一个一维数组内，在这个一维数组内数据元素可以任意存放，即逻辑上相邻的数据元素可以是不相邻的数组元素。如线性表 L（a_1，a_2，a_3，a_4，a_5）的静态单链表存储结构如图 3-13a 所示。

从图 3-13a 中我们可以看到，在静态单链表中，对于每一个数据元素而言，除了存储该元素的值以外，还需要存储其直接后继在一维数组中的下标。本书将下标为 0 的数组单元处理为静态单链表的头结点，不存放任何数据元素，是整个静态单链表的入口。用 −1 表示空指针 NULL。

在静态单链表中，为了便于为新进入静态单链表的数据元素分配所需的存储空间，我们必须时刻了解一维数组中空闲数组单元的情况，也就是说，需要时刻维护一个由空闲数组单元构成的静态单链表。经过上述处理后，线性表 L（a_1，a_2，a_3，a_4，a_5）的静态单链表存储结构如图 3-13b 所示。

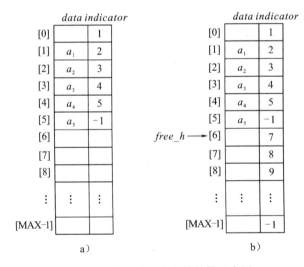

图 3-13　静态单链表存储结构示意图

静态单链表的类型定义如下：

```
#define MAX 100
typedef int ElemType;
typedef struct
{
    ElemType data;
    int indicator;
}SLNode;
typedef struct
{
    SLNode store[MAX];
    int free_h;
```

```
} SqLinkList;
```

下面给出静态单链表中基本运算的实现算法:

假设有:

```
typedef int ElemType;
```

1. 初始化运算的实现

```
/*初始化运算:初始化得到一个空线性表,若初始化成功返回 0,否则返回 -1*/
int InitList(SqLinkList *p_SL)
{
    int i;
    (*p_SL).store[0].indicator = -1;
    (*p_SL).free_h = 1;
    for(i = (*p_SL).free_h;i <= MAX - 2;i ++ )
        (*p_SL).store[i].indicator = i +1;
    (*p_SL).store[MAX - 1].indicator = -1;
    return 0;
}
```

2. 判空运算的实现

```
/*判空运算:判断线性表是否为空,若为空返回 1,否则返回 0*/
int ListEmpty(SqLinkList SL)
{
    if( -1 == SL.store[0].indicator)
        return 1;
    return 0;
}
```

3. 判满运算的实现

```
/*判满运算:判断线性表是否为满,若为空返回 1,否则返回 0*/
int ListFull(SqLinkList SL)
{
    if( -1 == SL.free-h)
        return 1;
    return 0;
}
```

4. 线性表的创建

(1) 头部创建法(头插法)

```
/*创建运算:创建一个线性表,创建成功返回 0,否则返回 -1*/
int CreateList_AtHead(SqLinkList *p_SL)
{
    int i,temp_len,p;
    ElemType temp_elem;
    printf("please input the length of the list which you want to create: \n");
    scanf("%d",&temp_len);
    for(i = temp_len;i >=1;i -- )
    {
        printf("please input NO. %d element:\n",i);
        scanf("%d",&temp_elem);
        p = (*p_SL).free_h;
        if( -1 == p)
            return -1;                //因存储分配失败导致创建运算失败
        (*p_SL).free_h = (*p_SL).store[(*p_SL).free_h].indicator;
        (*p_SL).store[p].data = temp_elem;
        (*p_SL).store[p].indicator = (*p_SL).store[0].indicator;
        (*p_SL).store[0].indicator = p;
    }
```

```
        return 0;
    }
```

（2）尾部创建法（尾插法）

```
/*创建运算：创建一个线性表，创建成功返回 0，否则返回 -1*/
int CreateList_AtTail(SqLinkList *p_SL)
{
    int i,temp_len,p,p_tail;
    ElemType temp_elem;
    p_tail = 0;                             //p_tail 指向当前表尾
    printf("please input the length of the list which you want to create:\n");
    scanf("%d",&temp_len);
    for(i =1;i <= temp_len;i ++ )
    {
        printf("please input NO. %d element:\n",i);
        scanf("%d",&temp_elem);
        p = (*p_SL). free_h;
        if( -1 == p)
            return -1;                      //因存储分配失败导致创建运算失败
        (*p_SL). free_h = (*p_SL). store[(*p_SL). free_h]. indicator;
        (*p_SL). store[p]. data = temp_elem;
        (*p_SL). store[p]. indicator = -1;
        (*p_SL). store[p_tail]. indicator = p;
        p_tail = p;
    }
    return 0;
}
```

5. 求长度运算的实现

```
/*求长度运算：返回线性表的长度*/
int ListLength(SqLinkList SL)
{
    int count = 0,p = SL. store[0]. indicator;
    while( -1 != p)
    {
        count ++ ;
        p = SL. store[p]. indicator;
    }
    return count;
}
```

6. 查找数据元素运算的实现

```
/*查找运算：在线性表中搜索 e，若查找成功则返回 e 在线性表中的位序，否则返回 0*/
int LocateElem(SqLinkList SL,ElemType e)          //采用顺序查找法
{
    int i =1,p = SL. store[0]. indicator;         //变量 i 用来记录 p 结点的位序
    while( -1 != p)
    {
        if(SL. store[p]. data == e)
            return i;
        p = SL. store[p]. indicator;
        i ++ ;
    }
    return 0;
}
```

7. 插入数据元素运算的实现

```
/*插入运算：在线性表的指定位置 i（位序从 1 开始编址）上插入元素 e*/
int ListInsert(SqLinkList *p_SL,int i,ElemType e)
{
    int p = 0,q;
```

```
    int j = 0;                                //变量 j 用来记录 p 结点的位序
    while( -1 != p && j < i - 1)              //找第 i - 1 个结点
    {
        p = ( *p_SL). store[p]. indicator;
        j ++ ;
    }
    if( -1 == p || j > i - 1)
        return - 1;                           //因 i 不合法导致插入操作失败
    else
    {
        q = ( *p_SL). free_h;
        if( -1 == q)
            return - 2;                       //因存储分配失败导致插入操作失败
        ( *p_SL). free_h = ( *p_SL). store[( *p_SL). free_h]. indicator;
        ( *p_SL). store[q]. data = e;
        ( *p_SL). store[q]. indicator = ( *p_SL). store[p]. indicator;
        ( *p_SL). store[p]. indicator = q;
    }
    return 0;
}
```

8. 删除数据元素运算的实现

```
/* 删除运算：删除线性表指定位置 i（位序从 1 开始编址）上的元素，并用变量 e 返回被删除的元素 */
int ListDelete( SqLinkList *p_SL, int i, ElemType *e)
{
    int p = 0, q;
    int j = 0;                                //变量 j 用来记录 p 结点的位序
    if( 1 == ListEmpty( *p_SL))
        return - 2;                           //因线性表为空导致删除操作失败
    //找第 i - 1 个结点，并保证第 i 个结点也存在
    while( -1 != ( *p_SL). store[p]. indicator && j < i - 1)
    {
        p = ( *p_SL). store[p]. indicator;
        j ++ ;
    }
    if( -1 == ( *p_SL). store[p]. indicator || j > i - 1)
        return - 1;                           //因 i 不合法导致插入操作失败
    else
    {
        q = ( *p_SL). store[p]. indicator;    //此时 q 指针指向的是第 i 个结点
        *e = ( *p_SL). store[q]. data;
        //删除第 i 个结点
        ( *p_SL). store[p]. indicator = ( *p_SL). store[q]. indicator;
    }
    return 0;
}
```

9. 访问数据元素运算的实现

```
/* 访问运算：访问线性表中位序为 i 的数据元素 */
int VisitList( SqLinkList SL, int i, ElemType *e)
{
    int p = SL. store[0]. indicator;
    int j = 1;                                //变量 j 用来记录 p 结点的位序
    if( 1 == ListEmpty( SL))
        return - 2;                           //因线性表为空导致访问操作失败
    while( -1 != p && j < i)                  //找第 i 个结点
    {
        p = SL. store[p]. indicator;
        j ++ ;
    }
    if( -1 == p || j > i)
        return - 1;                           //因 i 不合法导致访问操作失败
    else
```

```
        * e = SL. store[p]. data;
    return 0;
}
```

10. 输出线性表运算的实现

```
void ShowList(SqLinkList SL)
{
    int p = SL. store[0]. indicator;
    while( -1 != p)
    {
        printf("%d ",SL. store[p]. data);
        p = SL. store[p]. indicator;
    }
    printf("\n");
}
```

11. 撤销线性表运算的实现

```
/*撤销运算：回收静态链表中已经分配出去的空间,使其重新变为空静态链表*/
void DestroyList(SqLinkList *p_SL)
{
    int p = (*p_SL). store[0]. indicator;
    while( -1 != p)                          //撤销所有元素
    {
        (*p_SL). store[(*p_SL). free_h]. indicator = p;
        (*p_SL). free_h = p;
        p = (*p_SL). store[p]. indicator;
    }
    (*p_SL). store[0]. indicator = -1;       //设置为空静态链表
}
```

　　静态单链表的测试过程与单链表、顺序表的测试过程类似，此处不再叙述。后面章节介绍的各种数据结构实现的测试过程我们也都不再进行书面介绍了，读者在本书提供的配套源代码中均可以找到相关内容。

3.3.4　一元多项式相加问题的求解实现

　　一元多项式相加问题的描述、分析和求解的抽象算法请参看 3.2 节。本小节主要的内容是：基于线性表的三种存储结构，分别给出 3.2 节所示抽象算法的实现程序。

　　(1) 基于顺序表实现一元多项式问题

　　程序清单如下：

```
#include < stdio. h >
#include < stdlib. h >
#include < math. h >
#define MAX 50
typedef struct
{
    float coef;
    int exp;
}PElemType;
typedef PElemType ElemType;
typedef struct
{
    ElemType data[MAX];
    int len;
}SqList;
int CreatePolynomial(SqList * f)
{
    int i;
```

```
    while(1)
    {
        printf("Please input the length of the polynomial list:\n");
        scanf("%d",&((*f).len));
        if((*f).len>0 && (*f).len<=MAX-1)
            break;
        else if((*f).len<=0)
            printf("The length is too small,please input a bigger value! \n");
        else
            printf("The length is too big,please input a smaller value! \n");
    }
    for(i=1;i<=(*f).len;i++)                    //从下标为1的位置开始存储
    {
        printf("Please input NO.%d item's coef and exp:\n",i);
        scanf("%f,%d",&((*f).data[i].coef),&((*f).data[i].exp));
    }
    return 0;
}
/*增加新的存储空间存放相加的结果,返回值为0表示操作成功,为-1表示操作失败*/
int Ploynomial_Add1(SqList f1,SqList f2,SqList *f)
{
    int i_f1=1,i_f2=1;                          //i_f1用来扫描f1,i_f2用扫描f2
    float sum=0.0;
    (*f).len=0;
    while(i_f1<=f1.len && i_f2<=f2.len)
    {
        if(f1.data[i_f1].exp>f2.data[i_f2].exp)
        {
            (*f).len++;
            if((*f).len>MAX-1)
                return -1;                      //因顺序表满导致操作失败
            (*f).data[(*f).len].coef=f1.data[i_f1].coef;
            (*f).data[(*f).len].exp=f1.data[i_f1].exp;
            i_f1++;
        }
        else if(f1.data[i_f1].exp<f2.data[i_f2].exp)
        {
            (*f).len++;
            if((*f).len>MAX-1)
                return -1;                      //因顺序表满导致操作失败
            (*f).data[(*f).len].coef=f2.data[i_f2].coef;
            (*f).data[(*f).len].exp=f2.data[i_f2].exp;
            i_f2++;
        }
        else
        {
            sum=f1.data[i_f1].coef+f2.data[i_f2].coef;
            if(fabs(sum)<1e-6)
            {
                i_f1++;
                i_f2++;
            }
            else
            {
                (*f).len++;
                if((*f).len>MAX-1)
                    return -1;                  //因顺序表满导致操作失败
                (*f).data[(*f).len].coef=sum;
                (*f).data[(*f).len].exp=f1.data[i_f1].exp;
                i_f1++;
                i_f2++;
            }
        }
    }//while
    // 若f1还有剩余的项
```

```
        while( i_f1 <= f1. len)
        {
            ( * f). len ++ ;
            if(( * f). len > MAX - 1)
                return - 1;                                //因顺序表满导致操作失败
            ( * f). data[( * f). len]. coef = f1. data[i_f1]. coef;
            ( * f). data[( * f). len]. exp = f1. data[i_f1]. exp;
            i_f1 ++ ;
        }
        // 若 f2 还有剩余的项
        while( i_f2 <= f2. len)
        {
            ( * f). len ++ ;
            if(( * f). len > MAX - 1)
                return - 1;                                //因顺序表满导致操作失败
            ( * f). data[( * f). len]. coef = f2. data[i_f2]. coef;
            ( * f). data[( * f). len]. exp = f2. data[i_f2]. exp;
            i_f2 ++ ;
        }
        return 0;
    }
/*利用原有的存储空间存放相加的结果*/
int Ploynomial_Add2( SqList * f1,SqList f2)
    {
        int i_f1 = 1,i_f2 = 1;                            //i_f1 用来扫描 f1,i_f2 用扫描 f2
        float sum = 0. 0;
        int count = 0,i;                                 //用来统计和式中项的个数
        while( i_f1 <= ( * f1). len && i_f2 <= f2. len)
        {
            if(( * f1). data[i_f1]. exp > f2. data[i_f2]. exp)
            {
                i_f1 ++ ;
                count ++ ;
            }
            else if(( * f1). data[i_f1]. exp < f2. data[i_f2]. exp)
            {
                if(( * f1). len == MAX - 1)
                    return - 1;                          //因顺序表满导致操作失败
                for( i = ( * f1). len;i >= i_f1;i -- )
                {
                    ( * f1). data[i + 1] = ( * f1). data[i];      //元素向后平移
                    ( * f1). len ++ ;
                }
                ( * f1). data[i_f1]. coef = f2. data[i_f2]. coef;
                ( * f1). data[i_f1]. exp = f2. data[i_f2]. exp;
                i_f1 ++ ;
                count ++ ;
                i_f2 ++ ;
            }
            else
            {
                sum = ( * f1). data[i_f1]. coef + f2. data[i_f2]. coef;
                if( fabs( sum) < 1e - 6)
                {
                    for( i = i_f1 + 1;i <= ( * f1). len;i ++ )
                        ( * f1). data[i - 1] = ( * f1). data[i];   //元素向前平移
                    i_f2 ++ ;
                }
                else
                {
                    count ++ ;
                    ( * f1). data[i_f1]. coef = sum;
                    i_f1 ++ ;
                    i_f2 ++ ;
                }
            }
```

```
        }
    }
    // 若 f2 还有剩余的项
    while( i_f2 <= f2. len)
    {
        count ++ ;
        if( count > MAX - 1)
            return - 1 ;                        //因顺序表满导致操作失败
        ( * f1). data[count]. coef = f2. data[i_f2]. coef;
        ( * f1). data[count]. exp = f2. data[i_f2]. exp;
        i_f2 ++ ;
    }
    ( * f1). len = count;
        return 0 ;
}

int ShowPloynomial( SqList f)
{
    int i;
    // 一元多项式不包含任何项
    if( 0 == f. len)
    {
        printf( "The polynomial is empty! \n");
        return - 1 ;
    }
    // 一元多项式第一项的输出
    if( 0 == f. data[1]. exp)
        printf( "%4. 2f", f. data[1]. coef);
    else if( fabs( f. data[1]. coef - 1) < 1e - 6)
        printf( "x^%d", f. data[1]. exp);
    else if( fabs( f. data[1]. coef + 1) < 1e - 6)
      printf( " - x^%d", f. data[1]. exp);
    else
      printf( "%4. 2fx^%d", f. data[1]. coef, f. data[1]. exp);
    // 一元多项式其余项的输出
    for( i = 2 ; i <= f. len; i ++ )
    {
        if( 0 == f. data[i]. exp)
        {
            if( f. data[i]. coef > 0)
                printf( " + %4. 2f", f. data[i]. coef);
            else
                printf( "%4. 2f", f. data[i]. coef);
        }
        else if( fabs( f. data[i]. coef - 1) < 1e - 6)
            printf( " + x^%d", f. data[i]. exp);
        else if( fabs( f. data[i]. coef + 1) < 1e - 6)
            printf( " - x^%d", f. data[i]. exp);
        else if( f. data[i]. coef > 0)
            printf( " + %4. 2fx^%d", f. data[i]. coef, f. data[i]. exp);
        else
            printf( "%4. 2fx^%d", f. data[i]. coef, f. data[i]. exp);
    }
    printf( "\n");
    return 0 ;
}

void main( )
{
    SqList f1, f2, f;
    printf( " ======= Create first polynomial ======= \n");
    CreatePolynomial( &f1);
    printf( "The first polynomial is:");
    ShowPloynomial( f1);
    printf( " ======= Create second polynomial ======= \n");
```

```
    CreatePolynomial(&f2);
    printf("The second polynomial is:");
    ShowPloynomial(f2);
    printf(" ======= Use new storage space to store the sum ======= \n");
    printf("The sum polynomial is:");
    if( -1 == Ploynomial_Add1(f1,f2,&f))
        printf("The sequential list's storage space is not enough! \n");
    else
        ShowPloynomial(f);
    printf(" ==== Don \'t use new storage space to store the sum ==== \n");
    printf("The sum polynomial is:");
    if( -1 == Ploynomial_Add2(&f1,f2))
        printf("The sequential list's storage space is not enough! \n");
    else
        ShowPloynomial(f1);
}
```

(2) 基于单链表实现一元多项式问题

程序清单如下：

```
#include < stdio. h >
#include < stdlib. h >
#include < math. h >
typedef struct
{
    float coef;
    int exp;
}PElemType;
typedef PElemType ElemType;
typedef struct LNode
{
    ElemType data;
    struct LNode *next;
}LNode,*LinkList;
/*用带头结点的单链表表示一元多项式,并采用单链表的尾部创建法进行创建*/
int CreatePolynomial(LinkList *head)
{
    int i;
    LNode *p = NULL,*q = NULL;
    (*head) = (LinkList)malloc(sizeof(LNode));
    if(NULL == *head)
        return -1;                          //因为存储分配失败导致创建失败
    q = *head;
    while(1)
    {
        printf("Please input the length of the polynomial list:\n");
        scanf("%d",&((*head) -> data. exp));    //利用头结点的数据域存放链表长度
        if((*head) -> data. exp > 0)
            break;
        else
            printf("The length is less than or equal to zero,please try again! \n");
    }
    for(i = 1;i <= (*head) -> data. exp;i ++ )
    {
        p = (LNode*)malloc(sizeof(LNode));
        if(NULL == p)
            return -1;                      //因为存储分配失败导致创建失败
        printf("Please input NO. %d item's coef and exp:\n",i);
        scanf("%f,%d",&(p -> data. coef),&(p -> data. exp));
        p -> next = NULL;
        q -> next = p;
        q = p;
    }
    return 0;
}
```

```
/*增加新的存储空间存放相加的结果,返回值为 0 表示操作成功,为 -1 表示操作失败*/
int Ploynomial_Add1(LinkList f1,LinkList f2,LinkList *f)
{
    LNode *p_f1 = f1 -> next,*p_f2 = f2 -> next,*p_f = NULL;
    LNode *p = NULL;
    float sum = 0.0;
    (*f) = (LinkList)malloc(sizeof(LNode));
    if(NULL == *f)
        return -1;                              //因存储分配失败导致操作失败
    (*f) -> data. exp = 0;                      //利用头结点的数据域存放链表长度
    p_f = (*f);
    while(NULL != p_f1 && NULL != p_f2)
    {
        if(p_f1 -> data. exp > p_f2 -> data. exp)
        {
            (*f) -> data. exp ++ ;
            p = (LNode*)malloc(sizeof(LNode));
            if(NULL == p)
                return -1;                      //因存储分配失败导致操作失败
            p -> data. coef = p_f1 -> data. coef;
            p -> data. exp = p_f1 -> data. exp;
            p -> next = NULL;
            p_f -> next = p;
            p_f = p;
            p_f1 = p_f1 -> next;
        }
        else if(p_f1 -> data. exp < p_f2 -> data. exp)
        {
            (*f) -> data. exp ++ ;
            p = (LNode*)malloc(sizeof(LNode));
            if(NULL == p)
                return -1;                      //因存储分配失败导致操作失败
            p -> data. coef = p_f2 -> data. coef;
            p -> data. exp = p_f2 -> data. exp;
            p -> next = NULL;
            p_f -> next = p;
            p_f = p;
            p_f2 = p_f2 -> next;
        }
        else
        {
            sum = p_f1 -> data. coef + p_f2 -> data. coef;
            if(fabs(sum) < 1e - 6)
            {
                p_f1 = p_f1 -> next;
                p_f2 = p_f2 -> next;
            }
            else
            {
                (*f) -> data. exp ++ ;
                p = (LNode*)malloc(sizeof(LNode));
                if(NULL == p)
                    return -1;                  //因存储分配失败导致操作失败
                p -> data. coef = sum;
                p -> data. exp = p_f1 -> data. exp;
                p -> next = NULL;
                p_f -> next = p;
                p_f = p;
                p_f1 = p_f1 -> next;
                p_f2 = p_f2 -> next;
            }
        }
    }
    //若 f1 还有剩余的项
    while(NULL != p_f1)
```

```
    {
        (*f)->data.exp++;
        p=(LNode*)malloc(sizeof(LNodc));
        if(NULL==p)
            return-1;                                //因存储分配失败导致操作失败
        p->data.coef=p_f1->data.coef;
        p->data.exp=p_f1->data.exp;
        p->next=NULL;
        p_f->next=p;
        p_f=p;
        p_f1=p_f1->next;
    }
    //若f2还有剩余的项
    while(NULL !=p_f2)
    {
        (*f)->data.exp++;
        p=(LNode*)malloc(sizeof(LNode));
        if(NULL==p)
            return-1;                                //因存储分配失败导致操作失败
        p->data.coef=p_f2->data.coef;
        p->data.exp=p_f2->data.exp;
        p->next=NULL;
        p_f->next=p;
        p_f=p;
        p_f2=p_f2->next;
    }
    return 0;
}
/*利用原有的存储空间存放相加的结果*/
int Ploynomial_Add2(LinkList f1,LinkList *f2)
{
    LNode *p_f1=f1->next,*p_f2=(*f2)->next;
    LNode *p=NULL,*pre_p_f1=f1;
    float sum=0.0;
    f1->data.exp=0;                                  //利用头结点的数据域存放链表长度
    while(NULL !=p_f1 && NULL !=p_f2)
    {
        if(p_f1->data.exp>p_f2->data.exp)
        {
            f1->data.exp++;
            p_f1=p_f1->next;
        }
        else if(p_f1->data.exp<p_f2->data.exp)
        {
            f1->data.exp++;
            p=p_f2;
            p_f2=p_f2->next;
            p->next=p_f1;
            pre_p_f1->next=p;
            pre_p_f1=p;
        }
        else
        {
            sum=p_f1->data.coef+p_f2->data.coef;
            if(fabs(sum)<1e-6)
            {
                p=p_f1;
                p_f1=p_f1->next;
                pre_p_f1->next=p_f1;
                free(p);
                p=p_f2;
                p_f2=p_f2->next;
                free(p);
            }
            else
```

```
            {
                f1 -> data. exp ++ ;
                p_f1 -> data. coef = sum;
                pre_p_f1 = p_f1;
                p_f1 = p_f1 -> next;
                p = p_f2;
                p_f2 = p_f2 -> next;
                free( p);
            }
        }
    }
    //若 f2 还有剩余的项
    if( NULL != p_f2)
    {
        pre_p_f1 -> next = p_f2;
        while( NULL != p_f2)
        {
            f1 -> data. exp ++ ;
            p_f2 = p_f2 -> next;
        }
    }
    free( * f2);                                  //释放 f2 的头结点
    * f2 = NULL;
    return 0;
}
int ShowPloynomial( LinkList f)
{
    LNode *p = NULL;
    //一元多项式不包含任何项
    if( 0 == f -> data. exp)
    {
        printf( "The polynomial is empty! \n");
            return -1;
    }
    //一元多项式第一项的输出
    p = f -> next;
    if( 0 == p -> data. exp)
        printf( "%4.2f", p -> data. coef);
    else if( fabs( p -> data. coef - 1) < 1e - 6)
        printf( "x^%d", p -> data. exp);
    else if( fabs( p -> data. coef + 1) < 1e - 6)
        printf( " - x^%d", p -> data. exp);
    else
        printf( "%4.2fx^%d", p -> data. coef, p -> data. exp);
    //一元多项式其余项的输出
    p = p -> next;
    while( NULL != p)
    {
        if( 0 == p -> data. exp)
        {
            if( p -> data. coef > 0)
                printf( " + %4.2f", p -> data. coef);
            else
                printf( "%4.2f", p -> data. coef);
        }
        else if( fabs( p -> data. coef - 1) < 1e - 6)
            printf( " + x^%d", p -> data. exp);
        else if( fabs( p -> data. coef + 1) < 1e - 6)
            printf( " - x^%d", p -> data. exp);
        else if( p -> data. coef > 0)
            printf( " + %4.2fx^%d", p -> data. coef, p -> data. exp);
        else
            printf( "%4.2fx^%d", p -> data. coef, p -> data. exp);
        p = p -> next;
    }
```

```
        printf("\n");
        return 0;
}
void DestroyList(LinkList *f)
{
        LNode *p = NULL,*q = (*f)->next;
        while(q)
        {
                p = q;
                q = q->next;
                free(p);
        }
        free(*f);
        *f = NULL;
}
void main()
{
        LinkList f1,f2,f;
        printf(" ====== Create first polynomial ====== \n");
        CreatePolynomial(&f1);
        printf("The first polynomial is:");
        ShowPloynomial(f1);
        printf(" ====== Create second polynomial ====== \n");
        CreatePolynomial(&f2);
        printf("The second polynomial is:");
        ShowPloynomial(f2);
        printf(" ====== Use new storage space to store the sum ====== \n");
        printf("The sum polynomial is:");
        if( -1 == Ploynomial_Add1(f1,f2,&f))
                printf("The storage allocation failed! \n");
        else
                ShowPloynomial(f);
        printf(" ==== Don\'t use new storage space to store the sum ==== \n");
        printf("The sum polynomial is:");
        if( -1 == Ploynomial_Add2(f1,&f2))
                printf("The sequential list's storage space is not enough! \n");
        else
                ShowPloynomial(f1);
        DestroyList(&f1);
}
```

在小节给出的程序中，我们利用单链表头结点的数据域来存储一元多项式的项数，因此我们也可以利用这个长度信息来实现一元多项式相加的问题，读者们不妨一试。

（3）基于静态单链表实现一元多项式问题

程序清单如下：

```
#include <stdio.h>
#include <stdlib.h>
#include <math.h>
#define MAX 50
typedef struct
{
        float coef;
        int exp;
}PElemType;
typedef PElemType ElemType;
typedef struct
{
        ElemType data;
        int indicator;
}SLNode;
typedef struct
{
        SLNode store[MAX];
```

```
        int free_h;
    }SqLinkList;
    /*初始化得到一个空多项式*/
    int Init(SqLinkList *p_SL)
    {
        int i;
        (*p_SL).store[0].indicator = -1;
        (*p_SL).free_h = 1;
        for(i = (*p_SL).free_h;i <= MAX - 2;i ++)
        (*p_SL).store[i].indicator = i + 1;
        (*p_SL).store[MAX - 1].indicator = -1;
        return 0;
    }
    /*创建一元多项式,采用尾部创建法*/
    int CreatePolynomial(SqLinkList *f)
    {
        int i,i_p,i_q;
        Init(f);
        i_q = 0;        //i_q 始终指向当前表尾
        while(1)
        {
            printf("Please input the length of the polynomial list:\n");
            scanf("%d",&((*f).store[0].data.exp));//头结点的数据域存放链表长度
            if((*f).store[0].data.exp > 0 && (*f).store[0].data.exp <= MAX - 1)
                break;
            else if((*f).store[0].data.exp <= 0)
                printf("The length is less than or equal to zero,please try again! \n");
            else
                printf("The length is too big,please input a smaller value! \n");
        }
        for(i = 1;i <= (*f).store[0].data.exp;i ++)
        {
            i_p = (*f).free_h;
            if(-1 == i_p)
                return -1;        //因为存储分配失败导致创建失败
            (*f).free_h = (*f).store[(*f).free_h].indicator;
            printf("Please input NO.%d item's coef and exp:\n",i);
            scanf("%f,%d",&((*f).store[i_p].data.coef),&((*f).store[i_p].data.exp));
            (*f).store[i_p].indicator = -1;
            (*f).store[i_q].indicator = i_p;
            i_q = i_p;
        }
        return 0;
    }
    /*增加新的存储空间存放相加的结果,返回值为 0 表示操作成功,为 -1 表示操作失败*/
    int Ploynomial_Add1(SqLinkList f1,SqLinkList f2,SqLinkList *f)
    {
        int p_f1 = f1.store[0].indicator,p_f2 = f2.store[0].indicator;
        int p_f,p;
        float sum = 0.0;
        Init(f);
        (*f).store[0].data.exp = 0;        //利用头结点的数据域存放链表长度
        p_f = 0;                    //p_f 始终指向*f 的表尾
        while(-1 != p_f1 && -1 != p_f2)
        {
            if(f1.store[p_f1].data.exp > f2.store[p_f2].data.exp)
            {
                (*f).store[0].data.exp ++;
                p = (*f).free_h;
                if(-1 == p)
                    return -1;        //因存储分配失败导致操作失败
                (*f).free_h = (*f).store[(*f).free_h].indicator;
                (*f).store[p].data.coef = f1.store[p_f1].data.coef;
                (*f).store[p].data.exp = f1.store[p_f1].data.exp;
                (*f).store[p].indicator = -1;
```

```
            (*f). store[p_f]. indicator = p;
            p_f = p;
            p_f1 = f1. store[p_f1]. indicator;
        }
        else if( f1. store[p_f1]. data. exp < f2. store[p_f2]. data. exp)
        {
            (*f). store[0]. data. exp ++ ;
            p = (*f). free_h;
            if( -1 == p)
                return -1;        //因存储分配失败导致操作失败
            (*f). free_h = (*f). store[(*f). free_h]. indicator;
            (*f). store[p]. data. coef = f2. store[p_f2]. data. coef;
            (*f). store[p]. data. exp = f2. store[p_f2]. data. exp;
            (*f). store[p]. indicator = -1;
            (*f). store[p_f]. indicator = p;
            p_f = p;
            p_f2 = f2. store[p_f2]. indicator;
        }
        else
        {
            sum = f1. store[p_f1]. data. coef + f2. store[p_f2]. data. coef;
            if( fabs( sum) < 1e - 6)
            {
                p_f1 = f1. store[p_f1]. indicator;
                p_f2 = f2. store[p_f2]. indicator;
            }
            else
            {
                (*f). store[0]. data. exp ++ ;
                p = (*f). free_h;
                if( -1 == p)
                    return -1;        //因存储分配失败导致操作失败
                (*f). free_h = (*f). store[(*f). free_h]. indicator;
                (*f). store[p]. data. coef = sum;
                (*f). store[p]. data. exp = f1. store[p_f1]. data. exp;
                (*f). store[p]. indicator = -1;
                (*f). store[p_f]. indicator = p;
                p_f = p;
                p_f1 = f1. store[p_f1]. indicator;
                p_f2 = f2. store[p_f2]. indicator;
            }
        }
    }
    // 若 f1 还有剩余的项
    while( -1 != p_f1)
    {
        (*f). store[0]. data. exp ++ ;
        p = (*f). free_h;
        if( -1 == p)
            return -1;        //因存储分配失败导致操作失败
        (*f). free_h = (*f). store[(*f). free_h]. indicator;
        (*f). store[p]. data. coef = f1. store[p_f1]. data. coef;
        (*f). store[p]. data. exp = f1. store[p_f1]. data. exp;
        (*f). store[p]. indicator = -1;
        (*f). store[p_f]. indicator = p;
        p_f = p;
        p_f1 = f1. store[p_f1]. indicator;
    }
    //若 f2 还有剩余的项
    while( -1 != p_f2)
    {
        (*f). store[0]. data. exp ++ ;
        p = (*f). free_h;
        if( -1 == p)
            return -1;        //因存储分配失败导致操作失败
```

```
        (*f). free_h = (*f). store[(*f). free_h]. indicator;
        (*f). store[p]. data. coef = f2. store[p_f2]. data. coef;
        (*f). store[p]. data. exp = f2. store[p_f2]. data. exp;
        (*f). store[p]. indicator = -1;
        (*f). store[p_f]. indicator = p;
        p_f = p;
        p_f2 = f2. store[p_f2]. indicator;
    }
    return 0;
}
/*利用原有的存储空间存放相加的结果*/
int Ploynomial_Add2( SqLinkList *f1, SqLinkList f2)
{
    int p_f1 = (*f1). store[0]. indicator, p_f2 = f2. store[0]. indicator;
    int pre_p_f1 = 0, p;                    //pre_p_f1 始终指向 p_f1 的直接前驱
    float sum = 0.0;
    (*f1). store[0]. data. exp = 0;
    while( -1 != p_f1 && -1 != p_f2)
    {
        if((*f1). store[p_f1]. data. exp > f2. store[p_f2]. data. exp)
        {
            (*f1). store[0]. data. exp ++ ;
            pre_p_f1 = p_f1;
            p_f1 = (*f1). store[p_f1]. indicator;
        }
        else if((*f1). store[p_f1]. data. exp < f2. store[p_f2]. data. exp)
        {
            p = (*f1). free_h;
            if( -1 == p)
                return -1;                  //因存储分配失败导致操作失败
            (*f1). store[0]. data. exp ++ ;
            (*f1). free_h = (*f1). store[(*f1). free_h]. indicator;
            (*f1). store[p]. data. coef = f2. store[p_f2]. data. coef;
            (*f1). store[p]. data. exp = f2. store[p_f2]. data. exp;
            (*f1). store[p]. indicator = (*f1). store[pre_p_f1]. indicator;
            (*f1). store[pre_p_f1]. indicator = p;
            pre_p_f1 = p;
            p_f2 = f2. store[p_f2]. indicator;
        }
        else
        {
            sum = (*f1). store[p_f1]. data. coef + f2. store[p_f2]. data. coef;
            if( fabs( sum) < 1e - 6)
            {
                p = p_f1;
                p_f1 = (*f1). store[p_f1]. indicator;
                (*f1). store[pre_p_f1]. indicator = p_f1;
                (*f1). store[p]. indicator = (*f1). free_h;
                (*f1). free_h = p;
                p_f2 = f2. store[p_f2]. indicator;
            }
            else
            {
                (*f1). store[0]. data. exp ++ ;
                (*f1). store[p_f1]. data. coef = sum;
                pre_p_f1 = p_f1;
                p_f1 = (*f1). store[p_f1]. indicator;
                p_f2 = f2. store[p_f2]. indicator;
            }
        }
    }
    //若 f2 还有剩余的项
    while( -1 != p_f2)
    {
        p = (*f1). free_h;
```

```
            if( -1 == p)
                return -1;                              //因存储分配失败导致操作失败
            (*f1).store[0].data.exp++;
            (*f1).free_h = (*f1).store[(*f1).free_h].indicator;
            (*f1).store[p].data.coef = f2.store[p_f2].data.coef;
            (*f1).store[p].data.exp = f2.store[p_f2].data.exp;
            (*f1).store[p].indicator = -1;
            (*f1).store[pre_p_f1].indicator = p;
            pre_p_f1 = p;
            p_f2 = f2.store[p_f2].indicator;
        }
        return 0;
    }
int ShowPloynomial( SqLinkList f)
{
        int p;
        //一元多项式不包含任何项
        if(0 == f.store[0].data.exp)
        {
            printf( "The polynomial is empty! \n");
            return -1;
        }
        //一元多项式第一项的输出
        p = f.store[0].indicator;
        if(0 == f.store[p].data.exp)
            printf( "%4.2f",f.store[p].data.coef);
        else if( fabs( f.store[p].data.coef -1) < 1e -6)
            printf( "x^%d",f.store[p].data.exp);
        else if( fabs( f.store[p].data.coef +1) < 1e -6)
            printf( " -x^%d",f.store[p].data.exp);
        else
            printf( "%4.2fx^%d",f.store[p].data.coef,f.store[p].data.exp);
        //一元多项式其余项的输出
        p = f.store[p].indicator;
        while( -1 != p)
        {
            if(0 == f.store[p].data.exp)
            {
                if( f.store[p].data.coef >0)
                    printf( " +%4.2f",f.store[p].data.coef);
                else
                    printf( "%4.2f",f.store[p].data.coef);
            }
            else if( fabs( f.store[p].data.coef -1) < 1e -6)
                printf( " +x^%d",f.store[p].data.exp);
            else if( fabs( f.store[p].data.coef +1) < 1e -6)
                printf( " -x^%d",f.store[p].data.exp);
            else if( f.store[p].data.coef >0)
                printf( " +%4.2fx^%d",f.store[p].data.coef,f.store[p].data.exp);
            else
                printf( "%4.2fx^%d",f.store[p].data.coef,f.store[p].data.exp);
            p = f.store[p].indicator;
        }
        printf( "\n");
        return 0;
    }
void main( )
{
        SqLinkList f1,f2,f;
        printf( " ======= Create first polynomial ======= \n");
        CreatePolynomial( &f1);
        printf( "The first polynomial is:");
        ShowPloynomial( f1);
        printf( " ======= Create second polynomial ======= \n");
        CreatePolynomial( &f2);
```

```
    printf("The second polynomial is:");
    ShowPloynomial(f2);
    printf(" ======= Use new storage space to store the sum ======= \n");
    printf("The sum polynomial is:");
    if( -1 == Ploynomial_Add1(f1,f2,&f))
        printf("The sequential list's storage space is not enough! \n");
    else
        ShowPloynomial(f);
    printf(" ==== Don\'t use new storage space to store the sum ==== \n");
    printf("The sum polynomial is:");
    if( -1 == Ploynomial_Add2(&f1,f2))
        printf("The sequential list's storage space is not enough! \n");
    else
        ShowPloynomial(f1);
}
```

（4）三种实现的比较

上面三个具体程序均是3.2.2节给出的求解两个一元多项式相加的算法的具体实现。三个具体程序是基于（表示一元多项式的）不同的存储结构编写的。假设两个一元多项式的长度分别为 n_1、n_2，利用两个一元多项式原有的存储空间存放它们相加的结果。基于上述假设对三种实现方法在时间效率、空间效率、是否需要判满等方面进行比较分析，分析结果如表 3-1 所示。

表3-1　基于不同存储结构的一元多项式相加算法实现的比较分析

	时间复杂度	空间复杂度	对一元多项式的长度是否有限制	是否需要移动元素	是否需要进行存储管理
基于顺序表	$O(n_1 \cdot n_2)$	$O(1)$	是	是	否
基于单链表	$O(n_1 + n_2)$	$O(1)$	否	否	否
基于静态单链表	$O(n_1 + n_2)$	$O(1)$	是	否	是

3.4　线性表的其他实现及应用场景分析

线性表的其他实现主要指的是，线性表除单链表之外的链式存储结构。因为单链表只能从表头开始顺着"链"向表尾的方向依次访问表中的元素，因此在某些应用场景中我们使用单链表会感觉不太方便。这样的应用场景诸如在指定位置的前方插入一个新元素，以首尾相连的方式合并两个线性表等。

3.4.1　双（向）链表

在单链表中，求某结点"直接后继"的执行时间为 $O(1)$，求其"直接前驱"的执行时间为 $O(n)$，这是由单链表的"单向可及性"决定的。为了克服这一不足，引入了双向链表存储结构。

在单链表的每个结点里再增加一个指向其直接前驱的指针域 prior，这样就使得链表中有两个不同方向上的链，故称为**双向链表**（Double Linked List）。双向链表的结点结构如图 3-14 所示。

其中，数据域 data 用来存放数据元素的值；指针域 prior 用来存放数据元素直接前驱的存储位置；指针域 next 用来存放数据元素直接后继的存储位置。

双向链表的类型定义如下：

```
typedef struct DNode
{
    ElcmType data;
    struct DNode *prior,*next;
}DNode,*DulLinkList;
```

带头结点的空双向链表如图 3-15 所示。

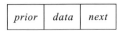

图 3-14 双向链表中的结点结构   图 3-15 带头结点的空双向链表示意图

带头结点的非空双向链表有两种形式：①将头结点看作首元结点的直接前驱，首元结点是头结点的直接后继，如图 3-16a 所示；②不将头结点视为首元结点的直接前驱，首元结点的 *prior* 指针域应为 NULL，此时头结点的两个指针域分别记录链表表头和表尾所在的位置，如图 3-16b 所示。（以线性表 L（a_1，a_2，$\cdots$，a_{n-1}，a_n）为例。）

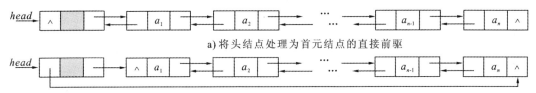

a) 将头结点处理为首元结点的直接前驱

b) 将头结点的两个指针域分别指向表头和表尾

图 3-16 带头结点的非空双向链表示意图

观察图 3-16b，我们可以发现，其所示双向链表实际上是两个方向上的带头结点的单链表的融合体，因此在某些应用场合（如频繁访问链表后半部分的结点）它比图 3-16a 所示双向链表要灵活一些。

下面简单讨论基于双向链表如何实现线性表的插入和删除运算。因为双向链表具有两个方向上的指针，因此基于双向链表实现线性表的插入和删除运算相对于单链表而言要复杂一些，它涉及两个方向上的指针修改。此时，要特别注意指针的修改次序。

1. 基于双向链表实现插入运算

（1）在 p 结点的后面插入 q 结点（见图 3-17）

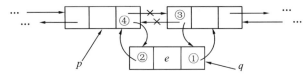

图 3-17 在 p 结点的后面进行插入运算的示意图

在 p 结点的后面插入一个新结点意味着：1）两个原有的逻辑关系发生改变，即 p 结点的直接后继结点将发生变化，p 结点原来的直接后继的直接前驱结点也将发生变化（不再是 p 结点）；2）建立两个新的逻辑关系，即 q 结点有了直接后继结点和直接前驱结点。换句话说，就是需要给图 3-17 中的指针域①和指针域②进行赋值，需要修改图 3-17 中的指针域③和指针域④。赋值和修改的顺序遵循以下原则：先赋值再修改。如果访问指针域③是利用 p 结点的指针域④实现的，那么我们应该先修改指针域③再修改指针域④。在 p 结点后面插入 q 结点的程序段如下所示：

```
q -> next = p -> next;
q -> prior = p;
p -> next -> prior = q;//或者为 q -> next -> prior = q;
p -> next = q;          //或者为 q -> prior -> next = q;
```

（2）在 p 结点的前面插入 q 结点（见图 3-18）

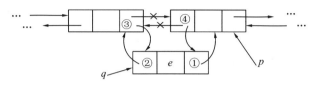

图 3-18 在 p 结点的前面进行插入运算的示意图

通过与前面类似的分析，可以得到下述在 p 结点前面插入 q 结点的程序段：

```
q -> next = p;
q -> prior = p -> prior;
p -> prior -> next = q;   //或者为 q -> prior -> next = q;
p -> prior = q;           //或者为 q -> next -> prior = q;
```

2. 基于双向链表实现删除运算（删除 p 结点）

从图 3-19 可以直观看到，删除 p 结点，意味着 p 结点直接前驱结点的直接后继发生了改变，即需要修改指针域①；同时也意味着 p 结点直接后继的直接前驱也发生了改变，因此还需要修改指针域②；最后 free 掉 p 结点所占的存储空间。删除 p 结点的程序段如下：

```
p -> prior -> next = p -> next;
p -> next -> prior = p -> prior;
free(p);
```

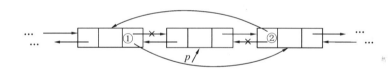

图 3-19 在 p 结点的前面进行删除 p 结点运算的示意图

基于图 3-16a、图 3-16b 所示双向链表，线性表初始化运算、判空运算、创建运算、撤销运算和正序、逆序输出运算的实现请参看教辅资料中的相关源代码，其他基本运算的实现请读者自行完成。

3.4.2 循环单（向）链表

循环链表（Circular Linked List）是一种头尾相接的链表。在单链表中，将尾元结点指针域的值由 NULL 改为指向头结点（在带头结点的单链表中）或首元结点（在不带头结点的单链表中）的指针，就得到了**单向循环链表**（Cycle Single Linked List），简称为单链环。

带头结点的空单链环、仅带头指针的带头结点的非空单链环和仅带尾指针的带头结点的非空单链环如图 3-20a、图 3-20b 和图 3-20c 所示。

在仅带头指针的单链环中，判断访问是否到达尾元结点的条件不再是判断所指结点的指针域是否为空，而是判断所指结点的指针域是否指向表头，即是否与头指针相等。判断一个单链环是否为空，也不再是判断头结点的指针域是否为空，而是判断头结点的指针域是否指向自己。

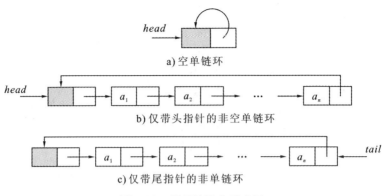

a) 空单链环

b) 仅带头指针的非空单链环

c) 仅带尾指针的非单链环

图 3-20   循环单链表示意图

通过上面对循环单链表的介绍，我们易知循环单链表的类型定义与单链表的类型定义应该相同，可以直接使用在 3.3.2 节定义的结点类型 LNode 和链表类型 LinkList。如果需要直接从类型名上区别循环单链表和单链表，那么我们可以利用关键字 typedef 分别为 LNode 类型和 LinkList 类型起一个在循环单链表中所用的新名字，如下所示：

```
typedef LNode CLNode;
typedef LinkList CLinkList;
```

基于仅带头指针的带头结点的单链环（如图 3-20b 所示）和基于仅带尾指针的带头结点的单链环（如图 3-20c 所示），线性表初始化运算、判空运算、创建运算、输出运算和撤销运算的实现请参看教辅资料中的相关源代码，其他基本运算的实现请读者自行完成。

假设现在需要我们完成两个单链环首尾相连链接成一个单链环的任务。

1）如果我们选用的单链环是仅带头指针的带头结点的单链环，例如图 3-21 所示有两个单链环 head1 和 head2，那么 head1 和 head2 首尾链接成一个大单链环的步骤和结果如图 3-22 所示。

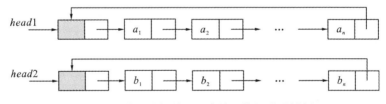

图 3-21   带头指针单链环合并运算的说明样例

图 3-22a 查找两个单链环 head1 和 head2 的表尾的时间开销为 $O(n_1 + n_2)$，假设两个单链环的长度分别为 n_1 和 n_2，同时假设用指针 p 和 q 分别指向两个单链环的表尾。

图 3-22b 对应的语句为：p -> next = head2 -> next;

图 3-22c 对应的语句为：q -> next = head1;

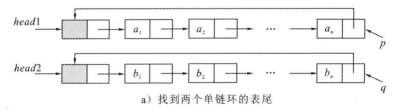

a）找到两个单链环的表尾

图 3-22   带头指针单链环合并的过程

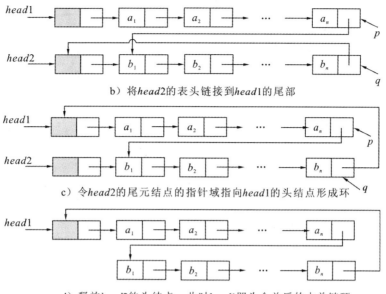

b) 将head2的表头链接到head1的尾部

c) 令head2的尾元结点的指针域指向head1的头结点形成环

d) 释放head2的头结点, 此时head1即为合并后的大单链环

图 3-22   (续)

图 3-22d 对应的语句为: `free(head2);`

显然, 整个算法的时间开销为 $O(n_1 + n_2)$。

2) 如果我们选用的单链环是仅带尾指针的带头结点的单链环, 例如有图 3-23 所示的两个单链环 tail1 和 tail2。tail1 和 tail2 首尾链接成一个大单链环的步骤和结果如图 3-24 所示。

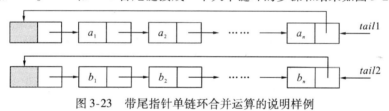

图 3-23   带尾指针单链环合并运算的说明样例

图 3-24a 找两个单链环表头对应的语句是: `p = tail1 -> next; q = tail2 -> next;`

图 3-24b 对应的语句为: `tail1 -> next = q -> next;`

图 3-24c 对应的语句为: `tail2 -> next = p;`

图 3-24d 对应的语句为: `free(q);`

显然, 整个算法的时间开销为 $O(1)$。

由此可见, 在实现合并两个单链环为一个单链环的应用中, 基于带尾指针的单链环的求解算法在性能方面要优于基于带头指针的单链环的求解算法。

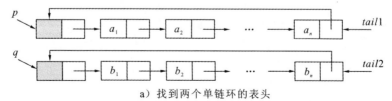

a) 找到两个单链环的表头

图 3-24   带尾指针单链环合并的过程

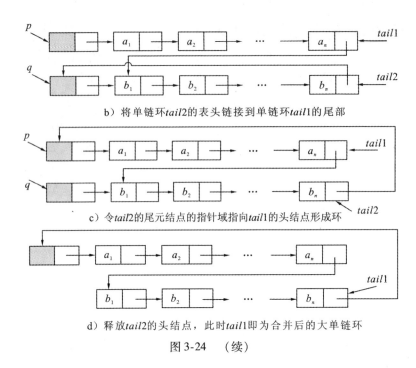

b）将单链环 *tail2* 的表头链接到单链环 *tail1* 的尾部

c）令 *tail2* 的尾元结点的指针域指向 *tail1* 的头结点形成环

d）释放 *tail2* 的头结点，此时 *tail1* 即为合并后的大单链环

图 3-24　（续）

基于单链环实现两个线性表首尾相连链接成一个线性表的应用展示了在单链环中将头指针改为尾指针所带来的优势。实用中多采用带尾指针的单链环。

3.4.3　循环双（向）链表

在图 3-16a 所示双（向）链表中，让尾元结点的 *next* 指针域不再为空，使其指向头结点，并令头结点的 *prior* 指针域也不再为空，使其指向尾元结点，这样就得到了**双向循环链表**（Cycle doublyLinked List），简称为双链环。

带头结点的空循环双向链表和非空循环双向链表如图 3-25a 和图 3-25b 所示。

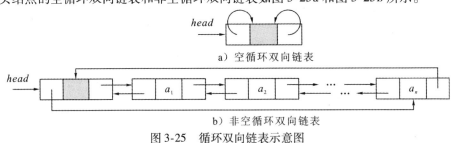

a）空循环双向链表

b）非空循环双向链表

图 3-25　循环双向链表示意图

通过上面对循环双链表的介绍，我们易知循环双链表的类型定义与双链表的类型定义应该相同，可以直接使用在 3.4.1 节定义的结点类型 DNode 和链表类型 DulLinkList。如果需要直接从类型名上区别循环双链表和双链表，那么我们可以利用关键字 typedef 分别为 DNode 类型和 DulLinkList 类型起一个在循环双链表中所用的新名字，如下所示：

```
typedef DNodeCDNode;
typedef DulLinkList CDulLinkList;
```

基于循环双链表的线性表初始化运算、判空运算、创建运算、输出运算和撤销运算的实现请参看教辅资料中的相关源代码，其他基本运算的实现请读者自行完成。

3.5　知识点小结

线性表是一种典型的数据结构，许多查找和排序方法都是以线性表为研究对象进行展开的，它有着广泛的应用价值。线性表的存储结构有：顺序表、单链表、循环链表、双向链表和静态链表等，在这些存储结构的基础上，线性表各种运算的具体实现也有所不同，因此采用何种存储方式使得运算获得高的效率需要认真分析。简单来说，在线性表中的元素相对固定、变化不大的情况下，选择采用顺序存储方式，否则选择采用链式存储方式。

下面我们将从空间和时间两个方面对顺序表和链表做比较分析。

（1）基于空间的考虑

顺序表的存储空间是静态分配的，在程序执行之前必须明确规定它的存储规模；链表的存储空间是动态分配的，只要内存空间尚有空闲，就不会产生溢出。因此，当线性表的长度变化较大，难以估计其存储规模时，以采用链表作为存储结构为好；当线性表的长度变化不大，易于事先确定其大小时，为了节约存储空间，宜采用顺序表作为存储结构。

链表中的每个结点除了数据域外还要额外设置指针域，因此，从存储密度（在这里是指数据本身所占存储量和实际为数据元素分配的存储量之比）角度来说，这是不经济的。显然，顺序表的存储密度为 1，而链表的存储密度小于 1。

（2）基于时间的考虑

顺序表是由向量实现的，它是一种随机存取结构，对表中任一元素都可以在 $O(1)$ 时间内直接地存取，而存取链表中的结点则需要从头指针开始顺着链扫描才能实现。

在链表中的任何位置上进行插入和删除，都只需要修改指针；而在顺序表中进行插入和删除操作时，平均需要移动表中近一半的元素，尤其是当每个元素的信息量较大时，移动元素的时间开销就相当可观。

在带尾指针的单链环中，通过尾指针可以很方便地访问到尾元结点和头结点。

因此，若线性表的操作主要是进行查找，很少做插入和删除操作时，采用顺序表做存储结构为宜；对于频繁进行插入和删除的线性表，宜采用链表做存储结构；若表的插入和删除主要发生在表的首尾两端，则采用带尾指针的单链环为宜。

习　题

3.1　试说明增设头结点的作用。

3.2　请给出下述要求的判断条件：

（1）以 *head* 为头指针不带头结点的单链表为空的条件是什么？不为空的条件是什么？

（2）以 *head* 为头指针带头结点的单链表为空的条件是什么？不为空的条件是什么？

（3）以 *head* 为头指针不带头结点的单链环为空的条件是什么？不为空的条件是什么？

（4）以 *head* 为头指针带头结点的单链环为空的条件是什么？不为空的条件是什么？

3.3　请给出下述要求的判断条件：

（1）以 *head* 为头指针不带头结点的单链表仅含有两个结点的条件是什么？

（2）以 *head* 为头指针带头结点的单链表仅含有两个结点的条件是什么？

（3）以 *head* 为头指针不带头结点的单链环仅含有两个结点的条件是什么？

（4）以 *head* 为头指针带头结点的单链环仅含有两个结点的条件是什么？

3.4　在长度为 n 的顺序表上进行插入运算，有几个可插入的位置？在第 i（假设合法）个位置上插入一个数据元素，需要向什么方向平移多少个数据元素？在长度为 n 的顺序表上进行删除运算，有几个可删除的数据元素？删除第 i（假设合法）个位置上的数据元素，需要向什么方向平移多少个数据元素？

3.5　根据图3-26回答下面的问题：

　　1）如何访问 p 结点的数据域？

　　2）如何访问 p 结点的直接前驱结点的数据域？

　　3）如何访问 p 结点的直接后继结点的数据域？

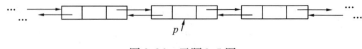

图3-26　习题3.5图

3.6　对于以 *head* 为头指针的不带头结点的双链环而言，如何判断 p 指针所指结点是否为尾元结点？如何判断 p 指针所指结点是否为首元结点？对于以 *head* 为头指针的带头结点的双链环而言呢？

3.7　若线性表中的数据元素以值递增有序排序（数据元素的类型为整数类型），且用带头结点的单链表存储。试写出一个高效算法删除表中所有值大于 *min* 且小于 *max* 的数据元素（表中有这样的数据元素时），并说明该算法的时间复杂度。（说明：*min* 和 *max* 是给定的两个参变量，可以设定为任意的整数值。）

3.8　设 $A=(a_1,a_2,\cdots,a_n)$ 和 $B=(b_1,b_2,\cdots,b_n)$ 均是线性表，A^* 和 B^* 分别是 A 和 B 中除去最大共同前缀项后的子表。例如，$A=(x,y,y,t,x,t)$，$B=(x,y,y,t,z,y,t,x)$，则两者的最大共同前缀为 (x,y,y,t)，去掉后 $A^*=(x,t)$ 和 $B^*=(z,y,t,x)$。若 $A^*=B^*$，则 A^*、B^* 均必为空表，故 $A=B$；若 $A^*=$ 空表 $\&\&B^*\neq$ 空表，或者，两者均不为空 $\&\&A^*$ 首元素 $<B^*$ 首元素，则 $A<B$；否则两者非空 $\&\&A^*$ 首元素 $>B^*$ 首元素，则 $A>B$。试写一个比较 A、B 大小的算法。

3.9　若有一个以 *head* 为头指针的带头结点的单链表，结点数据域值属于整数类型。现将其数据域值除以3，得余数0、1、2。试按此3种不同的情况，把原有的链表分解成3个不同的单链表，且只增设两个头结点空间，不允许另辟空间，并写出一个算法实现上述要求，且头结点的数据域记录该条链表中的数据结点数目。

3.10　设有一个不带头结点的单链表，其结点的值均为整数，并按绝对值从小到大链接。试将该单链表改造为结点按绝对值从大到小进行链接。不允许另辟空间，写出一个算法实现上述要求。

3.11　线性表有两种存储结构，即顺序表和单链表。试问：①若有 N 个线性表同时并存，且在处理过程中各表长度会动态发生变化，线性表的总数也会自动地改变。在此情况下应选用哪种存储结构？为什么？②若线性表的总数基本稳定，且很少进行插入和删除，但要以最快的速度存取表中元素，那么，应采用哪种存储结构？为什么？

第4章 栈

栈是一种特殊的线性表，它的逻辑结构和线性表相同，只是其某些运算规则较线性表有更多的限制，故栈也被称为运算受限的线性表。栈的应用相当广泛。本章将解决以下几个问题：栈和线性表的关系，栈的运算受到了哪些限制，如何实现栈及栈上的运算，如何应用栈来解决实际问题。

4.1 栈抽象数据类型

4.1.1 栈的逻辑结构

栈（Stack）是一种运算受限的线性表，它限定只能在表的一端进行插入和删除操作。其中，允许插入和删除的一端称为**栈顶**（Top），不允许插入和删除的一端称作**栈底**（Bottom）。栈的插入运算通常被称为（压）进栈操作（Push），栈的删除操作通常被称为（弹）出栈操作（Pop）。不包含任何数据元素的栈称为**空栈**（Empty Stack），即长度为零的栈。下面我们一起来分析，看看栈的运算受限给它带来了哪些不同于线性表的特性。

图 4-1 所示的栈是 n 个数据元素以 a_1，a_2，$\cdots$，a_{n-1}，a_n 的顺序依次从栈顶压入栈的结果。

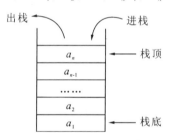

图 4-1　栈的示意图

从图 4-1 中可以看到，最先进栈的数据元素 a_1，它被压到了最底部，成为了栈底元素；最后进栈的数据元素 a_n 则位于顶部，成为了栈顶元素。因为删除操作也必须在栈顶进行，因此栈顶元素 a_n 最先出栈，使得 a_{n-1} 成为新的栈顶元素，那么下一个出栈的就是新栈顶元素 a_{n-1}，依次类推，可以得到这 n 个数据元素的出栈序列为 a_n，a_{n-1}，$\cdots$，a_2，a_1。也就是说，后进栈的元素先出栈，先进栈的元素后出栈。因此，栈具有"后进先出 LIFO"（*Last In First Out*）的结构特性（这个结构特性也可被称为"先进后出 FILO"），故栈又被称为后进先出表（也可被称为先进后出表）。

【思考题 4.1】有进栈序列：a，b，c，d。假设进栈、出栈操作可以交替进行，请写出所有可能的出栈序列。

分析：用符号"↓"表示进栈操作，"↑"表示出栈操作。因为进栈、出栈操作可以交替进行，因此可能的进栈出栈操作序列有：①$a\downarrow a\uparrow b\downarrow b\uparrow c\downarrow c\uparrow d\downarrow d\uparrow$，得到的出栈序列为 a，

b, c, d；②$a\downarrow a\uparrow b\downarrow c\downarrow c\uparrow b\downarrow d\downarrow d\uparrow$，得到的出栈序列为 a, c, b, d；③$a\downarrow a\uparrow b\downarrow c\downarrow d\downarrow d$ $\uparrow c\uparrow b\uparrow$，得到的出栈序列为 a, d, c, b；④$a\downarrow a\uparrow b\downarrow b\uparrow c\downarrow d\downarrow d\uparrow c\uparrow$，得到的出栈序列为 a, b, d, c；⑤$a\downarrow a\uparrow b\downarrow c\downarrow c\uparrow d\downarrow d\uparrow b\uparrow$，得到的出栈序列为 a, c, d, b；⑥$a\downarrow b\downarrow b\uparrow a\uparrow c$ $\downarrow c\uparrow d\downarrow d\uparrow$，得到的出栈序列为 b, a, c, d；⑦$a\downarrow b\downarrow b\uparrow a\uparrow c\downarrow d\downarrow d\uparrow c\uparrow$，得到的出栈序列为 b, a, d, c；⑧$a\downarrow b\downarrow b\uparrow c\downarrow c\uparrow a\uparrow d\downarrow d\uparrow$，得到的出栈序列为 b, c, a, d；⑨$a\downarrow b\downarrow b$ $\uparrow c\downarrow c\uparrow d\downarrow d\uparrow a\uparrow$，得到的出栈序列为 b, c, d, a；⑩$a\downarrow b\downarrow b\uparrow c\downarrow d\downarrow d\uparrow c\uparrow a\uparrow$，得到的出栈序列为 b, d, c, a；⑪$a\downarrow b\downarrow c\downarrow c\uparrow b\uparrow a\uparrow d\downarrow d\uparrow$，得到的出栈序列为 c, b, a, d；⑫$a\downarrow b$ $\downarrow c\downarrow c\uparrow b\uparrow d\downarrow d\uparrow a\uparrow$，得到的出栈序列为 c, b, d, a；⑬$a\downarrow b\downarrow c\downarrow c\uparrow d\downarrow d\uparrow b\uparrow a\uparrow$，得到的出栈序列为 c, d, b, a；⑭$a\downarrow b\downarrow c\downarrow d\downarrow d\uparrow c\uparrow b\uparrow a\uparrow$，得到的出栈序列为 d, c, b, a。

一个有用的结论：假设进栈序列为 a_1, a_2, $\cdots$, a_{n-1}, a_n，且进栈、出栈操作可以交替进行，那么可获得的出栈序列个数由尤·卡塔南数决定，即 $\frac{1}{n+1}C_{2n}^n$，其中，组合数 $C_{2n}^n = \frac{(2n)!}{n!\ n!}$。

4.1.2　栈的基本运算

栈的基本运算主要有以下几种：

1）InitStack(&S)初始化运算：初始化得到一个空栈 S，如果初始化成功则返回 0，否则返回 -1。

2）StackEmpty(S)判空运算：判断一个给定的栈 S 是否为空，如果为空则返回 1，否则返回 0。

3）StackFull(S)判满运算：判断一个给定的栈 S 是否为满，如果为空则返回 1，否则返回 0。

4）CreateStack(&S)创建运算：创建一个栈 S，创建前 S 已初始化为空，如果创建成功则返回 0，否则返回错误代码。

5）StackLength(S)求长度运算：求解并返回一个给定栈 S 的长度。

6）GetTop(S,&e)访问栈顶运算：访问给定栈 S 的栈顶元素，并用变量 e 返回该栈顶元素的值，如果访问成功则返回 0，否则返回错误代码。

7）Push(&S,e)进栈运算：将给定数据元素 e 压入到栈 S 中，如果入栈成功则返回 0，否则返回错误代码。

8）Pop(&S,&e)出栈运算：删除给定栈 S 的栈顶元素，并用变量 e 返回其值，如果出栈成功则返回 0，否则返回错误代码。

9）ShowStack(S)输出/打印运算：打印输出 S 的内容到屏幕上或文件中。

10）DestroyStack(&S)撤销运算：撤销栈 S，即回收 S 的存储空间。

4.1.3　栈的 ADT 描述

```
ADT Stack{
    数据的逻辑结构:n(n≥0)个具有相同特性的数据元素(假设其类型为 ElemType)的有限序列,且限定只能在
               序列的一端进行插入和删除操作。
    成员函数:以下 S ∈Stack,e ∈ElemType,i ∈非负整数
    InitStack(&S):初始化得到一个空栈 S,if 初始化成功 then return 0 else return -1;
    StackEmpty(S):if S 为空 then return 1 else return 0;
    StackFull(S):if S 为满 then return 1 else return 0;
    CreateStack(&S):if S 创建成功 then return 0 else return 错误代码;
    StackLength(S):return S 的长度;
    GetTop(S,&e):访问 S 的栈顶元素,用变量 e 返回该元素的值,if 访问成功 return 0 else return 错误
```

　　　　　　　代码；

　　Push(&S,e)：在 S 的栈顶处插入数据元素 e,if 插入成功 return 0 else return 错误代码；

　　Pop(&S,&e)：删除 S 的栈顶元素并用 e 返回其值,if 删除成功 return 0 else return 错误代码；

　　ShowStack(S)：打印输出 S 的内容到屏幕上或文件中；

　　DestroyStack(&S)：撤销栈 S,回收 S 的存储空间。

}ADT Stack

栈的 ADT 定义好后，我们就可以利用栈去求解一些应用问题了。

4.2　栈的应用——表达式求解

4.2.1　问题描述与分析

【问题描述】编写程序实现对表达式的求解。任何一个表达式均是由操作数 Operand、运算符 Operator 和界限符 Delimiter 组成。其中操作数可以是常数，也可以是变量或表达式。运算符可以是算术运算符、关系运算符、逻辑运算符等。基本限界符有左右括弧和表达式结束符等。为了叙述简洁，在此只讨论二元运算符构成的算术表达式。

假设，表达式 Exp =（第一操作数）S_1 OP（第二操作数）S_2，即 Exp = S_1 OP S_2。其中 S_1 和 S_2 可以是简单变量也可以是表达式。

【问题分析】对于上述提到的表达式 Exp = S_1 OP S_2 有以下三种表示法：①OP $S_1 S_2$，称为表达式 Exp 的前缀表示法；②S_1 OP S_2，称为表达式 Exp 的中缀表示法；③$S_1 S_2$ OP，称为表达式 Exp 的后缀表示法。

例如，表达式 Exp = $a*b+(c-d/e)*f$,其中 $S_1 = a*b$, $S_2 = (c-d/e)*f$。根据定义可知该表达式的前缀表达式形如 + S_1的前缀表达式 S_2的前缀表达式。其中：S_1 的前缀表达式为 $*ab$；S_2 的前缀表达式形如 * $(c-d/e)$的前缀表达式 f，"$(c-d/e)$"的前缀表达式形如 - c d/e的前缀表达式，"d/e 的前缀表达式"为 $/de$，故 "$(c-d/e)$" 的前缀表达式为 $-c/de$, S_2 的前缀表达式为 $*-c/def$。所以 $a*b+(c-d/e)*f$ 的前缀表达式为 $+*ab*-c/def$。同理可知，它的中缀表达式为 $a*b+c-d/e*f$，后缀表达式为 $ab*cde/-f*+$。

通过上面的例子我们发现，中缀表达式丢失了原来表达式中的括号信息。因为括号信息的缺失致使运算次序不确定，因此不用表达式的中缀表示法来实现表达式的求解。通常采用表达式的前缀表示法和后缀表示法来实现表达式的求解。

4.2.2　问题求解

表达式求解通常采用的求解方案是：首先将表达式转换为前缀表达式或后缀表达式，然后利用前缀表达式或后缀表达式的运算规则来实现对表达式的求解。下面我们给出前缀表达式和后缀表达式的运算规则：

1）前缀表达式的运算规则——从左向右扫描表达式：①如果遇到运算符则继续向右扫描。②如果遇到操作数且在其前面出现的不是操作数则继续向右扫描。③如果连续遇到两个操作数则将它们和在它们之前且紧靠它们的运算符一起构成一个最小表达式；求解该最小表达式并记录其结果；用该中间结果替换构成这个最小表达式的操作数和运算符在前缀表达式中的字符序列；替换后如果中间结果的前面是操作数则重复该处理过程，否则继续向右扫描。当扫描到表达式结束符时，求解过程结束，在前缀表达式中剩下的中间结果即为整个表达式的值。

例如，运用前缀表达式的运算规则求解前缀表达式 $+*ab*-c/def$#（"#"是表达式结束符）。从左到右扫描前缀表达式 $+*ab*-c/def$#：第一个运算的最小表达式是"$a*b$"，设结果为 t_1，用 t_1 替换 $*ab$ 后的前缀表达式为 $+t_1*-c/def$#；第二个运算的最小表达式是"d/e"，设结果为 t_2，用 t_2 替换 $/de$ 后的前缀表达式为 $+t_1*-ct_2f$#；第三个运算的最小表达式是"$c-t_2$"，设结果为 t_3，用 t_3 替换 $-ct_2$ 后的前缀表达式为 $+t_1*t_3f$#；第四个运算的最小表达式是"t_3*f"，设结果为 t_4，用 t_4 替换 $*t_3f$ 后的前缀表达式为 $+t_1t_4$#；最后运算的最小表达式是"t_1+t_4"，设运算结果为 t，用 t 替换 $+t_1t_4$ 后的前缀表达式为 t#；继续扫描，将扫描到结束符"#"，说明整个表达式求解结束。前缀表达式中剩下的操作数 t 就是表达式 $Exp = a*b + (c-d/e)*f$ 的运算结果。

2）后缀表达式的运算规则——从左向右扫描表达式：①如果遇到操作数则继续向右扫描。②如果遇到运算符则将该运算符和在它之前出现且紧靠它的两个操作数构成一个最小表达式；求解该最小表达式并记录其结果；用该中间结果替换构成这个最小表达式的操作数和运算符在后缀表达式中的字符序列；替换后继续向右扫描。当扫描到表达式结束符时，求解过程结束，在后缀表达式中剩下的中间结果即为整个表达式的值。

例如，运用后缀表达式的运算规则求解后缀表达式 $ab*cde/-f*+$#（"#"是表达式结束符）。从左到右扫描后缀表达式 $ab*cde/-f*+$#：第一个运算的最小表达式是"$a*b$"，设结果为 t_1，用 t_1 替换 $ab*$ 后的后缀表达式为 $t_1cde/-f*+$#；第二个运算的最小表达式是"d/e"，设结果为 t_2，用 t_2 替换 $de/$ 后的后缀表达式为 t_1ct_2-f*+#；第三个运算的最小表达式是"$c-t_2$"，设结果为 t_3，用 t_3 替换 ct_2- 后的后缀表达式为 t_1t_3f*+#；第四个运算的最小表达式是"t_3*f"，设结果为 t_4，用 t_4 替换 t_3f* 后的后缀表达式为 t_1t_4+#；最后运算的最小表达式是"t_1+t_4"，设运算结果为 t，用 t 替换 t_1t_4+ 后的后缀表达式为 t#；继续扫描，将扫描到结束符"#"，说明整个表达式求解结束。后缀表达式中剩下的操作数 t 就是表达式 $Exp = a*b+(c-d/e)*f$ 的运算结果。

【思考题 4.2】为什么在表达式的求解中需要使用"栈"这种数据结构？

分析：通过前缀表达式的求解过程，我们发现若连续出现两个操作数，就让它们与"刚刚"扫描过的运算符构成最小表达式并计算；为了实现这种运算符的"后出现先参与计算"的规则，我们需要使用"栈"这种结构。通过后缀表达式的求解过程，我们发现若扫描到的是运算符，就让它与"刚刚"扫描过的两个操作数构成最小表达式并计算；为了实现这种操作数的"后出现先参与计算"的规则，我们也需要使用"栈"这种结构。

通过上述运算规则的描述我们可以发现，后缀表达式的运算规则较前缀表达式而言要简洁明了。后缀表达式也称为逆波兰表达式，在后缀表达式中优先级高的运算符总是领先于优先级低的运算符。换句话说，运算符在后缀表达式中出现的顺序恰为它们在表达式中的执行顺序。因此我们通常采用表达式的后缀表示法来实现表达式的求解（大家会在编译原理中再次见到它）。

下面给出两种基于后缀表示法的表达式求解算法。第一种算法是先求表达式的后缀表达式，再对得到的后缀表达式进行求解；第二种算法将求表达式的后缀表达式的过程和对后缀表达式的求解过程融合在了一起。两种算法均要用到运算符之间的优先级关系，表 4-1 给出了几种常见运算符之间的优先关系。

用符号 θ_1 表示符号栈的栈顶运算符，符号 θ_2 表示刚刚扫描到的运算符，用 val(θ_i) 表示运算符 θ_i 的优先级。

表 4-1　运算符间的优先关系

θ_1 ＼ θ_2	+	-	*	/	(	)	#
+	>	>	<	<	<	>	>
-	>	>	<	<	<	>	>
*	>	>	>	>	<	>	>
/	>	>	>	>	<	>	>
(	<	<	<	<	<	=	
)	>	>	>	>		>	>
#	<	<	<	<	<		=

【第一种算法的算法描述】

```
algorithm: SolvingExp
input:表达式 EXP
output:表达式 EXP 的计算结果
1. postfix_EXP = GetPostfixExp(EXP);
2. result = SolvingPostfixExp(postfix_EXP);
3. return result;
process: GetPostfixExp
input:表达式 EXP
output: EXP 的后缀表达式
1. InitStack(&OP);　//OP 为符号栈
2. InitStack(&S);
3. Push(&OP,'#');　//'#'为结束符
4. 从左向右开始扫描表达式 EXP;
5. while(扫描到的是操作数 || Val(θ₂) != Val(θ₁) || θ₂!='#' || θ₁!='#')
6. {
7.    if 扫描到的是操作数
8.        Push(&S,操作数);继续向右扫描;
9.    else if(val(θ₂)>val(θ₁))    // θ₁表示 OP 的栈顶运算符,θ₂表示扫描到的运算符
10.       Push(&OP,θ₂);继续向右扫描;
11.   else if(val(θ₂)<val(θ₁))
10.       Pop(&OP,&θ₁);Push(&S,θ₁);
11.   else if(θ₂是右括号 && θ₁是左括号)
12.       Pop(&OP,&θ₁);继续向右扫描;
13. }
14. String←"";InitStack(&Temp_S);
15. while(!StackEmpty(S))
16.    Pop(&S,&e);Push(&Temp_S,e);
17. while(!StackEmpty(Temp_S))
18.    Pop(&Temp_S,&e),将 e 插入到串 String 的尾部;
19. return String;
process: SolvingPostfixExp
input:后缀表达式 PostfixEXP
output:后缀表达式 PostfixEXP 的求解结果
1. InitStack(&S);
2. 从左向右开始扫描后缀表达式 PostfixEXP;
3. while(扫描到的不是结束符'#')
4. {
5.    if 扫描到的是操作数
6.        Push(&S,操作数);继续向右扫描;
7.    else
8.        Pop(&S,&t₁);Pop(&S,&t₂);
9.        t₁、t₂与扫描到的运算符 θ 构成最小表达式 t₂ θ t₁;
10.       计算 T = t₂ θ t₁;Push(&S,T);
11. }
```

12. return 栈 S 的栈顶元素；

下面我们给出基于上述算法实例 $a * (b + c)$ # 的具体求解过程。

1）求表达式 $a * (b + c)$ # 的后缀表达式。

①初始化：

②从左向右开始扫描表达式（如图 4-2 所示）：

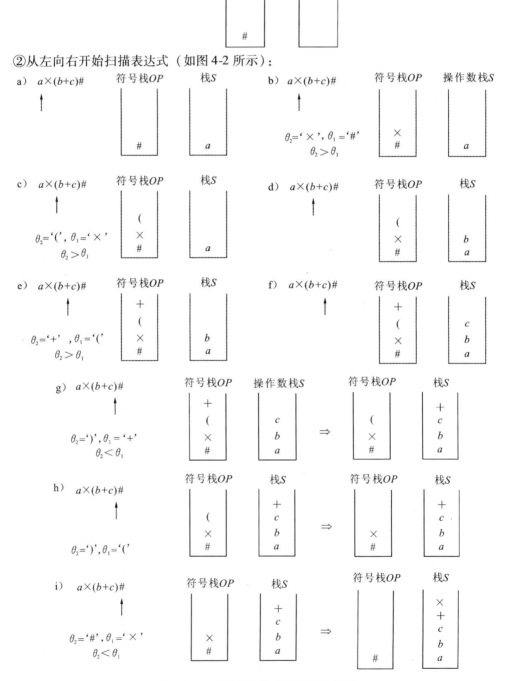

图 4-2 生成后缀表达式的过程示意图

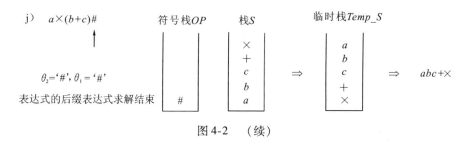

图 4-2 （续）

2）求解后缀表达式 "$abc+*$ #"。

①初始化：

②从左向右开始扫描后缀表达式（如图 4-3 所示）：

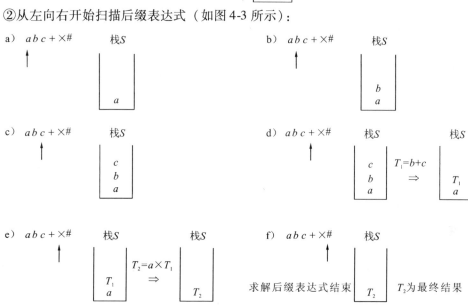

图 4-3 后缀表达式求解过程示意图

【第二种算法的算法描述】

```
algorithm: SolvingExp
input:表达式 EXP
output:表达式 EXP 的计算结果
1. 符号栈 OP 和操作数栈 S 初始化为空,并将结束符'#'压入 OP;
2. 从左向右开始扫描表达式 EXP;
3. while(扫描到的是操作数 ||Val(θ₂) != Val(θ₁) ||θ₂ !='#' ||θ₁ !='#')
4. {
5.     if 扫描到的是操作数
6.         将其压入栈 S,继续向右扫描;
7.     else if(val(θ₂) > val(θ₁))
8.         将扫描到的 θ₂ 压入栈 OP,继续向右扫描;
9.     else if(val(θ₂) < val(θ₁))
10.    {
11.        将 θ_S 1 从 OP 中弹出;
12.        从栈 S 中弹出栈顶操作数 t₁ 和次栈顶操作数 t₂;
```

```
13.          t₁、t₂ 与 θ₁ 构成最小表达式 t₂ θ₁ t₁;
14.          计算 T = t₂ θ₁ t₁,并将中间结果 T 压入栈 S;
15.       }
16.   else if(θ₂ 是右括号 && θ₁ 是左括号)
17.       将 θ₁ 从栈 OP 中弹出,继续向右扫描;
18. }
19. return 栈 S 的栈顶元素;
```

下面我们给出基于上述算法实例 $a*(b+c)$ #的具体求解过程。

①初始化:

②从左向右开始扫描表达式（如图4-4所示）:

图4-4 表达式求解过程示意图

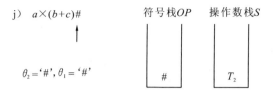

j) $a \times (b+c)\#$

$\theta_2 = '\#', \theta_1 = '\#'$

符号栈OP   操作数栈S

表达式求解结束，此时操作数栈S中的栈顶元素即为整个表达式的解

图4-4   （续）

4.3 栈的实现

4.3.1 顺序栈

采用顺序存储的栈简称为**顺序栈**（Sequential Stack）。**栈的顺序存储结构**是指用一组地址连续的存储单元来依次存放自栈底到栈顶的数据元素，同时附设指针 *top* 指示栈顶在顺序栈中的位置（即指示栈中能进行插入和删除操作的位置），并且栈顶位置随着入栈操作、出栈操作而变化。类似于顺序表，可以用一维数组来实现用于存储顺序栈中数据元素的存储区域。

需要说明的是，*top* 指针的值并不是栈顶的内存地址而是栈顶在数组中的下标，所以严格按照指针的定义来说，我们不应称 *top* 为指针，而应称为指示器，但它起到的作用是和指针相同的，只是它们讨论的视图不同而已，一个是内存空间另一个是数组空间（数组空间实际上是一段内存空间的抽象），从这个角度来看，我们还是选择称 *top* 为指针。后续章节有关内容会做同样的处理，将不再作出说明。

顺序栈的类型定义如下：

```
#define MAX 50
typedef struct
{
    ElemType data[MAX];
    int top;
}SqStack;
```

上述顺序栈的定义是基于静态存储分配方式的类型定义的，关于动态存储分配方式下顺序栈的类型定义和基本运算的实现留给读者完成。此外，关于 *top* 所指的具体位置有两种策略：一种策略是让 *top* 指针始终指向栈顶元素所在的位置（如图4-5a所示）；另一种策略是让 *top* 指针始终指向栈顶元素的下一个位置（如图4-5b所示）。在本书中，我们采用的是前一种策略。

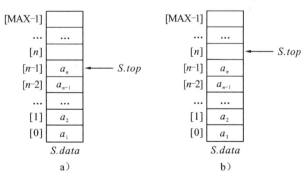

图4-5 顺序栈中栈顶指针指示栈顶的两种策略

前面我们介绍过在 C 语言中数组的下标是从 0 开始的，而在线性表中数据元素在表中的位序一般是从 1 开始的，因此如果从数组下标为 0 的位置开始存储数据元素，那么存在数据元素的下标和位序不统一的问题（同一个数据元素的下标和位序之间相差 1）。为了能够将数据元素存放到数组中以它的位序为下标的位置上，也可以舍弃数组中下标为 0 的存储空间，将数据元素从下标为 1 的位置开始顺序存储，如图 4-6 所示。

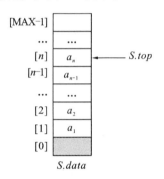

图 4-6　下标和位序统一的顺序栈示意图

本书采用的是不舍弃数组单元的方式，即图 4-5a 所示方式。显然，图 4-5a 所示顺序栈的栈底为下标为 0 的数组单元（逻辑上）的前一个数组单元，为了延续下标的连续性，我们令这个逻辑上的数组单元的下标为 −1，因此当 top 指针指向这个位置（即 top 的值为 −1）时表示是空顺序栈，如图 4-7a 所示。显然，图 4-6 所示顺序栈的栈底为下标为 0 的数组单元，因此当 top 指针指向这个位置（即 top 的值为 0）时表示是空顺序栈，如图 4-7b 所示。

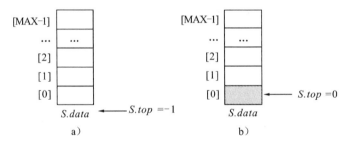

图 4-7　空顺序栈示意图

顺序栈在进行出栈操作时我们需要考虑下溢出错现象（即对空栈实施出栈操作），而且因为顺序栈是预先分配存储空间的，所以顺序栈在进行入栈操作时我们也必须考虑上溢出错现象（即对满栈实施入栈操作）。

顺序栈 S 为空的条件：S.top == -1（见图 4-7a）

　　　　　　　　　　S.top == 0（见图 4-7b）

顺序栈 S 为满的条件：S.top == MAX-1（见图 4-5a）

　　　　　　　　　　S.top == MAX（见图 4-5b）

假设有：

```
typedef int ElemType;
```

1. 初始化运算的实现

```
/*初始化运算:初始化得到一个空栈*/
int InitStack(SqStack *S)
{
    (*S).top = -1;
    return 0;
}
```

2. 判空运算的实现

```
/*判空运算:判断栈 S 是否为空,若为空返回 1,否则返回 0*/
int StackEmpty(SqStack S)
{
    if( -1 == S.top)
        return 1;
    return 0;
}
```

3. 判满运算的实现

```
/*判满运算:判断栈 S 是否为满,若为满返回 1,否则返回 0*/
int StackFull(SqStack S)
{
    if(MAX -1 == S.top)
        return 1;
    return 0;
}
```

4. 创建运算的实现

```
/*创建运算:创建一个栈,创建成功返回 0,否则返回 -1*/
int CreateStack(SqStack *S)
{
    int i,n;
    ElemType temp_e;
    printf("Please input the length of the stack which you want to create:\n");
    scanf("%d",&n);
    if(n >MAX)
        return -1;            //预创建的栈超过了顺序栈的存储能力
    for(i =1;i <= n;i ++ )
    {
        printf("Please input NO.%d enter element:\n",i);
        scanf("%d",&temp_e);
        Push(S,temp_e);
    }
    return 0;
}
```

5. 求长度运算的实现

```
/*求长度运算:返回栈 S 的长度*/
int StackLength(SqStack S)
{
    return S.top +1;
}
```

6. 访问栈顶运算的实现

```
/*访问栈顶运算:返回栈顶元素的值*/
int GetTop(SqStack S,ElemType *e)
{
    if(StackEmpty(S))
        return -1;           //由于栈为空导致操作失败
```

```
    *e = S.data[S.top];
    return 0;                //访问栈顶操作成功
}
```

7. 进栈运算的实现

```
/*进栈运算:在栈 S 的栈顶处压入新元素 e*/
int Push( SqStack *S,ElemType e)
{
    if(StackFull(*S))
        return -1;           //由于栈为满导致操作失败
    (*S).top = (*S).top +1;     //修改 top 指针使其指向新栈顶所在的位置
    (*S).data[(*S).top] = e;    //将新数据元素 e 压入到 top 指针所指的位置上
    return 0;                //入栈操作成功
}
```

上述程序中的两条赋值语句可以合并为一条语句:

$$(*S).data[++(*S).top] = e;$$

8. 出栈运算的实现

```
/*出栈运算:删除栈 S 的栈顶元素,并用变量 e 返回被删除的栈顶元素*/
int Pop( SqStack *S,ElemType *e)
{
    if(StackEmpty(*S))
        return -1;               //由于栈为空导致操作失败
    *e = (*S).data[(*S).top];    //返回将要被弹出的栈顶元素的值
    (*S).top = (*S).top -1;       //修改 top 指针使其指向新栈顶的位置
    return 0;
}
```

上述程序中的两条赋值语句也可以合并为一条语句:

$$*e = (*S).data[(*S).top --];$$

9. 打印输出运算的实现

```
/*打印输出运算:输出栈 S*/
void ShowStack( SqStack S)
{
    ElemType temp_e;
    while( -1 != S.top)
    {
        Pop(&S,&temp_e);
        printf("%d ",temp_e);
    }
    printf("\n");
}
```

4.3.2　链栈

采用链式存储的栈称为**链栈**（Linked Stack）。因为栈是运算受限的线性表，因此链栈中的结点结构和链表的结点结构相同。故链栈的类型描述如下:

```
typedef LNode SNode;
typedef LinkList LinkStack;
```

需要注意的是，链栈中指针的方向是从栈顶指向栈底的，如图 4-8 所示。本节我们采用的均是带头结点的链栈，因此，头结点的指针域指示栈顶结点。

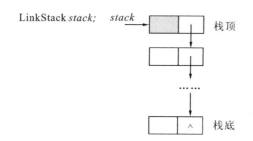

图 4-8　链栈示意图

【思考题4.3】 图4-8所示链栈中栈顶和栈底的位置是否可以交换? 即链栈中的指针方向是否可以从栈底指向栈顶? 为什么?

分析: 可以交换, 但是不好。因为针对图4-8所示的链栈, 我们可以利用头指针快速定位栈顶的位置(即头结点的指针域为栈顶指针, 指向栈顶所在的位置), 这样可以使得入栈操作和出栈操作能够通过修改头结点的指针域方便地实现。也就是说, 入栈操作和出栈操作均可以在 $O(1)$ 时间内完成。而交换后, 每次进行入栈或出栈操作时我们都需要先从头指针开始顺着链的方向遍历整个链表找到栈顶所在的位置, 然后才能在栈顶处实施入栈或出栈操作。也就是说, 入栈操作和出栈操作均需要花费 $O(n)$ 的时间开销。为了避免这种情况, 我们需要增设一个指针用来时刻指向栈顶所在的位置, 但即便是这样, 我们也无法避免出栈操作的时间开销为 $O(n)$。因此, 最好不交换。

既然我们利用头指针来定位栈顶, 那么当栈中不包含任何数据元素时, 其对应的链栈中的头结点的指针域应该为空, 如图4-9所示。

图 4-9　空链栈示意图

假设有: `typedef int ElemType;`

1. 初始化运算的实现

```
/*初始化运算:初始化得到一个空栈*/
int InitStack(LinkStack *S)
{
    *S =(LinkStack)malloc(sizeof(SNode));
    if(NULL == *S)
        return -1;
    (*S) -> next =NULL;
    return 0;
}
```

2. 判空运算的实现

```
/*判空运算:判断栈 S 是否为空,若为空返回1,否则返回 0*/
int StackEmpty(LinkStack S)
{
    if(NULL == S -> next)
        return 1;
    return 0;
}
```

3. 创建运算的实现

```
/*创建运算:创建一个栈,创建成功返回 0,否则返回 -1*/
int CreateStack(LinkStack S)
{
    int i,len;
    ElemType temp_e;
    printf("please input the length of the stack which you want to create:\n");
    scanf("%d",&len);
    for(i =1;i <= len;i ++)
    {
        printf("please input NO.%d enter stack element:\n",i);
        scanf("%d",&temp_e);
        if( -1 == Push(S,temp_e))
            return -1;
    }
    return 0;
}
```

4. 求长度运算的实现

```
/*求长度运算:返回栈 S 的长度*/
int StackLength(LinkStack S)
{
    int count = 0;
    SNode *p = S -> next;
    while(NULL != p)
    {
        count ++;
        p = p -> next;
    }
    return count;
}
```

5. 访问栈顶运算的实现

```
/*访问栈顶运算:返回栈顶元素的值*/
int GetTop(LinkStack S,ElemType *e)
{
    if(StackEmpty(S))
        return -1;          //由于栈为空导致访问栈顶操作失败
    *e = S -> next -> data;
    return 0;               //访问栈顶操作成功
}
```

6. 进栈运算的实现

```
/*进栈运算:在栈 S 的栈顶处压入新元素 e*/
int Push(LinkStack S,ElemType e)
{
    SNode *p = NULL;
    p = (SNode*)malloc(sizeof(SNode));
    if(NULL == p)
        return -1;          //由于存储分配失败导致进栈操作失败
    p -> data = e;
    p -> next = S -> next;   //使 p 结点的指针域指向原栈顶结点
    S -> next = p;           //修改头结点的指针域使其指向新栈顶结点
    return 0;               //进栈操作成功
}
```

7. 出栈运算的实现

```
/*出栈运算:删除栈 S 的栈顶元素,并用变量 e 返回被删除的栈顶元素*/
int Pop(LinkStack S,ElemType *e)
```

```
{
    SNode *p = NULL;
    if(StackEmpty(S))
        return -1;              //由于栈为空导致出栈操作失败
    p = S -> next;
    *e = p -> data;             //返回将要被弹出的栈顶元素的值
    S -> next = p -> next;      //使头结点指针域指向新栈顶的位置
    free(p);                    //释放 p 结点(即被删除的原栈顶结点)所占内存空间
    return 0;                   //出栈操作成功
}
```

8. 打印输出运算的实现

```
/*打印输出运算:输出栈 S*/
void ShowStack(LinkStack S)
{
    SNode *p = S -> next;
    while(NULL != p)
    {
        printf("%d",p -> data);
        p = p -> next;
    }
    printf("\n");
}
```

9. 撤销运算的实现

```
/*撤销栈运算:链栈使用完后要回收所有结点占用的存储空间*/
void DestroyStack(LinkStack *S)
{
    ElemType temp_e;
    while(NULL != (*S) -> next)    //撤销所有表结点
        Pop(*S,&temp_e);
    free(*S);                      //撤销头结点
    *S = NULL;
}
```

4.3.3　在表达式求解问题上的性能分析与比较

在 4.2 节中我们给出了两种求解表达式的算法:第一种算法先将表达式转换为后缀表达式,然后对后缀表达式进行求解;第二种算法将生成后缀表达式的过程和对后缀表达式求解的过程融合在一起,也就是说,在将表达式转换成后缀表达式的过程中对表达式进行求解。两种算法对操作数栈或符号栈实施的主要操作是入栈操作和出栈操作。通过 4.3.1 节给出的基于顺序栈的入栈操作和出栈操作的实现以及 4.3.2 节给出的基于链栈的入栈操作和出栈操作的实现,我们不难发现,两种存储结构下实现的入栈操作和出栈操作的时间开销是相同的,均是 $O(1)$。因此,基于两种存储结构实现表达式求解的第一种算法和第二种算法的时间开销都是相同的,但因为在链式存储结构中需要存储指针信息,因此在空间性能上基于顺序栈的实现要优于基于链栈的实现。

4.4　顺序栈的一种有趣实现——两个方向生长的栈

所谓两个方向生长的栈是指,两个栈共享一个向量空间,向量空间的两端分别为两个栈的栈底,两个栈的栈顶朝着向量空间的中部进行生长,如图 4-10 所示。

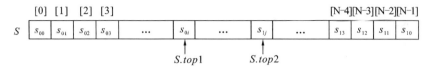

图 4-10 两个方向生长的栈

类型描述如下：

```
#define N 50
typedef struct
{
    elemtype S[N];
    int top1,top2;
}DDStack;
DDStack S;
```

当两个栈顶分别指向向量空间的两端时，共享向量空间的两个栈均为空，如图 4-11 所示。本书采用策略二的方式表示栈空。

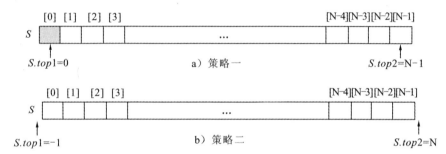

图 4-11 两个方向生长的栈为空

当两个栈的栈顶相遇时，我们称两个方向生长的栈满了，如图 4-12 所示。

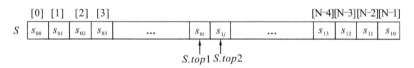

图 4-12 两个方向生长的栈为满

显然，$S.top1$ 自增实现入栈，自减实现出栈；$S.top2$ 自减实现入栈，自增实现出栈；第一个栈为空的条件为 $S.top1 == -1$，第二个栈为空的条件为 $S.top2 == N$；两个方向生长的栈为满的条件为 $S.top1 + 1 == S.top2$ 或 $S.top2 - 1 == S.top1$。关于两个方向生长的栈的基本运算（如进栈运算、出栈运算、访问栈顶元素运算等）的实现请读者自行完成。

【思考题 4.4】两个方向生长的栈很好的解决了如何同时表示两个栈的问题，那么，当我们需要同时表示 n 个栈时是否还可以采用相同的策略呢？为什么？有兴趣的读者不妨思考一下。

4.5 栈与递归的天然联系

所谓递归（Recursive）是指程序或函数重复调用自己，并传入不同的变量来执行的一种程序设计技巧。将程序或函数直接调用自己的递归称为直接递归；将程序或函数通过调用其他程序或函数而间接调用了自己的递归称为间接递归。递归是一种从数学借鉴来的非常有用的技术。相对非递归代码而言，递归代码非常简短且容易编写。通常，当循环语句被编译或解释时，它们被转化为递归函数的形式。有些问题是依据其相似子问题进行定义的，递归对求解这一类问题非常有用。例如，排序问题、搜索问题和遍历问题通常都有基于递归技术的求解方案。递归必须包括两个条件：递归条件和终止条件。递归条件随着递归的进行将会不断接近终止条件（即问题规模不断缩小的过程），并最终达到终止条件（即问题已足够基本了）。通过在终止条件下对基本问题的求解来解决逐渐复杂的问题，最终得到原问题的解。例如求 Fibonacci 数列的第 n 个 Fibonacci 数，$n > 2$ 是递归条件，$n = 1$ 和 $n = 2$ 是终止条件。当 $n > 2$ 时，经过一次递归，将求解 fibs(n) 的问题转换为了求解 fibs$(n-1)$ 和 fibs$(n-2)$；经过足够多次的递归，n 一定会减小到 1 或 2 到达终止条件，此时可以对这个足够基本的问题直接求解，即 fibs$(1) = 1$ 或 fibs$(2) = 1$；接着最内层递归的返回将求得 fibs(3)，此内层递归的返回将求得 fibs(4)，依此类推最终得到原问题的解 fibs(n)。

我们已经知道了什么是递归、递归应具备的条件，那么在机器中递归是如何实现的呢？

在系统中是用一个工作栈来存放调用过程中的数据、参数及其地址的。因为递归是函数直接或间接地调用自身，因此递归过程在尚未完成本次调用之前又调用了自身。显然，如果最近一次调用使用了前一次调用相同的工作区，那么当最近一次调用完成时系统将无法恢复前一次调用的工作区，导致前一次调用不能完成。为了确保每一次调用不破坏以前未完成的调用工作区，必须为每次调用分配各自的工作区，调用结束时释放相应的工作区。因为过程调用关于某些信息的保存满足"后进先出"的原则，所以在程序运行时必须开设一个运行工作栈，栈中每个对象就是一个过程调用的工作区，它一般包括返回地址、局部变量及相关参数等。

4.6 知识点小结

1）栈是运算受限的线性表，它的插入和删除操作被限定在表的一端进行，这一端称为"栈顶"；另一端不做任何操作，称为"栈底"。正是由于栈的这种插入和删除运算的受限使得栈具有了"后进先出"的结构特性。

2）采用顺序存储结构实现的栈称为"顺序栈"；采用链式存储结构实现的栈称为"链栈"，在链栈中指针的方向是从栈顶指向栈底的。

3）因为插入和删除运算只能在栈顶处进行，因此顺序栈的进栈和出栈运算不会引起大量数据元素的平移。

4）在本书中，对于顺序栈我们采用的策略是，栈顶指针 top 始终指向栈顶元素所在的位置。因此，实现入栈（假设栈没满）时，应先令栈顶指针 top 自增使其指向新栈顶的位置，然后再将新栈顶元素压入到栈顶指针 top 所指的位置上；实现出栈（假设栈没空）时，应先返回栈顶指针 top 所指栈顶元素的值，然后栈顶指针 top 自减使其指向新栈顶所在的位置（即原来次栈顶元素所在的位置或栈底）。

5）函数调用可以进行嵌套调用。容易发现，后调用的函数先返回，因此在编译系统中使用了系统栈来实现函数与被调函数之间的切换。

习 题

4.1 试设计一个算法，判断表达式中的括号是否匹配。可分两种情况：①表达式中只有圆括号；②表达式中含有圆括号、方括号和花括号，且这三种括号可以按任意的次序嵌套使用。

4.2 设计一个算法，判断某输入字符串是否具有中心对称关系，例如 *ababbaba*、*baxzxab* 皆具有中心对称性（具有中心对称性的字符串称为回文）。

4.3 画出表达式 $(a+b) * (c/(d-e) + f) + a * b * c$ 转换成后缀表达式的过程。

4.4　证明：若借助栈由输入序列 1 2 3 …n 得到的输出序列为 $p_1 p_2 p_3 p_n$（该输出序列是输入序列经过栈操作后的某个排列），则输入序列中不可能出现当 $i < j < k$ 时有 $p_k p_i p_j$ 的情况。

4.5　已知函数

$$F(n) = \begin{cases} n+1 & \text{当 } n=0 \text{ 时} \\ n \times F(\lfloor n/2 \rfloor) & \text{当 } n>0 \text{ 时} \end{cases}$$

式中，n 为正整数。写出它的递归算法。

4.6　写一个算法将前缀表达式转化为后缀表达式，并分析算法的时间开销和空间开销。

4.7　请思考，如何实现三个栈共享一个向量空间，请写出基于你的解决方案的出栈、入栈等基本操作的实现算法，并分析它们的时间复杂度。

4.8　写出下列程序的输出结果。（说明：该程序中用到的栈 S 是数据元素为 char 类型的栈。）

```
void main()
{
    stack S;
    char x,y;
    InitStack(S);
    x = 'c';
    y = 'y';
    push(S,x);
    push(S,'n');
    push(S,y);
    pop(S,x);
    push(S,'a');
    push(S,x);
    pop(S,x);
    push(S,'n');
    while(!StackEmpty(S))
    {
        pop(S,y);
        printf("% c",y);
    }
    printf("% c",x);
}
```

4.9　已知一个栈 S 的输入序列为 abcd，下面两个序列是否能通过栈的 push 和 pop 操作输出；如果能，请写出操作序列；如果不能，请说明原因：①dbca；②cbda。

4.10　写一算法将给定十进制数转换为二进制数。

4.11　写一算法识别依次读入的一个以 "#" 为结束符的字符序列是否是形如 "序列 1@ 序列 2" 的字符序列。其中，序列 1 和序列 2 中都不含有字符 '@'，且序列 2 是序列 1 的逆序列。例如 "aab*c^da@ ad^c*baa" 是满足条件的字符序列。

第5章 队 列

　　和栈一样，队列也是一种特殊的线性表。它的逻辑结构和线性表相同但某些运算规则较线性表有更多的限制，故队列也被称为运算受限的线性表。队列的应用也相当广泛。本章将解决以下几个问题：队列和线性表的关系，队列的运算受到了哪些限制，队列和栈的共性和个性，如何实现队列及队列上的运算，解决"假上溢"的几种策略，如何应用队列来解决实际问题。

5.1 队列抽象数据类型

5.1.1 队列的逻辑结构

　　队列（Queue）是一种运算受限的线性表，它限定在表的一端进行插入操作，在表的另一端进行删除操作。其中，允许插入的一端称为**队尾**（Rear），允许删除的一端称为**队首**（Front）。队列的插入操作通常被称为入列操作，队列的删除操作通常被称为出列操作。不包含任何数据元素的队列称为**空队列**（Empty Queue），即长度为零的队列。

　　下面我们一起来分析，看看队列的运算受限给它带来了哪些不同于线性表的特性。图 5-1 所示的队列是 n 个数据元素以 a_1，a_2，$\cdots$，a_{n-1}，a_n 的顺序依次从队尾进入队列后的结果。

图 5-1　队列的示意图

　　从图 5-1 中可以看到，a_1 是队首元素，a_n 是队尾元素。最先入列的数据元素 a_1 最先出列。a_1 出列后 a_2 成为新的队首元素，因此 a_2 第二个出列。依次类推，可以得到这 n 个数据元素的出列序列：a_1，a_2，$\cdots$，a_{n-1}，a_n。也就是说，先入列的元素先出列，后入列的元素后出列。因此，队列具有"先进先出"（First In First Out，FIFO）的结构特性，又被称为先进先出表。

　　【思考题 5.1】 有入列序列：a，b，c，d。假设入列、出列操作可以交替进行，请写出所有可能的出列序列。

　　分析： 用符号"↓"表示入列操作，"↑"表示出列操作。因为入列、出列操作可以交替进行，因此有多种入列出列操作序列，如 ↓↑↓↑↓↑↓↑，↓↓↑↑↓↑↓↑，↓↓↑↓↑↑↓↑，↓↓↓↓↑↑↑↑，↓↓↑↓↑↓↑↑，等等。而队列"先进先出"的结构特性保证了数据元素离开队列的先后次序一定与它们进入队列的先后次序相同。因此，无论这四个元素按照哪种合法的入列、出列操作序列进行处理，只要它们进入队列的先后次序保证是 a，b，c，d；那么出列序列就一定为 a，b，c，d。

5.1.2 队列的基本运算

　　队列的基本运算主要有以下几种：

1）InitQueue(&Q)初始化运算：初始化得到一个空队列 Q，如果初始化成功则返回 0，否则返回 -1。

2）QueueEmpty(Q)判空运算：判断一个给定的队列 Q 是否为空，如果为空则返回 1，否则返回 0。

3）QueueFull(Q)判满运算：判断一个给定的队列 Q 是否为满，如果为满则返回 1，否则返回 0。

4）CreateQueue(&Q)创建运算：创建一个队列 Q，创建前 Q 已初始化为空，如果创建成功则返回 0，否则返回错误代码。

5）QueueLength(Q)求长度运算：求解并返回一个给定队列 Q 的长度。

6）GetHead(Q,&e)访问队首运算：访问给定队列 Q 的队首元素，并用变量 e 返回该队首元素的值，如果访问成功则返回 0，否则返回错误代码。

7）EnQueue(&Q,e)入列运算：将给定数据元素 e 插入队列 Q 的尾部，如果入列成功则返回 0，否则返回错误代码。

8）DeQueue(&Q,&e)出列运算：删除给定队列 Q 的队首元素，并用变量 e 返回其值，如果出列成功则返回 0，否则返回错误代码。

9）ShowQueue(Q)打印输出运算：将 Q 的内容打印输出到屏幕上或文件中。

10）DestroyQueue(&Q)撤销运算：撤销队列 Q，即回收 Q 的存储空间。

5.1.3 队列的 ADT 描述

```
ADT Queue {
    数据的逻辑结构:n(n ≥ 0)个具有相同特性的数据元素(假设其类型为 ElemType)的有限序列,且限定只能在
             序列的一端进行插入操作,在序列的另一端进行删除操作。
    成员函数:以下 Q ∈Queue,e ∈ElemType,i ∈非负整数
    InitQueue(&Q):初始化得到一个空栈 Q,if 初始化成功 then return 0 else return -1;
    QueueEmpty(Q):if Q 为空 then return 1 else return 0;
    QueueFull(Q):if Q 为满 then return 1 else return 0;
    CreateQueue(&Q):if Q 创建成功 then return 0 else return 错误代码;
    QueueLength(Q):return Q 的长度;
    GetHead(Q,&e):访问 Q 的队首元素,用变量 e 返回该元素的值,if 访问成功 return 0 else return 错误代
             码;
    EnQueue(&Q,e):在 Q 的队尾处插入数据元素 e,if 插入成功 return 0 else return 错误代码;
    DeQueue(&Q,&e):删除 Q 的队首元素并用 e 返回其值,if 删除成功 return 0 else return 错误代码;
    ShowQueue(Q):打印输出 Q 的内容到屏幕上或文件中;
    DestroyQueue(&Q):撤销队列 Q,回收 Q 的存储空间。
} ADT Queue
```

队列的 ADT 定义好后，我们就可以利用队列求解一些应用问题了。

5.2 队列的应用——模拟舞伴配对问题

5.2.1 问题描述与分析

【问题描述】 在舞会上，男、女各自排成一队。舞会开始时，依次从男队和女队的队头各出一人配成舞伴。如果两队初始人数不等，则较长的那一队中未配对者等待下一轮舞曲。

【问题分析】 假设男队有 m 个人，女队有 n 个人，$m > n$，共进行 k 轮舞曲。显然，当第 1 轮舞曲响起时，男队的男士依次出列、女队的女士依次出列共配成 n 对舞伴，舞曲结束后，n 对舞伴中的男士和女士再依次分别进入男队和女队的队尾进行排队等待下一次配对；当第 2 轮舞曲响起时，重复上面的配对过程进行第 2 轮的配对……当第 k 轮配对完成后，本次舞会结束。

5.2.2　问题求解

```
algorithm:PartnerMatching
input:男队 queue_man,女队 queue_woman,轮数 k
output:无
1. m ← QueueLength(queue_man);
2. n ← QueueLength(queue_woman);
3. if m < n then
4.     m ↔ n;
5. for i ← 1 to k do
6. {
7.     for j ← 1 to n do
8.     {
9.         man ← DeQueue(&queue_man);
10.        woman ← DeQueue(&queue_woman);
11.        print "第" j "对舞伴是(" man "," woman ")";
12.        EnQueue(&queue_man,man);
13.        EnQueue(&queue_ woman,woman);
14.    }
15. }
```

5.3　队列的实现

5.3.1　顺序队列

采用顺序存储的队列称为**顺序队列**（Sequential Queue）。**队列的顺序存储结构**是指用一组地址连续的存储单元来依次存放自队首到队尾的数据元素，同时附设队首指针和队尾指针来分别指示队首元素和队尾元素在顺序队列中的位置（即指示队列中能分别进行插入操作和删除操作的位置）。类似于顺序表，可以用一维数组来实现用于存储顺序队列中数据元素的存储区域。

顺序队列的类型定义如下：

```
#define MAX 50
typedef struct
{
    ElemType data[MAX];
    int front,rear;        //front 为队首指针,rear 为队尾指针
}SqQueue;
```

上述顺序队列的定义是基于静态存储分配方式的，关于动态存储分配方式下顺序队列的类型定义和基本运算的实现留给读者自行完成。此外，关于队首指针 *front* 和队尾指针 *rear* 所指的具体位置有两种策略。一种策略是让 *front* 指针始终指向队首元素所在位置的前一个位置，*rear* 指针始终指向队尾元素所在的位置（如图 5-2a 所示）；另一种策略是让 *front* 指针始终指向队首元素所在的位置，*rear* 指针始终指向队尾元素所在位置的下一个位置（如图 5-2b 所示）。在本书中，我们采用的是后一种策略。

队首指针和队尾指针可以唯一确定一个顺序队列。也就是说，这两个指针所指位置之间的数据元素为顺序队列中的数据元素。初始时，顺序队列不包含任何数据元素，因此可以令两个指针同时指向下标为 0 的位置来初始化一个顺序队列为空，如图 5-3 所示。

在顺序队列中存在一种被称为"假上溢"（也称为"虚上溢"、"假溢出"或"虚溢出"）的现象。那么，什么是"假上溢"现象呢？我们来看看下面的例子。

```
#define MAX 6
```

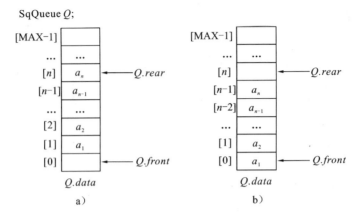

图 5-2   顺序队列中队首指针指示队首、队尾指针指示队尾的两种策略

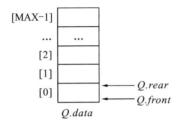

图 5-3   空顺序队列示意图

初始化顺序队列 Q 为空，即令 $Q.front = Q.rear = 0$，如图 5-4a 所示。

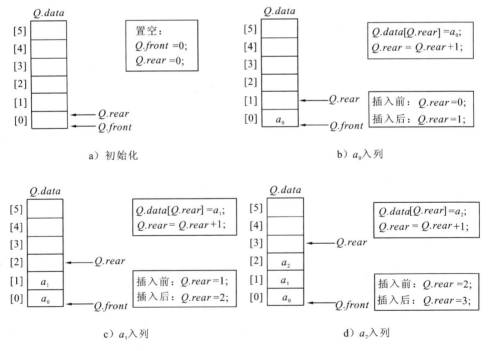

图 5-4   "假上溢"现象

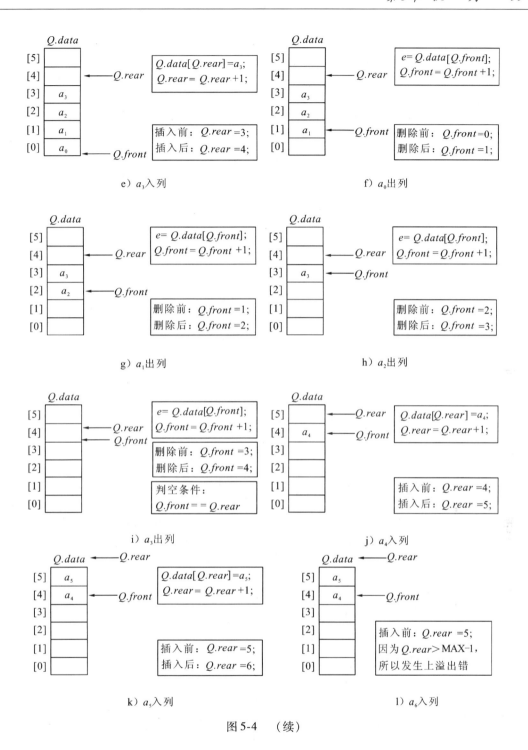

图 5-4　（续）

a_0、a_1、a_2、a_3 相继入列，如图 5-4b ~ 图 5-4e 所示。当需要在 Q 中插入一个新的队尾元素时，因为 $Q.rear$ 指针始终指向队尾元素所在位置的下一个位置，因此应先将新队尾元素存入 $Q.rear$ 所指位置上，然后 $Q.rear$ 自增（即 $Q.rear = Q.rear +1$）实现入列。

a_0、a_1、a_2、a_3 相继出列，如图 5-4f ~ 图 5-4i 所示。当需要删除队首元素时，因为 $front$ 指针始终指向的是队首元素所在的位置，因此应先返回 $front$ 所指位置上的数据元素的值，然后

front 自增（即 *Q.front = Q.front + 1*）实现出列。

a_4、a_5、a_6 相继入列，如图 5-4j ~ 图 5-4l 所示。

当插入 a_6 时，由于尾指针的值已超过一维数组的最大下标而产生上溢出错。但从图 5-4l 中不难看到，此时并不是真的溢出，一维数组的前半部分仍有空位置。显然，"假上溢"会导致存储空间的低利用率，那么如何解决假上溢问题呢？

1. 解决方案一

一旦 *Q.rear* 超过最大下标（即 *Q.rear* 等于 MAX），我们就需要判断此时队列中的元素个数是否达到队列所能容纳的最大元素个数（即 MAX 个）。如果没有达到，那么我们就把当前队列中的所有元素统统向数组的低地址部分进行平移。即

```
if (Q.rear == MAX)
    if (Q.rear - Q.front == MAX)
        printf("overflow!");
    else
        将所有元素向 Q.data 的低地址处平移;
```

针对图 5-4l 所示情况实施方案一，得到的处理结果如图 5-5 所示。

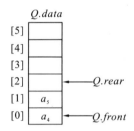

图 5-5　"假上溢"解决方案一示意图

2. 解决方案二

将顺序队列逻辑上处理为一个首尾相接的环形空间。也就是说，当 *Q.rear* 达到最大下标 MAX − 1 时，它的下一个位置即为最小下标 0 所标识的位置。我们将满足这种（模运算）特性的顺序队列称为**循环队列**（Circular Queue），如图 5-6 所示。

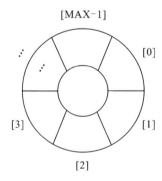

图 5-6　循环队列示意图

对上述循环队列而言，当 *Q.rear* 达到最大下标 MAX − 1 时，插入一个新元素后，使得 *Q.rear* 重新指向一维数组的起始位置（即低地址部分），如果低地址部分仍有空位置，则可以继续进行入列操作而无需进行数据的平移。显然，这种处理方法要比方案一高效，故我们采用此种方法解决"假上溢"问题。

5.3.2 循环队列

那么如何实现循环队列呢？（即如何实现顺序队列的首尾相接呢？）这个问题可以通过 *front* 指针和 *rear* 指针模取下一个位置来实现，即

$$Q.front = (Q.front + 1)\% \text{MAX}$$

$$Q.rear = (Q.rear + 1)\% \text{MAX}$$

现在用循环队列来解决图 5-4l 所示"假上溢"问题。

执行完第 1 步操作（初始化循环队列 Q 为空）、第 2 步操作（a_0、a_1、a_2、a_3 相继入列）、第 3 步操作（a_0、a_1、a_2、a_3 相继出列）后，循环队列如图 5-7a 所示。接着，图 5-7b ~ 图 5-7d 演示了对循环队列执行第 4 步操作（a_4、a_5、a_6 相继入列）的处理过程；然后，图 5-7e ~ 图 5-7g 演示了对循环队列执行 a_7、a_8、a_9 相继入列的处理过程。

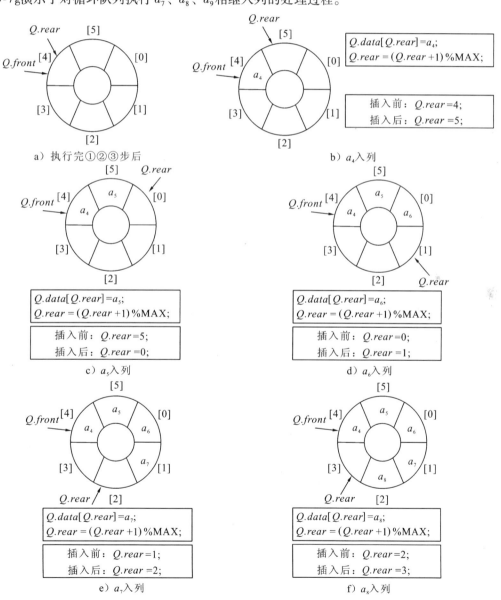

图 5-7 "假上溢"解决方案二示意图

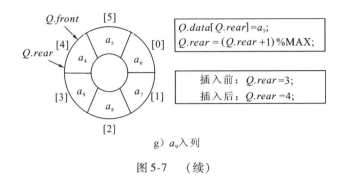

g）a_9入列

图 5-7　（续）

观察图 5-7a，我们发现当循环队列为空时有 $Q.front == Q.rear$；观察图 5-7g，我们发现图 5-7g 所示循环队列是真的满了，并且也有 $Q.front == Q.rear$。这就产生了一个新问题：当条件表达式 $Q.front == Q.rear$ 成立时，我们无法判断循环队列 Q 是空还是满。

那么，将如何解决这个问题？如何区分循环队列为空、为满的状态呢？一般来说，有下面两种解决方案。

1. 解决方案一

规定：如果队尾指针的下一个位置即为队首指针所指示的位置，那么我们就认为循环队列满了。其对应的条件表达式为：

$$((Q.rear+1)\% \text{MAX}) == Q.front$$

也就是说，方案一将图 5-7f 所示循环队列的状态定义为满的状态。换句话说，假设用一个大小为 n 的数组来实现此方案下的循环队列，那么该循环队列至多可以有 $n-1$ 个元素。显然，这种解决方案以牺牲一个存储单元为代价。

在此方案下，循环队列为空、为满的状态可以分别用下面两个不同的条件表达式进行区分。

循环队列判空的条件是：$Q.front == Q.rear$

循环队列判满的条件是：$((Q.rear+1)\% \text{MAX}) == Q.front$

【思考题 5.2】已知循环队列 Q 的尾指针为 $Q.rear$，头指针为 $Q.front$，请问如何确定 Q 的长度（即实际所含的数据元素个数）？

分析：假设用 $length$ 表示 Q 的长度，用 $free$ 表示循环队列中的空位置个数，显然有 $length + free = \text{MAX}$。

1）当 $Q.rear \geqslant Q.front$ 时，则 $length = Q.rear - Q.front$，且

$$0 \leqslant length < \text{MAX} \Rightarrow length = (length + \text{MAX})\% \text{MAX}$$

即

$$length = (Q.rear - Q.front + \text{MAX})\% \text{MAX}$$

2）当 $Q.rear < Q.front$ 时，有 $free = Q.front - Q.rear$，显然 $0 < free \leqslant \text{MAX}$

而

$$length = \text{MAX} - free$$

故

$$0 \leqslant length < \text{MAX}$$

那么

$$length = (length + \text{MAX})\% \text{MAX}$$

即

$$length = (\text{MAX} - free)\% \text{MAX} = (\text{MAX} - (Q.front - Q.rear))\% \text{MAX}$$
$$= (Q.rear - Q.front + \text{MAX})\% \text{MAX}$$

综上所述，循环队列 Q 的长度为 $(Q.rear - Q.front + \text{MAX})\% \text{MAX}$。

假设有：

```
typedef int ElemType;
```

```
typedef SqQueue CSqQueue;
```

① 初始化运算的实现。

```
/*初始化运算:初始化得到一个空队列*/
int InitQueue(CSqQueue *Q)
{
    (*Q). front = 0;
    (*Q). rear = 0;
    return 0;
}
```

② 判空运算的实现。

```
/*判空运算:判断队列 Q 是否为空,若为空返回 1,否则返回 0*/
int QueueEmpty(CSqQueue Q)
{
    if(Q. front == Q. rear)
        return 1;
    return 0;
}
```

③ 判满运算的实现。

```
/*判满运算:判断队列 Q 是否为满,若为满返回 1,否则返回 0*/
int QueueFull(CSqQueue Q)
{
    if((Q. rear +1) %  MAX == Q. front)
        return 1;
    return 0;
}
```

④ 创建运算的实现。

```
/*创建运算:创建一个队列,创建成功返回 0,否则返回 -1*/
int CreateQueue(CSqQueue *Q)
{
    int i,n;
    ElemType temp_e;
    printf("Please input the length of the queue which you want to create: \n");
    scanf("%d",&n);
    if(n > MAX)
        return -1;                  //预创建的队列超过了循环队列的存储能力
    for(i =1;i <= n;i ++)
    {
        printf("Please input NO. %d enter element: \n",i);
        scanf("%d",&temp_e);
        EnQueue(Q,temp_e);
    }
    return 0;
}
```

⑤ 求长度运算的实现。

```
/*求长度运算:返回队列 Q 的长度*/
int QueueLength(CSqQueue Q)
{
    return (Q. rear - Q. front + MAX) %  MAX;
}
```

⑥ 访问队首运算的实现。

```
/*访问队首运算:返回队首元素的值*/
int GetHead(CSqQueue Q,ElemType *e)
{
    if(QueueEmpty(Q))
```

```
        return -1;                      //由于队列为空导致访问队首操作失败
    *e = Q.data[Q.front];
    return 0;                           //访问队首操作成功
}
```

⑦入列运算的实现。

```
/*入列运算:在队尾处插入新元素 e*/
int EnQueue(CSqQueue *Q,ElemType e)
{
    if(QueueFull(*Q))
        return -1;                      //由于队列为满导致入列操作失败
    (*Q).data[(*Q).rear] = e;           //新队尾元素的值存放在 rear 所指位置上
    (*Q).rear = ((*Q).rear +1) % MAX;   // rear 模取后移实现入列
    return 0;                           //入列操作成功
}
```

⑧出列运算的实现。

```
/*出列运算:删除队列的队首元素,并用变量 e 返回被删除的元素*/
int DeQueue(CSqQueue *Q,ElemType *e)
{
    if(QueueEmpty(*Q))
        return -1;                      //由于队列为空导致出列操作失败
    *e = (*Q).data[(*Q).front];         //返回将要被删除的队首元素的值
    (*Q).front = ((*Q).front +1) %  MAX; // front 模取后移实现出列
    return 0;                           //出列操作成功
}
```

⑨输出/打印运算的实现。

```
/*输出/打印运算:输出队列 Q*/
void ShowQueue(CSqQueue Q)
{
    ElemType temp_e;
    while(!QueueEmpty(Q))
    {
        DeQueue(&Q,&temp_e);
        printf("%d ",temp_e);
    }
    printf("\n");
}
```

上述基本运算的实现均是在 $O(1)$ 时间内完成的。

2. 解决方案二

另设一个标志 *tag*，以标志 *tag* 的值为 0 或为 1 来区分当队首指针和队尾指针相等时，队列是空还是满。显然，这种解决方案不牺牲任何一个存储单元。换句话说，假设用一个大小为 n 的数组来实现此方案下的循环队列，那么该循环队列最多可以有 n 个元素。但是，它需要额外的存储空间来存储 *tag* 的值。此方案下，循环队列的类型定义为：

第一种类型定义

```
typedef struct
{
    ElemType data[MAX];
    int front,rear;
    int tag;
}CSqQueue;
```

第二种类型定义

```
typedef enum{Empty,Full }StateType;
typedef struct
```

```
{
    ElemType data[MAX];
    int front,rear;
    StateType tag;
}CSqQueue;
```

我们选用上述第二种类型定义作为循环队列的类型定义。

在此方案下，循环队列为空的状态可以描述为 $Q.front == Q.rear \&\& Q.tag == Empty$ 或 $Q.front == Q.rear \&\& Q.tag == 0$；为满的状态可以描述为 $Q.front == Q.rear \&\& Q.tag == Full$ 或 $Q.front == Q.rear \&\& Q.tag == 1$。

【思考题 5.3】已知此策略下的循环队列 Q 的尾指针为 $Q.rear$，头指针为 $Q.front$，如何确定 Q 的长度（即实际所含的数据元素个数）？

分析：假设用 $length$ 表示 Q 的长度。在此策略下，当 $Q.rear == Q.front$ 成立时，循环队列要么为空要么为满；当 $Q.rear != Q.front$ 成立时，循环队列处于非空非满的状态。我们在上述循环队列的三种状态下分别讨论循环队列 Q 的长度：

1）当 $Q.front == Q.rear \&\& Q.tag == Empty$ 时，则 $length = 0$。

2）当 $Q.front == Q.rear \&\& Q.tag == Full$ 时，则 $length = MAX$。

3）当 $Q.front != Q.rear$ 时，分析过程同思考题 5.2，可得 $length = (Q.rear - Q.front + MAX) \% MAX$。

假设有：

```
typedef int ElemType;
```

①初始化运算的实现。

```
/*初始化运算:初始化得到一个空队列*/
int InitQueue(CSqQueue *Q)
{
    (*Q).front = 0;
    (*Q).rear = 0;
    (*Q).tag = Empty;
    return 0;
}
```

②判空运算的实现。

```
/*判空运算:判断队列Q是否为空,若为空返回1,否则返回0*/
int QueueEmpty(CSqQueue Q)
{
    if(Q.front == Q.rear && Empty == Q.tag)
        return 1;
    return 0;
}
```

③判满运算的实现。

```
/*判满运算:判断队列Q是否为满,若为满返回1,否则返回0*/
int QueueFull(CSqQueue Q)
{
    if(Q.front == Q.rear && Full == Q.tag)
        return 1;
    return 0;
}
```

④创建运算的实现。

```
/*创建运算:创建一个队列,创建成功返回0,否则返回-1*/
int CreateQueue(CSqQueue *Q)
```

```
{
    int i,n;
    ElemType temp_e;
    printf("Please input the length of the queue which you want to create:\n");
    scanf("%d",&n);
    if(n > MAX)
        return -1;                          //预创建的队列超过了循环队列的存储能力
    for(i = 1;i <= n;i ++)
    {
        printf("Please input NO. %d enter element:\n",i);
        scanf("%d",&temp_e);
        EnQueue(Q,temp_e);
    }
    return 0;
}
```

⑤求长度运算的实现。

```
/*求长度运算:返回队列 Q 的长度*/
int QueueLength(CSqQueue Q)
{
    if(QueueEmpty(Q))
        return 0;
    if(QueueFull(Q))
        return MAX;
    return (Q.rear - Q.front + MAX) %  MAX;
}
```

⑥访问队首运算的实现。

```
/*访问队首运算:返回队首元素的值*/
int GetHead(CSqQueue Q,ElemType *e)
{
    if(QueueEmpty(Q))
        return -1;                          //由于队列为空导致访问队首操作失败
    *e = Q.data[Q.front];
    return 0;                                //访问队首操作成功
}
```

⑦入列运算的实现。

```
/*入列运算:在队尾处插入新元素 e*/
int EnQueue(CSqQueue *Q,ElemType e)
{
    if(QueueFull(*Q))
        return -1;                          //由于队列为满导致入列操作失败
    (*Q).data[(*Q).rear] = e;               //新队尾元素的值存放在 rear 所指位置上
    (*Q).rear = ((*Q).rear +1) %  MAX;      // rear 模取后移实现入列
    (*Q).tag = Full;                        //入列操作后,循环队列只有为满的可能
    return 0;                                //入列操作成功
}
```

⑧出列运算的实现。

```
/*出列运算:删除队列的队首元素,并用变量 e 返回被删除的元素*/
int DeQueue(CSqQueue *Q,ElemType *e)
{
    if(QueueEmpty(*Q))
        return -1;                          //由于队列为空导致出列操作失败
    *e = (*Q).data[(*Q).front];             //返回将要被删除的队首元素的值
    (*Q).front = ((*Q).front +1) %  MAX;    // front 模取后移实现出列
    (*Q).tag = Empty;                       //出列操作后,循环队列只有为空的可能
    return 0;                                //出列操作成功
}
```

⑨打印输出运算的实现。

```
/*打印输出运算:输出队列 Q*/
void ShowQueue(CSqQueue Q)
{
    ElemType temp_e;
    while(! QueueEmpty(Q))
    {
        DeQueue(&Q,&temp_e);
        printf("%d ",temp_e);
    }
    printf("\n");
}
```

上述基本运算的实现均是在 $O(1)$ 时间内完成的。

5.3.3　链队列

采用链式存储的队列称为**链队列**（Linked Queue）。因为队列是运算受限的线性表，因此链队列中的结点结构和链表的结点结构相同。故链队列中的结点类型描述如下：

```
typedef LNode QNode;
```

因为队列的插入和删除运算发生的位置分别位于表的两端，因此需要两个指针来时刻指示这两个特殊的位置，它们分别称为队首指针和队尾指针。换句话说，队首指针和队尾指针唯一确定了一个链队列。故链队列的类型定义如下：

```
typedef struct
{
    QNode *front;   //队首指针,指示链队列队首所在位置(即删除点)
    QNode *rear;    //队尾指针,指示链队列队尾所在位置(即插入点)
}LinkQueue;
```

注意：链队列中指针的方向是从队首指向队尾的，如图 5-8 所示。本节我们采用的均是带头结点的链队列，因此队首指针指向头结点，而头结点的指针域指向队首结点。

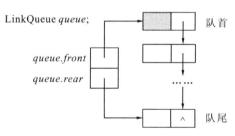

图 5-8　链队列的示意图

【思考题 5.4】 图 5-8 所示链队列中队首和队尾的位置是否可以交换？即链队列中指针的方向是否可以是从队尾指向队首的？为什么？

分析： 可以交换，但是不好。因为在链式存储结构中，删除一个结点是通过修改其直接前驱结点的指针域来实现的。如果队首在图 5-8 中标注为"队尾"的位置上，那么每次执行出列操作（即删除队首结点）时，都需要遍历整个链表找到队首结点的直接前驱结点，故出列运算的时间复杂度为 $O(n)$。如果队首在图 5-8 中标注为"队首"的位置上，那么头结点可以看作是队首结点的直接前驱，因此只需要修改头结点的指针域即可方便实现出列操作，其时间复杂度为 $O(1)$。至于入列操作，无论队尾是在图 5-8 中标注为"队尾"的位置上还是在标注为

"队首"的位置上,其时间复杂度均为 $O(1)$。因此综合来看,链队列中指针方向为"从队首指向队尾"要好于"从队尾指向队首"。

队首指针和队尾指针可以唯一确定一个链队列。也就是说,这两个指针之间的表结点即为链队列中的结点。那么当队列中不包含任何数据元素时,当然也就没有队首结点,因此头结点的指针域为空,并且队首指针和队尾指针之间没有表结点(即队尾指针也指向了头结点),如图 5-9 所示。

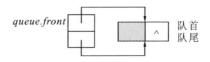

图 5-9 空链队列的示意图

假设有:

```
typedef int ElemType;
```

1. 初始化运算的实现

```
/*初始化运算:初始化得到一个空队列*/
int InitQueue(LinkQueue *Q)
{
    QNode *p_head = NULL;
    p_head = (QNode*)malloc(sizeof(QNode));
    if(NULL == p_head)
        return -1;                      //因为内存分配失败导致初始化失败
    p_head -> next = NULL;
    (*Q). front = p_head;
    (*Q). rear = p_head;
    return 0;                           //初始化成功
}
```

2. 判空运算的实现

```
/*判空运算:判断 Q 是否为空,若为空返回 1,否则返回 0*/
int QueueEmpty(LinkQueue Q)
{
    if(Q. front == Q. rear)
        return 1;
    return 0;
}
```

或者

```
int QueueEmpty(LinkQueue Q)
{
    if(NULL == Q. front -> next)
        return 1;
    return 0;
}
```

3. 创建运算的实现

```
/*创建运算:创建一个队列,创建成功返回 0,否则返回 -1*/
int CreateQueue(LinkQueue *Q)
{
    int i,n;
    ElemType temp_e;
    QNode *p = NULL;
```

```
    printf("Please input the length of the queue which you want to create:\n");
    scanf("%d",&n);
    for(i=1;i<=n;i++)
    {
        printf("Please input NO.%d enter element:\n",i);
        scanf("%d",&temp_e);
        EnQueue(Q,temp_e);
    }
    return 0;
}
```

4. 求长度运算的实现

```
/*求长度运算:返回队列Q的长度*/
int QueueLength(LinkQueue Q)
{
    int count=0;
    QNode *p=Q.front;
    while(p!=Q.rear)
    {
        p=p->next;
        count++;
    }
    return count;
}
```

5. 访问队首运算的实现

```
/*访问队首运算:返回队首元素的值*/
int GetHead(LinkQueue Q,ElemType *e)
{
    if(QueueEmpty(Q))
        return -1;                    //由于队列为空导致访问队首操作失败
    *e=Q.front->next->data;
    return 0;                         //访问队首操作成功
}
```

6. 入列运算的实现

```
/*入列运算:在队尾处插入新元素e*/
int EnQueue(LinkQueue *Q,ElemType e)
{
    QNode *p;
    p=(QNode*)malloc(sizeof(QNode));
    if(NULL==p)
        return -1;                    //由于存储分配失败导致入列操作失败
    p->data=e;                        //p结点的数据域存放新队尾元素的值
    p->next=NULL;
    (*Q).rear->next=p;                //修改原队尾结点的指针域使其指向新队尾结点
    (*Q).rear=p;                      //修改队尾指针使其指向新队尾结点
    return 0;                         //入列操作成功
}
```

7. 出列运算的实现

```
/*出列运算:删除队列的队首元素,并用变量e返回被删除的元素*/
int DeQueue(LinkQueue *Q,ElemType *e)
{
    QNode *p=NULL;
    if(QueueEmpty((*Q)))
        return -1;                    //由于队列为空导致出列操作失败
    p=(*Q).front->next;               //p指针指向将要被删除的队首结点
    *e=p->data;                       //返回将要被删除的队首元素的值
    (*Q).front->next=p->next;         //使头结点指针域指向新队首结点
```

```
    free(p);                          //释放 p 结点(即被删除的原队首结点)所占内存空间
    return 0;                         //出列操作成功
}
```

8. 打印输出运算的实现

```
/*打印输出运算:输出队列 Q*/
void ShowQueue(LinkQueue Q)
{
    QNode *p = Q. front;
    while(p != Q. rear)
    {
        p = p -> next;
        printf("%d ",p -> data);
    }
    printf("\n");
}
```

9. 撤销运算的实现

```
/*撤销队列运算:链队列使用完后要回收所有结点占用的存储空间*/
void DestroyQueue(LinkQueue *Q)
{
    QNode *p = (*Q). front -> next,*Q = NULL;
    while(NULL != p)                  //释放所有表结点
    {
        q = p;
        p = p -> next;
        free(q);
    }
    free((*Q). front);                //释放头结点
    (*Q). front = NULL;
    (*Q). rear = NULL;
}
```

求长度和撤销基本运算的时间开销为 $O(n)$，其他基本运算的实现均是在 $O(1)$ 时间内完成的。

5.4　双端队列及队列应用场景举例

5.4.1　双端队列

双端队列（Double Ended Queue），也称为双排队，同样是一个运算受限的线性表，同样限制在表的端点处进行插入和删除运算，但是它允许插入和删除操作可以在表的任何一端进行，如图 5-10 所示。

图 5-10　双端队列示意图

在表的一端允许插入和删除操作而在表的另一端只允许插入操作的双端队列称为输出受限的双端队列；在表的一端允许插入和删除操作而在表的另一端只允许删除操作的双端队列称为输入受限的双端队列。如果限定双端队列从某端插入的元素只能从该端删除，这时的双端队列就变成两个栈底相邻的栈结构了。

5.4.2 队列应用场景举例

队列结构在计算机中应用广泛，例如，操作系统中的 FIFO 进程或作业调度策略；操作系统将处于同一种状态的诸多进程组织成队列以便进行管理；树的层次遍历算法的实现；图的广度优先搜索遍历算法的实现；有向无环图的（逆）拓扑排序算法的实现；离散事件的模拟等等。在这里，我们给出队列的一些简单用例。

提交给打印机的任务按照到达的顺序进行安排，因此，这些提交给打印机的任务被组织在一个基本队列中。之所以说"基本队列"，是因为提交的打印任务可以被取消，这就意味着可能从打印任务队列的任何位置删除一个任务，这一点和队列的严格定义是相违背的。

在文件服务器的磁盘上有许多个人电脑的网络配置信息，允许客户端用户按照"先来先服务"的原则访问这些配置信息，因此数据结构是一个队列。

大学图书馆里的查询终端数量有限，当所有的查询终端均被占用时，需要使用查询终端的学生需要在等待查询终端队列中进行登记，并强制最先占用终端的学生离开，将空出来的终端分配给等待时间最长的学生，即排在队首的学生。

排队论（Queueing Theory）是数学的一个分支（或排队论是运筹学的一个分支，而运筹学是数学的一个分支），它是通过对服务对象到达及服务时间的统计研究得出等待时间、排队长度、忙期长短等数量指标的统计规律。

只有一个接线员的电话线路，当接线员忙时，呼叫者将进入等待队列进行等待（此队列的长度有上限的限制）。这个模型对企业而言是非常重要的，因为研究表明用户会很快挂断电话。

5.5 知识点小结

队列和栈的共性：它们都是运算受限的线性表，都是限定在表的端点处进行插入和删除运算。

队列和栈的个性：栈是限定在表的一端进行插入和删除运算，因此具有了"后进先出"的结构特性；队列是限定在表的一端进行插入运算，在表的另一端进行删除运算，因此具有了"先进先出"的结构特性。

采用链式存储结构实现的队列称为"链队列"，在链队列中指针的方向是从队首指向队尾。采用顺序存储结构的实现的队列称为"顺序队列"，但因一般的顺序队列存在"假上溢"的问题，所以往往把顺序队列处理为逻辑上首尾相连的"循环队列"，这一点可以通过队首指针和队尾指针的模拟后移来实现。

循环队列固然解决了"假上溢"问题，但也带了新的问题，那就是循环队列为空和为满时的外在表现相同，都为队首指针和队尾指针相等。为了区分这两种状态，我们必须使得它们具有不同的外在表现。本书介绍了两种方法：

1）一种是我们改变对循环队列"满"的定义，不再认为循环队列装入了 MAX 个数据元素后为满，而认为循环队列装入了 MAX − 1 个数据元素就为满。这样处理后，就使得循环队列为空和为满时具有了不同的外在表现：

为空的外在表现：$Q.front == Q.rear$

为满的外在表现：$(Q.rear + 1)\% MAX) == Q.front$

2）另一种是我们不改变对循环队列"满"的定义，仍认为循环队列装入了 MAX 个数据元素后为满。我们为每个循环队列设置一个标志位 tag，通过它的不同取值使得循环队列为空和为满具有了不同的外在表现：

为空的外在表现：$Q.front == Q.rear \&\& Q.tag == \text{Empty}$（或 $Q.front == Q.rear \&\& Q.tag == 0$）

为满的外在表现：$Q.\ front == Q.\ rear \&\& Q.\ tag == Full$（或 $Q.\ front == Q.\ rear \&\& Q.\ tag == 1$）

两种方法下循环队列的长度求解的讨论请参见思考题 5.2 和思考题 5.3。

双端队列是限定插入和删除操作在表的两端进行的线性表。

习 题

5.1 循环队列的优点是什么？如何判别它的空和满？

5.2 设长度为 n 的链队列用循环单链表表示，若只设头指针，则入列操作、出列操作实现的时间开销是多少？若只设尾指针呢？

5.3 设计一种数据存储表示实现 n 个循环队列共享大小为 m 的向量空间 V，基于这种存储表示实现入列、出列操作。

5.4 用两个栈实现一个队列，并分析你的算法的时间复杂度。

5.5 若以 1234 作为双端队列的输入序列，试分别求出满足如下条件的输出序列：

1）能由双端队列直接得到的输出序列；

2）能由输入受限的双端队列得到，但不能由输出受限的双端队列得到的输出序列；

3）能由输出受限的双端队列得到，但不能由输入受限的双端队列得到的输出序列；

4）既不能由输入受限的双端队列得到，又不能由输出受限的双端队列得到的输出序列。

5.6 简述下列算法的功能（假设栈和队列的元素类型均为 int）。

```
void alg(Queue Q)
    {
        stack S;
        int e;
        InitStack(S);
        while(! QueueEmpty(Q))
        {
            DeQueue(Q,e);
            push(S,e);
        }
        while(! StackEmpty(S))
        {
            Pop(S,e);
            EnQueue(Q,e);
        }
    }
```

5.7 有 m 个连续单元供一个栈和队列使用，而栈和队列的实际占用单元数并不知道，但要求在任何时刻它们占用的单元数数量不超过 m，试写出上述栈和队列的插入和删除算法。

5.8 假设以带头结点的循环链表表示队列，并且只设一个指针指向队尾元素，试编写相应的置空、判空、入列和出列等算法。

第6章　串

串也是一种特殊的线性表，与栈和队列不同的是，它是数据元素受限的线性表。本章将介绍串的相关概念、存储方式、串的基本运算和实现，以及串的两种模式匹配算法。

6.1　串抽象数据类型

6.1.1　串的逻辑结构

串（String）是一种数据元素受限的线性表，它的每个数据元素限定为仅由一个字符组成。因此，串是 $n(n \geqslant 0)$ 个字符的有限序列。记作：$S = "a_1 a_2 \cdots a_n"$。其中，S 为串名；双引号为定界符，它不属于串；$a_1 a_2 \cdots a_n$ 为串值。

一些相关概念：
- 串长——将串中所含字符的个数 n 称为**串的长度**（简称串长）。
- 空串——将不包含任何字符的串称为**空串**（Empty String），记为 $\varnothing$。
- 空格串——将由一个或多个空格组成的串称为**空格串**（Blank String）。

需要注意的是，空串和空格串是两个不同的概念。一个最显著的区别是，空串的长度为 0，而空格串的长度大于等于 1。

- 主串与子串——将串中任意个连续字符组成的子序列称为该串的**子串**（Substring），将包含这个子串的串称为**主串**（CurrentString）。

例如有 $S_1 = "ABCAEDFCAE"$，$S_2 = "CAED"$，$S_3 = "AE"$，$S_4 = "CAF"$，那么 S_2 是 S_1 的子串，S_1 是 S_2 的主串；S_3 是 S_1 的子串，S_1 是 S_3 的主串；S_4 不是 S_1 的子串，S_1 不是 S_4 的主串。

- 字符在串中的位置——将字符在字符序列中的位序称为字符在串中的位置。
- 子串在主串中的位置——将子串在主串中第一次出现时，其首字符在主串中的位置称为子串在主串中的位置。

如在上例中，S_2 在 S_1 中的位置是 3；S_3 在 S_1 中的位置是 4 而不是 9。

- 串相等——当且仅当两个串的串值相等时，才称这两个串相等。如果两个串的串值相等，那么意味着：这两个串的长度相等，且它们对应位置上的元素（即字符）相同。

6.1.2　串的基本运算

关于串的基本运算，C 语言提供了相应的标准库函数来实现，这些标准库函数的声明可参见 C 的 < string. h > 头文件。当然，我们也可以自行编写程序来实现串的基本运算。下面介绍串的几种基本运算：

1）InitStr(&S) 串初始化运算：初始化得到一个空串 S。

2）CreateStr(&S) 创建运算：创建一个串 S，创建前 S 已初始化为空，如果创建成功则返回 0，否则返回错误代码。

3）StrAssign(&S,*chars*) 串赋值运算：将字符串常量 *chars* 的值赋值给串变量 S。

4）StrCopy(&T,S) 串复制运算：将串 S 的串值复制给串变量 T。

5）StrEmpty(*S*)串判空运算：判断一个给定的串 *S* 是否为空，如果为空则返回 1，否则返回 0。

6）StrFull(*S*)串判满运算：判断一个给定的串 *S* 是否为满，如果为满则返回 1，否则返回 0。

7）StrCompare(*S*,*T*)串比较运算：比较串 *S* 和串 *T* 的大小，如果 $S > T$，则返回一个大于 0 的值，如果 $S < T$，则返回一个小于 0 的值，如果 $S = T$，则返回 0。

8）StrLength(*S*)求串长运算：求解并返回串 *S* 的长度。

9）Concat(&*T*,*S*₁,*S*₂)串连接运算：将非空串 S_1 和非空串 S_2 首尾拼接构成一个新串，并用串变量 *T* 返回新串的值。

10）SubString(&*Sub*,*S*,*pos*,*len*)求子串运算：求串 *S* 从 *pos* 位置开始长度为 *len* 的子串，并用串变量 *Sub* 返回这个子串。

11）StrIndex(*S*,*T*)串定位：返回串 *T* 在串 *S* 中的位置。

12）ShowString(*S*)输出/打印运算：打印输出 *S* 的内容到屏幕上或文件中。

【思考题 6.1】试述串和线性表的差别。

分析：①串的逻辑结构与线性表的逻辑结构的区别在于：串的数据元素固定为字符。②串的基本运算与线性表的基本运算的差别体现在：线性表的运算大多以"单个数据元素"为操作对象，而串操作通常以"串的整体"或"子串"作为操作对象。

6.1.3　串的 ADT 描述

```
ADT String{
    数据的逻辑结构:n( n≥0)个字符的有限序列。
    成员函数:以下 S,T,S₁,S₂,Sub ∈String,chars ∈串常量,pos,len ∈非负整数
    InitStr(&S):初始化得到一个空串 S,if 初始化成功 then return 0 else return -1;
    CreateStr(&S):if S 创建成功 then return 0 else return 错误代码;
    StrAssign(&S,chars):S←chars;
    StrCopy(&T,S):T←S;
    StrEmpty(S):if S 为空 then return 1 else return 0;
    StrFull(S):if S 为满 then return 1 else return 0;
    StrCompare(S,T):if S > T then return 一个大于 0 的值 else if S < T then return 一个小于 0 的值 else
                    return 0;
    StrLength(S):return S 的长度;
    Concat(&T,S₁,S₂):T←S₁||S₂;
    SubString(&Sub,S,pos,len):Sub←S 从 pos 位置开始长度为 len 的子串;
    StrIndex(S,T):return T 在 S 中的位置;
    ShowString(S):打印输出 S 的内容到屏幕上或文件中。
}ADT String
```

6.2　串的实现

6.2.1　串的顺序存储表示

串的顺序存储结构类似于线性表的顺序存储表示方法，即用一组地址连续的存储单元来依次存放表示串值的字符序列。采用顺序存储结构的串称为顺序串。

顺序串的类型定义如下：

```
#define MAX 100
typedef struct
{
    char data[MAX];
    int length;      //记录串的实际长度
}SqString;
```

串的长度有两种存储表示方式：①显式的方式。用一个整数类型的成员来记录当前串的实际长度，如上述顺序串的类型定义。②隐式的方式。在串值后面加一个不计入串长的结束标记字符（如在 C 语言中以字符'\0'表示串值的终结），从而隐式地保存了串的长度信息。此时顺序串可以直接用一个字符数组来实现。

因为我们上述顺序串的类型定义采用的是静态存储分配方式，所以该类型的串的最大长度为 MAX。在进行串连接操作时，如果被连接的两个串的长度之和超过了 MAX，那么我们应该如何处理这种情况呢？下面我们给出一种可能的处理方案。

假设有两个串 S_1 = "How_are"，S_2 = "_you?"，它们的顺序存储结构图如图 6-1 所示。

#define MAX 15

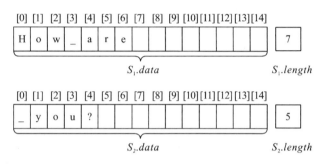

图 6-1　串的顺序存储结构示意图

我们预将图 6-1 中所示的 S_1 和 S_2 首尾连接构成一个新串 T。因为 $S_1.length + S_2.length \leqslant$ MAX，所以可以实现 S_1 和 S_2 的完整连接，具体过程如图 6-2 所示。

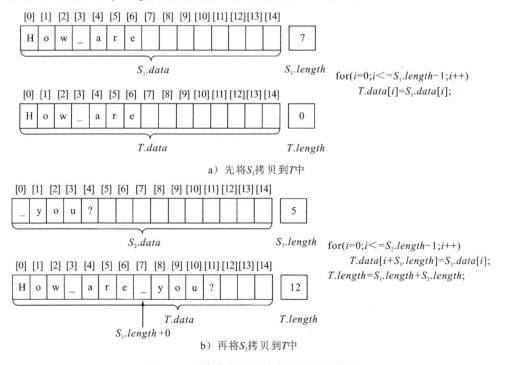

图 6-2　顺序串完整连接实现过程示意图

如果有 "#define MAX 10"，那么有 $S_1.length + S_2.length > MAX$。对于这种情况，我们采取的处理方案并不是报错返回，而是继续进行连接，只是 S_2 将被截断一部分，这样可以实现 S_1 和 S_2 的不完整连接，具体过程如图 6-3 所示。

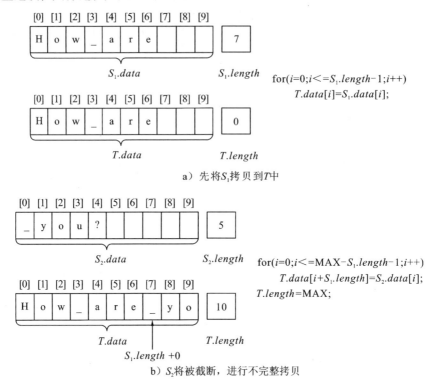

图 6-3　顺序串不完整连接实现过程示意图

下面给出基于顺序串的初始化运算、创建运算、串复制运算、串比较运算、串连接运算、求子串运算和输出运算的实现。（说明：字符在串中的位序从 1 开始，但从数组的下标为 0 的位置开始进行存储。）

1. 初始化运算的实现

```
/*初始化运算:初始化得到一个空串*/
int InitStr(SqString *S)
{
    (*S).length = 0;
    return 0;
}
```

2. 创建运算的实现

```
/*创建运算:创建一个串,创建成功返回0,否则返回-1*/
int CreateStr(SqString *S)
{
    int i,n;
    while(1)
    {
        printf("Please input the length of the string which you want to create:");
        scanf("%d",&n);
        if(n>0)
            break;
        else
```

```
            printf("The length must be greater than zero,try again! \n");
        }
        if(n > MAX)
            return -1;            //预创建的串超过了顺序串的存储能力
        for(i = 0;i <= n - 1;i ++)
        {
            getchar();
            printf("Please input NO. %d character:",i + 1);
            scanf("%c",&((*S).data[i]));
        }
        (*S).length = n;
        return 0;
    }
```

3. 串复制运算的实现

```
/*串复制运算:将串 S 的串值复制给串变量 T*/
int StrCopy(SqString *T,SqString S)
{
    int i;
    (*T).length = S.length;
    for(i = 0;i <= S.length - 1;i ++)
        (*T).data[i] = S.data[i];
    return 0;
}
```

4. 串比较运算的实现

```
/*串比较运算:比较串 S 和串 T 的大小*/
/*如果 S > T,则返回一个大于 0 的值*/
/*如果 S < T,则返回一个小于 0 的值*/
/*如果 S = T,则返回 0*/
int StrCompare(SqString S,SqString T)
{
    int i = 0;
    while(i <= S.length - 1 && i <= T.length - 1)
    {
        if(S.data[i] == T.data[i])
            i ++;
        else
            return S.data[i] - T.data[i];
    }
    return S.length - T.length;
}
```

5. 串连接运算的实现

```
/*串连接运算:将非空串 S1、S2 首尾拼接构成一个新串,用串变量 T 返回新串的值*/
int Concat(SqString *T,SqString S1,SqString S2)
{
    int i;
    int temp;
    for(i = 0;i <= S1.length - 1;i ++)  //将 S1 拷贝到 T 中
        (*T).data[i] = S1.data[i];
    if(S1.length + S2.length <= MAX)     //将进行 S2 的全部拷贝
        temp = S2.length;
    else
        temp = MAX - S1.length;          //将进行 S2 的部分拷贝
    for(i = 0;i <= temp - 1;i ++)        //将 S2 部分或全部拷贝到 T 中
        (*T).data[S1.length + i] = S2.data[i];
    (*T).length = S1.length + temp;
    return 0;
}
```

6. 求子串运算的实现

```
/*求子串运算:求串 S 从 pos 位置开始长度为 len 的子串,并用串变量 Sub 返回*/
int SubString(SqString *Sub,SqString S,int pos,int len)
{
    int i;
    if(S.length-pos+1<len)
        return -1;                //不存在从 pos 位置开始长度为 len 的子串
    for(i=0;i<=len-1;i++)
        (*Sub).data[i]=S.data[pos-1+i];
    (*Sub).length=len;
    return 0;
}
```

7. 打印输出运算的实现

```
/*打印输出运算:输出串 S*/
void ShowStr(SqString S)
{
    int i,count=0;
    for(i=0;i<=S.length-1;i++)
    {
        printf("%c",S.data[i]);
        count++;
        if(count%20==0)
            printf("\n");
    }
    printf("\n");
}
```

6.2.2　串的堆分配存储表示

　　串的堆分配存储结构与串的顺序存储结构类似,它也是用一组地址连续的存储单元来存放串值字符序列,但它又与串的顺序存储结构不同,具体体现在:①采用堆分配存储结构的串变量的存储空间是在程序执行过程中动态分配的;②程序中出现的所有采用堆分配存储结构的串变量共用一个称之为"堆(Heap)"的大的连续存储空间。串的堆结构如图6-4所示。

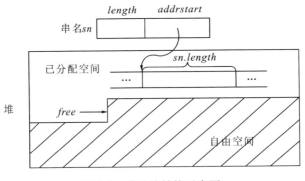

图 6-4　串的堆结构示意图

　　如图 6-4 所示的堆空间按照存储单元的状态被分为两个部分:一个是已分配部分,称为已分配空间;另一个是未分配部分或空闲部分,称为自由空间。自由空间在堆中的起始位置用指针 *free* 指示。串变量对应的串值均存储在堆的已分配空间中。换句话说,已分配空间中的每个存储单元上均存放了一个字符。那么我们可能会产生如下疑问:如何判断某个存储单元上存放的字符是属于哪个串变量的?如何知晓哪些连续存储单元里存放的字符序列是某个串变量的串值？诸如此类的疑问归结起来就是要解决如何通过串变量名来访问到相应的串值或相应的堆空间（变量名可以看作是对存储空间的抽象）？如果我们知道了串变量的串值在堆空间的存储起始地址并且知道其串值的长度，那么上述问题就迎刃而解了。所以，采用堆存储结构的串类型应有如图6-4所示的串变量 *sn* 的结构。

采用堆存储结构的串的类型定义如下：

```
#define MAXSIZE 200
char store[MAXSIZE];//定义堆空间
int free = 0;              //指向堆中自由空间的起始位置
typedef struct
{
    int length;           //串的长度
    int addrstart;        //串在堆中的存储首地址
}HString;
```

请读者注意的是，在上述类型定义中堆结构采用的是静态存储分配方式，而 HString 类型的串的存储空间是在堆结构中进行动态分配的。那么是如何在堆结构中实现串存储空间的动态分配呢？

假设要在堆中存储一个长度为 *len* 的串 *sn'*，将 *sn'* 的串值从指针 *free* 所指的位置开始依次存放，并将 *free* 的值赋值给 *sn'. addrstart*，将 *len* 赋值给 *sn'. length*，并将 *free* 的值修改为 *free + len*，从而实现了在堆中为串变量 *sn'* 动态分配存储空间，如图6-5所示。

HStringsn';

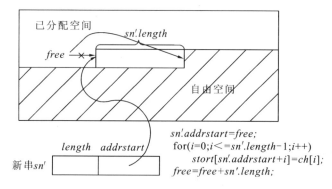

图6-5　堆空间存储分配示意图

下面给出基于堆结构的初始化运算、创建运算、串复制运算和输出运算的实现，其他基本运算的实现请参看教辅资料中的相关源代码。（说明：字符在串中的位序从1开始，但从数组的下标为0的位置开始进行存储。）

1. 初始化运算的实现

```
/*初始化运算:初始化得到一个空串*/
int InitStr(HString *S)
{
    (*S).length = 0;
    return 0;
}
```

2. 创建运算的实现

```
/*创建运算:创建一个串,创建成功返回0,否则返回-1*/
int CreateStr(HString *S)
{
```

```
    int i,n;
    while(1)
    {
        printf("Please input the length of the string which you want to create:");
        scanf("%d",&n);
        if(n>0)
            break;
        else
            printf("The length must be greater than zero,try again! \n");
    }
    if(free+n>MAXSIZE-1)
        return-1;                 //因堆的自由空间不足导致创建失败
    (*S).addrstart=free;
    (*S).length=n;
    for(i=0;i<=(*S).length-1;i++)
    {
        getchar();
        printf("Please input the NO.%d character:",i+1);
        scanf("%c",&(store[(*S).addrstart+i]));
    }
    free=free+(*S).length;
    return 0;                     //创建成功
}
```

3. 串复制运算的实现

```
/*串复制运算:将串S的串值复制给串变量T*/
int StrCopy(HString *T,HString S)
{
    int i;
    if(free+S.length>MAXSIZE-1)
        return-1;                 //因堆的自由空间不足导致复制失败
    (*T).addrstart=free;
    (*T).length=S.length;
    for(i=0;i<=S.length-1;i++)
        store[(*T).addrstart+i]=store[S.addrstart+i];
    free=free+(*T).length;
    return 0;                     //复制成功
}
```

4. 打印输出运算的实现

```
/*打印输出运算:输出串S*/
void ShowStr(HString S)
{
    int i,count=0;
    for(i=0;i<=S.length-1;i++)
    {
        printf("%c",store[S.addrstart+i]);
        count++;
        if(count%20==0)
            printf("\n");
    }
    printf("\n");
}
```

6.2.3 串的块链存储表示

因为串是一种元素受限的线性表,所以我们可以采用前面介绍的单链表来存储串。但由于串的特殊性(每个数据元素是一个字符),因此在具体实现时为了提高存储效率我们往往让每个结点存放多个字符,每个结点可容纳字符的个数称为块大小。我们将这样的链式存储结构称为串的块链结构。

　　如果采用块链结构进行存储的串的长度不是块大小的整数倍，那么它的最后一个表结点中的空位置需要用一个特殊的字符补满，我们选用的特殊字符为'#'。同时为了便于实现串的连接运算，该块链结构还设置了尾指针，使它始终指向尾元结点。但要注意的是，在进行两个串的连接操作时需要处理串尾的特殊（无效）字符'#'。

　　采用块链存储结构的串的类型定义如下：

```
#define CHUNKSIZE 4   //块大小
typedef struct ChNode   //块链中的结点结构
{
    char ch[CHUNKSIZE];
    struct ChNode *next;
}ChNode;
typedef struct   //块链结构
{
    ChNode *head,*tail;
    int length;   //为了一些操作的方便实现,增加一个记录串长的成员 length
}LinkString;
```

　　以串 S_1 = " How_are" 和串 S_2 = " _you?" 为例，它们的块链存储结构图分别如图 6-6a 和图 6-6b 所示。

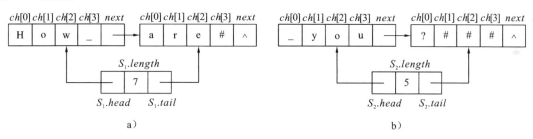

图 6-6　串的块链存储结构示意图

　　下面给出基于块链结构的初始化运算、创建运算、串复制运算和输出运算的实现，其他基本运算的实现请参看教辅资料中的相关源代码。（说明：字符在串中的位序从 1 开始，但从数组的下标为 0 的位置开始进行存储。）

1. 初始化运算的实现

```
/*初始化运算:初始化得到一个空串*/
int InitStr(LinkString *S)
{
    (*S).length = 0;
    (*S).head = NULL;
    (*S).tail = NULL;
    return 0;
}
```

2. 创建运算的实现

```
/*创建运算:创建一个串,创建成功返回 0,否则返回 -1(尾部创建法)*/
int CreateStr(LinkString *S)
{
    int i,j,n,num_chnode = 0,remainder,temp;
    ChNode *p = NULL;
    while(1)
    {
        printf("Please input the length of the string which you want to create:");
        scanf("%d",&n);
        if(n>0)
```

```
            break;
        else
            printf("The length must be greater than zero,try again! \n");
    }
    num_chnode = (n - 1) / CHUNKSIZE + 1;
    remainder = n % CHUNKSIZE;
    for(i = 1;i <= num_chnode;i ++)
    {
        p = (ChNode * )malloc(sizeof(ChNode));
        if(NULL == p)
            return - 1;
        p -> next = NULL;
        if(1 == i)
        {
            (*S).head = p;
            (*S).tail = p;
        }
        if(i < num_chnode)
        {
            for(j = 0;j <= CHUNKSIZE - 1;j ++)
            {
                getchar();
                printf("Please input NO. %d character:",(i - 1)* CHUNKSIZE + j + 1);
                scanf("%c",&(p -> ch[j]));
            }
        }
        else
        {
            if(0 == remainder)
                temp = CHUNKSIZE;
            else
                temp = remainder;
            for(j = 0;j <= temp - 1;j ++)
            {
                getchar();
                printf("Please input NO. %d character:",(i - 1)* CHUNKSIZE + j + 1);
                scanf("%c",&(p -> ch[j]));
            }
            for(j = temp;j <= CHUNKSIZE - 1;j ++)
                p -> ch[j] ='#';
        }
        if(1 != i)
        {
            (*S).tail -> next = p;
            (*S).tail = p;
        }
    }
    (*S).length = n;
    return 0;
}
```

3. 串连接运算的实现

```
/*串连接运算:将非空串 S1 和非空串 S2 首尾拼接构成一个新串,并用串变量 T 返回新串的值*/
int Concat(LinkString *T,LinkString S1,LinkString S2)
{
    ChNode *p = NULL;
    char *temp_data = NULL;
    int i,j = 0,k,num_ChNode;
    if(0 == S1. length || 0 == S2. length)
        return - 2;
    (*T). length = S1. length + S2. length;
    temp_data = (char*)malloc(sizeof(char) * (*T). length);
    p = S1. head;
    while(NULL ! = p)
```

```
    {
        for( i = 0 ; i <= CHUNKSIZE - 1 ; i ++ )
        {
            if( '#' != p -> ch[ i ])
                temp_data[ j ++ ] = p -> ch[ i ];
            else
                break;
        }
        if( i <= CHUNKSIZE - 1 )
            break;
        else
            p = p -> next;
    }
    p = S2. head;
    while( NULL != p)
    {
        for( i = 0 ; i <= CHUNKSIZE - 1 ; i ++ )
        {
            if( '#' != p -> ch[ i ])
                temp_data[ j ++ ] = p -> ch[ i ];
            else
                break;
        }
        if( i <= CHUNKSIZE - 1 )
            break;
        else
            p = p -> next;
    }
    j = 0 ;
    //T 具有 num_ChNode 个块结点
    num_ChNode = ( ( * T). length - 1) / CHUNKSIZE + 1;
    for( k = 1 ; k <= num_ChNode; k ++ )
    {
        p = ( ChNode*)malloc( sizeof( ChNode) ) ;
        if( NULL == p)
            return - 1;
        p -> next = NULL;
        if( 1 == k)
        {
            ( * T). head = p;
            ( * T). tail = p;
        }
        else
        {
            ( * T). tail -> next = p;
            ( * T). tail = p;
        }
        if( k < num_ChNode)
        {
            for( i = 0 ; i <= CHUNKSIZE - 1 ; i ++ )
                p -> ch[ i ] = temp_data[ j ++ ];
        }
        else
        {
            i = 0 ;
            while( j <= ( * T). length - 1 && i <= CHUNKSIZE - 1)
                p -> ch[ i ++ ] = temp_data[ j ++ ];
            while( i <= CHUNKSIZE - 1)
                p -> ch[ i ++ ] = '#';
        }
    }
    return 0 ;
}
```

4. 打印输出运算的实现

```
/*打印输出运算:输出串 S*/
void ShowStr(LinkString S)
{
    ChNode *p = NULL;
    int i, count = 0;
    p = S. head;
    while(NULL != p)
    {
        for(i = 0; i <= CHUNKSIZE - 1; i++)
        {
            if('#' != p -> ch[i])
            {
                printf("%c", p -> ch[i]);
                count++;
                if(count % 20 == 0)
                    printf("\n");
            }
            else
                break;
        }
        if(i <= CHUNKSIZE - 1)
            break;
        else
            p = p -> next;
    }
    printf("\n");
}
```

下面我们来讨论一下在块链结构中块大小的选择问题。首先我们给出存储密度的定义：

$$存储密度 = \frac{所需存储量}{实际分配存储量} < 1$$

显然，存储密度越接近 1 越好，它表示存储单元的有效使用率越高。下面我们来分析一下块大小的选择对存储密度的影响。我们讨论的硬件环境为 16 位机器，也就是说，在这个环境中每个字符占 1 字节，每个地址占 2 字节。

1）如果块大小选择过小，极限值为 1。当块大小为 1 时，它便退化为了单链表，此时为了存储 1 个字符，实际分配了 1 + 2 = 3 字节的存储空间，故此时存储密度为 1/3。

2）如果块大小选择为 4，那么此时存储 4 个字符，只需分配 4 + 2 = 6 字节。显然此时存储长度为 7 的串需要两个大小为 4 的结点结构，故存储密度为 7/（2 × 6）= 7/12，显然这个值更接近于 1。那是否意味着，存储密度与块大小成正比关系呢？

3）假设用块大小为 50 的块链结构去存储长度为 7 的串，此时只需要 1 个结点结构，因此存储密度为 7/（50 + 2），显然这个值远远小于 1。因此，我们可以得出结论，存储密度与块大小并不成正比关系，它还与存储的串的长度相关。

综上所述可知，块大小选择过小不好，选择过大也不好，我们应该在保证串长除以块大小所得余数不大的情况，去选择一个尽可能大的块大小。

6.3 串的模式匹配

子串定位运算又称为**模式匹配**（Pattern Matching）或**串匹配**（String Matching）。在串匹配中，一般将主串称为目标串，子串称为模式串。设 S 为目标串，T 为模式串，我们把在目标串 S 中查找模式串 T 的过程称为模式匹配。

6.3.1 朴素的模式匹配算法

本节介绍的模式匹配算法是一种 BF（Brute - Force）算法。其基本思想是：首先让目标串

S 的第一个字符与模式串 T 的第一个字符进行比较，如果相等则进一步比较二者的后继字符，否则从目标串的第二个字符开始再重新与模式串 T 的第一个字符进行比较，依此类推，直到模式 T 与 S 中的一个子串相等，称为匹配成功，返回 T 在 S 中的位置；否则称为匹配失败，返回 -1。例如，假设有目标串 $S=$ "ababcabcacb" 和模式串 $T=$ "abcac"，它们均采用顺序存储表示，如图6-7所示。（说明：字符在串中的位序从1开始，但从数组的下标为0的位置开始进行存储。）

a）目标串 S

b）模式串 T

图6-7　串的朴素模式匹配算法示例

匹配过程如下：

第一趟比较：$i=0<=S.length-T.length$，$j=0$

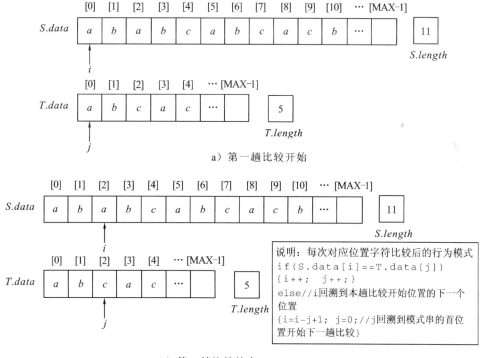

a）第一趟比较开始

说明：每次对应位置字符比较后的行为模式
```
if(S.data[i]==T.data[j])
{i++;  j++;}
else//i回溯到本趟比较开始位置的下一个
位置
{i=i-j+1; j=0;//j回溯到模式串的首位
置开始下一趟比较}
```

b）第一趟比较结束

图6-8　串的朴素模式匹配过程示意图

第二趟比较: $i=1<=S.\,length-T.\,length$, $j=0$

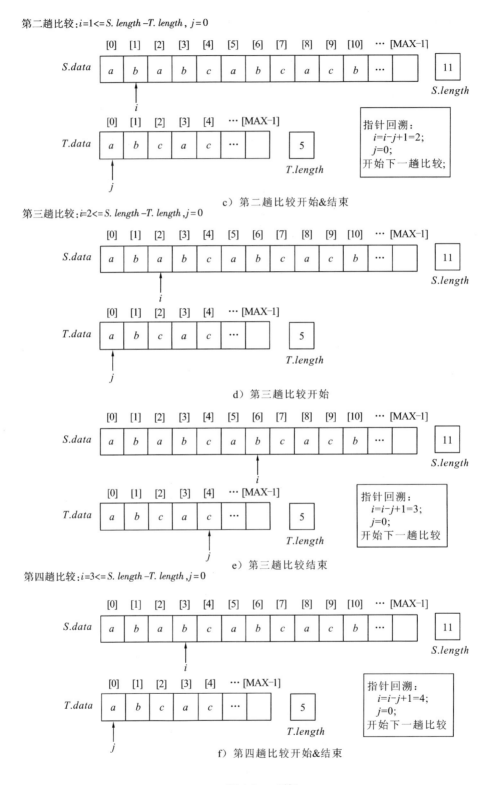

c）第二趟比较开始&结束

第三趟比较: $i=2<=S.\,length-T.\,length$, $j=0$

d）第三趟比较开始

e）第三趟比较结束

第四趟比较: $i=3<=S.\,length-T.\,length$, $j=0$

f）第四趟比较开始&结束

图 6-8　（续）

第五趟比较:$i=4<=S. length - T. length, j=0$

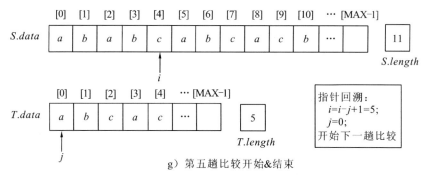

指针回溯:
$i=i-j+1=5$;
$j=0$;
开始下一趟比较

g)第五趟比较开始&结束

第六趟比较:$i=5<=S. length - T. length, j=0$

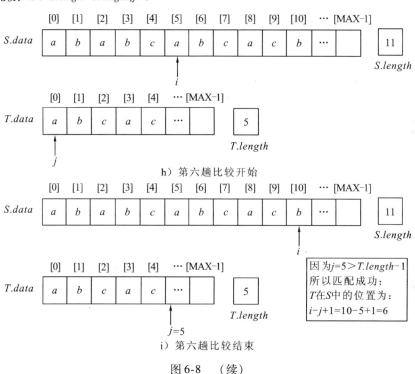

h)第六趟比较开始

因为$j=5>T. length-1$
所以匹配成功:
T在S中的位置为:
$i-j+1=10-5+1=6$

i)第六趟比较结束

图6-8 (续)

下面给出上述朴素模式匹配算法的实现。

```
/*模式匹配:返回模式串 T 在目标串 S 中的位置(匹配成功)或 -1(匹配失败)*/
int PatternMatching( SqString S, SqString T)
{
    int i = 0, j = 0;
    while( i <= S. length - T. length)
    {
        while( j < T. length && S. data[ i] == T. data[ j])
        {
            i ++;
            j ++;
        }
        if( j < T. length)
        {
            i = i - j + 1;
            j = 0;
```

```
        }
        else
            return i - j + 1;
    }
    return -1;
}
```

假设目标串 S 的长度为 n ，模式串 T 的长度为 m ，且 $n > m$ ，在最坏情况下，一共要进行 $n - m$ 趟比较，每趟进行 m 个关键字的比较，所以朴素模式匹配算法的时间复杂度为 $O(nm)$ 。

上述的朴素模式匹配算法是穷举搜索，为了能进一步提高效率，我们可以对它做如下改进：在每趟匹配过程中，先让模式串的最后一个字符与目标串对应位置上的字符进行匹配，如果匹配成功，则再从模式串的第一个字符开始进行匹配。下面给出上述改进的模式匹配算法的实现。

```
/* 改进的模式匹配:返回模式串 T 在目标串 S 中的位置(匹配成功)或 -1(匹配失败)*/
int Improved_PatternMatching(SqString S,SqString T)
{
    int i = 0,j = 0;
    while(i <= S. length - T. length)
    {
        //先进行模式串最后一个字符的匹配
        if(S. data[i + T. length - 1] == T. data[T. length - 1])
        {
            //从模式串的第一个字符开始匹配
            while(j < T. length && S. data[i] == T. data[j])
            {
                i ++ ;
                j ++ ;
            }
            if(j < T. length)
            {
                i = i - j + 1;
                j = 0;
            }
            else
                return i - j + 1;
        }
        else
        {
            i ++ ;
            j = 0;
        }
    }
    return -1;
}
```

如果输入实例形如 $S = "aa...a"$ 、 $T = "aa...ab"$ ，其中 S 的长度为 n ，模式串 T 的长度为 m ， Improved_PatternMatching 的时间复杂度为 $O(n)$ ，这个复杂度是线性的，显然远远优于朴素模式匹配算法。虽然该算法是朴素模式匹配算法的改进，但是它在最坏情况下的复杂度依然是 $O(nm)$ 。需要说明的是，虽然朴素模式匹配算法的时间复杂度为 $O(nm)$ ，但在一般情况下，其实际的执行时间近似于 $O(n + m)$ ，因此至今仍被采用。

6.3.2　KMP 算法

我们的理想目标是构造最优的模式匹配算法，使它的时间复杂度达到 $O(n + m)$ 。这个复杂度之所以最优，是因为模式匹配算法在最坏情况下必须扫描目标串和模式串的所有字符至少一次。那么能否改进上节所述朴素模式匹配算法得到时间复杂度为 $O(n + m)$ 的模式匹配算法呢？回答是肯定的。观察发现，在朴素模式匹配算法的匹配过程中的回溯现象影响了该算法的执行速度。

从图 6-8b 中可以看出，第一趟比较结束时我们可以获得如下信息：$s_0 = t_0$，$s_1 = t_1$，$s_2 \neq t_2$，此时指示器 i 指向 s_2 所在的位置；根据目标串 T 自身的特点我们发现 $t_0 \neq t_1$；因此可以立即得出结论：$t_0 \neq s_1$，而无需进行图 6-8c 所示的比较。所以第二趟比较应在保持 i 不回溯的情况下，将目标串向右滑动两个位置，从 s_2 和 t_0 开始比较，即图 6-8d 所示的比较。从图 6-8e 中可以看出，此趟比较结束时我们可以得到：$s_2 = t_0$，$s_3 = t_1$，$s_4 = t_2$，$s_5 = t_3$，$s_6 \neq t_4$，此时指示器 i 指向 s_6 所在的位置；观察目标串 T 发现：① $t_0 \neq t_1$，因此可以立即得出结论：$t_0 \neq s_3$，而无需进行图 6-8f 所示的比较；② $t_0 \neq t_2$，因此可以立即得出结论：$t_0 \neq s_4$，而无需进行图 6-8g 所示的比较；③ $t_0 = t_3$，因此可以立即得出结论：$t_0 = s_5$，因此在保持 i 不回溯的情况下，将目标串向右滑动三个位置，从 s_6 和 t_1 开始比较。按照此方法，只需进行三趟比较就可以得到匹配成功的结论，加快了匹配的执行速度。D. E. Knuth、J. H. Morris 和 V. R. Pratt 同时发现了这种不需要对目标串 S 进行回溯的模式匹配算法，此算法被称为克努斯-莫里斯-普拉特操作，简称为 KMP 算法。（需要再次说明的是，在本书中字符在串中的位序从 1 开始，但从数组的下标为 0 的位置开始进行存储。s_i、t_j 等表示中的下标与字符在数组中的下标保持一致。也就是说，s_i 代表的是顺序串 S 的下标为 i 的字符，该字符是顺序串 S 对应的串 S 的第 $i+1$ 个字符；t_j 代表的是顺序串 T 的下标是为 j 的字符，该字符是顺序串 T 对应的串 T 的第 $j+1$ 个字符。为了避免读者混淆，特此说明。）

通过前面的分析，我们发现 KMP 算法的关键在于：当 s_i 与 t_j 不相等时，KMP 算法能够确定将模式串 T 前 j 个字符（即 t_0，t_1，…，t_{j-1}）中的哪个字符与目标串 S 的失配字符 s_i 继续进行比较。我们不妨假设应将模式串 T 的字符 t_k 与 s_i 继续进行比较，其中 $k \in [0, j-1]$，且 $0 \leq j \leq m-1$（m 是模式串 T 的长度）。换句话说，此算法的关键是要找到 j 和 k 之间的一种函数关系。

克努斯等人发现上述 k 值仅仅依赖于模式串 T 前 j 个字符本身的特征，与目标串 S 无关。一般使用 $next[j]$ 表示与 j 对应的 k 值。若 $next[j] >= 0$，则表示一旦匹配中出现 $s_i \neq t_j$ 的情况，可用 T 中的以 $next[j]$ 为下标的字符与 s_i 进行比较；若 $next[j] = -1$，则表示 T 中的任何字符都不与 s_i 进行比较，下一轮比较从 t_0 和 s_{i+1} 开始进行。

由此可见，KMP 算法在进行模式匹配之前需要先求出关于模式串 T 各个位置上的 next 函数值，即 $next[j]$，$j = 0$，2，…，$m-1$。下面讨论 next 函数的求解。通过前面的分析可知，next 函数具有以下的特性：

1）$next[j] = \{k | k \in Z \&\& -1 \leq k < j < m\}$，其中 Z 表示整数集，m 为模式串 T 的串长；

2）匹配中一旦出现 $s_i \neq t_j$，则用 t_k（当 k 不等于 -1 时）与 s_i 继续进行比较，这相当于将模式串 T 向右滑行 $j - k = j - next[j]$ 个位置，如图 6-9 所示。

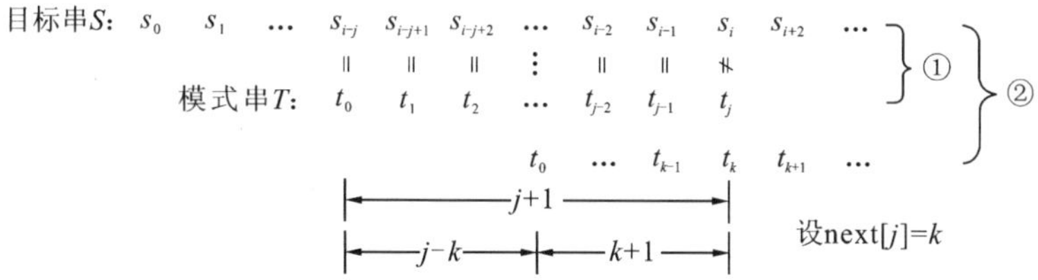

图 6-9 KMP 模式匹配过程中的模式串 T 的向右滑行示意图

由①所标注的比较可得，当出现 $s_i \neq t_j$ 有：

$$s_{i-j} = t_0, s_{i-j+1} = t_1, \cdots, s_{i-k} = t_{j-k}, s_{i-k+1} = t_{j-k+1}, s_{i-k+2} = t_{j-k+2}, \cdots, s_{i-2} = t_{j-2}, s_{i-1} = t_{j-1}$$

为了保证②所标注的比较是有效的，则有：

$$s_{i-k} = t_0, s_{i-k+1} = t_1, s_{i-k+2} = t_2, \cdots, s_{i-2} = t_{k-2}, s_{i-1} = t_{k-1}$$

从而可得：

$$t_0 = t_{j-k}, t_1 = t_{j-k+1}, t_2 = t_{j-k+2}, \cdots, t_{k-2} = t_{j-2}, t_{k-1} = t_{j-1}$$

可见，k 的取值应使得子串"$t_0 t_1 t_2 t_3 \cdots t_{j-1}$"的前 k 个字符构成的子序列与后 k 个字符构成的子序列相等。满足这个条件的 k 值可能有多个，取其中的最大值作为 $next[j]$ 的函数值，如子串"$aaabcdbaaa$"，满足条件的 k 值有 1、2、3，取 3 作为 $next[10]$ 的函数值。

3）若子串"$t_0 t_1 t_2 t_3 \cdots t_{j-1}$"中不存在首尾相等的子序列，即此时 $next[j] = 0$，表示当出现 $s_i \neq t_j$ 时，则用 t_0 与 s_i 继续进行比较。

4）特殊情况：当出现 $s_i \neq t_0$ 时，则进行新一趟的比较，用 t_0 与 s_{i+1} 继续进行比较，即 $next[0] = -1$。

综上所述可得，next 函数为：

$$next[j] = \begin{cases} -1 & \text{当} j = 0 \text{ 时} \\ \max\{k \mid 0 < k < j \&\& t_0 t_1 \cdots t_{k-1} = t_{j-k} t_{j-k+1} \cdots t_{j-1}\} & \text{当此集合不空时} \\ 0 & \text{其他情况} \end{cases}$$

图 6-7 所示模式串 $T = $"$abcac$"的 next 函数值分别为：

- $j = 0$ 时，$next[0] = -1$；
- $j = 1$ 时，考察位于字符'b'之前的子串"a"，显然该子串相等的最大前缀子序列和最大后缀子序列为"a"，即 $t_0 = t_{1-1}$，不存在介于 0 和 1 之间的 k 使得 $t_0 t_1 \cdots t_{k-1} = t_{j-k} t_{j-k+1} \cdots t_{j-1}$，故 $next[1] = 0$；
- $j = 2$ 时，考察位于第 1 次出现的字符'c'之前的子串"ab"，显然该子串不存在相等的前缀子序列和后缀子序列，故 $next[2] = 0$；
- $j = 3$ 时，考察位于第 2 次出现的字符'a'之前的子串"abc"，显然该子串不存在相等的前缀子序列和后缀子序列，故 $next[3] = 0$；
- $j = 4$ 时，考察位于第 2 次出现的字符'c'之前的子串"$abca$"，显然该子串相等的最大前缀子序列和最大后缀子序列为"a"，故 $next[4] = 1$。

图 6-7 所示目标串 S 和模式串 T 的 KMP 匹配过程如图 6-10 所示。

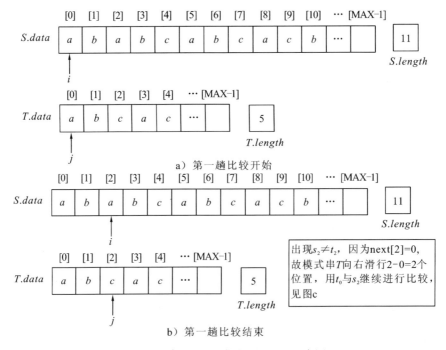

图 6-10　串的 KMP 模式匹配过程示意图

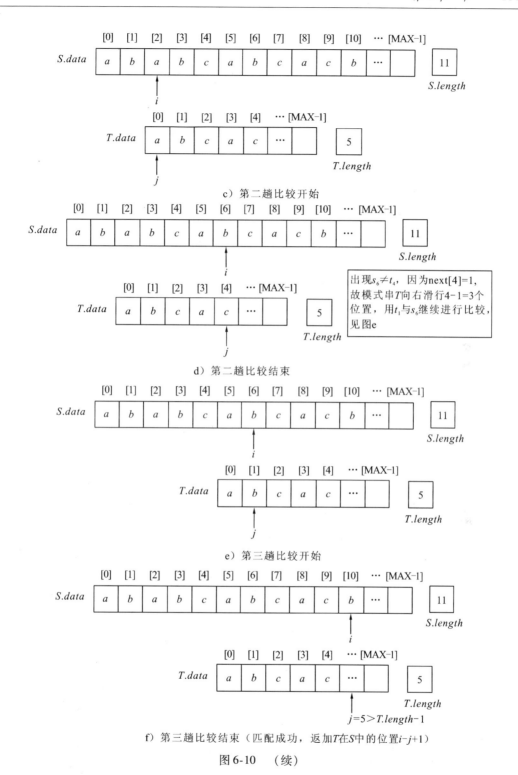

c）第二趟比较开始

d）第二趟比较结束

e）第三趟比较开始

f）第三趟比较结束（匹配成功，返加T在S中的位置i-j+1）

图6-10 （续）

下面给出上述 KMP 匹配算法的实现。

```
/*求失配函数 next 的值并将其存入数组 next 中*/
void GetNext(SqString T,int *next)
```

```
{
    int j,i;
    i = 0;
    next[0] = -1;
    j = -1;
    while(i < T.length - 1)
    {
    if(j == -1 || T.data[i] == T.data[j])
    {
        i ++;
        j ++;
        next[i] = j;
    }
    else
        j = next[j];
    }
}
/* KMP 模式匹配:返回模式串 T 在目标串 S 中的位置(匹配成功)或 -1(匹配失败)*/
int KMP( SqString S, SqString T, int *next)
{
    int i = 0,j = 0;
    while(i < S.length && j < T.length)
    {
        if(j == -1 || S.data[i] == T.data[j])
        {
            i ++;
            j ++;
        }
        else
            j = next[j];
    }
    if(j > T.length - 1)     //匹配成功
        return i - j + 1;
    else
        return -1;
}
```

需要说明的是，因为朴素模式匹配算法的实际执行时间近似于 $O(n+m)$，所有 KMP 算法仅当模式串和目标串之间存在许多"部分匹配"的情况下才显得比朴素模式匹配算法快得多。KMP 算法的最大特点在于指示目标串的指针不需要回溯，整个匹配过程中，对目标串仅需从头至尾扫描一遍。

还需要说明的是，前面定义的失配函数 next 在某些情况下存在缺陷。例如目标串 $S=$"$aaabaaaab$"和模式串 $T=$"$aaaab$"进行 KMP 匹配，目标串的失配函数值分别为 next[0] = -1，next[1] = 0, next[2] = 1, next[3] = 2, next[4] = 3。当 $S.data[3] \neq T.data[3]$ 时，根据 next[3] 的指示进行 $S.data[3]$ 与 $T.data[2]$ 的比较，不相等；根据 next[2] 的指示进行 $S.data[3]$ 与 $T.data[1]$ 的比较，不相等；根据 next[1] 的指示进行 $S.data[3]$ 与 $T.data[0]$ 的比较，不相等；根据 next[0] 的指示进行 $S.data[4]$ 与 $T.data[0]$ 的比较。实际上，因为模式串中的第 1、2、3 个字符（即 $T.data[0]$、$T.data[1]$、$T.data[2]$）和第 4 个字符（即 $T.data[3]$）都相等，因此它们肯定和目标串中的第 4 个字符（即 $S.data[3]$）不相等，所以不需要再进行 $S.data[3]$ 与 $T.data[2]$、$S.data[3]$ 与 $T.data[1]$、$S.data[3]$ 与 $T.data[0]$ 的比较，而是直接将模式串向右滑动 4 个字符的位置进行 $S.data[4]$ 与 $T.data[0]$ 的比较。也就是说，若按上述定义得到next[j] = k，而在模式串 T 中有 $t_k = t_j$，那么当目标串中字符 s_i 和 t_j 比较不相等时，不需要再进行 s_i 和 t_k 的比较，而是直接进行 s_i 和 $t_{next[k]}$ 的比较，换句话说，在这种情况下应该修改按原来失配函数定义得到的 next[j]，使得 next[j] = next[k]。修正后的失效函数的求解算法如下所示。

```
/*求修正失配函数 next 的值并将其存入数组 nextval 中*/
void GetNextVal( SqString T, int *nextval)
```

```
{
    int j,i;
    i = 0;
    nextval[0] = -1;
    j = -1;
    while ( i < T. length - 1)
    {
        if ( j == -1 || T.data[ i ] == T.data[ j ])
        {
            i ++;
            j ++;
            if ( T.data[ i ] != T.data[ j ])
                nextval[ i ] = j;
            else
                nextval[ i ] = nextval[ j ];
        }
        else
            j = nextval[ j ];
    }
}
```

6.4 知识点小结

串是数据元素受限的线性表，它的数据元素只能是一个一个的字符。

线性表的运算大多以"单个数据元素"为操作对象，而串操作通常以"串的整体"或"子串"作为操作对象。

空串和空格串是两个不同的概念。空串是不包含任何字符的串；而空格串是由一个或多个空格组成的串。

串相等是指两个串的串值相等，即两个串的长度相等且它们对应位置上的字符相同。

设有两个串 S 和 T，求 T 在 S 中首次出现的位置的运算称作模式匹配（或子串定位），其中 S 称为目标串，T 称为模式串。

习 题

6.1 若串 S 为"studyhard!"，其子串数目是多少？

6.2 已知：S_1 = "I'm a girl."，S_2 = "girl"，S_3 = "is very nice."，试求下列各运算的结果：

1）StrIndex(S_1, S_2)

2）StrLength(S_1)

3）Concat(S, S_2, S_3)

6.3 设 S_1 = "*+XYZ"，S_2 = "(X+Y)*Z"，试用连接、求子串等运算，将串 S_1 转换成串 S_2。

6.4 若有 S_1 和 S_2 两个单链表存储的串，试设计一个算法，找出 S_1 中第一个不在 S_2 中出现的字符。

6.5 编写算法，求串 S 所含不同字符的总数和每种字符的个数。

6.6 设串采用块大小为 4 的块链结构。写出将串 T 插入串 S 中某个字符之后的算法，若 S 中不存在该字符，则将串 T 连接到 S 的后面。

6.7 将串的各字符均相同且长度大于 1 的子串称为该串的一个等值子串。试写算法实现：输入字符串 S，以'#'为结束符；如果串 S 中不存在等值子串，则输出"无等值子串"，否则输出串 S 的一个长度最大的等值子串。如，若 S = "abc345b6a7c"，则输出"无等值子串"；若 S = "abcaaabbac"，则输出"aaa"。

6.8 试编写一个算法，将两个字符串 S_1 和 S_2 进行比较，若 $S_1 > S_2$ 则输出一个正数；若 $S_1 = S_2$，则输出 0；若 $S_1 < S_2$ 则输出一个负数（要求：不允许利用 C 的库函数 strcpy）。

6.9 求模式串 T = "abcaabbac" 的 next 函数值。

6.10 对 S_1 = "aabcbabcaabcaaba"，T = "abcaaba"，画出以 T 为模式串、S 为目标串的 KMP 匹配过程。

第7章 数组及广义表

数组可被看作线性表在维数上的推广，本章前半部分主要讨论的问题有：如何将多维数组映射到一维的存储空间中？什么是特殊形状的矩阵？有哪些常见的特殊形状的矩阵？这些特殊形状的矩阵如何进行压缩存储？什么是稀疏矩阵？如何实现稀疏矩阵的压缩存储？如何应用稀疏矩阵的压缩存储解决实际问题？

广义表可被看作线性表在数据元素上的推广，它允许元素本身也可以是线性表。本章后半部分主要讨论的问题有：什么是广义表？广义表有哪些性质？广义表有哪些基本运算？如何存储广义表？

7.1 数组的类型定义

7.1.1 数组的定义

数组（Array）是由下标和数据元素值组成的集合，并由下标确定数据元素在集合中的（先后）位置。其中，集合的名字即为数组的名字，下标的个数即为数组的维数。若数组只需要 1 个下标就可以确定数组元素在数组中的位置，那么我们称这样的数组为一维数组；若数组需要 2 个下标才能确定数组元素在数组中的位置，那么我们称这样的数组为二维数组……若数组需要 n 个下标才能确定数组元素在数组中的位置，则我们称这样的数组为 n 维数组。

容易观察到，一维数组 $A[n]$ 中的数组元素按照下标确定了一种序列关系，因此它是一个线性表；二维数组 $A[m][n]$ 可以被看作一个大小为 n 的一维数组，其中每个数组元素又是一个大小为 m 的一维数组，因此二维数组可以看作数据元素为一维数组的线性表，换句话说，它是线性表的线性表；三维数组 $A[s][m][n]$ 可以看作一个大小为 n 的一维数组，其中每个数据元素又是一个大小为 $s \times m$ 的二维数组，因此三维数组可以看作数据元素为二维数组的线性表，换句话说，它是线性表的线性表的线性表……n 维数组可以看作数据元素为 $n-1$ 维数组的线性表。因此，数组可以看成是线性表的一种扩充。

我们可以用线性代数中的行向量或列向量来表示一维数组，可以用线性代数中的矩阵来表示二维数组。

7.1.2 数组的性质

数组中的每一个元素都与一组下标相关。一旦数组定义好后，该数组就具有以下性质：
1）数组元素的数目是固定的，它不会在数组被操作的过程中发生任何改变。
2）数组元素的类型相同。
3）数组元素的下标有上、下界的约束，并且下标有序。

7.1.3 数组的基本运算

关于数组的运算一般是下述两种基本运算：

（1） Value$(A, \&e, \text{index}_1, \cdots, \text{index}_n)$

访问 n 维数组 A 中由下标 index_1，$\cdots$，index_n 所确定的数据元素，并用变量 e 返回它的值。

（2） Assign$(\&A, e, \text{index}_1, \cdots, \text{index}_n)$

将 e 的值赋值给由下标 index_1，$\cdots$，index_n 所确定的 n 维数组 A 的数据元素。

7.2 多维数组的线性存储方法

对数组一般不做插入和删除操作。也就是说，数组一旦建立，数组元素的个数和它们之间的位置关系就不再发生变化。因此，一般不会涉及数组的链式存储表示。本节我们主要讨论的是多维数组的顺序存储表示。

由于存储器是由顺序排列的存储单元组成的一维空间，而多维数组是多维空间，因此将多维数组存储到存储器中必然要面临一个问题：如何将多维的结构映射到一维的空间中？对于这个问题，目前常用的解决方案有以下两种：一种是以"行"为主顺序存储，另一种是以"列"为主顺序存储。在 PASCAL 语言和 C 语言中的数组采用的存储方案是第一种，而 FORTRAN 语言中的数组采用的存储方案是第二种。下面我们以二维数组 $A[m][n]$ 为例对这两种方案进行介绍和讨论。

二维数组 A 可以用一个 m 行 n 列的矩阵表示，如下所示。

$$A = \begin{matrix} a_{00} & a_{01} & \cdots & a_{0,n-1} \\ a_{10} & a_{10} & \cdots & a_{1,n-1} \\ \cdots & \cdots & \cdots & \cdots \\ a_{m-1,0} & a_{m-1,1} & \cdots & a_{m-1,n-1} \end{matrix}_{m \times n}$$

二维数组 A 的**以"行"为主顺序存储**是指首先存放第 0 行的数组元素，然后存放第 1 行的数组元素，接着存放第 2 行的数组元素，$\cdots$，最后存放第 $m-1$ 行的数组元素；每一行的数组元素又是从左向右依次存储的（或者说，每一行的数组元素是按照"列下标"递增的次序进行存储的）。换句话说，二维数组的以"行"为主顺序存储是按照宏观上"行下标"递增的方向和微观上"列下标"递增的方向进行存储的。二维数组 A 的**以"列"为主顺序存储**是指首先存放第 0 列的数组元素，然后存放第 1 列的数组元素，接着存放第 2 列的数组元素……最后存放第 $n-1$ 列的数组元素；每一列的数组元素又是从上至下依次存储的（或者说，每一列的数组元素是按照"行下标"递增的次序进行存储的）。换句话说，二维数组的以"列"为主顺序存储是按照宏观上"列下标"递增的方向和微观上"行下标"递增的方向进行存储的。二维数组 A 的以"行"为主顺序存储和以"列"为主顺序存储的存储结构分别如图 7-1a、7-1b 所示。

以上存储规则可以推广到 $n(n \geq 3)$ 维的情况。对 $n(n \geq 2)$ 维数组而言，**以行为主顺序存储**可规定为：先按最右下标递增的方向，从右向左依次类推，最后按最左下标递增的方向进行存储；**以列为主顺序存储**则先按最左下标递增的方向，从左向右依此类推，最后按最右下标递增的方向。

【思考题 7.1】请读者按上述原则画出三维 $B[2][4][2]$、四维数组 $C[3][2][4][2]$ 的以行为主顺序存储和以列为主顺序存储的存储结构图。

分析：$B[2][4][2]$ 的以行为主顺序存储的存储结构图和以列为主的顺序存储结构图分别如图 7-2a、7-2b 所示。四维数组 $C[3][2][4][2]$ 的以行为主顺序存储的存储结构图和以列为主的顺序存储结构图请读者自己完成。

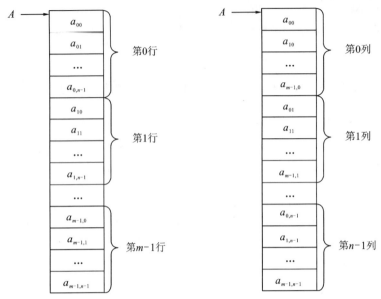

a) 以"行"为主顺序存储示意图   b) 以"列"为主顺序存储示意图

图 7-1 二维数组的存储示意图

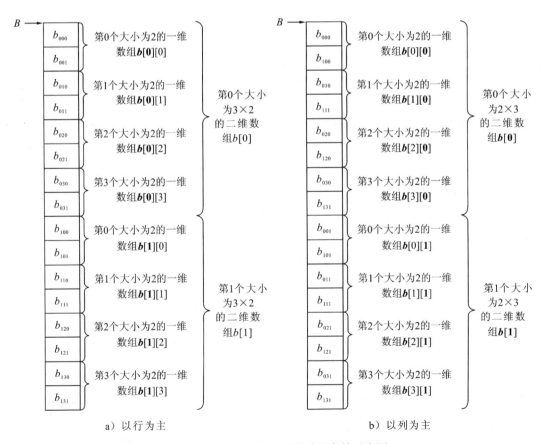

a) 以行为主   b) 以列为主

图 7-2 三维数组 $B[2][3][2]$ 的存储示意图

按上述两种方式顺序存储的数组，只要知道整个数组的起始地址、维数和每维的上下界，以及每个数组元素所占用的单元数，就可以将数组元素的存储地址表示为关于其下标的线性函数。因此，数组中任一元素可以在相同的时间内存取，即数组是一个随机存取（或随机访问）结构。下面我们仍以二维数组为例来分析和讨论数组元素的下标与其存储地址之间的关系。

假设二维数组 $A[m][n]$ 中每个元素需占 k 个存储单元；用符号 $\mathrm{LOC}[i,j]$ 表示数组元素 a_{ij} 的存储地址（如 $\mathrm{LOC}[0,0]$ 表示 a_{00} 的存储地址，也就是二维数组 A 在存储器中的起始地址）；行下标 i 的上下界分别为 0 和 $m-1$，列下标 j 的上下界分别为 0 和 $n-1$。下面讨论数组元素 a_{ij} 的存储地址与其下标 i、j 以及数组起始地址之间的关系。

（1）以行为主顺序存储

因为是以行为主顺序存储，故可知，在存放第 i 行的数组元素之前已经按列下标递增的顺序分别存放了第 0 行、第 1 行、$\cdots$、第 $i-1$ 行的数组元素。也就是说，在开始存放第 i 行的数组元素之前已经存储了 i 行的数组元素。因为每行有 n 个数组元素，所以在存储了 $i\times n$ 个数组元素后才开始存放第 i 行的数组元素。

在存储第 i 行的数组元素时，因为 a_{ij} 是第 i 行的第 j 个数组元素，且每行数组元素是按照列下标递增的顺序进行存储的，所以在存放第 i 行第 j 个数组元素之前，要首先存放 j 个第 i 行的数组元素，它们分别是 a_{i0}，a_{i1}，$\cdots$，$a_{i,j-1}$。

综上所述可知，在存储数组元素 a_{ij} 之前需要存储 $i\times n+j$ 个数组元素。因此 a_{ij} 的存储地址可以通过下面的公式求解得到：
$$\mathrm{LOC}[i,j]=\mathrm{LOC}[0,0]+(i\times n+j)\times k \tag{7-1}$$

（2）以列为主顺序存储

因为是以列为主顺序存储，故可知，在存放第 j 列的数组元素之前已经按行下标递增的顺序分别存放了第 0 列、第 1 列、$\cdots$、第 $j-1$ 列的数组元素。也就是说，在开始存放第 j 列的数组元素之前已经存储了 j 列的数组元素。因为每列有 m 个数组元素，所以在存储了 $j\times m$ 个数组元素后才开始存放第 j 列的数组元素。

在存储第 j 列的数组元素时，因为 a_{ij} 是第 j 列的第 i 个数组元素，且每列数组元素是按照行下标递增的顺序进行存储的，所以在存放第 j 列第 i 个数组元素之前，要首先存放 i 个第 j 列的数组元素，它们分别是 a_{0j}，a_{1j}，$\cdots$，$a_{i-1,j}$。

综上所述可知，在存储数组元素 a_{ij} 之前需要存储 $j\times m+i$ 个数组元素。因此，a_{ij} 的存储地址可以通过下面的公式求解得到：
$$\mathrm{LOC}[i,j]=\mathrm{LOC}[0,0]+(j\times m+i)\times k \tag{7-2}$$

【思考 7.2】设有二维数组 $A[6][8]$，每个数组元素占 6 个字节，存储器按字节编址，已知 A 的起始地址为 2015，请计算：

1）数组 A 共占多少个字节？

2）以行为主顺序存储时，数组元素 $A[2][4]$ 的存储地址。

3）以列为主顺序存储时，数组元素 $A[4][6]$ 的存储地址。

4）A 以行为主顺序存储时数组元素 $A[3][5]$ 的存储地址与 A 以列为主顺序存储时哪一个数组元素的存储地址相同？

分析：1）因为 A 是一个 6 行 8 列的二维数组，所以 A 共有 $6\times 8=48$ 个数组元素。又因为每个数组元素占 6 个字节，故数组 A 共占 $48\times 6=288$ 个字节。

2）根据上述式(7-1)可知，以行为主顺序存储时，数组元素 $A[2][4]$ 的存储地址为：
$$2015+(2\times 8+4)\times 6=2015+120=2135$$

3）根据上述式(7-2)可知，以列为主顺序存储时，数组元素 $A[4][6]$ 的存储地址为：
$$2015+(6\times 6+4)\times 6=2015+240=2255$$

4）假设以行为主顺序存储时数组元素 $A[3][5]$ 的存储地址与以列为主顺序存储时数组元素 $A[i][j]$ 的存储地址相同，根据上述式(7-1)和式(7-2)可得：

$$\left. \begin{array}{l} \text{LOC}[3,5] = 2015 + (3 \times 8 + 5) \times 6 \\ \text{LOC}[i,j] = 2015 + (j \times 6 + i) \times 6 \end{array} \right\} \Rightarrow i + 6j = 29 \left. \right\} \Rightarrow \left\{ \begin{array}{l} i = 5 \\ j = 4 \end{array} \right.$$

$$\because 0 \leqslant i \leqslant 5 \quad 0 \leqslant j \leqslant 7$$

因此，以行为主顺序存储时数组元素 $A[3][5]$ 的存储地址与以列为主顺序存储时数组元素 $A[5][4]$ 的存储地址相同。

7.3 特殊矩阵的压缩存储

在科学与工程计算问题中，矩阵是一种常用的数学对象。用高级语言编制程序时，通常都是用二维数组来存储矩阵元。随着计算机应用的发展，在实际中出现了许多用计算机处理高阶矩阵的问题，这类问题对内存容量要求较高，因此为了节省存储空间，研究矩阵的压缩存储是非常有必要的。

所谓**矩阵的压缩存储**是指，利用一些特殊矩阵的特征只存储该矩阵的部分矩阵元，压缩掉另一部分矩阵元的存储。本书研究的特殊矩阵包括：特殊形状矩阵和随机稀疏矩阵。所谓特殊形状矩阵是指，非零元或零元的分布具有一定规律性的矩阵，如对称矩阵、上三角矩阵、下三角矩阵、对角矩阵、准对角矩阵等。所谓随机稀疏矩阵是指，非零元比零元少得多（即稀疏性）且非零元在矩阵中的分布不具有一定规律性（即随机性）的矩阵。对上述特殊矩阵进行压缩存储的目标是：①值相同的元素只存储一次；②压缩掉对零元的存储，只存储非零元。下面分别讨论特殊形状矩阵和随机稀疏矩阵的压缩存储。

7.3.1 特殊形状矩阵的压缩存储

本节我们主要讨论以下特殊形状矩阵的压缩存储：对称阵、三角矩阵（包括下三角矩阵和上三角矩阵）、三对角矩阵。

1. 对称阵的压缩存储

对称阵是指满足 $a_{ij} = a_{ji}$ 的方阵，对称阵的一个例子如下所示：

$$\begin{matrix} 1 & 2 & 3 & 4 \\ 2 & 5 & 6 & 7 \\ 3 & 6 & 8 & 9 \\ 4 & 7 & 9 & 10 \end{matrix}_{4 \times 4}$$

因为对称阵中值相同的元素分布具有一定的规律性（它们是以主对角线为轴对称相等的），所以根据压缩存储的第一个目标，应该只存储对称阵中上三角部分或下三角部分的元素。假设有一个 $n \times n$ 的对阵，其上三角部分（或下三角部分）（包括主对角线）的元素个数为 $(n \times n - n)/2 + n = n(n+1)/2$。因此，可以将存放 n^2 个元素的存储空间压缩到存放 $n(n+1)/2$ 个元素的存储空间。也就是说，我们可以用一个大小为 $n(n+1)/2$ 的一维数组存储 $n \times n$ 对称阵中上三角部分（或下三角部分）的元素。为了能在一维数组中访问到对称阵中指定位置的元素，我们必须找到矩阵元素的行、列下标与其值在一维数组中的存储位置之间的映射关系。假设用 i、j 和 k 分别表示矩阵元素的行、列下标和一维数组元素的下标，那么我们就是要找到 i、j 到 k 的映射函数 f，即

$$(i,j) \xrightarrow{\quad f \quad} k$$

（1）存储对称阵中下三角部分的元素

假设我们将 $n \times n$ 的对称阵 A 的下三角部分的元素采用"以行为主顺序存储"的存储策略依次存储到了大小为 $n(n+1)/2$ 的一维数组 B 中（从一维数组 B 下标为 0 的位置开始存储）。如果元素 a_{ij} 的行列下标满足 $i \geq j$，那么说明元素 a_{ij} 是下三角部分的元素；如果 a_{ij} 的行列下标满足 $i \leq j$，那么说明元素 a_{ij} 是上三角部分的元素，它的值与下三角元素 a_{ji} 相等。

假设 a_{ij} 是下三角元素，下面讨论它在一维数组 B 中的存储位置。因为矩阵 A 的下三角部分的第 0 行有 1 个元素、第 1 行有 2 个元素、…、第 $i-1$ 行有 i 个元素，因此在开始存储第 i 行的元素前需要存储 $1 + 2 + \cdots + i = (1+i)i/2$ 个元素。因为 a_{ij} 是第 i 行的第 j 个元素，故在存储 a_{ij} 前还需要存储第 i 行的 a_{i0}，a_{i1}，…，$a_{i,j-1}$ 共 j 个元素。综上所述可知，存储下三角元素 a_{ij} 之前共存储了 $(1+i)i/2 + j$ 个元素，故 a_{ij} 存储在 B 中下标为 $(1+i)i/2 + j$ 的位置上。如果 a_{ij} 是上三角元素，那么它的值与下三角元素 a_{ji} 相等，我们可以通过访问 $B[(1+j)j/2 + i]$ 来获得元素 a_{ij} 的值。

通过前面的分析，我们可以得到如下矩阵元素的行下标 i、列下标 j 到一维数组元素下标 k 的映射函数 f：

$$k = f(i,j) = \begin{cases} \sum_{r=0}^{i-1}(r+1) + j, & i \geq j \\ \sum_{r=0}^{j-1}(r+1) + i, & i < j \end{cases} = \begin{cases} \dfrac{(1+i)i}{2} + j, & i \geq j \\ \dfrac{(1+j)j}{2} + i, & i < j \end{cases} \tag{7-3}$$

故

$$a_{ij} = \begin{cases} B\left[\dfrac{(1+i)i}{2} + j\right], & i \geq j \\ B\left[\dfrac{(1+j)j}{2} + i\right], & i < j \end{cases} \tag{7-4}$$

（2）存储对称阵中上三角部分的元素

假设我们将 $n \times n$ 的**对称阵 A 的上三角部分**的元素采用"以行为主顺序存储"的存储策略依次存储到了大小为 $n(n+1)/2$ 的一维数组 B 中（从一维数组 B 下标为 0 的位置开始存储）。如果元素 a_{ij} 的行列下标满足 $i \geq j$，那么说明元素 a_{ij} 是下三角部分的元素；如果 a_{ij} 的行列下标满足 $i \leq j$，那么说明元素 a_{ij} 是上三角部分的元素，它的值与下三角元素 a_{ji} 相等。

假设 a_{ij} 是上三角元素，下面讨论它在一维数组 B 中的存储位置。因为矩阵 A 的上三角部分的第 0 行有 n 个元素、第 1 行有 $n-1$ 个元素、…、第 $i-1$ 行有 $n-i+1$ 个元素，因此在开始存储第 i 行的元素前需要存储 $n + (n-1) + \cdots + (n-i+1) = (2n-i+1)i/2$ 个元素。因为 a_{ij} 是第 i 行的第 j 个元素且第 i 行首个需要存储的元素是其位于主对角线上的元素，所以在存储 a_{ij} 前还需要存储第 i 行的 $a_{i,i}$，$a_{i,i+1}$，…，$a_{i,j-1}$ 共 $j-i$ 个元素。综上所述可知，存储上三角元素 a_{ij} 之前共存储了 $(2n-i+1)i/2 + j - i$ 个元素，故 a_{ij} 存储在 B 中下标为 $(2n-i+1)i/2 + j - i$ 的位置上。如果 a_{ij} 是下三角元素，那么它的值与上三角元素 a_{ji} 相等，我们可以通过访问 $B[(2n-j+1)j/2 + i - j]$ 来获得元素 a_{ij} 的值。

通过前面的分析，我们可以得到如下矩阵元素的行下标 i、列下标 j 到一维数组元素下标 k 的映射函数 f：

$$k = f(i,j) = \begin{cases} \sum_{r=0}^{j-1}(n-r) + i - j, & i > j \\ \sum_{r=0}^{i-1}(n-r) + j - i, & i \leq j \end{cases} = \begin{cases} \dfrac{(2n-j+1)j}{2} + i - j, & i > j \\ \dfrac{(2n-i+1)i}{2} + j - i, & i \leq j \end{cases} \tag{7-5}$$

故

$$a_{ij} = \begin{cases} B\left[\dfrac{(2n-j+1)j}{2}+i-j\right], & i > j \\[4mm] B\left[\dfrac{(2n-i+1)i}{2}+j-i\right], & i \leqslant j \end{cases} \tag{7-6}$$

2. 三角矩阵的压缩存储

三角矩阵有上三角矩阵和下三角矩阵两种。下三角矩阵是指主对角线上方均为常数 c（更为特殊的下三角矩阵是 c 等于零）的方阵，如下所示：

$$\begin{matrix} a_{00} & c & \cdots & c \\ a_{10} & a_{11} & \cdots & c \\ \cdots & \cdots & \cdots & \cdots \\ a_{n-1,0} & a_{n-1,1} & \cdots & a_{m-1,n-1} \end{matrix}_{n\times n} \quad \text{或} \quad \begin{matrix} a_{00} & 0 & \cdots & 0 \\ a_{10} & a_{11} & \cdots & 0 \\ \cdots & \cdots & \cdots & \cdots \\ a_{n-1,0} & a_{n-1,1} & \cdots & a_{m-1,n-1} \end{matrix}_{n\times n}$$

上三角矩阵是指主对角线下方均为常数 c 的方阵（更为特殊的上三角矩阵是 c 等于零），如下所示：

$$\begin{matrix} a_{00} & a_{01} & \cdots & a_{0,n-1} \\ c & a_{11} & \cdots & a_{1,n-1} \\ \cdots & \cdots & \cdots & \cdots \\ c & c & \cdots & a_{m-1,n-1} \end{matrix}_{n\times n} \quad \text{或} \quad \begin{matrix} a_{00} & a_{01} & \cdots & a_{0,n-1} \\ 0 & a_{11} & \cdots & a_{1,n-1} \\ \cdots & \cdots & \cdots & \cdots \\ 0 & 0 & \cdots & a_{m-1,n-1} \end{matrix}_{n\times n}$$

根据压缩存储的第一个目标，对于常数 c 我们只存储一次。因此一个 $n \times n$ 的下三角矩阵可以用一个大小为 $n(n+1)/2+1$ 的一维数组来进行压缩存储，其中常数 c 存储在最大下标 $n(n+1)/2$ 所指示的位置上。下面我们将分别讨论上三角矩阵和下三角矩阵在采用以行为主顺序存储策略下，其元素的行列下标 i、j 到一维数组元素下标 k 的映射函数 f。

（1）下三角矩阵

通过对下三角矩阵进行与对称矩阵类似的存储分析，可得：

$$k = f(i,j) = \begin{cases} \displaystyle\sum_{r=0}^{i-1}(r+1)+j, & i \geqslant j \\[4mm] \displaystyle\sum_{r=0}^{n-1}(r+1), & i < j \end{cases} = \begin{cases} \dfrac{(1+i)i}{2}+j, & i \geqslant j \\[4mm] \dfrac{(1+n)n}{2}, & i < j \end{cases} \tag{7-7}$$

故

$$a_{ij} = \begin{cases} B\left[\dfrac{(1+i)i}{2}+j\right], & i \geqslant j \\[4mm] B\left[\dfrac{(1+n)n}{2}\right], & i < j \end{cases} \tag{7-8}$$

（2）上三角矩阵

通过对上三角矩阵进行与对称矩阵类似的存储分析，可得：

$$k = f(i,j) = \begin{cases} \displaystyle\sum_{r=0}^{i-1}(n-r)+j-i, & i \leqslant j \\[4mm] \displaystyle\sum_{r=0}^{n-1}(r+1), & i > j \end{cases} = \begin{cases} \dfrac{(2n-i+1)i}{2}+j-i, & i \leqslant j \\[4mm] \dfrac{(1+n)n}{2}, & i > j \end{cases} \tag{7-9}$$

故

$$a_{ij} = \begin{cases} B\left[\dfrac{(2n-i+1)i}{2}+j-i\right], & i \leqslant j \\[4mm] B\left[\dfrac{(1+n)n}{2}\right], & i > j \end{cases} \tag{7-10}$$

3. 三对角矩阵的压缩存储

对角矩阵是指所有非零元均分布在以主对角线为中心的带状区域中的矩阵。三对角矩阵是指非零元只分布在主对角线和与主对角线上下相邻的次对角线上的矩阵，如下所示

$$
\begin{array}{cccccccc}
a_{00} & a_{01} & 0 & 0 & \cdots & 0 & 0 & 0 \\
a_{10} & a_{11} & a_{12} & 0 & \cdots & 0 & 0 & 0 \\
0 & a_{21} & a_{22} & a_{23} & \cdots & 0 & 0 & 0 \\
\cdots & \cdots & \cdots & \cdots & & \cdots & \cdots & \cdots \\
0 & 0 & 0 & 0 & \cdots & a_{n-2,n-3} & a_{n-2,n-2} & a_{n-2,n-1} \\
0 & 0 & 0 & 0 & \cdots & 0 & a_{n-1,n-2} & a_{n-1,n-1}
\end{array}\Bigg|_{n \times n}
$$

根据压缩存储的第二个目标，压缩掉对零元的存储只存储非零元。因为在 $n \times n$ 的三对角矩阵中，除了第 0 行和最后一行即第 $n-1$ 行是两个非零元之外，其余各行均有三个非零元，所以共有 $3n-2$ 个非零元，故可用一个大小为 $3n-2$ 的一维数组进行压缩存储（从一维数组下标为 0 的位置开始存储）。

在三对角矩阵中，如果元素 a_{ij} 的行列下标满足 $|j-i| \leqslant 1$，那么它是非零元，否则它是零元。采用以行为主顺序存储策略，根据三对角线的定义容易得到，第 i 行($0<i<n-1$)三个非零元的列下标分别为 $i-1$，i 和 $i+1$，因此，如果 a_{ij} 是非零元，那么第 i 行中位于它前面的非零元有 $j-(i-1)=j-i+1$ 个。存储第 i 行的非零元之前需要先依次存储第 0 行、第 1 行一直到第 $i-1$ 行共 i 行中的非零元。因为除了第 0 行是两个非零元之外，其余所需存储的各行均有 3 个非零元，所以在开始存储第 i 行的非零元之前需要存储 $3i-1$ 个非零元。综上所述，如果 a_{ij} 是非零元，那么它是第 $(3i-1+j-i+1)+1=(2i+j)+1$ 个被存储的元素。因为我们约定从一维数组下标为 0 的位置开始存储矩阵中的非零元，因此 a_{ij} 的值存储在一维数组中下标为 $2i+j$ 的位置上。

通过前面的分析，我们可以得到如下矩阵元素的行列下标 i、j 到一维数组元素下标 k 的映射函数 f:

$$k = f(i,j) = (3i-1)+j-(i-1) = 2i+j, \quad |i-j| \leqslant 1 \tag{7-11}$$

故

$$a_{ij} = \begin{cases} B[2i+j], & |i-j| \leqslant 1 \\ 0, & |i-j| > 1 \end{cases} \tag{7-12}$$

对如下所示的矩阵，我们也可采用压缩存储。

$$
\begin{array}{cccccccc}
a_{00} & a_{01} & c & c & \cdots & c & c & c \\
a_{10} & a_{11} & a_{12} & c & \cdots & c & c & c \\
c & a_{21} & a_{22} & a_{23} & \cdots & c & c & c \\
\cdots & \cdots & \cdots & \cdots & & \cdots & \cdots & \cdots \\
c & c & c & c & \cdots & a_{n-2,n-3} & a_{n-2,n-2} & a_{n-2,n-1} \\
c & c & c & c & \cdots & c & a_{n-1,n-2} & a_{n-1,n-1}
\end{array}\Bigg|_{n \times n}
$$

根据压缩存储的第一个目标，值相同的元素只存储一次。并根据前面与三角矩阵的存储分析可知，上述矩阵可用一个大小为 $3n-2+1$ 的一维数组来进行压缩存储（从一维数组下标为 0 的位置开始存储），其中常数 c 存储在最大下标 $3n-2$ 所指示的位置上。那么该矩阵元素的值可以通过下面的公式（7-13）访问到。

$$a_{ij} = \begin{cases} B[2i+j], & |i-j| \leqslant 1 \\ B[3n-2], & |i-j| > 1 \end{cases} \tag{7-13}$$

7.3.2 随机稀疏矩阵的压缩存储及其运算

我们已经知道，随机稀疏矩阵是指这样的一种矩阵：①它的非零元个数远远少于零元的个数，②非零元在矩阵中的分布不具有规律性。那么矩阵中的非零元个数比零元个数到底需要少到怎样的一个程度才能算作是稀疏矩阵呢？这就需要一个衡量指标，而这个指标就是稀疏因子。

设在 $m \times n$ 的矩阵 A 中，有 t 个非零元，则矩阵 A 的稀疏因子定义为：

$$稀疏因子\ \eta = \frac{矩阵中的非零元个数}{矩阵中的非零元个数 + 矩阵中的零元个数} = \frac{t}{m \times n}$$

通常认为，当某个矩阵的 $\eta \leqslant 0.05$ 时，该矩阵为稀疏矩阵。

根据压缩存储的第二个目标，随机稀疏矩阵将压缩掉对零元的存储只存储非零元。基于这个思想，下面我们将讨论随机稀疏矩阵的表示、随机稀疏矩阵的压缩存储以及随机稀疏矩阵的创建运算、求转置矩阵运算的实现。

1. 随机稀疏矩阵的表示

因为非零元素在稀疏矩阵中的分布一般不具有规律性，所以需要用"元素所在的行"、"元素所在的列"以及"元素的值"三个属性来唯一确定一个非零元。也就是说，可以用一个三元组（行，列，值）来唯一确定矩阵中的一个非零元。因此，一个稀疏矩阵可以表示为一个由矩阵所有非零元对应的三元组构成的三元组集合。那么，是否一个三元组集合就可以唯一确定一个稀疏矩阵呢？我们首先分别求出表示如下所示两个稀疏矩阵的三元组集合。

$$C_{4 \times 5} = \begin{matrix} 0 & 5 & 0 & 0 & 7 \\ 1 & 0 & 0 & 2 & 0 \\ 0 & 0 & 0 & 0 & 0 \\ 0 & 0 & 8 & 0 & 1 \end{matrix} \qquad D_{5 \times 5} = \begin{matrix} 0 & 5 & 0 & 0 & 7 \\ 1 & 0 & 0 & 2 & 0 \\ 0 & 0 & 0 & 0 & 0 \\ 0 & 0 & 8 & 0 & 1 \\ 0 & 0 & 0 & 0 & 0 \end{matrix}$$

规模为 4×5 的稀疏矩阵 C 对应的三元组集合为 $\{(0, 1, 5), (0, 4, 7), (1, 0, 1), (1, 3, 2), (3, 2, 8), (3, 4, 1)\}$；规模为 5×5 的稀疏矩阵 D 对应的三元组集合为 $\{(0, 1, 5), (0, 4, 7), (1, 0, 1), (1, 3, 2), (3, 2, 8), (3, 4, 1)\}$。我们发现稀疏矩阵 C 和 D 对应的三元组集合相同。这说明两个不同的稀疏矩阵有可能拥有相同的三元组集合，因此，一个三元组集合不能唯一确定一个稀疏矩阵。

为什么三元组集合不能唯一确定一个稀疏矩阵呢？我们发现，三元组集合给出了稀疏矩阵所有非零元的分布信息和值的信息，但是只给出了部分零元的分布信息，从而不能确定一个稀疏矩阵。如果在给出一个稀疏矩阵的三元集合的同时，给出该稀疏矩阵的规模信息（即它是多少行多少列的矩阵），那么我们除了得到关于非零元的所有信息之外，也得到了零元的所有分布信息，从而可以唯一确定一个稀疏矩阵。

综上所述，我们可以得到结论，一个稀疏矩阵可以用表示其所有非零元的三元组集合和该矩阵的行数、列数来唯一确定。例如，稀疏矩阵 C 可以表示为 $\{(0, 1, 5), (0, 4, 7), (1, 0, 1), (1, 3, 2), (3, 2, 8), (3, 4, 1)\}$ & $(4, 5)$，稀疏矩阵 D 可以表示为 $\{(0, 1, 5), (0, 4, 7), (1, 0, 1), (1, 3, 2), (3, 2, 8), (3, 4, 1)\}$ & $(5, 5)$。

如果我们约定，在三元组集合中以行序为主序对三元组进行排列，那么我们就得到了一个数据元素为三元组的线性表，从而可以利用原来所学的关于线性表的相关内容来解决稀疏矩阵的存储表示。所谓以行序为主序是指首先按照行递增的方向进行排序，对于处于同一行的元素再按列递增的方向进行排序。

2. 随机稀疏矩阵的顺序存储表示及基本矩阵运算的实现

三元组线性表采用顺序存储结构，就可以得到随机稀疏矩阵的一种压缩存储表示法——三元组顺序表。

三元组顺序表的类型定义如下：

```
#define MAX50
typedef struct                //定义三元组类型
{
    int row,col;
    ElemType val;
}Triple;
typedef struct
{
    Triple data[MAX];    //存储非零元信息
    int m;               //矩阵的行数
    int n;               //矩阵的列数
    int t;               //矩阵中的非零元个数(为了某些运行实现的方便)
}Matrix;
```

前面节中的随机稀疏矩阵 C 的三元组顺序表存储结构如图 7-3 所示。

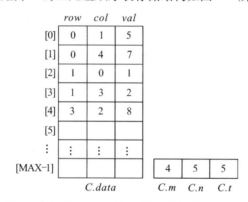

图 7-3 稀疏矩阵三元组顺序表存储结构示意图

【思考 7.3】根据图 7-3 回答下述问题：①如何访问到第 2 个非零元所在的行信息？②如何访问到第 3 个非零元所在的列信息？③如何访问到第 4 个非零元的值？④稀疏矩阵 C 共有几行？

分析：1）可以通过下面的语句访问到第 2 个非零元所在的行信息：$C.data[1].row$；

2）可以通过下面的语句访问到第 3 个非零元所在的列信息：$C.data[2].col$；

3）可以通过下面的语句访问到第 4 个非零元的值：$C.data[3].val$；

4）稀疏矩阵 C 共有 $A.m$ 行。

下面给出基于三元组顺序表随机稀疏矩阵的初始化运算、创建运算、求转置矩阵运算和输入运算的实现。

假设有：

```
type defint Elem Type;
```

1）初始化运算的实现。

```
/*初始化运算:初始化得到一个空随机稀疏矩阵*/
```

```
int InitSparseMatrix(Matrix *M)
{
    (*M).m = 0;
    (*M).n = 0;
    (*M).t = 0;
    return 0;
}
```

2）创建运算的实现。

```
/*创建运算:创建一个随机稀疏矩阵,创建成功返回0,否则返回 - 1*/
int Create SparseMatrix(Matrix *M)
{
    int i;
    int m,n,t;
    int temp_row,temp_col;
    ElemType temp_val;
    printf("please input the numbers of rows,colums and non - zero element of Matrix: \n");
    scanf("%d,%d,%d",&m,&n,&t);
    if(m <= 0||n <= 0||t <= 0||t > MAX)
        return - 1;          //接收到的矩阵行数或列数或非零元个数不合法
    (*M).m = m;
    (*M).n = n;
    (*M).t = t;
    for(i = 0;i < t;i ++ )
    {
        printf("please input the NO. %d triple(row,col,val): \n",i +1);
        scanf("%d,%d,%d",&temp_row,&temp_col,&temp_val);
        if(temp_row < 0||temp_row > m - 1||temp_col < 0||temp_col > n - 1)
            return - 2;        //输入的三元组信息不合法
        (*M).data[i].row = temp_row;
        (*M).data[i].col = temp_col;
        (*M).data[i].val = temp_val;
    }
    return 0;   //创建成功
}
```

3）稀疏矩阵转置运算的实现。

转置运算是一种常见的矩阵运算，矩阵的转置运算就是求矩阵的转置矩阵。一个矩阵的行列互换即可得到它的转置矩阵，如下面给出的矩阵 T 是矩阵 M 的转置矩阵（实际上矩阵 T 和矩阵 M 互为转置矩阵）。

$$M = \begin{bmatrix} 0 & 10 & 9 & 0 & 0 & 0 & 0 \\ 0 & 0 & 0 & 0 & 0 & 0 & 0 \\ -5 & 0 & 0 & 0 & 18 & 0 & 0 \\ 0 & 0 & -7 & 0 & 0 & 0 & 0 \\ 0 & 0 & 0 & 0 & 0 & 0 & 2 \\ 12 & 0 & 0 & 5 & 0 & 0 & 0 \end{bmatrix}_{6 \times 7} \qquad T = \begin{bmatrix} 0 & 0 & -5 & 0 & 0 & 12 \\ 10 & 0 & 0 & 0 & 0 & 0 \\ 9 & 0 & 0 & -7 & 0 & 0 \\ 0 & 0 & 0 & 0 & 0 & 5 \\ 0 & 0 & 18 & 0 & 0 & 0 \\ 0 & 0 & 0 & 0 & 0 & 0 \\ 0 & 0 & 0 & 0 & 2 & 0 \end{bmatrix}_{7 \times 6}$$

基于三元组顺序表的随机稀疏矩阵 M 的转置运算的实现，实质上就是根据 M 的三元组顺序表中的信息去填写其转置矩阵 T 的三元组顺序表。也就是说，由图 7-4a 所示的三元顺序表得到图 7-4b 所示的三元组顺序表。显然，根据 M 的 M、n 和 t 这三个成员的值可以很容易得到 $T.M$、$T.n$ 和 $T.t$ 的值，即 $T.M = M.n$，$T.n = M.M$，$T.t = M.t$。因此，在基于三元组顺序表的矩阵转置运算的实现中需要解决的关键问题是：如何根据 $M.data[\ ]$ 得到 $T.data[\ ]$？

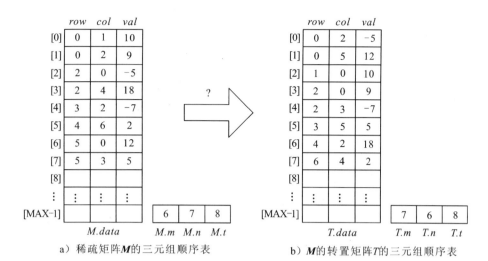

图 7-4 稀疏矩阵 M 与其转置矩阵 T 的三元组顺序表

根据 $M.data[\ ]$ 得到 $T.data[\ ]$ 的解决方案有如下两种:

【方案一】 "按需点菜"(对 $M.data[\ ]$ 扫描多次)

基本思想:

∵ $T.data[\ ]$ 中的元素是以矩阵 T 的行序为主顺序排列的,也就是说,$T.data[\ ]$ 中的元素是以矩阵 M 的列序为主顺序排列的。

∴ 我们可以对 $M.data[\ ]$ 扫描 $M.n$ 次,第 j 次扫描($0 \leq j \leq M.n-1$)的任务是将 $M.data[\ ]$ 中第 j 列的元素依次进行"行列转换"后插入到 $T.data[\ ]$ 中。这样做能否保证若 M 的第 j 列有多个非零元,这些非零元在 $T.data[\ ]$ 中的存储顺序又是以它们在 T 中的列序顺序排列的呢? 答案是肯定的。这是因为 $M.data[\ ]$ 是以行为主顺序存储元素的,因此在对 $M.data[\ ]$ 进行第 j 次扫描时,是以行序为主依次发现 M 第 j 列中的所有非零元的(如果第 j 列有非零元的话),这个过程对于 T 而言就是以列序的顺序依次发现 T 第 j 行中的所有非零元,所以可以保证矩阵 T 中同一行的非零元在 $T.data[\ ]$ 中以列序顺序排列。

上述基本思想可以用如下程序段描述:

```
i = 0;              //i指示T.data[]中当前需要存储元素的位置,初始的时候为0
for(j = 0;j <= M.n - 1;j ++ )
{
    for(k = 0;k <= M.t - 1;k ++ )   //k为扫描指针
    {
        if(M.data[k].col == j)
        {
            T.data[i].row = M.data[k].col;
            T.data[i].col = M.data[k].row;
            T.data[i].val = M.data[k].val;
            i ++ ;
        }
    }
}
```

对图 7-4a 所示的矩阵 M 进行上述处理,每趟扫描的处理结果如图 7-5 所示。

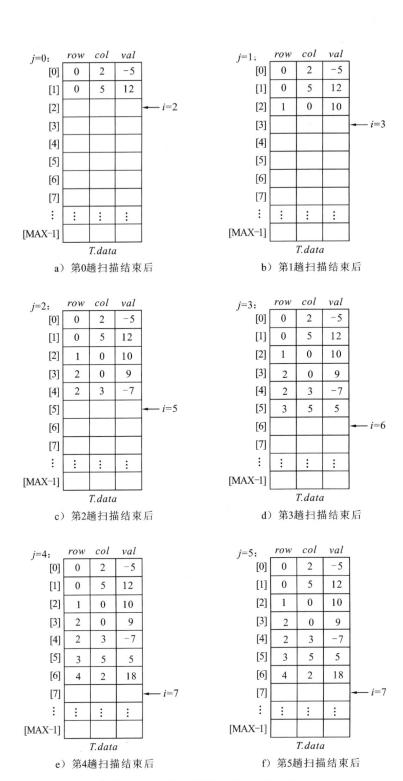

图 7-5 "按需点菜"处理过程示例

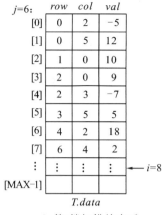

g）第6趟扫描结束后

图 7-5 （续）

上述方案是从运算结果即转置矩阵 T 的角度出发来解决问题的。首先在 $M.data[\ ]$ 中寻找应该存储在 $T.data[0]$ 位置上的元素，接着在 $M.data[\ ]$ 中寻找应该存储在 $T.data[1]$ 位置上的元素，依此类推一直持续到在 $M.data[\ ]$ 中找到了应该存储在 $T.data[T.t-1]$ 位置上的元素为止，从而求得了转置矩阵 T。这个过程就好似按照 $T.data[\ ]$ 的需求在 $M.data[\ ]$ 中找到相应的元素，因此该方案被称为"按需点菜"。下面给出完整的程序。

```
/*求转置矩阵运算:求矩阵 M 的转置矩阵 T(按需点菜)*/
int Get TransposeSparseMatrix(MatrixM,Matrix *T)
{
    inti,j,k;
    i = 0;
    for(j = 0;j <= M.n - 1;j ++)
    {
        for(k = 0;k <= M.t - 1;k ++)
        {
            if(M.data[k].col == j)
            {
                (*T).data[i].row = M.data[k].col;
                (*T).data[i].col = M.data[k].row;
                (*T).data[i].val = M.data[k].val;
                i ++;
            }
        }
    }
    (*T).m = M.n;
    (*T).n = M.m;
    (*T).t = M.t;
    return0;
}
```

【方案二】"按位就座"（对 $M.data[\ ]$ 扫描两次）

基本思想：

步骤1 对 $M.data[\ ]$ 进行第一次扫描，统计出矩阵 M 中每一列的非零元个数。假设用一个大小为 $M.n$、类型为整数类型的一维数组 num 来记录 M 每一列的非零元个数。初始时，$num[\ ]$ 中的元素均为 0。矩阵 M 中每列非零元个数可以通过如下程序段得到：

```
for (i = 0;i <= M.t - 1;i ++)
    num[M.data[i].col] ++;
```

统计过程：

$i = 0$ 时，$num[M.data[0].col]++ \Leftrightarrow num[1]++ \Leftrightarrow num[1] = num[1] + 1 \Rightarrow num[1] = 1$；

$i = 1$ 时，$num[M.data[1].col]++ \Leftrightarrow num[2]++ \Leftrightarrow num[2] = num[2] + 1 \Rightarrow num[2] = 1$；

$i = 2$ 时，$num[M.data[2].col]++ \Leftrightarrow num[0]++ \Leftrightarrow num[0] = num[0] + 1 \Rightarrow num[0] = 1$；

$i = 3$ 时，$num[M.data[3].col]++ \Leftrightarrow num[4]++ \Leftrightarrow num[4] = num[4] + 1 \Rightarrow num[4] = 1$；

$i = 4$ 时，$num[M.data[4].col]++ \Leftrightarrow num[2]++ \Leftrightarrow num[2] = num[2] + 1 \Rightarrow num[2] = 2$；

$i = 5$ 时，$num[M.data[5].col]++ \Leftrightarrow num[6]++ \Leftrightarrow num[6] = num[6] + 1 \Rightarrow num[6] = 1$；

$i = 6$ 时，$num[M.data[6].col]++ \Leftrightarrow num[0]++ \Leftrightarrow num[0] = num[0] + 1 \Rightarrow num[0] = 2$；

$i = 7$ 时，$num[M.data[7].col]++ \Leftrightarrow num[3]++ \Leftrightarrow num[3] = num[3] + 1 \Rightarrow num[3] = 1$。

统计结果：

$num[0] = 2, num[1] = 1, num[2] = 2, num[3] = 1, num[4] = 1, num[5] = 0, num[6] = 1$。

步骤 2　求矩阵 M 每一列的首个非零元在 $T.data[\ ]$ 中的位置。假设用一个大小为 $M.n$、类型为整数类型的一维数组 $rpos$ 来记录矩阵 M 每一列的首个非零元在 $T.data[\ ]$ 中的位置。按照下述公式求解 $rpos[j]\ (0 \leq j \leq M.n - 1)$。

$$rpos[j] = \begin{cases} 0 & j = 0 \\ rpos[j-1] + num[j-1] & 1 \leq j \leq M.n - 1 \end{cases} \tag{7-14}$$

上述是一个递推公式，它表示的是如下的递推关系：矩阵 M 的第 0 列的首个非零元即为矩阵 T 的第 0 行的首个非零元，因此该元素在 $T.data[\ ]$ 中的位置为 0；矩阵 M 的第 j 列的首个非零元在 $T.data[\ ]$ 中的位置为矩阵 M 的第 $j-1$ 列的首个非零元在 $T.data[\ ]$ 中的位置加上矩阵 M 的第 $j-1$ 列的非零元个数。式(7-14)对应的程序段如下所示：

```
rpos[0] = 0;
for (j = 1; j <= M.n-1; j++)
    rpos[j] = rpos[j-1] + num[j-1];
```

计算过程：

初始时，$rpos[0] = 0$；

$j = 1$ 时，$rpos[1] = rpos[0] + num[0] \Rightarrow rpos[1] = 0 + 2 = 2$；

$j = 2$ 时，$rpos[2] = rpos[1] + num[1] \Rightarrow rpos[2] = 2 + 1 = 3$；

$j = 3$ 时，$rpos[3] = rpos[2] + num[2] \Rightarrow rpos[3] = 3 + 2 = 5$；

$j = 4$ 时，$rpos[4] = rpos[3] + num[3] \Rightarrow rpos[4] = 5 + 1 = 6$；

$j = 5$ 时，$rpos[5] = rpos[4] + num[4] \Rightarrow rpos[5] = 6 + 1 = 7$；

$j = 6$ 时，$rpos[6] = rpos[5] + num[5] \Rightarrow rpos[6] = 7 + 0 = 7$。

步骤 3　对 $M.data[\ ]$ 进行第二次扫描，每扫描到一个三元组（不失一般性，假设为 $M.data[i]$），通过一维数组 $rpos$ 可知它在 $T.data[\ ]$ 中的位置为 $rpos[M.data[i].col]$。通过将三元组 $M.data[i]$ 的"行列信息交换"后存储到 $T.data[rpos[M.data[i]S.col]]$ 来实现该元素在 $T.data[\ ]$ 中的"按位就座"。此过程对应的程序段如下所示：

```
for(i = 0; i <= M.t-1; i++)
{
    T.data[rpos[M.data[i].col]].row = M.data[i].col;
    T.data[rpos[M.data[i].col]].col = M.data[i].row;
    T.data[rpos[M.data[i].col]].val = M.data[i].val;
    //指向 M 的第 M.data[i].col 列的下一个非零元在 T.data 中的位置
    rpos[M.data[i].col]++;
}
```

对图 7-4a 所示的矩阵 M 进行"按位就座"处理，第二趟扫描的处理过程如图 7-6 所示。

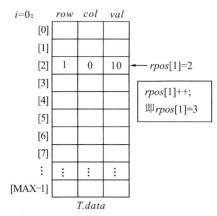

a) 扫描到 *M* 的第 0 个三元组

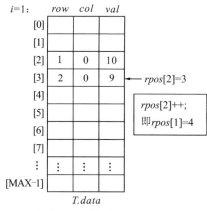

b) 扫描到 *M* 的第 1 个三元组

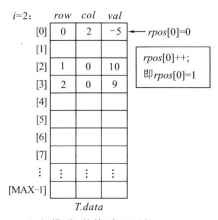

c) 扫描到 *M* 的第 2 个三元组

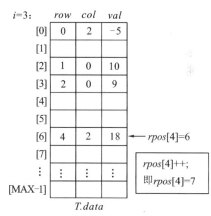

d) 扫描到 *M* 的第 3 个三元组

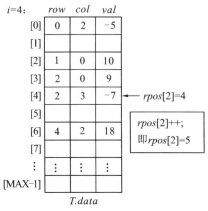

e) 扫描到 *M* 的第 4 个三元组

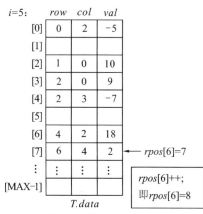

f) 扫描到 *M* 的第 5 个三元组

图 7-6 "按位就座" 处理过程示例

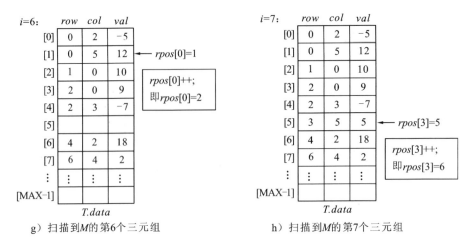

g）扫描到M的第6个三元组   h）扫描到M的第7个三元组

图7-6   （续）

下面给出该方案对应的完整程序。

```
/*求转置矩阵运算:求矩阵 M 的转置矩阵 T(按位就座)*/
int GetTransposeSparseMatrix(Matrix M,Matrix *T)
{
    int i,j;
    int *num = NULL,*rpos = NULL;
    num = (int *)malloc(sizeof(int) *  M.n);
    for(i = 0;i <= M.n-1;i ++)
        num[i] = 0;
    for (i = 0;i <= M.t-1;i ++)
        num[M.data[i].col] ++;
    rpos = (int*)malloc(sizeof(int) *M.n);
    rpos[0] = 0;
    for (j = 1;j <= M.n-1;j ++)
        rpos[j] = rpos[j-1] + num[j-1];
    for(i = 0;i <= M.t-1;i ++)
    {
        (*T).data[rpos[M.data[i].col]].row = M.data[i].col;
        (*T).data[rpos[M.data[i].col]].col = M.data[i].row;
        (*T).data[rpos[M.data[i].col]].val = M.data[i].val;
        rpos[M.data[i].col] ++;
    }
    (*T).m = M.n;
    (*T).n = M.m;
    (*T).t = M.t;
    free(num);
    num = NULL;
    free(rpos);
    rpos = NULL;
    return 0;
}
```

显然，"按需点菜"转置算法的时间复杂度是 $O(nt)$，"按位就座"转置算法的时间复杂度是 $O(n+t)$。其中 n 是矩阵 M 的列数，t 是矩阵 M 的非零元个数。

4）输出运算的实现。

```
/*打印输出运算:输出矩阵 M*/
void ShowSparseMatrix(Matrix M)
{
    int i,j,k;
    k = 0;
```

```
for(i = 0;i <= M.m - 1;i ++ )
{
    for(j = 0;j <= M.n - 1;j ++ )
    {
        if(k <= M.t - 1 && i == M.data[k]. row && j == M.data[k].col)
            printf("%6d",M.data[k ++]. val);
        else
            printf("%6d",0);
    }
    printf("\n");
}
printf("\n");
}
```

3. 随机稀疏矩阵的链式存储表示及基本运算的实现

对三元组线性表采用链式存储结构，我们就可以得到随机稀疏矩阵的另一种压缩存储表示法——十字链表。在随机稀疏矩阵的链式存储中，因为每个非零元均位于一个行链表和一个列链表的交汇处，就像一个"十字"，因此将这种链式存储结构形象地称为"十字链表"。

在十字链表中，除了要存放非零元的信息（所在的行、所在的列以及它的值）之外，还需要存放它与同行非零元以及同列非零元之间的关系，因此还需要存放两个指针：一个是行指针 *rnext*，用来指向同一行的下一个非零元；另一个是列指针 *cnext*，用来指向同一列的下一个非零元。所以非零元的三个属性信息和行、列指针信息就构成了十字链表的存储映像，如图 7-7 所示。

图 7-7　十字链表中的结点结构

对于一个规模为 $m \times n$ 的稀疏矩阵而言，它有 m 个行链表和 n 个列链表，如何来组织这 $m + n$ 个（不带头结点的）链表的头指针呢？一种简单的处理方法是，用两个大小分别为 m 和 n 的指针数组，来分别存放 m 个行链表的头指针和 n 个列链表的头指针。为了能唯一确定一个稀疏矩阵，还需要存储稀疏矩阵的规模信息；为了某些操作的实现方便，还需要存储稀疏矩阵中的非零元个数。故一种可能的十字链表的类型定义如下所示：

```
#define MAX 50
typedef struct OLNode
{
    int row,col;
    ElemType val;
    struct OLNode * rnext,*cnext;
}OLNode,*OLink;
typedef struct
{
    OLink *rp_head,*cp_head;  //两个一维的指针数组采用动态存储分配方式
    int m;  //稀疏矩阵的行数
    int n;  //稀疏矩阵的列数
    int t;  //稀疏矩阵的非零元个数
}CrossList;
```

前面内容中的稀疏矩阵 C 对应的十字链表的存储结构图如图 7-8 所示。

CrossList C;

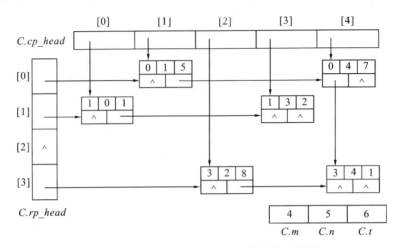

图 7-8 稀疏矩阵 C 的第一种存储结构示意图

　　基于上述十字链表存储结构随机稀疏矩阵的初始化运算、创建运算、求转置矩阵运算、输出运算和撤销运算的实现请参看教辅资料中的相关源代码。

　　对于一个规模为 $m \times n$ 的稀疏矩阵而言，能否不引入指针数组就能解决存储它的 $m + n$ 个链表的头指针的问题呢？回答是肯定的。我们可以仅仅利用上述十字链表类型中定义的结点结构来解决这个问题。也就是说，另一种可能的十字链表类型的定义如下所示：

```
typedef struct OLNode
{
    int row,col;
    ElemType val;
    struct OLNode *rnext,*cnext;
}OLNode,*CrossList;
```

　　具体做法是：稀疏矩阵每一行的非零元信息用一个带头结点的单链环进行存储，每一列的非零元信息也用一个带头结点的单链环进行存储；头结点的结构和表结点的结构相同，均是 OLNode 类型定义的结点结构；我们可以用 $m + n$ 个头结点分别来担当 $m + n$ 个单链环的头结点的角色；接下来，我们需要思考的是这 $m + n$ 个头结点又该如何来组织的问题，我们可以选择用一维数组也可以选择用单链环来解决这个问题。在这里，我们选择后一种方式来组织这 $m + n$ 个头结点：m 个行头结点构成一个单链环，n 个列头结点构成一个单链环；同时，我们再引入一个 OLNode 类型的结点（称为总头结点），因为每个 OLNode 类型的结点有两个指针域，因此总头结点既可以作为 m 个行头结点构成一个单链环的头结点又可以作为 n 个列头结点构成一个单链环的头结点。也就是说，总头结点的 *rnext* 指针域指向第一个行头结点，它的 *cnext* 指针域指向第一个列头结点。而且可以用总头结点的非指针域存储稀疏矩阵的规模信息（即用总头结点的 *row*、*col*、*val* 域分别存储稀疏矩阵的行数、列数和非零元个数）。那么，指向总头结点的指针就成为整个十字链表的唯一入口，它唯一确定了一个十字链表。这种方式实现的十字链表比前面介绍的引入数组实现的十字链表要更纯粹一些，它才是名副其实的稀疏矩阵的链式存储结构。

　　前面内容中的稀疏矩阵 C 对应的这种更纯粹的十字链表的存储结构图如图 7-9 所示。

```
CrossList head;
```

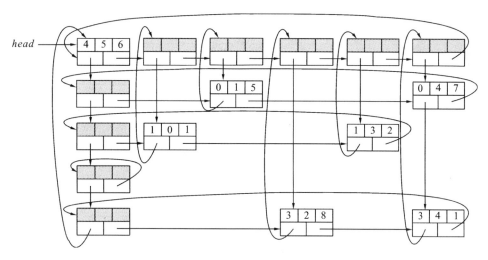

图 7-9　稀疏矩阵 C 的第二种存储结构示意图

　　基于上述十字链表存储结构随机稀疏矩阵的初始化运算、创建运算、求转置矩阵运算、输出运算和撤销运算的实现请参看教辅资料中的相关源代码。

　　对于一个规模为 $m \times n$ 的稀疏矩阵而言，上述十字链表存储结构需要 $m + n$ 个头结点，我们能否将头结点的个数减少为 $\max(m,n)$ 个？如果我们仅用 $\max(m,n)$ 个 OLNode 类型的头结点来担当 $m + n$ 个单链环的头结点的角色，让头结点的 *rnext* 域和 *cnext* 域分别指向行链表和列链表的第一个表结点，那么接下来我们需要思考的是这 $\max(m,n)$ 个头结点该如何组织的问题。我们可以选择用一个一维数组来存储这 $\max(m,n)$ 个头结点，也可以选择用单链环的形式来组织这 $\max(m,n)$ 个头结点。为了得到更纯粹的链式结构，我们选择后一种方式。同样，我们需要再引入一个 OLNode 类型的总头结点，它是 $\max(m,n)$ 个头结点构成的单链环的头结点。用总头结点的 *rnext* 指针域指向第一头结点，用总头结点的非指针域存储稀疏矩阵的规模信息（即用总头结点的 *row*、*col*、*val* 域分别存储稀疏矩阵的行数、列数和非零元个数）。指向总头结点的指针是整个十字链表的唯一入口，但这会带来一个问题：因为头结点中的两个指针域均已使用，所以头结点缺少使它们自身成单链环的指针域，为了得到稀疏矩阵这种效率更高的纯粹链式存储结构，我们需要将头结点原来的一个非指针域改造为指针域。第三种可能的十字链表类型的类型定义如下所示：

```
typedef struct OLNode
{
    int row,col;
    union
    {
        ElemType val;
        struct OLNode *next;
    } role;
    struct OLNode *rnext,*cnext;
}OLNode,*CrossList;
```

前面内容中的稀疏矩阵 C 对应的这种更纯粹的十字链表的存储结构图如图 7-10 所示。

```
CrossList head;
```

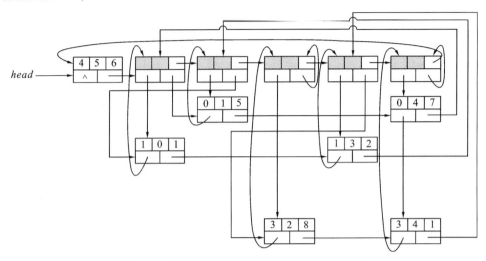

图 7-10   稀疏矩阵 C 的第三种存储结构示意图

基于上述十字链表存储结构随机稀疏矩阵的初始化运算、创建运算、求转置矩阵运算、输出运算和撤销运算的实现请参看教辅资料中的相关源代码。

7.4   广义表

7.4.1   广义表的基本概念

在第 3 章中，线性表定义为 n 个性质相同的数据元素的有限序列。如果允许元素本身也可以是线性表，则这种线性表称为广义表。下面给出广义表的定义。

广义表（Lists），又称列表，是 $n(n \geqslant 0)$ 个元素的有限序列，记作 $LS = (a_1, a_2, \cdots, a_n)$。其中，$LS$ 是列表的名字；n 是它的长度；a_i 可以是单个元素，也可以是广义表。如果 a_i 是单个元素，则称其为原子元素；如果 a_i 是广义表，则称其为列表 LS 的子表。

根据广义表的定义，我们可以认为，线性表是广义表的一种特例，而广义表则是线性表的一种推广。习惯上，用大写字母表示广义表的名称，用小写字母表示原子元素，用圆括号把广义表的元素括起来，用逗号分隔开广义表中的元素。

其他相关概念介绍如下：

1）广义表的长度：是指广义表所含的元素个数 n。

2）空广义表：是指不含有任何元素的广义表，即长度为 0 的广义表。

3）广义表的深度：是指广义表展开后的最大括号层次数。

例如：

$L = (a, b, c)$ 广义表 L 长度为 3，深度为 1；

$E = ( )$ E 为空表，长度为 0，深度为 1；

$A = (x, L, z)$ 广义表 A 的长度为 3，因为 $A = (x, L, z) = (x, (a, b, c), z)$，所以广义表 A 的深度为 2；

$B = (A, y, E)$ 广义表 B 的长度为 3，因为 $B = (A, y, E) = ((x, (a, b, c), z), y, ( ))$，所以广义表 B 的深度为 3；

$C = (A, B)$ 广义表 C 的长度为 2，因为 $C = (A, B) = ((x, (a, b, c), z), ((x, (a, b, c), z), y, ( )))$，所以广义表 C 的深度为 4；

$D = (z, D)$ 　　广义表 D 的长度为 2，因为 $D = (z, D) = (z, (z, D)) = (z, (z, (z, D))) = \cdots$，所以广义表 D 的深度为无穷大。

4）再入表：允许结点共享的表，如上例中的广义表 C。

5）递归表：允许递归的表，如上例中的广义表 D。

广义表可以用图形象地表示。在图中，列表是非终端结点（即交叉结点），原子元素是终端结点，空表作为一个特殊的终端结点。上例中的例表 L、A、B、C 和 D 对应的图形表示如图 7-11 所示。

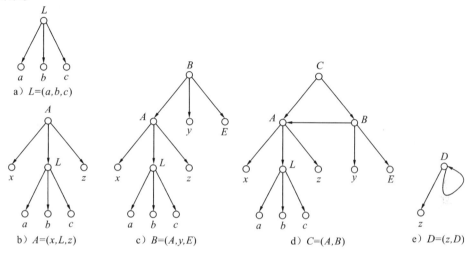

图 7-11　广义表图形表示示意图

6）纯表：通常把与树对应的广义表称为纯表，它限制了表中成分的共享性和递归。例如，图 7-11a、图 7-11b、图 7-11c 中所示广义表 L、A、B 与树对应，因此它们是纯表。

从纯表的定义及观察图 7-11d、图 7-11e 可知，具有共享和递归特性的广义表可以和有向图建立对应。

7）表头（Head）：当广义表 LS 非空时，称第一个元素 a_1 为 LS 的表头。显然，表头既可能是原子元素也可能是一个子表。

8）表尾（Tail）：当广义表 LS 非空时，除去第一个元素后其余元素组成的表（a_2，a_3，$\cdots$，a_n）是 LS 的表尾。显然，表尾一定是一个子表。

7.4.2　广义表的性质

根据广义表、再入表和递归表的定义，我们可以发现广义表具有以下三种性质：

1）广义表的元素可以是子表，而子表的元素还可以是子表，$\cdots$，因此，广义表具有一种多层次结构，如图 7-11 所示。

2）广义表可以是自己的一个子表，因此，广义表可以具有递归结构，如图 7-11e 所示。

3）广义表可以被其他的广义表所共享，如图 7-11d 中，广义表 C 和广义表 B 共享广义表 A，换句话说，广义表 A 同时为广义表 C 和广义表 B 的一个子表。

7.4.3　广义表的基本运算

广义表有两个特殊的基本运算：

1）取表头 head(LS)：返回广义表 LS 的表头。

2）取表尾 tail(LS)：返回广义表 LS 的表尾。

例如，对图 7-11 中的广义表进行取表头和表尾操作得到的结果如下：

$\text{head}(L) = \text{head}((a,b,c)) = a$,　$\text{tail}(L) = \text{tail}((a,b,c)) = (b,c)$

$\text{head}(A) = \text{head}((x,L,z)) = x$,　$\text{tail}(A) = \text{tail}((x,L,z)) = (L,z)$

$\text{head}(B) = \text{head}((A,y,E)) = A$,　$\text{tail}(B) = \text{tail}((A,y,E)) = (y,E)$

$\text{head}(C) = \text{head}((A,B)) = A$,　$\text{tail}(C) = \text{tail}((A,B)) = (B)$

$\text{head}(D) = \text{head}((z,D)) = z$,　$\text{tail}(D) = \text{tail}((z,D)) = (D)$

$\text{head}(\text{tail}(L)) = \text{head}(\text{tail}((a,b,c))) = \text{head}((b,c)) = b$

$\text{tail}(\text{tail}(\text{tail}(L))) = \text{tail}(\text{tail}(\text{tail}((a,b,c)))) = \text{tail}(\text{tail}((b,c))) = \text{tail}((c)) = (\ )$

$\text{head}(\text{tail}(B)) = \text{head}((y,E)) = y$,　$\text{tail}(\text{tail}(B)) = \text{tail}((y,E)) = (E) = ((\ ))$

$\text{head}(\text{tail}(\text{tail}(B))) = \text{head}(\text{tail}((y,E))) = \text{head}((E)) = \text{head}(((\ ))) = (\ )$

$\text{tail}(\text{tail}(\text{tail}(B))) = \text{tail}(\text{tail}((y,E))) = \text{tail}((E)) = \text{tail}(((\ ))) = (\ )$

值得注意的是，广义表 $(\ )$ 和广义表 $((\ ))$ 是不同的。前者为空表，长度为 0，深度为 1；后者为非空表，它有一个元素（为一个空子表），长度为 1，深度为 2。

【思考 7.4】 利用广义表的取表头和取表尾运算将原子元素 *banana* 分别从下列各表中分离出来。

1）$L_1 = (\text{apple},\text{pear},banana,\text{oran})$；

2）$L_2 = (((\text{apple},(\text{pear}),banana),(\text{oran})))$；

3）$L_3 = ((((\text{apple}),\text{pear}),banana),\text{oran})$；

4）$L_4 = (\text{apple},(\text{pear},(banana),\text{oran}))$；

分析： 1）因为 $\text{tail}(L_1) = (\text{pear},banana,\text{oran})$，$\text{tail}(\text{tail}(L_1)) = (banana,\text{oran})$，所以 $\text{head}(\text{tail}(\text{tail}(L_1))) = banana$。

2）因为 $\text{head}(L_2) = ((\text{apple},(\text{pear}),banana),(\text{oran}))$，$\text{head}(\text{head}(L_2)) = (\text{apple},(\text{pear}),banana)$，$\text{tail}(\text{head}(\text{head}(L_2))) = ((\text{pear}),banana)$，$\text{tail}(\text{tail}(\text{head}(\text{head}(L_2)))) = (banana)$，所以 $\text{head}(\text{tail}(\text{tail}(\text{head}(\text{head}(L_2))))) = banana$。

3）因为 $\text{head}(L_3) = (((\text{apple}),\text{pear}),banana)$，$\text{tail}(\text{head}(L_3)) = (banana)$，所以 $\text{head}(\text{tail}(\text{head}(L_3))) = banana$。

4）因为 $\text{tail}(L_4) = ((\text{pear},(banana),\text{oran}))$，$\text{head}(\text{tail}(L_4)) = (\text{pear},(banana),\text{oran})$，$\text{tail}(\text{head}(\text{tail}(L_4))) = ((banana),\text{oran})$，$\text{head}(\text{tail}(\text{head}(\text{tail}(L_4)))) = (banana)$，所以 $\text{head}(\text{head}(\text{tail}(\text{head}(\text{tail}(L_4))))) = banana$。

7.4.4　广义表的存储结构

因为广义表中的元素可以是原子元素也可以是广义表，因此广义表不便于用顺序存储结构进行表示，通常采用的是链式存储结构。根据结点形式的不同，广义表的链式存储结构可以分为"头尾表示法"和"左孩子右兄弟表示法"。

（1）头尾表示法

显然，一个非空广义表可以由它的表头和表尾唯一确定。例如，已知一个非空广义表的表头为 x，表尾为 (L,z)，那么通过合并表头和表尾可以得到这个非空广义表为 (x,L,z)。

因为广义表中的元素可以是原子元素也可以是子表，因此需要两种结点结构：表结点和原子结点。其中，原子结点是原子元素的存储映像，它包括两个域：标志域和值域；表结点是子表的存储映像，它包括三个域：标志域、指向表头的指针域和指向表尾的指针域。标志域为 0 表示是原子结点，标志域为 1 表示是表结点。两种结点的结构如图 7-12 所示。

图 7-12 广义表"头尾表示法"中的结点结构

广义表的类型定义如下所示：

```
typedef enum{ATOM,LISTS} ElemType;//定义枚举类型,其中 ATOM 对应的枚举值为 0;
                                  //定义枚举类型,其中 LISTS 对应的枚举值为 1
typedef struct GLNode
{
    ElemType tag;
    union
    {
        AtomType val;    //原子元素的值,AtomType 可以是任何基本类型或用户自定义类型
        struct
        {
            struct GLNode *head_p;
            struct GLNode *tail_p;
        }pointer;
    }cont;
}GLNode,*GLists;
```

在"头尾表示法"中，空广义表用空指针 NULL 表示。图 7-11 所示的广义表的"头尾表示法"存储结构图如图 7-13 所示。

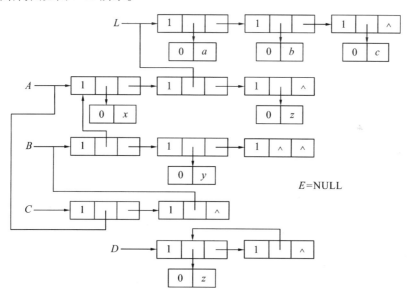

图 7-13 广义表"头尾表示法"存储结构示意图

从图 7-13 中我们可以发现：①头指针要么为空（空广义表）要么指向一个表结点（非空广义表）。②表结点的 $head\_p$ 指针域可以指向一个原子结点也可以指向一个表结点，而 $tail\_p$ 指针要么为空要么指向一个表结点。③该种存储结构很好地体现了广义表的多层次结构。如从图 7-13 中容易看出，在广义表 A 中元素 x、z 和元素 L 是同一层次的（同属第二层），元素 a、b、c 是同一层次的（同属第三层）等。④从图 7-13 中可以容易得到广义表的长度，在该种存储结构中第一层表结点的个数即为该广义表的长度。如广义表 L 第一层有三个表结点，因此它的长度为 3；广义表 A 第一层有三个表结点，因此它的长度为 3；广义表 B 第一层有三个表结

点，故长度为 3；广义表 C 第一层有两个表结点，故长度为 2；广义表 D 第一层有两个表结点，故长度为 2；广义表 E 第一层没有表结点，故长度为 0。

（2）左孩子右兄弟表示法

在此种表示法中，同样需要两种结点——表结点和原子结点来分别表示子表和原子元素。我们将子表中第一个元素（可以是原子元素也可以是子表）称为该子表的左孩子；将元素（可以是原子元素也可以是子表）右边紧挨着它的元素（可以是原子元素也可以是子表）称为该元素的右兄弟。原子结点没有左指针域，但它需要存储原子元素的值。通过前面的分析可知，结点的同一指针域需要指向两类结点，如何实现这个应用需求呢？可以利用联合体来实现。两种结点的结构如图 7-14 所示。

a）表结点　　　　　　　b）原子结点

图 7-14　广义表"左孩子右兄弟表示法"中的结点结构

广义表的类型定义如下：

```
typedef enum{ATOM,LISTS} ElemType;
typedef struct GLNode
{
    ElemType tag;
    union
    {
        AtomType val;
        struct GLNode *left_p;
    }val_left;
    struct GLNode *right_p;
}GLNode,*GLists;
```

在"左孩子右兄弟表示法"中，空广义表用一个指针域均为 NULL 的表结点表示。图 7-11 所示的广义表的"左孩子右兄弟表示法"存储结构图如图 7-15 所示。

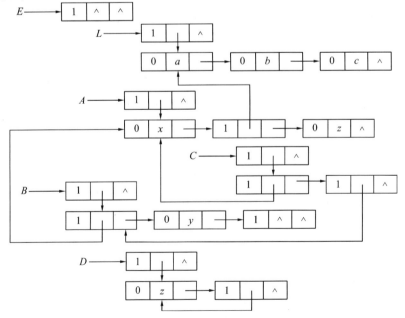

图 7-15　广义表"左孩子右兄弟表示法"存储结构示意图

从图 7-15 中我们可以发现：①头指针一定指向一个表结点。②第一层一定是一个表结点，表示当前广义表，因此一定没有右兄弟。③因为某非空广义表的左孩子要么是原子元素要么是一个广义表，某结点（可能为表结点也可能为原子结点）的右兄弟要么是原子元素要么是一个广义表，因此表结点的两个指针域和原子结点的指针域可以指向一个原子结点也可以指向一个表结点。④该种存储结构也很好地体现了广义表的多层次结构。如在广义表 A 中元素 x、L 和 z 是互为兄弟的，因此它们位于同一层次。⑤通过该种存储结构也容易得到广义表的长度，在广义表的"左孩子右兄弟表示法"存储结构中第二层表结点的个数即为该广义表的长度。

7.5 知识点小结

一维数组就是线性表；二维数组可以看作数据元素为一维数组的线性表⋯⋯n 维数组可以看作是数据元素为 $n-1$ 维数组的线性表。

广义表是 $n(n \geq 0)$ 个元素的有限序列，广义表中的元素可以是原子元素也可以是广义表，所以可以认为线性表是广义表的一种特例，而广义表则是线性表的一种推广。

几种特殊形状矩阵的压缩存储请参见 7.3.1 节。

随机稀疏矩阵有两种压缩存储方式：三元组顺序表和十字链表。

习 题

7.1 已知二维数组 $M_{5 \times 6}$ 的每个元素占 4 字节，已知 $LOC(m_{00}) = 2010$，M 共占多少字节？M 的最后一个数组元素 $m[4][5]$ 的存储地址是多少？以行为主和以列为主的顺序存储时，$m[2][5]$ 的存储地址分别是多少？

7.2 已知三维数组 $M_{2 \times 7 \times 6}$，且每个元素占用 2 个存储单元，起始地址为 100，按以行为主顺序存储方式，求：①M 含有的数据元素个数；②$M[0][6][3]$，$M[1][3][5]$，$M[1][0][4]$ 的存储地址各是多少？

7.3 特殊形状矩阵和稀疏矩阵哪一种压缩存储后会失去随机存取性？为什么？

7.4 若矩阵 $A_{m \times n}$ 中某个元素 $A[i][j]$ 既是第 i 行中的最小值，又是第 j 列中的最大值（$1 \leq i \leq m$，$1 \leq j \leq n$），则称此元素为该矩阵中的一个马鞍点。设矩阵用二维数组存储，试编写求矩阵中的所有马鞍点的算法。

7.5 设稀疏矩阵 A 和 B 同阶且皆用三元组作压缩存储，试分别写出满足如下要求的两矩阵相加的算法。

1) 另设三元组表 C 存放结果矩阵；

2) 设三元组表 $a.data$ 的空间足够大，将 B 加到 A 上时不会上溢，且不增加 A、B 之外的附加空间时，$A = A + B$ 算法的时间复杂度为 $O(m + n)$。其中 m 表示矩阵 A 的非零元数组，n 表示矩阵 B 的非零元数目。

7.6 画出如下所示的稀疏矩阵 A 的三元组顺序表和十字链表存储结构图。

$$A = \begin{pmatrix} 0 & 0 & 0 & 2 & 0 & 0 & 1 \\ -1 & 0 & 0 & 0 & 0 & 0 & 0 \\ 0 & 0 & 0 & 0 & 6 & 0 & 0 \\ 0 & 0 & 0 & 1 & 0 & 0 & 0 \\ 1 & 0 & 2 & 0 & 0 & 0 & 0 \\ 0 & 0 & 0 & 3 & 0 & 0 & 0 \end{pmatrix}_{6 \times 7}$$

7.7 已知广义表 $A = ((a,b,c),(d,e,f))$，试写出从表 A 中取出原子元素 e 的运算。

7.8 利用三元组存储任意稀疏矩阵时，试证明在什么条件下能节省存储空间。

第三部分 非线性部分

数据结构可分为线性结构和非线性结构两大类，在第三部分中，我们以线性表为主线给大家介绍了几种常用的线性结构：线性表、栈、队列、串和数组、广义表。本部分我们将讨论非线性结构，非线性结构中的数据元素之间不再是序列的关系，它们呈现出的是更为复杂的关系。本部分首先讨论的是树结构，树结构中的数据元素呈现的是一种层次关系，即一个数据元素有且仅有一个直接前驱，但可有零个或多个直接后继，显然它比序列关系复杂；接着介绍另一种非常有用的层次结构——二叉树；最后介绍的非线性结构是图结构，图结构中数据元素之间的关系可以是序列的，也可以是层次的，还可以是网状的，即数据元素之间的关系是任意的，图结构比树结构更为复杂。我们将从逻辑特性、存储结构、应用等角度来介绍这几种非常有用的非线性结构。

第8章 树 与 森 林

8.1 认识树

在本章中，我们将学习和探讨一种非常重要的数据结构——树。从直觉上可以认为，在树结构中承载信息的数据元素之间通过分支相连。家谱就是我们在生活中看到的一种典型的树结构。根据描述方式的不同，家谱可以分为两种：一种家谱用来描述与某个人有血缘关系的所有祖先信息，称为家谱（Pedigree）；另一种家谱则是描述与某个人有血缘关系的所有子孙信息，称为宗谱（Lineal）。因为每个人有且仅有两个与他有血缘关系的双亲，而可以有零个或多个孩子。所以，家谱对应的结构是一种二分支结构，如图 8-1a 所示，这种二分支结构我们将在第 9 章进行讨论；宗谱对应的结构则是一种多分支结构，如图 8-1b 所示，本章主要讨论的就是这种多分支结构。

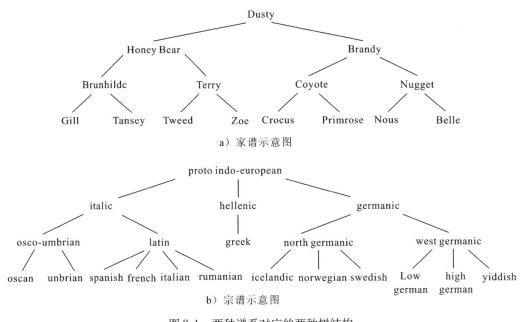

a）家谱示意图

b）宗谱示意图

图 8-1　两种谱系对应的两种树结构

观察图 8-1 可以看出，两种谱系对应的结构均是一棵倒着生长的树，其中家谱的结构具有更高的规则性。上述关于谱系的讨论促使我们必须明确本章讨论的树到底是怎样的一种结构，因此有必要给出树的定义。

8.1.1 （根）树的定义

（根）树（Root Tree 或 Tree）是由 $m(m \geqslant 0)$ 个结点构成的有限集合。它可以为空，即空树；在任何一棵非空树中：

1）有且仅有一个称为根的结点。

2）除根结点外，其余结点被分成 $n(n \geqslant 0)$ 个互不相交的子集。

3）每个子集又是一棵树，它们称为根的子树。

根据树的定义，我们可以得到如图 8-2 所示的树的三种基本形态。

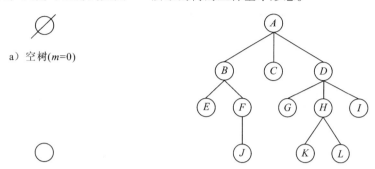

图 8-2　树的三种基本形态

观察图 8-2c 可以发现，在树结构中有且仅有一个结点（即根结点）没有直接前驱，其余的结点有且仅有一个直接前驱，但它们均可以有零个或多个直接后继结点。因此，树描述的是一种一对多的关系、一种层次关系。树还有其他的表示形式，例如可以用嵌套集合的方式表示树，图 8-2c 所示的树的集合表示形式如图 8-3a 所示；可以用广义表的形式表示树，根作为由子树森林组成的表的名字写在表的左边，图 8-2c 所示的树的广义表表示形式如图 8-3b 所示；可以用凹入表示法表示树，图 8-2c 所示的树的凹入表示法表示形式如图 8-3c 所示。

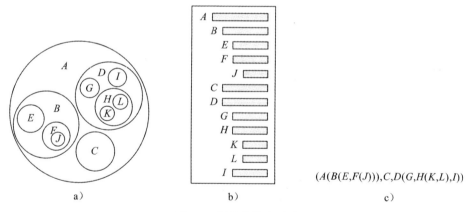

图 8-3　树的其他表示法

8.1.2　基本术语

与树相关的基本术语有：

1）**结点**（Node）："数据元素"在树中的另一种称谓。

2）**分支**（Branch）：是关系的表示，表示树中两个结点之间的关系，用直线或弧线表示。

3）**结点的度**（Degree of Node）：该结点的子树数目，或该结点向下分支的数目，或该结点的直接后继结点的数目。

根据结点度数的不同，结点可分为：

- **叶子结点**（Leaf）：也称为终端结点，是指度为 0 的结点。
- **分支结点**（Branch Node）：也称为非终端结点或内部结点，是指度不为 0 的结点。

4）**树的度**（Degree of Tree）：是指树中结点度数的最大值。

5）**树中结点之间的关系**（Relation between Nodes），包括：

- **孩子与双亲的关系**。沿着一个分支向上看，上面的结点是下面结点的双亲（Parent）；沿着同一分支向下看，下面的结点是上面结点的孩子（Children）。
- **兄弟与堂兄弟的关系**。同一双亲的结点间是兄弟（Sibling）的关系；双亲互为兄弟的结点间是堂兄弟（Cousin）的关系。
- **祖先与子孙的关系**。一个结点的子孙（Descendant）是其子树中的所有结点；一个结点的祖先（Ancestor）是指结点沿着向上的分支到达根结点，沿路所经过的所有结点均是它的祖先。

6）**结点的层次**（Level of Node）：规定根结点所在的层是第 1 层，根结点的孩子所在的层是第 2 层，第 k 层结点的孩子所在的层是第 $k+1$ 层。（很多国外的教材中，结点的层次从 0 开始编号，即将根所在的层规定为第 0 层。）

7）**有序树和无序树**（Ordered Tree and Unordered Tree）：如果将树中结点的各个子树看成从左至右是有次序的（即不能互换位置），则称该树为有序树，否则称为无序树。

8）**路径**（Path）：是指结点序列 $k_1 k_2 \cdots k_n$，其中 k_i 是 k_{i+1} 的双亲（$1 \leqslant i \leqslant n-1$）。

9）**路径的长度**：是指路径所经过的分支数。

10）**树的路径长度**：是指从树根到树中每个结点的路径长度之和。

11）**结点 v 的高度**：是指从结点 v 到叶子中最长路径的长度加 1。

12）**结点 v 的深度**：是指根结点到 v 的路径长度加 1。

说明：显然树的高度（Height）是指根结点到叶子中最长路径的长度加 1（即根结点的高度）；树的深度（Depth）是指最深叶子结点的深度，即树中最大层结点的层次，显然根结点的深度为 1。根据树的高度和深度的定义可知，一棵树的高度在数值上等于该树的深度。许多教材中并没有区分结点的高度和结点的深度这两个概念。

13）**森林**（Forest）：是指 $m(m \geqslant 0)$ 棵树的集合。

【思考题 8.1】 根据图 8-2c 所示的树，回答下述问题：①这棵树的根结点是什么？②这棵树的叶子结点有哪些？③结点 D 的度是多少？④这棵树的度是多少？⑤结点 D 的孩子是什么？⑥结点 D 的双亲是什么？⑦结点 G 有兄弟吗？⑧结点 G 有堂兄弟吗？⑨结点 D 的子孙是什么？⑩结点 K 的祖先是什么？⑪结点 D 的深度是多少？⑫结点 D 的高度是多少？⑬这棵树的高度是多少？

分析：①这棵树的根结点是 A；②这棵树的叶子结点有：E、J、C、G、K、L、I；③结点 D 的度是 3；④这棵树的度是 3；⑤结点 D 的孩子是 G、H 和 I；⑥结点 D 的双亲是 A；⑦结点 G 有兄弟，H 和 I 都是它的兄弟；⑧结点 E 和 F 均为结点 G 的堂兄弟；⑨结点 G、H、I、K、L 均是结点 D 的子孙；⑩结点 K 的祖先是 H、A 和 D；⑪结点 D 的深度为 2；⑫结点 D 的高度为 3；⑬这棵树的高度为 4。

8.1.3 树的基本运算

假设有：

```
#define PRE_TRAVERSE        3
#define POST_TRAVERSE       2
#define LEVEL_TRAVERSE      1
#define SUCCESS             0
```

```
#define FAIL            -1
#define IS_ROOT         -2
#define IS_EMPTYTREE    -3
#define ISNOT_EMPTYTREE -4
#define EXIST           -5
#define NOT_EXIST       -6
#define PARAMETER_ERR   -7
#define STORAGE_ERROR   -8
```

在树的逻辑结构基础上定义的操作主要有以下几种：

1）InitTree(&*T*)初始化运算：将初始化得到一棵空树 *T*，如果初始化成功则返回 SUC-CESS，否则返回 FAIL。

2）TreeEmpty(*T*)判空运算：判断一棵给定的树 *T* 是否为空，如果为空则返回 IS_EMP-TYTREE，否则返回 ISNOT_EMPTYTREE。

3）CreateTree(&*T*)创建运算：创建一棵树 *T*，创建前 *T* 已初始化为空，如果创建成功则返回 SUCCESS，否则返回错误代码。

4）TreeHeight(*T*)求高度运算：求解并返回树 *H* 的高度。

5）GetRoot(*T*, &*root*)访问树根运算：访问树 *T* 的根，并用变量 *root* 返回它的值，如果 *T* 为空则函数返回 IS_EMPTYTREE，否则返回 SUCCESS。

6）LocateNode(*T*, *node*)查找运算：在树 *T* 中搜索结点 *node*，如果搜索成功则返回结点 *node* 的编号或指向它的指针，否则返回 NOT_EXIST 或空指针。

7）GetParent(*T*, *node_loc*, &*parent*)（根据结点编号或指向它的指针）访问双亲运算：根据结点编号或指向它的指针 *node_loc* 访问其双亲，并用变量 *parent* 返回该结点的双亲编号或指向其双亲的指针，如果 *parent* 返回的是 IS_ROOT 或空指针则表示结点 *node* 是根结点，如果访问成功则函数返回 SUCCESS，否则返回错误代码（如参数 *node_loc* 不合法）。

8）GetLeftChild(*T*, *node_loc*, &*leftchild*)访问最左孩子运算：根据结点编号或指向它的指针 *node_loc* 访问其最左孩子，并用变量 *leftchild* 返回该结点的最左孩子编号或指向其最左孩子的指针，如果 *leftchild* 返回的是 NOT_EXIST 或空指针则表示该结点没有最左孩子，如果访问成功则函数返回 SUCCESS，否则返回错误代码。

9）GetRightSibling(*T*, *node_loc*, &*rightsibling*)访问右兄弟运算：根据结点编号或指向它的指针 *node_loc* 访问其右兄弟，并用变量 *rightsibling* 返回该结点的右兄弟编号或指向其右兄弟的指针，如果 *rightsibling* 返回的是 NOT_EXIST 或空指针则表示该结点没有右兄弟，如果访问成功则函数返回 SUCCESS，否则返回错误代码。

10）GetChild(*T*, *node_loc*, &*num_children*)访问孩子运算：根据结点编号或指向它的指针 *node_loc* 访问其所有孩子，输出其孩子的信息，并变量 *num_children* 返回该结点的孩子个数，如果访问成功则函数返回 SUCCESS，否则返回错误代码。

11）GetAncestor(*T*, *node_loc*, &*num_ancestor*)访问祖先运算：根据结点编号或指向它的指针 *node_loc* 访问其所有祖先，输出其祖先的信息，并变量 *num_ancestor* 返回该结点的祖先个数，如果访问成功则函数返回 SUCCESS，否则返回错误代码。

12）GetParentbyValue(*T*, *node_value*, &*parent*)（根据结点值）访问双亲运算：根据结点的值 *node_value* 访问其双亲，并用变量 *parent* 返回该结点的双亲编号或指向其双亲的指针，如果 *parent* 返回的是 IS_ROOT 或空指针则表示结点 *node* 是根结点，如果访问成功则函数返回 SUCCESS，否则返回错误代码（如树 *T* 中不存在值为 *node_value* 的结点）。

13）GetLeftChildbyValue(*T*, *node_value*, &*leftchild*)访问最左孩子运算：根据结点的值 *node_value* 访问其最左孩子，并用变量 *leftchild* 返回该结点的最左孩子编号或指向其最左孩子的指针，如果 *leftchild* 返回的是 NOT_EXIST 或空指针则表示该结点没有最左孩子，如果访问成功则函数返回 SUCCESS，否则返回错误代码。

14）GetRightSiblingbyValue（*T*，*node_value*，&*rightsibling*）访问右兄弟运算：根据结点的值 *node_value* 访问其右兄弟，并用变量 *rightsibling* 返回该结点的右兄弟编号或指向其右兄弟的指针，如果 *rightsibling* 返回的是 NOT_EXIST 或空指针则表示该结点没有右兄弟，如果访问成功则函数返回 SUCCESS，否则返回错误代码。

15）GetChildbyValue（*T*，*node_value*，&*num_children*）访问孩子运算：根据结点的值 *node_value* 访问其所有孩子，输出其孩子的信息，并变量 *num_children* 返回该结点的孩子个数，如果访问成功则函数返回 SUCCESS，否则返回错误代码。

16）GetAncestorbyValue（*T*，*node_value*，&*num_ancestor*）访问祖先运算：根据结点的值 *node_value* 访问其所有祖先，输出其祖先的信息，并变量 *num_ancestor* 返回该结点的祖先个数，如果访问成功则函数返回 SUCCESS，否则返回错误代码。

17）TraverseTree（*T*，*visit*（），*Type*）遍历运算：对树 *T* 实施指定类型的遍历算法，对遍历到的每个结点调用有且仅有一次的 *visit*（）操作，参数 *Type* 指明对树 *T* 实施的是先序遍历、后序遍历还是层次遍历，如果遍历成功则返回 SUCCESS，否则返回错误代码。

18）ShowTree（*T*）输出/打印运算：将树 *T* 的内容输出到屏幕上或文件中。

19）DestroyTree（&*T*）撤销运算：撤销树 *T*，即回收 *T* 的存储空间。

20）VerifyNode_Internal（*T*，*node_loc*）验证运算：验证用户提供的结点编号 *node_loc* 的合法性，如果合法则返回 EXIST，否则返回 NOT_EXIST。

21）GetParent_Internal（*T*，*node_loc*，&*parent*）访问双亲运算：根据合法结点编号或指向它的指针 *node_loc* 访问其双亲，并用变量 *parent* 返回该结点的双亲编号或指向其双亲的指针，如果 *parent* 返回的是 IS_ROOT 或空指针则表示结点 *node* 是根结点。

22）GetLeftChild_Internal（*T*，*node_loc*，&*leftchild*）访问最左孩子运算：根据合法结点编号或指向它的指针 *node_loc* 访问其最左孩子，并用变量 *leftchild* 返回该结点的最左孩子编号或指向其最左孩子的指针，如果 *leftchild* 返回的是 NOT_EXIST 或空指针则表示该结点没有最左孩子。

23）GetRightSibling_Internal（*T*，*node_loc*，&*rightsibling*）访问右兄弟运算：根据合法结点编号或指向它的指针 *node_loc* 访问其右兄弟，并用变量 *rightsibling* 返回该结点的右兄弟编号或指向其右兄弟的指针，如果 *rightsibling* 返回的是 NOT_EXIST 或空指针则表示该结点没有右兄弟。

24）GetChild_Internal（*T*，*node_loc*，&*num_children*）访问孩子运算：根据合法结点编号或指向它的指针 *node_loc* 访问其所有孩子，输出其孩子的信息，并变量 *num_children* 返回该结点的孩子个数。

25）GetAncestor_Internal（*T*，*node_loc*，&*num_ancestor*）访问祖先运算：根据合法结点编号或指向它的指针 *node_loc* 访问其所有祖先，输出其祖先的信息，并变量 *num_ancestor* 返回该结点的祖先个数。

26）PreTraverseTree_Internal（*T*，*visit*（））先序遍历运算：先序遍历树 *T*，在遍历的过程中对每个结点调用一次 *visit*（）操作。

27）PostTraverseTree_Internal（*T*，*visit*（））后序遍历运算：后序遍历树 *T*，在遍历的过程中对每个结点调用一次 *visit*（）操作。

28）LevelTraverseTree_Internal（*T*，*visit*（））层次遍历运算：层次遍历树 *T*，在遍历的过程中对每个结点调用一次 *visit*（）操作。

说明：在上述定义的运算中前 19 种运算为外部接口，后 9 种运算为内部接口。换句话说，前 19 种运算对用户是可见的，后 9 种运算对用户是不可见的。

树的 ADT 定义在此省略，读者可以参照前面章节介绍的线性结构的 ADT 定义和上述给出的树的基本运算的定义自行完成。树的 ADT 定义好后，我们就可以利用树去求解一些应用问题了。

8.2 树的实现

8.2.1 需要解决的关键问题

通过前面的叙述，我们认识了"树"结构，那么如何在内存中表示这种结构呢？要回答这个问题，我们必须提出在内存中存储结点信息和分支信息的解决方案。从树的定义可知，在树结构中有且仅有一个结点（即根结点）没有直接前驱，其余的结点有且仅有一个直接前驱，但它们均可以有零个或多个直接后继结点。这里提到的"结点"是数据元素在树结构中的称谓，结点之间的前驱和后继关系用结点之间的线段表示，连接结点的线段称为"分支"。两个结点之间的直接前驱和直接后继关系由一条分支表示，这里的直接前驱关系称为双亲关系，直接后继关系称为孩子关系。两个结点之间的前驱和后继关系由自上而下通过其他结点互连的多条分支表示，这里的前驱关系称为祖先关系，后继关系称为子孙关系。综上所述，树可以表示成如下二元组：$T = <N, B>$，其中 N 是有限结点集，B 是有限分支集，或者说 N 是有限数据元素集，B 是有限父子关系集。由此可知，在存储器中如何存储树结构的问题实际上是在存储器中如何存储树的结点集信息和分支集信息的问题。结点是数据元素，它的存储是简单和直接的；分支描述的是关系，关系的存储是不易而多样的。

因此，**我们需要解决的关键问题是，如何在存储器中存储分支信息。**也就是说，我们需要从存储分支信息的角度入手找到可能的树的存储方案。

8.2.2 关键问题的求解思路

【求解思路一】因为一条分支信息描述了相邻两个结点之间的父子关系，因此如果我们能存储所有结点的信息和所有的双亲关系，那么我们就在存储器中表示了树。根据这个思路得到树的一种存储结构——双亲数组表示法。

【求解思路二】同样地，如果我们能存储所有结点的信息和所有的孩子关系，那么我们也在存储器中成功地描述了树，根据这个思路得到树的另一种存储结构——孩子链表表示法。

【求解思路三】当然，我们还可以通过一种间接的方式来存储所有的孩子关系。为了说明这一点，我们不妨假设结点 A 是结点 D 的双亲，D 有两个兄弟，分别为结点 B、C。如果我们存储了"D 是 A 的孩子"这个信息（即存储了结点 D 和结点 A 之间的分支信息），同时存储了"B 是 D 的兄弟"和"C 是 D 的兄弟"这两个关系，实际上我们存储了"B 是 A 的孩子"和"C 是 A 的孩子"这些信息，即间接存储了 A 的所有孩子信息。根据这个思路得到的存储结构称为树的（左）孩子（右）兄弟表示法。

8.2.3 树的存储结构

根据上节给出的求解思路，我们可以得到以下三种树的存储结构。

1. 双亲数组表示法

思路： 一棵具有 n 个结点的树，如果针对每一个结点我们既存储了该结点的信息又存储了该结点的双亲信息，那么可以唯一确定这棵树。

明确思路后，我们面临的细节问题是：如何存储结点的双亲信息以及结点与双亲之间的对应关系？这个问题比较容易解决，因为每个结点（除根之外）的双亲个数是 1。因此，在双亲数组表示法中，每个结点可以采用如图8-4所示的存储映像。

图8-4 "双亲数组表示法"中的存储映像

其中，*data* 域用来存储结点的信息，*parent* 域用来存储结点的双亲编号（需要对被存储的树进行按层次编号）。根结点没有双亲，为了保证描述上的一致性和语义上的不同，对根结点的存储映像作如下处理：在其 *parent* 域存放一个特殊的值。

一棵具有 *n* 个结点的树，对应 *n* 个图8-4所示的存储映像，我们将如何组织这些存储映像以便对它们进行访问和操作呢？

双亲数组表示法用一组地址连续的存储单元（即一个一维数组）按照结点的编号依次存储这 *n* 个存储映像，此时每个存储映像中的 *parent* 域存放的是其双亲在一维数组中的下标（即双亲结点的编号）。

类型定义如下：

```
#define MAXSIZE 100
typedef struct
{
    DataType data;          //结点的信息
    int parent;             //结点的双亲信息（双亲结点的编号）
}PATreeNode;
typedef struct
{
    PATreeNode nodes[MAX];
    int n;                  //树中结点的总数
}PATree;
```

说明：在非线性数据结构的相关类型定义中，抽象数据类型用 DataType 表示，与线性部分的 ElemType 以示区别。这主要是因为在非线性数据结构基本运算或一些应用实现中需要用线性部分的数据结构。

举例说明：将图8-2c所示的树命名为 *T*，且对树 *T* 中的结点进行按层次编号。所谓按层次编号是指，从上至下、从左向右对树中的结点依次进行编号。从上至下是指层间结点的编号方向；从左向右是指同层结点的编号方向。在这里，我们采用的起始编号为0。按此编号方法，树 *T* 中的结点 *A*、*B*、*C*、*D*、*E*、*F*、*G*、*H*、*I*、*J*、*K*、*L* 的编号依次为0、1、2、3、4、5、6、7、8、9、10、11。树 *T* 的双亲数组表示法存储结构如图8-5所示。

PATree T;

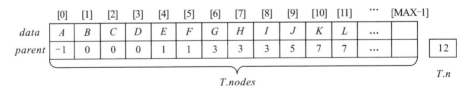

图8-5 "双亲数组表示法"存储结构示意图

从图8-5中可以看出，若 *T*.*nodes*[*i*].*parent* == *j*，则表示编号为 *i* 的结点的双亲编号为 *j*；若 *j* = −1，则表示结点 *i* 无双亲，它是根结点；否则结点 *i* 的双亲为 *T*.*nodes*[*j*].*data*，即 *T*.*nodes*[*T*.*nodes*[*i*].*parent*].*data*。

因为在双亲数组表示法中，双亲关系是直接存储的，孩子关系是通过结点间的双亲关系间接体现，因此，基于此存储结构求指定结点的双亲或祖先是十分方便的，而求指定结点的孩子或其他后代，则需要遍历双亲数组。下面我们给出基于双亲数组表示法的树的（除创建运算和遍历运算之外的）部分基本运算的实现，其他基本运算的实现请参看教辅资料中的相关源代码。

假设有：

```
typedef char DataType;
/*================= 内部接口 ================= */
/*******根据合法的结点编号或指向它的指针*******/
//备注:结点编号从 0 开始
/*验证运算:验证用户提供的结点编号 node_loc 的合法性*/
int VerifyNode_Internal(PATree T,int node_loc)
{
    if(node_loc < 0 || node_loc > T. n - 1)
        return NOT_EXIST;
    return EXIST;
}
/*访问孩子运算:输出给定结点的所有孩子的信息*/
void GetChild_Internal(PATree T,int node_loc,int *num_children)
{
    int i,*children = NULL;
    *num_children = 0;
    children = (int*)malloc(sizeof(int) * T. n);
    for(i = 0;i <= T. n - 1;i ++)
    {
        if(node_loc == T. nodes[i]. parent) //结点 i 是结点 node_loc 的孩子
        {
            (*num_children) ++;
            children[*num_children] = i;
        }
    }
    if(0 == *num_children)
        printf("The node %c is leaf,it has no child! \n",T. nodes[node_loc]. data);
    else
    {
        printf("The node %c's children's (ID,value) are:",T. nodes[node_loc]. data);
        for(i = 1;i <= *num_children;i ++)
            printf("(%d,%c) ",children[i],T. nodes[children[i]]. data);
        printf("\n");
    }
    free(children);
    children = NULL;
}
/*访问祖先运算:输出给定结点的所有祖先的信息*/
void GetAncestor_Internal(PATree T,int node_loc,int *num_ancestor)
{
    int id_parent;
    *nrum_ancestor = 0;
    id_parent = T. nodes[node_loc]. parent;
    if( -1 == id_parent)
        printf("The node is root,it has not ancestor! \n");
    else
    {
        printf("The node %c's ancestors' (ID,value) are:",T. nodes[node_loc]. data);
        while( -1 != id_parent)
        {
            (*nrum_ancestor) ++;
            printf("(%d,%c) ",id_parent,T. nodes[id_parent]. data);
            id_parent = T. nodes[id_parent]. parent;
        }
        printf("\n");
    }
}
```

```
/* ================= 外部接口 ================= */
/*初始化运算:初始化得到一棵空树*/int InitTree(PATree *T)
{
    (*T).n = 0;
    return SUCCESS;
}
/*判空运算:判断树 T 是否为空*/
int TreeEmpty(PATree T)
{
    if(0 == T.n)
        return IS_EMPTYTREE;
    return ISNOT_EMPTYTREE;
}
/*求高度运算:返回树 T 的高度*/
int TreeHeight(PATree T)
{
    int i,height,depth_node;
    if(T.n < 3)              //当树的结点个数为 0、1、2 时
        return T.n;
    height = 2;
    for(i = 3;i <= T.n;i ++)
    {
        GetAncestor_Internal(T,i - 1,&depth_node);
        depth_node ++;
        if(height < depth_node)
            height = depth_node;
    }
    return height;
}
/*查找运算:返回结点 node 的编号*/
int LocateNode(PATree T,DataType node)
{
    int i;
    for(i = 0;i <= T.n - 1;i ++)
    {
        if(node == T.nodes[i].data)
            return i;
    }
    return NOT_EXIST;        //表示树中不存在值为 node 的结点
}
/*******根据结点编号或指向它的指针*******/
/*访问孩子运算:输出给定结点的所有孩子的信息*/
int GetChild(PATree T,int node_loc,int *num_children)
{
    if(NOT_EXIST == VerifyNode_Internal(T,node_loc)) //验证结点编号的合法性
        return PARAMETER_ERR;                //返回错误代码
    //根据合法编号访问结点的所有孩子
    GetChild_Internal(T,node_loc,num_children);
    return SUCCESS;
}
/*访问祖先运算:输出给定结点的所有祖先的信息*/
int GetAncestor(PATree T,int node_loc,int *num_ancestor)
{
    if(NOT_EXIST == VerifyNode_Internal(T,node_loc)) //验证结点编号的合法性
        return PARAMETER_ERR;                //返回错误代码
    //根据合法编号访问结点的所有祖先
    GetAncestor_Internal(T,node_loc,num_ancestor);
    return SUCCESS;
}
/*******根据结点值*******/
/*访问孩子运算:输出给定结点的所有孩子的信息*/
int GetChildbyValue(PATree T,DataType node_value,int *num_children)
{
    int id;
    id = LocateNode(T,node_value);          //获得指定结点的编号
```

```
    if(NOT_EXIST == id)
        return PARAMETER_ERR;                //返回错误代码
    GetChild_Internal(T,id,num_children);    //根据合法编号访问结点的所有孩子
    return SUCCESS;
}
/*访问祖先运算:输出给定结点的所有祖先的信息*/
int GetAncestorbyValue(PATree T,DataType node_value,int*num_ancestor)
{
    int id;
    id = LocateNode(T,node_value);           //获得指定结点的编号
    if(NOT_EXIST == id)
        return PARAMETER_ERR;                //返回错误代码
    //根据合法编号访问结点的所有祖先
    GetAncestor_Internal(T,id,num_ancestor);
    return SUCCESS;
}
```

2. 孩子链表表示法

思路: 一棵具有 n 个结点的树,如果针对每一个结点我们既存储了该结点的信息又存储了该结点的所有孩子信息,那么也可以唯一确定一棵树。

明确思路后,我们面临的细节问题是:

【问题1】 树中的每个结点可以有零个或多个孩子(即孩子个数不确定),因此不能采用双亲数组表示法存储双亲信息的存储方案来存储孩子信息,那么我们应该用什么样的存储结构来存放结点的孩子信息呢?

请大家一起回想我们在第3章讨论的顺序表和链表,我们在分析两者之间的优势和劣势时提到链表能够很好地满足表长动态变化的需求,因此选用链表来存放结点的孩子信息更为合适。孩子链表中的表结点结构如图8-6所示。

| childno | next |

图8-6 "孩子链表表示法"中的表结点结构

其中,*childno* 域用来存储某个孩子结点的编号;*next* 域为指针域,用来指向结点的下一个孩子所对应的表结点。

【问题2】 具有 n 个结点的树拥有"n 个孩子链表",这些孩子链表与每个结点间的映射关系又如何存储呢?

我们可以把结点与孩子链表的映射关系封装在图8-7所示的存储映像中。

| data | first |

图8-7 "孩子链表表示法"中的头结点结构

其中,*data* 域为数据域,用来存储结点的信息;*first* 域为指针域,用来存储结点孩子链表的入口地址,此链表记录了结点的所有孩子信息。

【问题3】 具有 n 个结点的树有 n 个"结点与孩子链表的映射关系",它们对应 n 个图8-7所示的存储映像,我们应该如何组织这些存储映像以便对它们进行访问和操作呢?

我们可以用一组地址连续的存储单元(即一个一维数组)按照结点的编号依次存储这 n 个存储映像。

解决了上述3个细节问题,我们便已成功存储了树的所有结点信息和所有孩子关系(即分支信息),从而得到了树的另一种存储结构——孩子链表表示法。

类型定义如下：

```
#define MAX 100
typedef struct Tree_ListNode
{
    int childno;                    //孩子结点的编号
    struct Tree_ListNode*next;      //指针域,指向下一个孩子表结点
}Tree_ListNode;
typedef struct
{
    DataType data;                  //结点的信息
    Tree_ListNode *first;           //指向孩子链表的首个表结点
}Tree_HeadNode;
typedef struct
{
    Tree_HeadNode nodes[MAX];       //封装头结点
    int n;                          //树中结点的总数
}ChildListTree;
```

举例说明：对图8-2c所示的树 T 进行按层次编号，编号从0开始。树 T 的孩子链表表示法存储结构如图8-8所示。

```
ChildListTree T;
```

说明：若输入某个结点的孩子信息是以孩子编号递增的顺序输入（例如，在创建结点 A 的孩子链表时，A 的孩子信息以1、2、3的顺序输入），且采用链表的尾部创建法（参见3.3.2节）创建结点的孩子链表，那么链表表结点中的孩子编号顺序与输入顺序相同；若采用头部创建法（参见3.3.2节）创建结点的孩子链表，那么链表表结点中的孩子编号顺序与输入顺序相反。此处，我们采用的是尾部创建法，之所以采用尾部创建法是为了便于实现后面讲解的遍历运算。

从图8-8中可以看出，通过统计某个结点的孩子链表长度可以获得该结点的度；通过统计指针域 $first$ 为空的头结点个数可以知道树有多少叶子结点；通过统计结构中的表结点个数可以知道树的分支数。

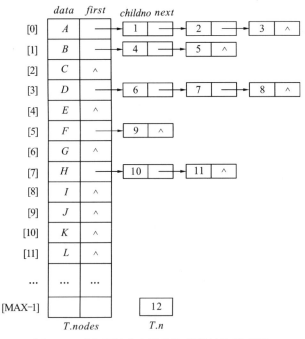

图8-8   "孩子链表表示法"存储结构示意图

因为在孩子链表表示法中，孩子关系是直接存储的，而双亲关系则需要通过结点间的孩子关系间接体现，因此，基于此存储结构求指定结点的孩子或子孙是十分方便的，而不便于求指定结点的双亲或祖先。下面我们给出基于孩子链表表示法的树的（除创建运算和遍历运算之外的）部分基本运算的实现，其他基本运算的实现请参看教辅资料中的相关源代码。

假设有：

```c
typedef char DataType;
/* =================== 内部接口 =================== */
/*******根据合法的结点编号或指向它的指针******/
//备注:结点编号从 0 开始
/*验证运算:验证用户提供的结点编号 node_loc 的合法性*/
int VerifyNode_Internal(ChildListTree T,int node_loc)
{
    if(node_loc < 0 || node_loc > T.n - 1)
        return NOT_EXIST;
    return EXIST;
}
/*访问孩子运算:输出给定结点的所有孩子的信息*/
void GetChild_Internal(ChildListTree T,int node_loc,int *num_children)
{
    Tree_ListNode *p = NULL;
    *num_children = 0;
    p = T.nodes[node_loc].first;
    if(NULL == p)
    {
        printf("The node %c is leaf,it has no child! \n",T.nodes[node_loc].data);
        return;
    }
    printf("The node %c's children's (ID,value) are:",T.nodes[node_loc].data);
    while(NULL != p)
    {
        (*nrum_children) ++ ;
        printf("(%d,%c) ",p -> childno,T.nodes[p -> childno].data);
        p = p -> next;
    }
    printf("\n");
}
/*访问祖先运算:输出给定结点的所有祖先的信息*/
void GetAncestor_Internal(ChildListTree T,int node_loc,int *num_ancestor)
{
    int id_parent;
    *num_ancestor = 0;
    GetParent_Internal(T,node_loc,&id_parent);
    if(IS_ROOT == id_parent)
    {
        printf("The node is root,it has not ancestor! \n");
        return;
    }
    printf("The node %c's ancestors' (ID,value) are:",T.nodes[node_loc].data);
    while(IS_ROOT != id_parent)
    {
        (*num_ancestor) ++ ;
        printf("(%d,%c) ",id_parent,T.nodes[id_parent].data);
        GetParent_Internal(T,id_parent,&id_parent);
    }
    printf("\n");
}
/* =================== 外部接口 =================== */
/*初始化运算:初始化得到一棵空树*/
int InitTree(ChildListTree *T)
{
    (*T).n = 0;
    return SUCCESS;
```

```
}
/*判空运算:判断树 T 是否为空*/
int TreeEmpty(ChildListTree T)
{
    if(0 == T.n)
        return IS_EMPTYTREE;
    return ISNOT_EMPTYTREE;
}
/*求高度运算:返回树 T 的高度*/
int TreeHeight(ChildListTree T)
{
    int i,height,depth_node;
    if(T.n < 3)                //当树的结点个数为 0、1、2 时
        return T.n;
    height = 2;
    for(i = 3;i <= T.n;i ++ )
    {
        GetAncestor_Internal(T,i - 1,&depth_node);
        depth_node ++ ;
        if(height < depth_node)
            height = depth_node;
    }
    return height;
}
/*查找运算:返回结点 node 的编号*/
int LocateNode(ChildListTree T,DataType node)
{
    int i;
    for(i = 0;i <= T.n - 1;i ++ )
    {
        if(node == T.nodes[i].data)
            return i;
    }
    return NOT_EXIST;          //表示树中不存在值为 node 的结点
}
/*******根据结点编号或指向它的指针*******/
/*访问孩子运算:输出给定结点的所有孩子的信息*/
int GetChild(ChildListTree T,int node_loc,int*num_children)
{
    if(NOT_EXIST == VerifyNode_Internal(T,node_loc)) //验证结点编号的合法性
        return PARAMETER_ERR;               //返回错误代码
    //根据合法编号访问结点的所有孩子
    GetChild_Internal(T,node_loc,num_children);
    return SUCCESS;
}
/*访问祖先运算:输出给定结点的所有祖先的信息*/
int GetAncestor(ChildListTree T,int node_loc,int*num_ancestor)
{
    if(NOT_EXIST == VerifyNode_Internal(T,node_loc)) //验证结点编号的合法性
        return PARAMETER_ERR;                 //返回错误代码
    //根据合法编号访问结点的所有祖先
    GetAncestor_Internal(T,node_loc,num_ancestor);
    return SUCCESS;
}
/*******根据结点值*******/
/*访问孩子运算:输出给定结点的所有孩子的信息*/
int GetChildbyValue(ChildListTree T,DataType node_value,int*num_children)
{
    int id;
    id = LocateNode(T,node_value);            //获得指定结点的编号
    if(NOT_EXIST == id)
        return PARAMETER_ERR;                 //返回错误代码
    GetChild_Internal(T,id,num_children);     //根据合法编号访问结点的所有孩子
    return SUCCESS;
}
```

```
/*访问祖先运算:输出给定结点的所有祖先的信息*/
int GetAncestorbyValue(ChildListTree T,DataType node_value,int*num_ancestor)
{
    int id;
    id = LocateNode(T,node_value);          //获得指定结点的编号
    if(NOT_EXIST == id)
        return PARAMETER_ERR;               //返回错误代码
    //根据合法编号访问结点的所有祖先
    GetAncestor_Internal(T,id,num_ancestor);
    return SUCCESS;
}
```

【思考题 8.2】 通过前面的分析知道，双亲数组表示法便于找到指定结点的双亲和祖先，但不便于访问结点的孩子和子孙；而孩子链表表示法便于找到指定结点的孩子和子孙，但不便于访问结点的双亲和祖先。需要读者思考的是：能不能将这两种结构结合起来得到一个既便于查找双亲和祖先又便于访问孩子和子孙的存储结构呢？如果能，那么这其中蕴涵着怎样的生活哲学呢？

分析： 我们只需要稍微改造一下孩子链表表示法中的头结点结构即可，改造后的头结点如图 8-9 所示，改造得到的结构不妨称为双亲孩子表示法。

图 8-9   "双亲孩子表示法"的头结点结构

其中，*data* 域为数据域，用来存储结点的信息；*parent* 域也为数据域，用来存放结点双亲的编号；*first* 域为指针域，用来存储结点孩子链表的入口地址。孩子链表中的表结点结构如图 8-6 所示。

类型定义如下：

```
#define MAXSIZE 100
typedef Tree_ListNode PCTree_ListNode;
typedef struct
{
    DataType data;                  //结点的信息
    int parent;                     //结点双亲的编号
    PCTree_ListNode *first;         //指向孩子链表的首个表结点
}PCTree_HeadNode;
typedef struct
{
    PCTree_HeadNode nodes[MAX];     //封装头结点
    int num;//树中结点的总数
}PCTree;
```

图 8-2c 所示的树 *T* 的双亲孩子表示法存储结构如图 8-10 所示。

```
PCTree T;
```

显然，在双亲孩子表示法中存储了"冗余"信息，存储了两份分支信息。因为同一分支向上看表征的是双亲关系，向下看表征的是孩子关系。因此，存储了所有的双亲关系即存储了所有的分支信息；同样地，存储了所有的孩子关系也就存储了所有的分支信息。可见，基于双亲孩子表示法查找双亲、祖先和孩子、子孙算法时间效率的提高，是需要更多的存储空间为代价的。这又是一个生动的"以空间换时间"的例子。这其中蕴涵的生活哲理是：要想有所得必须有所付出，即"舍得"或"有失必有得，有得必有失"。

这会给我们怎样的一种启发呢？我们应该成为懂得生活的人，做生活的观察者。生活可以给我们很多生活哲理和解决问题的方法，而这些哲理和方法往往会对我们在研究工作或技术领

域工作中的创造性工作产生"润物细无声"的影响。

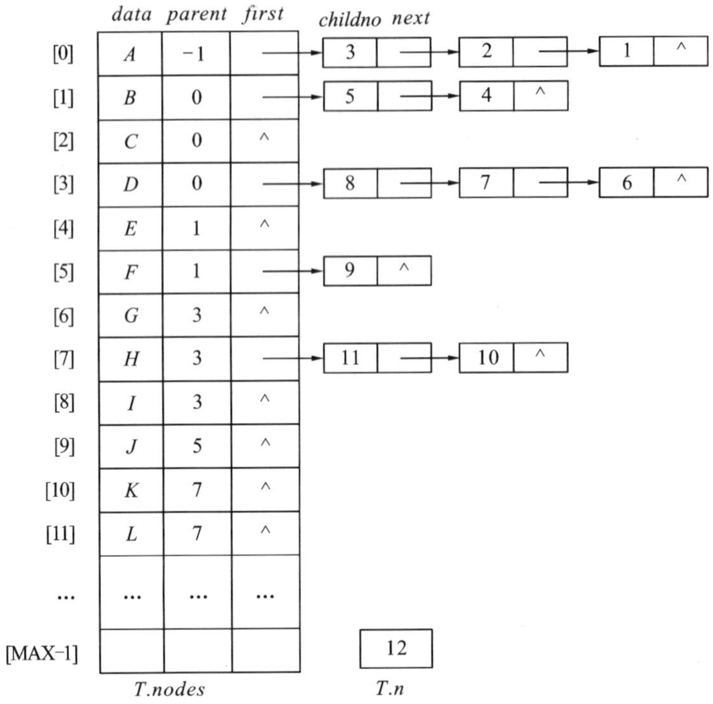

图 8-10   "双亲孩子表示法"存储结构示意图

3. 左孩子右兄弟表示法

思路： 我们将结点最左边的孩子（若存在的话）称为该结点的左孩子，将位于结点右边且紧挨着它的兄弟（若存在的话）称为该结点的右兄弟。一棵具有 n 个结点的树，假设结点 p、q、s、k 是树中的结点，其中结点 p 是结点 q、s、k 的双亲。不失一般性，假设结点 q 是结点 p 的左孩子，结点 s 是结点 p 的右兄弟，结点 k 是结点 s 的右兄弟。如果树中的所有结点除了存储结点的信息外，还存储了各自的左孩子关系和右兄弟关系，那么通过结点 p 的左孩子关系可以找到结点 q，通过结点 q 的右兄弟关系可以找到结点 s，并且可知结点 s 一定也是结点 p 的孩子，通过结点 s 的右兄弟关系可以找到结点 k，并且可知结点 k 一定也是结点 p 的孩子，因为结点 k 没有右兄弟关系，故我们通过一个左孩子关系和两个右兄弟关系找到了结点 p 的所有孩子关系，即获得 p 结点的所有向下分支的信息。这说明通过记录结点的左孩子关系和右兄弟关系可以得到树的所有分支信息，从而左孩子右兄弟表示法可以唯一确定一棵树。

明确思路后，我们面临的细节问题是：

【问题 1】 对于每个结点需要存储结点信息、其左孩子信息和右兄弟信息，那么这三个方面的信息应该如何进行组织？也就是说，需要考虑每个结点的存储映像的设计。

一种简单的处理方法是，将三个方面的信息封装在一起形成一个整体，这个整体就是逻辑域中的结点在存储域中的"像"。

【问题 2】 紧接着要解决的问题是，左孩子信息和右兄弟信息以什么样的形式进行存储？是结点的值、结点的编号还是指向结点的指针？

如果采用的形式是存储结点的值，那么得到的左孩子右兄弟表示法将带来较大的信息冗余，因此可行的解决方案是存储结点编号或指向结点的指针。

方案一：存储结点编号

在此方案下，左孩子右兄弟表示法是一种顺序存储结构。每个结点的存储映像如图 8-11 所示。

图 8-11 "左孩子右兄弟表示法"中的结点结构

其中，*data* 域用来存储结点的信息；*lchild* 域用来存储其左孩子的编号；*rsibling* 域用来存储其右兄弟的编号。如果某结点没有左孩子或者右兄弟，那么该结点存储映像的 *lchild* 域或 *rsibling* 域存放特殊值（如 −1）。

类型定义如下：

```
typedef struct LCRS_Tree_Node
{
    DataType data;                      //结点的信息
    int lchild,rsibling;                //左孩子编号和右兄弟编号
} LCRS_Tree_Node,*LCRSLinkTree;
```

一棵具有 *n* 个结点的树在存储器中有 *n* 个形如图 8-11 的"像"，用一组地址连续的存储单元（即一个一维数组）按照结点的编号依次存储这 *n* 个存储映像。

举例说明：图 8-2c 所示的树 *T* 在此方案下的存储结构如图 8-12 所示。

```
LCRSLinkTree T;
```

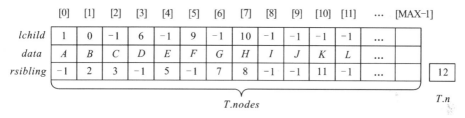

图 8-12 （顺序）"左孩子右兄弟表示法"存储结构示意图

方案二：存储指向结点的指针

在此方案下，左孩子右兄弟表示法是一种链式存储结构，其中结点存储映像仍然如图 8-11 所示。其中，*data* 域仍为数据域，用来存储结点的信息；*lchild* 域为指针域，用来指向其左孩子；*rsibling* 域也为指针域，指向其右兄弟。

类型定义如下：

```
typedef struct LCRS_Tree_Node
{
    DataType data;                          //结点的信息
    struct LCRS_Tree_Node *lchild,*rsibling; //指向左孩子和右兄弟
} LCRS_Tree_Node,*LCRSLinkTree;
```

对于具有 *n* 个结点的树，在左孩子右兄弟表示法中，除了根结点，其余 *n* − 1 个结点具有单一角色，即它们要么是某个结点的左孩子要么是某个结点的右兄弟。假设 *q* 结点是 *p* 结点的左孩子，那么 *q* 结点一定不可能成为某结点的右兄弟，否则将与它是左孩子的事实相违背。假设 *s* 结点是 *q* 结点的右兄弟，那么 *q* 结点是 *s* 结点的左兄弟，因此 *s* 结点不可能成为某结点的左孩子。这就说明，这 *n* − 1 个结点所对应的存储结点，一定被 2*n* 个指针域中的 *n* − 1 个指针所指向。因为根结点无双亲，所以一定不会有左孩子指针或右兄弟指针指向它。为此，增加一个

指针（称为根指针）指向根结点对应的存储结点，作为外界访问这棵树的入口。

举例说明：图8-2c所示的树 *T* 在此方案下的存储结构如图8-13所示。

`LCRSLinkTree root;`

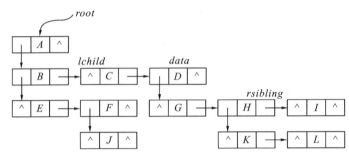

图8-13   （链式）"左孩子右兄弟表示法"存储结构示意图

显然，基于左孩子右兄弟表示法求树中指定结点的孩子或子孙是十分方便的，但不便于求指定结点的双亲或祖先。基于如图8-13所示的左孩子右兄弟表示法的树的基本运算的实现请参看教辅资料中的相关源代码。

8.2.4 存储方案的比较分析

数据的逻辑结构与算法的设计相关，而数据的存储结构与算法的实现相关。所以我们选择从实现查找结点双亲（或祖先）操作和查找结点孩子（或子孙）操作的难易程度的角度对树的上述三种存储结构进行分析比较。

因为在双亲数组表示法中，双亲关系是直接存储的，而孩子关系是需要通过结点间的双亲关系间接体现，因此，基于此存储结构求指定结点的双亲或祖先是十分方便的，而求指定结点的孩子或其他后代则需要遍历双亲数组。

因为在孩子链表表示法中，孩子关系是直接存储的，而双亲关系则需要通过结点间的孩子关系间接体现，因此，基于此存储结构求指定结点的孩子或子孙是十分方便的，而不便于求指定结点的双亲或祖先。

因为左孩子右兄弟法实质上是通过存储所有的孩子关系来保存分支信息的，所以基于此存储结构求指定结点的孩子或子孙是十分方便的，但不便于求指定结点的双亲或祖先。

通过前面的分析知道，双亲数组表示法便于找到指定结点的双亲和祖先，但不便于访问结点的孩子和子孙；而孩子链表表示法便于找到指定结点的孩子和子孙，但不便于访问结点的双亲和祖先。那么，能不能将这两种结构结合起来得到一个既便于查找双亲和祖先又便于访问孩子和子孙的存储结构呢？如果能，那么这其中蕴涵着怎样的生活哲学呢？现有教材介绍的"左孩子右兄弟表示法"是图8-13所示的存储结构，基本上没有介绍图8-12所示的"左孩子右兄弟表示法"，这是为什么呢？这些有趣的问题留给读者进行思考。

8.3 树的创建

8.3.1 问题描述与分析

树的创建是指在存储器中创建树，也就是按照树的某种存储结构将树的信息保存到存储器中。只有在存储器中成功创建树之后，我们才能利用计算机实现关于树的应用。

树的创建是一个和实现层面相关的问题，所以它必然涉及树的存储结构。当我们创建某棵树时，必须先为其选择一种存储结构，然后根据树的具体信息将存储结构需要的各项数据填满。下面我们给出基于双亲数组表示法、孩子链表表示法的树的创建算法。读者可以在教辅资料的相关源代码中找到基于左孩子右兄弟表示法的树的创建算法。

8.3.2 问题求解

假设有：

```
typedef char DataType;        //结点值类型
```

1. 基于双亲数组表示法的树的创建算法

```
/*创建运算:创建一棵树,结点编号从 0 开始*/

int CreateTree( PATree *T)
{
    int i;
    printf("Please input the number of the nodes of the tree:");
    scanf("%d",&(*T).n);
    if((*T).n <= 0)
    {
        (*T).n = 0;
        return PARAMETER_ERR;
    }
    for(i = 0;i <= (*T).n - 1;i ++)
    {
        printf("Please input the No.%d node's value and parent_ID:",i);
        getchar();                //去掉回车字符
        scanf("%c,%d",&((*T).nodes[i].data),&((*T).nodes[i].parent));
    }
    return SUCCESS;
}
```

2. 基于孩子链表表示法的树的创建算法

```
/*创建运算:创建一棵树,结点编号从 0 开始*/

int CreateTree( ChildListTree *T)
{
    int i,j,num_children;
    Tree_ListNode *p = NULL;
    Tree_ListNode *ptail_array[MAXSIZE];
    printf("Please input the number of the nodes of the tree:");
    scanf("%d",&(*T).n);
    if((*T).n <= 0)
    {
        (*T).n = 0;
        return PARAMETER_ERR;
    }
    for(i = 0;i <= (*T).n - 1;i ++)
    {
        printf("Please input the No.%d node's value:",i);
        getchar();                //去掉回车字符
        scanf("%c",&((*T).nodes[i].data));
        (*T).nodes[i].first = NULL;
    }
    //孩子链表采用单链表的尾部创建法
    for(i = 0;i <= (*T).n - 1;i ++)
    {
        printf("Please input the number of children of No.%d node:",i);
        scanf("%d",&num_children);
        for(j = 1;j <= num_children;j ++)
        {
            p = (Tree_ListNode * )malloc(sizeof(Tree_ListNode));
            if(p == NULL)
                return STORAGE_ERROR;
```

```
        printf("Please input No.%d child's number:",j);
        scanf("%d",&(p->childno));
        p->next = NULL;
        if(NULL == (*T).nodes[i].first)
        {
            (*T).nodes[i].first = p;
            ptail_array[i] = (*T).nodes[i].first;
        }
        else
        {
            ptail_array[i]->next = p;
            ptail_array[i] = p;
        }
    }
}
return SUCCESS;
}
```

8.4 树的遍历

8.4.1 问题描述与分析

遍历是指访问且只访问一次某数据结构中的所有数据元素。树的遍历（Tree Traversal）则是指访问且只访问一次树中的所有结点。

因为树中每个结点可以有两棵以上的子树，所以在思考以该结点为根的树的遍历时，不便将该结点的访问放在其某个或某些子树遍历完成之前或之后。但我们可以确定的是该结点是这棵树的根，那么它可以被看作是它所有子树开始生长的地方，也可以被看作是它所有子树的汇集之处，所以在思考以该结点为根的树的遍历时，将该结点的访问放在所有子树遍历完成之前或之后是合适的。我们将结点的访问放在所有子树遍历完成之前进行的树的遍历方法称为树的先序遍历，将结点的访问放在所有子树遍历完成之后进行的树的遍历方法称为树的后序遍历。此外，我们还可以按照结点所在的层次依次访问每个结点。下面给出按照这三种次序遍历树的方法。

8.4.2 问题求解

1. 树的先序遍历

先序遍历树，若树为空，则遍历结束，否则依次执行：

1）访问根结点。

2）按从左至右顺序先序遍历根的每一棵子树。

对树进行先序遍历时，按访问结点的先后次序得到的结点序列称为该树的先序遍历序列。例如，图 8-2c 所示的树的先序遍历序列为：A，B，E，F，J，C，D，G，H，K，L，I。

2. 树的后序遍历

后序遍历树，若树为空，则遍历结束，否则依次执行：

1）按从左至右顺序后序遍历根的每一棵子树。

2）访问根结点。

对树进行后序遍历时，按访问结点的先后次序得到的结点序列称为该树的后序遍历序列。例如，图 8-2c 所示的树的后序遍历序列为：E，J，F，B，C，G，K，L，H，I，D，A。

3. 树的层次遍历

层次遍历树规定：从树的根结点开始，依层次次序自上而下，自左至右访问每个结点。

对树进行层次遍历时，按访问结点的先后次序得到的结点序列称为该树的层次遍历序列。例如，图 8-2c 所示的树的层次遍历序列为：A, B, C, D, E, F, G, H, I, J, K, L。

基于树的双亲数组表示法、孩子链表表示法的遍历算法和左孩子右兄弟表示法的遍历算法的实现请参看教辅资料中的相关源代码。

8.5 树的应用

树结构在实际问题中有着广泛的应用。在计算机的应用程序中，其中我们最为熟悉的树的用法就是文件系统的组织。文件系统的目录结构便是一棵树，它有一个根目录，根目录下可以有许多子目录，也可以有许多文件，同样，子目录下也可以有许多更低级的子目录和文件。树可以应用于按照某种等价关系对特定集合进行划分。等价关系是现实世界中广泛存在的一种关系，许多应用问题可以归结为按给定的等价关系划分某集合为等价类，通常称这类问题为等价问题。例如超大规模集成电路（VLSI）制造有一道工序，要在硅晶片上刻蚀多层金属掩模，每层掩模都是多边形，相交的多边形是电器等价的。在 FORTRAN 语言中，可以利用 EQUIVA-LENCE 语句使整个程序变量共享同一存储单位，这个问题实质就是按 EQUIVALANCE 语句确定的关系对程序中的变量集合进行划分，所得等价类的数目即为需要分配的存储单位，而同一等价类中的程序变量可被分配到同一存储单位中去。本节我们将给出一些树的具体应用的例子。

8.5.1 并查集

并查集是一种树形的数据结构，用于处理一些不相交集合（Disjoint Sets）的合并及查询问题。常常在使用中以森林来表示。假设 A, B 是两个集合，如果 $A \cap B = \varnothing$，则称这两个集合是不相交的。

不相交集合上的两种操作定义如下：

1）查找操作 FIND(x)：寻找并返回包含元素 x 的集合的名字。

2）合并操作 UNION(x,y)：包含元素 x 和 y 的两个集合用它们的并集替换。并集的名字或者是原来包含元素 x 的那个集合的名字，或者是原来包含 y 的那个集合的名字。

说明：树中除根结点外的每个元素都有一个指向其父结点的指针，并用存储在根结点中的元素的值作为该集合的名字。

例 8.1 假设集合 $S = \{1,2,\cdots,11\}$ 有 4 个子集，分别是 $\{1, 7, 10, 11\}$，$\{2, 3, 5, 6\}$，$\{4, 8\}$ 和 $\{9\}$，则它们的数组表示法和树表示法如图 8-14 所示。

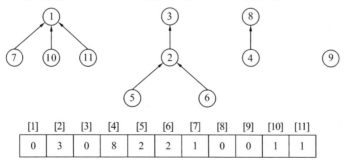

[1]	[2]	[3]	[4]	[5]	[6]	[7]	[8]	[9]	[10]	[11]
0	3	0	8	2	2	1	0	0	1	1

图 8-14 不相交集的数组表示法和树表示法的示例

查找操作和合并操作的一种直接实现方法如下：

FIND(x)：沿着从 x 到根结点的路径找到 x 所在树的根结点，然后返回 $root(x)$。

UNION(x,y)：令 $root(x)$ 的链接指向 $root(y)$。其中，$root(x)$ 表示包含 x 的树的根，$root(y)$ 表示包含 y 的树的根。

下面介绍实现查找操作和合并操作的优化方法。

1. 按秩合并（Union by Rank）

这种实现的方法是根据要合并的两棵树的根结点的秩的大小来决定合并的方案。结点的秩基本上就是结点的高度。UNION（x，y）按秩合并方案的具体内容如下：

如果 $rank(x) < rank(y)$，那么就使 y 为 x 的父结点。

如果 $rank(x) > rank(y)$，那么就使 x 为 y 的父结点。

如果 $rank(x) = rank(y)$，那么就是 y 为 x 的父结点，并且 $rank$（y）的值加 1。

2. 路径压缩（Path Compression）

路径压缩是用来进一步增强 FIND 运算性能的一种措施。具体措施如下：

在 FIND(x) 运算中，找到根结点 y 之后，再依次遍历从 x 到 y 的路径，并将路径上的所有结点中指向其父结点的指针修改为指向 y（参见图 8-15）。需要注意的是，在使用路径压缩后，一些结点的秩可能会大于它的高度。

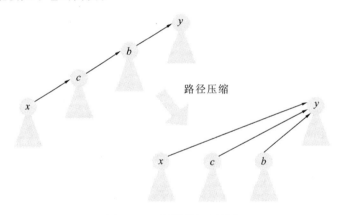

图 8-15 路径压缩示意图

8.5.2 等价类

等价关系是一大类关系的抽象，例如数学中的相等就是等价关系。如果用符号 ≡ 表示任意一种等价关系，那么对等价关系和等价类的定义如下所述：

定义在集合 S 上的关系 ≡ 称为 S 上的等价关系当且仅当它在 S 上是自反的（Reflexive）、对称的（Symmetric）和传递的（Transitive）。

定义在集合 S 上的等价关系可以把 S 划分成一些等价类，就是说，如果 S 的两个成员 x，y 同属一个等价类当且仅当 $x \equiv y$。例如，如果在前面给出的 VLSI 电路制造的例子中有 12 个多边形，编号从 0 到 11，并有一些相交偶对：

$$0 \equiv 4,\ 3 \equiv 1,\ 6 \equiv 10,\ 8 \equiv 9,\ 7 \equiv 4,\ 6 \equiv 8,\ 3 \equiv 5,\ 2 \equiv 11,\ 11 \equiv 0$$

那么，根据关系的自反性、对称性、传递性，这 12 个多边形可划分为如下三个等价类：

$$\{4,\ 0,\ 7,\ 11,\ 2\},\ \{5,\ 1,\ 3\},\ \{10,\ 6,\ 8,\ 9\}$$

这些等价类在集成电路制造工艺中很重要，它们构成信号网，用来测试掩模的正确性。

观察上面例子中得到的等价类，我们不难发现，这些等价类就是 8.5.1 小节介绍的不相交集。所以确定等价类的算法要借助并查集来实现，具体阐述如下（假设集合 S 中共有 n 个元素）：

1）初始化时，令 S 中的每个元素各自形成一个只含单个成员的子集，共形成 n 个子集。

2）读入一个偶对 (x, y)（即等价关系），利用并查集的查找操作 FIND(x)、FIND(y) 判定 x 和 y 所属子集，如果 x 和 y 同属一个子集，那么执行步骤 2，否则执行步骤 3。

3）利用并查集的合并操作 UNION(x, y) 将 x 所在的子集和 y 所在的子集合并为一个集合，然后执行步骤 2。

上述过程直到所有偶对均读入为止。

根据上述确定等价类的算法，下面给出前面电路制造例子中根据 9 个等价关系将 12 个多边形划分成 3 个等价类的具体过程，划分过程如图 8-16 所示。

a）初始时，形成 11 个不相交集，每个集合只包含 1 个元素

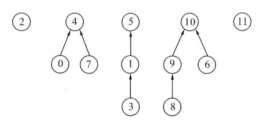

b）读入等价关系 0≡4，3≡1，6≡10，8≡9 后

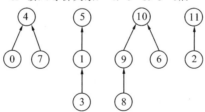

c）读入等价关系 7≡4，6≡8，3≡5 后

d）读入等价关系 2≡11 后

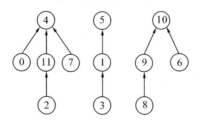

e）读入等价关系 11≡0 后

图 8-16　等价类求解示意图

8.5.3 决策树

决策树一般都是自上而下生成的。每个决策或事件（即自然状态）都可能引出两个或多个事件，导致不同的结果，把这种决策分支画成图形很像一棵树的枝干，故称决策树。例如，在 3 着色问题中，可以借助一棵三叉树来搜索所有可能的着色方案；同样地，它在 8 皇后问题中也有应用。在用分支限界法求解旅行商问题是，就是利用一棵二叉树来实现分支、减支，最终找到最佳旅行路线的。具体内容，有兴趣的读者可以查阅一些算法书籍。

8.6　森林

我们在 8.1.2 节中已经给出过森林（Forest）的定义，森林就是 $m(m \geq 0)$ 棵树的集合，图 8-17 是三棵树组成的森林。森林的概念和树的概念很类似，树去掉根就是森林。实际上我们在 8.5.1 节中介绍的不相交集就是用森林表示的。

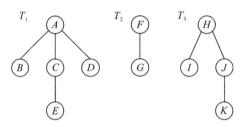

图 8-17　森林的示例

8.4.1 节中我们已经介绍过遍历的概念。森林的遍历（Forest Traversal）是指访问且只访问一次森林中所有树的每个结点。下面我们分别介绍森林的先序遍历、中序遍历和后序遍历。

1. 森林的先序遍历

先序遍历森林，若森林为空，则遍历结束，否则依次执行：

1）访问第一棵树的根结点。

2）先序遍历第一棵树的根结点的子树森林。

3）先序遍历森林中除第一棵树以外的所有子树构成的森林。

对森林进行先序遍历时，按访问结点的先后次序得到的结点序列称为该森林的先序遍历序列。例如，图 8-17 所示的森林的先序遍历序列为：A，B，C，E，D，F，G，H，I，J，K。

2. 森林的中序遍历

中序遍历森林，若森林为空，则遍历结束，否则依次执行：

1）中序遍历第一棵树的根结点的子树森林。

2）访问第一棵树的根结点。

3）中序遍历森林中除第一棵树以外的所有子树构成的森林。

对森林进行中序遍历时，按访问结点的先后次序得到的结点序列称为该森林的中序遍历序列。例如，图 8-17 所示的森林的中序遍历序列为：B，E，C，D，A，G，F，I，K，J，H。

3. 森林的后序遍历

后序遍历森林，若森林为空，则遍历结束，否则依次执行：

1）后序遍历第一棵树根的子树森林。

2）后序遍历森林中除第一棵树以外的所有子树构成的森林。

3）访问第一棵树的根结点。

对森林进行后序遍历时，按访问结点的先后次序得到的结点序列称为该森林的后序遍历序列。例如，图 8-17 所示的森林的后序遍历序列为：B, E, C, D, G, I, K, J, H, F, A。

　　4. 森林的层次遍历

　　层次遍历森林规定：从森林中每棵树的根结点开始，依层次次序自上而下，自左至右访问每个结点。对森林进行层次遍历时，按访问结点的先后次序得到的结点序列称为该森林的层次遍历序列。例如，图 8-17 所示的森林的层次遍历序列为：A, B, C, D, E, F, G, H, I, J, K。

8.7　知识点小结

　　树是一种重要的数据结构，它描述了一种一对多的关系。如何在线性的存储器中存储非线性的树结构，是一个有趣的挑战。现在常见的树的存储结构有双亲数组表示法、孩子链表表示法、左孩子右兄弟表示法等。通过对树的存储结构的学习，应能深刻领会用线性结构表示非线性结构的计算思维。

　　遍历是一种非常重要的运算，遍历是指访问且只访问一次某数据结构中的所有数据元素。遍历的定义体现了这种运算操作范围的完备性——不会遗漏某个数据元素，也体现了这种运算操作的一致性——每个数据元素恰好被访问一次。正是由于遍历运算的这些特点，使得遍历运算具有很广泛的应用价值，可以通过对访问到的数据元素进行不同的处理完成不同的应用需求。树的遍历方式有三种：先序遍历、后序遍历和层次遍历；森林的遍历方式有四种：先序遍历、中序遍历、后序遍历和层次遍历。

习　题

8.1　对图 8-18 所示森林：

　　1）求各树的先序、后序和层次遍历序列；

　　2）求森林的先序、中序、后序遍历和层次序列。

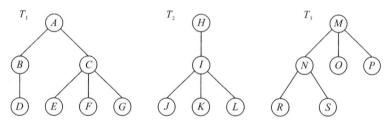

图 8-18　习题 8.1 所用森林

8.2　设树 T 的度为 4，其中度为 1、2、3 和 4 的结点个数分别为 4、2、1、1，问 T 中有多少个叶子？

8.3　具有 n（$n>1$）个结点的各棵树中，其中深度最小的那棵树的深度是多少？它共有多少个叶子结点？多少个分支结点？其中深度最大的那棵树的深度是多少？它共有多少个叶子结点？多少个分支结点？

8.4　基于树 T 的双亲数组表示法，编写程序实现求解指定结点所有子孙的算法。

8.5　基于树 T 的孩子链表表示法，编写程序实现求解指定结点所有子孙的算法。

8.6　基于树 T 的左孩子右兄弟表示法，编写程序求解指定结点所有子孙的算法。

8.7　基于树 T 的双亲数组表示法，编写程序求解树 T 中的叶子数。

8.8　基于树 T 的孩子链表表示法，编写程序求解树 T 中的叶子数。

8.9　基于树 T 的左孩子右兄弟表示法，编写程序求解树 T 中的叶子数。

8.10　基于树 T 的双亲数组表示法，编写程序求解树 T 的度。

8.11　基于树 T 的孩子链表表示法，编写程序求解树 T 的度。

8.12　基于树 T 的左孩子右兄弟表示法，编写程序求解树 T 的度。

第9章 二 叉 树

9.1 认识二叉树

在第8章中，我们介绍过家谱是我们在生活中看到的一种典型的树结构。根据描述方式的不同，家谱可以分为两种：一种对应的是如图8-1a所示的二分支结构，另一种对应的是如图8-1b所示的多分支结构。本章主要讨论的结构是具有更高规则性的二分支结构。

9.1.1 二叉树的定义

二叉树（Binary Tree）是由 $n(n \geqslant 0)$ 个结点构成的有限集合。它可以为空，称为空二叉树；若不为空，则它是由一个根结点以及被称为根的左子树和根的右子树的两个互不相交的结点集构成，其中左、右子树本身又是二叉树。

根据二叉树的定义可知，二叉树具有如图9-1所示的五种基本形态。

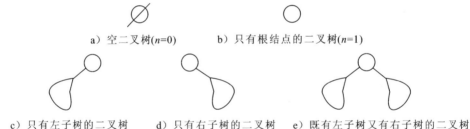

a) 空二叉树($n=0$)　　b) 只有根结点的二叉树($n=1$)

c) 只有左子树的二叉树　d) 只有右子树的二叉树　e) 既有左子树又有右子树的二叉树

图9-1　二叉树的五种基本形态

1. 二叉树与无序树的区别

根据二叉树的定义可知，二叉树中结点度的取值范围为 $[0, 2]$；而在无序树中结点度的取值范围为 $[0, n-1]$（$n \geqslant 0$）。同时，二叉树中的子树是有左右之分的，而无序树中的子树是没有次序之分的。图9-2a中所示的两棵二叉树是不同的二叉树，图9-2b中所示的两棵二叉树也是不同的二叉树，而图9-2c中所示的三棵无序树是同一棵无序树，图9-2d中所示的三棵无序树也是同一棵无序树。

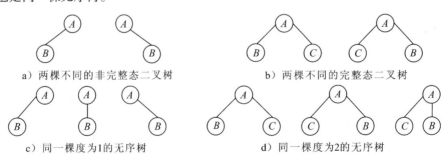

a) 两棵不同的非完整态二叉树　　　　b) 两棵不同的完整态二叉树

c) 同一棵度为1的无序树　　　　d) 同一棵度为2的无序树

图9-2　二叉树和无序树

2. 二叉树与度为 2 的有序树的区别

虽然度为 2 的有序树的结点度的取值范围也为 [0，2]，且一个结点的孩子之间也有左右之分，但是它与二叉树仍有不同之处。其不同点体现在：在度为 2 的有序树中，若某个结点只有一个孩子，那么无需区分这个孩子是该结点的左孩子还是右孩子；但在二叉树中，即使某个结点只有一个孩子，也要区分这个孩子是该结点的左孩子还是右孩子。

通过上述对二叉树、无序树、度为 2 的有序树的比较分析可知，树和二叉树是两种不同的数据结构，不能认为二叉树是树的特殊形态。

9.1.2　二叉树的基本运算

假设有：

```
#define IN_TRAVERSE          4
#define PRE_TRAVERSE         3
#define POST_TRAVERSE        2
#define LEVEL_TRAVERSE       1
#define SUCCESS              0
#define FAIL                -1
#define IS_ROOT             -2
#define IS_EMPTY            -3
#define ISNOT_EMPTY         -4
#define EXIST               -5
#define NOT_EXIST           -6
#define PARAMETER_ERR       -7
#define STORAGE_ERROR       -8
```

在二叉树的逻辑结构基础上定义的操作主要有以下几种：

1）InitBiTree($\&T$) 初始化运算：将初始化得到一棵空二叉树 T，如果初始化成功则返回 SUCCESS，否则返回 FAIL。

2）BiTreeEmpty(T) 判空运算：判断一棵给定的二叉树 T 是否为空，如果为空则返回 IS_EMPTY，否则返回 ISNOT_EMPTY。

3）CreateBiTree($\&T$) 创建运算：创建一棵二叉树 T，创建前 T 已初始化为空，如果创建成功则返回 SUCCESS，否则返回错误代码。

4）BiTreeHeight(T) 求高度运算：求解并返回二叉树 T 的高度。

5）GetRoot($T,\&root$) 访问树根运算：访问二叉树 T 的根，并用变量 $root$ 返回它的值，如果 T 为空则函数返回 IS_EMPTY，否则返回 SUCCESS。

6）LocateNode($T,node$) 查找运算：在二叉树 T 中搜索结点 $node$，如果搜索成功则返回结点 $node$ 的编号或指向它的指针，否则返回 NOT_EXIST 或空指针。

7）GetParent($T,node\_value,\&parent$) 访问双亲运算：根据结点的值 $node\_value$ 访问其双亲，并用变量 $parent$ 返回该结点的双亲编号或指向其双亲的指针，如果 $parent$ 返回的是 IS_ ROOT 或空指针则表示结点 $node$ 是根结点，如果访问成功则函数返回 SUCCESS，否则返回错误代码（如二叉树 T 中不存在值为 $node\_value$ 的结点）。

8）GetLeftChild($T,node\_value,\&leftchild$) 访问左孩子运算：根据结点的值 $node\_value$ 访问其左孩子，并用变量 $leftchild$ 返回该结点的左孩子编号或指向其左孩子的指针，如果 $leftchild$ 返回的是 NOT_EXIST 或空指针则表示该结点没有左孩子，如果访问成功则函数返回 SUCCESS，否则返回错误代码。

9）GetRightChild($T,node\_value,\&rightchild$) 访问右孩子运算：根据结点的值 $node\_value$ 访问其右孩子，并用变量 $rightchild$ 返回该结点的右孩子编号或指向其右孩子的指针，如果

rightchild 返回的是 NOT_EXIST 或空指针则表示该结点没有右孩子，如果访问成功则函数返回
SUCCESS，否则返回错误代码。

10）GetOffspring(T, *node_value*, &*num_offspring*) 访问子孙运算：根据结点的值 *node_value* 访
问其所有子孙，输出其子孙的信息，变量 *num_offspring* 返回该结点的子孙个数，如果访问成功
则函数返回 SUCCESS，否则返回错误代码。

11）GetAncestor(T, *node_value*, &*num_ancestor*) 访问祖先运算：根据结点的值 *node_value* 访
问其所有祖先，输出其祖先的信息，变量 *num_ancestor* 返回该结点的祖先个数，如果访问成功
则函数返回 SUCCESS，否则返回错误代码。

12）TraverseBiTree(T, *visit*( ), *Type*) 遍历运算：对二叉树 T 实施指定类型的遍历算法，对
遍历到的每个结点调用有且仅有一次的 *visit*( ) 操作，参数 *Type* 指明对二叉树 T 实施的是先序遍
历、中序遍历、后序遍历还是层次遍历，如果遍历成功则返回 SUCCESS，否则返回错误代码。

13）ShowBiTree(T) 输出/打印运算：将二叉树 T 的内容输出到屏幕上或文件中。

14）DestroyBiTree(&T) 撤销运算：撤销二叉树 T，即回收 T 的存储空间。

15）GetParent_Internal(T, *node_loc*, &*parent*) 访问双亲运算：根据合法结点编号或指向它的
指针 *node_loc* 访问其双亲，并用变量 *parent* 返回该结点的双亲编号或指向其双亲的指针，如果
parent 返回的是 IS_ROOT 或空指针则表示结点 *node* 是根结点。

16）GetLeftChild_Internal(T, *node_loc*, &*leftchild*) 访问左孩子运算：根据合法结点编号或指
向它的指针 *node_loc* 访问其左孩子，并用变量 *leftchild* 返回该结点的左孩子编号或指向其左孩
子的指针，如果 *leftchild* 返回的是 NOT_EXIST 或空指针则表示该结点没有左孩子。

17）GetRightChild_Internal(T, *node_loc*, &*rightchild*) 访问右孩子运算：根据合法结点编号或
指向它的指针 *node_loc* 访问其右孩子，并用变量 *rightchild* 返回该结点的右孩子编号或指向其右
孩子的指针，如果 *rightchild* 返回的是 NOT_EXIST 或空指针则表示该结点没有右孩子。

18）GetOffspring_Internal(T, *node_loc*, &*num_offspring*) 访问子孙运算：根据合法结点编号或
指向它的指针 *node_loc* 访问其所有子孙，输出其子孙的信息，并变量 *num_offspring* 返回该结点
的子孙个数。

19）GetAncestor_Internal(T, *node_loc*, &*num_ancestor*) 访问祖先运算：根据合法结点编号或
指向它的指针 *node_loc* 访问其所有祖先，输出其祖先的信息，变量 *num_ancestor* 返回该结点的
祖先个数。

20）PreTraverseBiTree_Internal(T, *visit*( )) 先序遍历运算：先序遍历二叉树 T，在遍历的过
程中对每个结点调用一次 *visit*( ) 操作。

21）InTraverseBiTree_Internal(T, *visit*( )) 中序遍历运算：中序遍历二叉树 T，在遍历的过程
中对每个结点调用一次 *visit*( ) 操作。

22）PostTraverseBiTree_Internal(T, *visit*( )) 后序遍历运算：后序遍历二叉树 T，在遍历的过
程中对每个结点调用一次 *visit*( ) 操作。

23）LevelTraverseBiTree_Internal(T, *visit*( )) 层次遍历运算：层次遍历二叉树 T，在遍历的
过程中对每个结点调用一次 *visit*( ) 操作。

说明：在上述定义的运算中前 14 种运算为外部接口，后 9 种运算为内部接口。换句话说，
前 14 种运算对用户是可见的，后 9 种运算对用户是不可见的。

二叉树的 ADT 定义在此省略，读者可以参照前面章节介绍的线性结构的 ADT 定义和上述
给出的二叉树的基本运算的定义自行完成。二叉树的 ADT 定义好后，我们就可以利用二叉树
去求解一些应用问题了。

9.1.3 二叉树的性质

二叉树固有的结构特点使得它具有以下显著的五个性质。

性质 1　二叉树第 k 层上至多有 2^{k-1} 个结点（$k \geq 1$）。

证明：（应用数学归纳法）

1）（归纳基础）当 $t=1$ 时，因为根所在的层是第 1 层，并且每棵二叉树至多只有一个根，因此第 1 层至多有 $1 = 2^{1-1}$ 个结点，命题成立。

2）（归纳假设）假设当 $t \leq k-1$ 时命令成立，即当 $t \leq k-1$ 时，二叉树第 t 层上至多有 2^{t-1} 个结点。

3）（归纳步骤）当 $t=k$ 时，因为第 $k-1$ 层结点的孩子所在的层为第 k 层，并且二叉树中每个结点至多有两个孩子，所以第 k 层上至多有 $2 \times 2^{k-1} = 2^k$ 个结点。可见，当 $t=k$ 时命题仍成立。

综合 1）、2）、3）可知，对于所有的 $k \geq 1$ 命题均成立，从而二叉树的性质 1 得证。

性质 1 告诉我们，任何一棵二叉树每一层至多可以容纳的结点数。

【思考题 9.1】 若二叉树具有 k 层结点，那么第 k 层结点数的取值范围是多少？

分析： 至少具有 1 个结点，至多具有 2^{k-1} 个结点，因此该二叉树第 k 层结点数的取值范围是 $\left[1, 2^{k-1}\right]$。

性质 2　高度为 h 的二叉树至多有 $2^h - 1$ 个结点（$h \geq 1$）。

证明： 高度为 h 的二叉树共有 h 层结点，易知，当每一层均充满时，它的结点数达到最大。由性质 1 可得，第 1 层至多有 $2^{1-1} = 2^0 = 1$ 个结点，第 2 层至多有 $2^{2-1} = 2^1$ 个结点，…，第 h 层至多有 2^{h-1} 个结点。故高度为 h 的二叉树至多有 $2^0 + 2^1 + \cdots + 2^{h-1} = \sum_{i=0}^{h-1} 2^i = \dfrac{2^0 - 2 \times 2^{h-1}}{1-2} = 2^h - 1$ 个结点。性质 2 得证。

性质 2 告诉我们，任何一棵高度固定的二叉树至多可以容纳的结点数。

【思考题 9.2】 高度为 h（$h \geq 1$）的二叉树至少具有多少个结点？至多具有多少个结点？（即给出高度为 h 的二叉树的结点数范围。）

分析： 高度为 h 的二叉树共有 h 层，由思考题 9.1 可知，第 k 层（$1 \leq k \leq h$）至少具有 1 个结点，至多具有 2^{k-1} 个结点。故可知，高度为 h 的二叉树至少具有 $\sum_{k=1}^{h} 1 = h$ 个结点；至多具有 $\sum_{k=1}^{h} 2^{k-1} = 2^0 + 2^1 + \cdots + 2^{h-1} = 2^h - 1$ 个结点。

性质 3　设二叉树叶子结点数为 n_0，度为 2 的结点数为 n_2，则有：$n_0 = n_2 + 1$。

证明： 假设二叉树 T 有 n 个结点，其中有 n_0 个叶子结点，n_1 个度为 1 的结点，n_2 个度为 2 的结点，并假设分支数为 t。同一条分支向下看表示孩子关系，向上看表示双亲关系，因此分支数应该等于孩子关系的个数且等于双亲关系的个数。

因为具有 n 个结点的二叉树中，除了根结点之外其余的结点有且仅有一个双亲，因此双亲关系个数为 $n-1$，即 $t = n-1$。

又因为 n_0 个叶子结点共有 $0 \times n_0$ 条向下的分支，n_1 度为 1 的结点共有 $1 \times n_1$ 条向下的分支，n_2 度为 2 的结点共有 $2 \times n_2$ 条向下的分支，因此孩子关系个数为 $0 \times n_0 + 1 \times n_1 + 2 \times n_2$，即 $t = 0 \times n_0 + 1 \times n_1 + 2 \times n_2$。故得，

$$n - 1 = 0 \times n_0 + 1 \times n_1 + 2 \times n_2 \tag{9-1}$$

根据二叉树的定义可知，（从结点度的角度来看）它只可能包含三类结点：度为 0 的结点、

度为 1 的结点和度为 2 的结点，故得，

$$n = n_0 + n_1 + n_2 \tag{9-2}$$

将式（9-2）代入式（9-1）得，

$$n_0 + n_1 + n_2 - 1 = 0 \times n_0 + 1 \times n_1 + 2 \times n_2 \Rightarrow n_0 = 0 \times n_1 + 1 \times n_2 + 1 \Rightarrow n_0 = n_2 + 1$$

性质 3 得证。

性质 3 告诉我们，在任何一棵二叉树中，叶子结点个数比度为 2 的结点个数刚好多一个。

【思考题 9.3】假设 $k(k \geqslant 3)$ 叉树定义为：k 叉树是由 $n(n \geqslant 0)$ 个结点构成的有限集合。其中，集合可以为空，得到的是空 k 叉树；若集合非空，那么它是由一个根结点和 k 个有序的互不相交结点子集构成，每个子集又是一棵 k 叉树。从上述定义中可知，k 叉树中结点度的取值范围为 $[0, k]$，因此，（从结点度的角度来看）它只可能包含 $k+1$ 类结点：度为 0 的结点、度为 1 的结点、度为 2 的结点、…、度为 k 的结点。

1）请将二叉树性质 1 的证明思想运用于 k 叉树，看看会得到怎样的结论呢？

2）请将二叉树性质 2 的证明思想运用于 k 叉树，看看会得到怎样的结论呢？

3）请将二叉树性质 3 的证明思想运用于 k 叉树，看看会得到怎样的结论呢？

分析：1）因为第 1 层只有根结点，所以 k 叉树第 1 层至多有 $1 = k^0 = k^{1-1}$ 个结点；第 1 层结点的孩子位于第 2 层，且在 k 叉树中每个结点至多有 k 个孩子，所以 k 叉树第 2 层至多有 $1 \times k = k^1 = k^{2-1}$ 个结点；第 2 层结点的孩子位于第 3 层，所以 k 叉树第 3 层至多有 $k \times k = k^2 = k^{3-1}$ 个结点；依此类推可知，k 叉树第 m 层至多有 k^{m-1} 个结点。

2）高度为 h 的 k 叉树每一层均充满时，它的结点数达到最大，即为：

$$k^0 + k^1 + \cdots + k^{h-1} = \sum_{i=0}^{h-1} k^i = \frac{k^0 - k \times k^{h-1}}{1-k} = \frac{k^{h-1}}{k-1}$$

3）假设具有 n 个结点的 k 叉树 T，其中有 n_0 个叶子结点，n_1 个度为 1 的结点，n_2 个度为 2 的结点，…，n_k 个度为 k 的结点，并假设分支数为 t。运用二叉树性质 3 的证明思想可以得到下面等式：

$$n - 1 = 0 \times n_0 + 1 \times n_1 + 2 \times n_2 + \cdots + k \times n_k \tag{9-3}$$

且易知，

$$n = n_0 + n_1 + n_2 + \cdots + n_k \tag{9-4}$$

将式（9-4）代入式（9-3）得，

$$n_0 + n_1 + n_2 + \cdots + n_k - 1 = 0 \times n_0 + 1 \times n_1 + 2 \times n_2 + \cdots + k \times n_k + 1$$

整理得到，

$$n_0 = 0 \times n_1 + 1 \times n_2 + \cdots + (k-1) \times n_k + 1$$

即

$$n_0 = n_2 + 2n_3 + \cdots + (k-1) \times n_k + 1$$

上面介绍的三个性质适用于所有的二叉树。下面介绍的两个性质只适用于二叉树的一个子集，该子集中的二叉树均为一种特殊的二叉树——完全二叉树。为了引出完全二叉树的定义，我们首先给出满二叉树的定义。

（1）特殊二叉树之满二叉树

满二叉树（Full Binary Tree）是：

- 高度为 h 且具有 $2^h - 1$ 个结点的二叉树。
- 每一层都充满的二叉树（即每层的结点数均达到最大值的二叉树）。
- 没有度数为 1 的结点，且叶子结点均分布在最大层的二叉树。

上述满二叉树的 3 个定义是等价的，图 9-3 给出了满二叉树的示意图。

T_1:

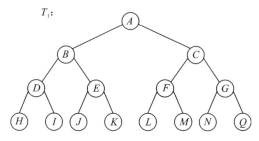

图 9-3　满二叉树示意图

【思考题 9.4】 高度为 h 的满二叉树的结点总个数为多少？叶子结点个数为多少？度为 1 的结点个数为多少？度为 2 的结点个数为多少？

分析：根据满二叉树的定义可知，高度为 h 的满二叉树共有 2^h-1 个结点。其中，叶子结点个数为 2^{h-1}（因为满二叉树的叶子均分布在最大层上，且最大层被充满）；度为 1 的结点个数为 0（因为不失一般性可以假设满二叉树第 i 层具有度为 1 的结点，这里 $1 \leqslant i \leqslant h-1$，那么易知第 $i+1$ 层肯定没被充满，故推出矛盾，所以满二叉树中不可能拥有度为 1 的结点）；度为 2 的结点个数为 $2^{h-1}-1$（思路一：由总的结点个数减去叶子结点个数和度为 1 的结点个数得到，即 $2^h-1-2^{h-1}-0=2^{h-1}-1$；思路二：度为 2 的结点分布在第 1 层、第 2 层、…、第 $h-1$ 层，且每一层均充满，故度为 2 的结点个数为 $2^0+2^1+\cdots+2^{h-2}=2^{h-1}-1$；思路三：由二叉树的性质 3 可知，度为 2 的结点个数比叶子结点个数刚好少 1 个）。

【思考题 9.5】 具有 n 个结点的满二叉树有多少个叶子？多少个度为 2 的结点？

分析：假设具有 n 个结点的满二叉树有 n_0 个叶子，n_1 个度为 1 的结点，n_2 个度为 2 的结点。由二叉树的性质 3 和满二叉树的定义可以得到以下方程组：

$$\begin{cases} n = n_0 + n_1 + n_2 \\ n_1 = 0 \\ n_0 = n_2 + 1 \end{cases}$$

解方程组可得：

$$\begin{cases} n_0 = \dfrac{n+1}{2} \\ n_2 = \dfrac{n-1}{2} \end{cases}$$

（2）特殊二叉树之完全二叉树

完全二叉树（Complete Binary Tree）是满足下述两个约束条件的二叉树：①除去最大层是一棵满二叉树；②最大层上的结点向左充满。所谓向左充满是指，层中的结点是从左向右依次存放的。因此，具有 n 个结点的完全二叉树也可以理解为按照层次结构自上而下、从左向右依次放置 n 个结点所得到的二叉树。也就是说，首先放置第 1 层的结点，若放满后还有剩余结点，再将剩余结点从左向右依次放置到第 2 层，若放满第 2 层后仍有剩余结点，再接着从左向右将剩余结点依次放置到第 3 层，依此类推，直到 n 个结点放置完毕。图 9-4 给出了完全二叉树的示意图。

图 9-4a 中所示的二叉树虽然除去最大层是一棵满二叉树，但其最大层上的结点并未向左充满，因此它不是一棵完全二叉树；图 9-4b 中所示的二叉树满足完全二叉树的两个约束条件，因此它是一棵完全二叉树。

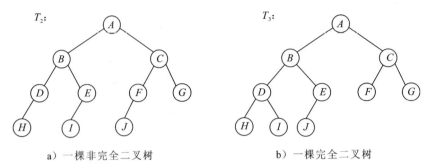

a）一棵非完全二叉树   b）一棵完全二叉树

图 9-4   完全二叉树示意图

根据完全二叉树的定义，我们可以发现完全二叉树具有以下几个非常有趣的特点：

1）除去最大层是一棵满二叉树。

2）最大层上的结点向左充满。

3）叶子只可能分布在最大层和次大层上。

4）要么没有度为 1 的结点，要么只有一个度为 1 的结点。

5）一棵满二叉树一定是一棵完全二叉树，而一棵完全二叉树不一定是一棵满二叉树；显然完全二叉树的范围要比满二叉树广，但它们均是二叉树的一个子集。

6）对于具有相同结点数的二叉树而言，完全二叉树的高度一定是其中最小的。

【思考题 9.6】 高度为 h 的完全二叉树的结点范围是什么？

分析： 对于高度为 h 的完全二叉树而言，当最大层只有一个结点时，它是高度为 h 的完全二叉树中结点个数最少的完全二叉树；当最大层充满时（即为满二叉树），它是高度为 h 的完全二叉树中结点个数最多的完全二叉树。高度为 h 的完全二叉树除去最大层是一棵高度为 $h-1$ 的满二叉树，因此，高度为 h 的完全二叉树至少包括 $(2^{h-1}-1)+1=2^{h-1}$ 个结点；高度为 h 的完全二叉树至多包括 2^h-1 个结点。综上所述，高度为 h 的完全二叉树的结点范围为 $[2^{h-1}, 2^h-1]$。

【思考题 9.7】 具有 n 个结点的完全二叉树有多少个叶子结点？有多少个度为 1 的结点？有多少个度为 2 的结点？具有 2015 个结点的完全二叉树有多少个叶子结点？有多少个度为 1 的结点？有多少个度为 2 的结点？具有 5016 个结点的完全二叉树有多少个叶子结点？有多少个度为 1 的结点？有多少个度为 2 的结点？

分析： 假设具有 n 个结点的完全二叉树有 n_0 个叶子结点，有 n_1 个度为 1 的结点，有 n_2 个度为 2 的结点，显然有 $n=n_0+n_1+n_2$。由完全二叉树的特点可知，$n_1=0$ 或 1。由二叉树的性质 3 可知，$n_0=n_2+1$。

1）当 $n_1=0$ 时，有 $n=n_0+n_2=n_2+1+n_2=2n_2+1$ 或者 $n=n_0+n_2=n_0+n_0-1=2n_0-1$，即

$$n_0=\frac{n+1}{2}, \quad n_2=\frac{n-1}{2}$$

2）当 $n_1=1$ 时，有 $n=n_0+1+n_2=n_2+1+1+n_2=2n_2+2$ 或者 $n=n_0+n_2=n_0+1+n_0-1=2n_0$，即

$$n_0=\frac{n}{2}, \quad n_2=\frac{n}{2}-1$$

综合上述分析，我们可以得到如下结论：

若完全二叉树的结点数 n 为奇数，则此完全二叉树没有度为 1 的结点，其叶子结点个数为

$(n+1)/2$，度为 2 的结点个数为 $(n-1)/2$；若完全二叉树的结点数 n 为偶数，则此完全二叉树有一个度为 1 的结点，其叶子结点个数为 $n/2$，度为 2 的结点个数为 $n/2-1$。即：如果 $n = 2k+1$，那么 $n_0 = \dfrac{n+1}{2}$，$n_1 = 0$，$n_0 = \dfrac{n-1}{2}$；如果 $n = 2k$，那么 $n_0 = \dfrac{n}{2}$，$n_1 = 1$，$n_2 = \dfrac{n}{2}-1$。

因为 2015 是奇数，所以具有 2015 个结点的完全二叉树有 $(2015+1)/2 = 1008$ 个叶子结点，0 个度为 1 的结点，1007 个度为 2 的结点。因为 5016 是偶数，所以具有 5016 个结点的完全二叉树有 $5016/2 = 2508$ 个叶子结点，1 个度为 1 的结点，2507 个度为 2 的结点。

性质 4 结点数为 n 的完全二叉树的高度为 $\lfloor \log_2 n \rfloor + 1$ 或者 $\lceil \log_2(n+1) \rceil$。

证明：假设完全二叉树的高度为 h。由思考题 9.6 可得如下不等式：

$$2^{h-1} \le n \le 2^h - 1$$

1）去掉不等式右边的等号有 $2^{h-1} \le n < 2^h$，不等式两边同时取以 2 为底的对数：

$$h-1 \le \log_2 n < h$$

故，可得 $h-1 = \lfloor \log_2 n \rfloor \Rightarrow h = \lfloor \log_2 n \rfloor + 1$。

2）去掉不等式左边的等号有 $2^{h-1} < n+1 \le 2^h$，不等式两边同时取以 2 为底的对数：

$$h-1 < \log_2(n+1) \le h$$

故，可得 $h = \lceil \log_2(n+1) \rceil$。证毕。

性质 4 描述的是完全二叉树的结点个数与高度之间的关系。在性质 4 的证明中用到了思考题 9.6 中的结论，请读者重新审视思考题 9.6 的分析过程，看看是否有新的发现。

新的发现 在分析给定高度的完全二叉树的结点数范围时，我们发现仅仅用到了完全二叉树定义中的第一个约束条件，即除去最大层是一棵满二叉树，然后令最大层只有一个结点就可得到结点数的最小值，令最大层充满就可得到结点数的最大值。在分析结点数的最小值过程中并不关心最大层上的这个结点是否是向左充满的，因此对于除去最大层是一棵满二叉树的所有二叉树而言，它们的结点数和高度之间都具有性质 4 所描述的关系。这个新发现非常有用。

【思考题 9.8】 具有 2015 个结点的完全二叉树的高度是多少？

分析：因为 $1024 = 2^{10} < 2015 < 2048 = 2^{11}$，故此完全二叉树的高度为 $\lfloor \log_2 2015 \rfloor + 1 = 10+1 = 11$ 或 $\lceil \log_2(2015+1) \rceil = 11$。

【思考题 9.9】 具有 n 个结点的二叉树的高度最小值为多少？高度最大值为多少？

分析：因为具有相同结点数的二叉树中，完全二叉树的高度一定是其中最小的，所以具有 n 个结点的二叉树的高度最小值为 $\lfloor \log_2 n \rfloor + 1$。当每一层只有一个结点时，高度达到最大值，即具有 n 个结点的二叉树的高度最大值为 n。综合可知，具有 n 个结点的二叉树的高度范围为 $[\lfloor \log_2 n \rfloor + 1, n]$。

性质 5 对具有 n 个结点的完全二叉树进行按层次编号（此处编号从 1 开始），对于编号为 i 的结点：

1）可计算结点 i 的双亲编号：若 $i = 1$（为根结点），则该结点无双亲，否则其双亲编号为 $\lfloor i/2 \rfloor$。

2）可计算结点 i 的左孩子编号：若 $2i > n$，则该结点无左孩子，否则其左孩子编号为 $2i$。

3）可计算结点 i 的右孩子编号：若 $2i+1 > n$，则该结点无右孩子，否则其右孩子编号为 $2i+1$。

证明：对图 9-4b 所示完全二叉树 T_3 进行按层次编号（编号从 1 开始）如图 9-5 所示。

通过观察任意一棵完全二叉树可以发现，结点与其左孩子之间的结点个数是一个以编号为序的等差数列。具体来说，编号为 1 的结点与其左孩子之间间隔 0 个结点，编号为 2 的结点与其左孩子之间间隔 1 个结点，编号为 3 的结点与其左孩子之间间隔 2 个结点，…，编号为 i 的结点与其左孩子之间间隔 $i-1$ 个结点（假设结点 i 的左孩子存在）。所以，在进行按层次编号时，位于结点 i 的左孩子之前的结点共有 $i+i-1=2i-1$ 个，结点 i 的左孩子是第 $2i$ 个结点，因此它的编号为 $2i$。

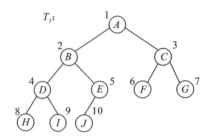

图 9-5　按层次编号后的完全二叉树

通过观察任意一棵完全二叉树还可以发现，结点与其右孩子之间的结点个数也是一个以编号为序的等差数列。具体来说，编号为 1 的结点与其右孩子之间间隔 1 个结点，编号为 2 的结点与其右孩子之间间隔 2 个结点，编号为 3 的结点与其右孩子之间间隔 3 个结点……编号为 i 的结点与其右孩子之间间隔 i 个结点（假设结点 i 的右孩子存在）。所以，在进行按层次编号时，位于结点 i 的右孩子之前的结点共有 $i+i=2i$ 个，结点 i 的右孩子是第 $2i+1$ 个结点，因此它的编号为 $2i+1$。

通过上述两个观察结果可知，如果 $i=2j\leqslant n$ 成立，那么 i 即为结点 j 的左孩子编号；如果 $i=2j+1\leqslant n$ 成立，那么 i 即为结点 j 的右孩子编号。显然有下列等式成立：

$$\lfloor 2j/2 \rfloor = \lfloor (2j+1)/2 \rfloor = \lfloor i/2 \rfloor = j$$

故对于编号为 i 的结点而言，如果 $i=1$，则说明它是根结点，因此它没有双亲；如果 $i>1$，那么它一定存在（有且仅有的一个）双亲，其编号为 $\lfloor i/2 \rfloor$。证毕。

需要再次强调的是，性质 1、性质 2 和性质 3 是对所有二叉树都适用的；性质 4 适用于所有除去最大层是一棵满二叉树的二叉树；性质 5 则适用于完全二叉树。

9.2　二叉树的实现

通过前面的学习，我们从逻辑层面认识了什么是二叉树，它有哪些有趣的性质。那么这样一种有趣的数据结构在存储器中将如何进行存储？这是本节讨论的主要问题。

9.2.1　需要解决的关键问题

通过前面的叙述，我们认识了"二叉树"结构，那么如何在内存中表示这种结构呢？要回答这个问题，我们必须提出在内存中存储结点信息和分支信息的解决方案。从二叉树的定义可知，在二叉树结构中有且仅有一个结点（即根结点）没有直接前驱，其余的结点有且仅有一个直接前驱，但它们均可以有零个或两个直接后继结点。这里提到的"结点"是数据元素在二叉树结构中的称谓，结点之间的前驱和后继关系用结点之间的线段表示，连接结点的线段称为"分支"。两个结点之间的直接前驱和直接后继关系由一条分支表示，这里的直接前驱关系称为双亲关系，直接后继关系称为孩子关系。两个结点之间的前驱和后继关系由自上而下通过其他结点互连的多条分支表示，这里的前驱关系称为祖先关系，后继关系称为子孙关系。综上所述，二叉树可以表示成如下二元组：$T = <N, B>$，其中 N 是有限结点集，B 是有限分支集，或者说 N 是有限数据元素集，B 是有限父子关系集。由此可知，在存储器中如何存储二叉树结构的问题实际上是在存储器中如何存储二叉树的结点集信息和分支集信息的问题。结点是数据元素，它的存储是简单和直接的；分支描述的是关系，关系的存储是不易而多样的。

因此，**我们需要解决的关键问题是，如何在存储器中存储分支信息**。也就是说，我们需要从存储分支信息的角度入手找到可能的二叉树的存储方案。

9.2.2　关键问题的求解思路

用链式存储结构表示非线性结构是一种直观的想法。回想 8.2.3 节中我们给大家介绍的树的左孩子右兄弟表示法，在此表示法中我们规定了孩子的次序，因此我们可以借鉴这种表示法得到二叉树的链式存储结构。在树的左孩子右兄弟表示法中，对每个结点而言，除了存储结点信息外，还存储两个指针信息，一个是指向其左孩子的指针，另一个是指向其右兄弟的指针。指针记录了分支的信息，指针域的区分记录了分支的方向信息。因此，我们在存储二叉树时，也可以在存储每个结点信息的同时，用两个不同的指针域分别记录指向其左孩子的指针和指向其右孩子的指针。两个不同的指针域本身就暗含了分支的方向信息，而其中记录的指针信息即为分支信息，从而可以成功存储一棵二叉树。因为每个结点只需记录两个指针，因此这种存储结构称为二叉树的二叉链表。大家将会在 9.7.1 节中的树和二叉树的相关转换过程中，再次看到树的左孩子右兄弟表示法与二叉树的二叉链表的内在联系。

将非线性结构进行某种线性抽象能够顺序存储到线性的存储器中是一种具有挑战性的思考。通常提出的二叉树的顺序结构是基于二叉树的性质 5（见 9.1.3 节）来实现的，性质 5 中总结的规律就是对（某类）二叉树的一种线性抽象。假设现在需要顺序存储一棵完全二叉树，这种通常做法的一般处理步骤是：首先从上至下、从左向右依次对完全二叉树中的结点进行编号（即按层次编号），编号从 1 开始；然后用一个一维数组来存放所有结点的值，结点的值在一维数组中的存放位置由它们的编号来决定。这样处理的巧妙之处是，将蕴含分支信息（包括方向信息，即孩子的左右之分）的结点编号（由二叉树的性质 5 可知）隐藏在下标当中，从而不需要另辟空间存储分支信息；不足之处是，适用面窄。为了让一般的二叉树也能采用这种顺序存储结构进行存储，需要进行如下的处理过程，即通过在二叉树中添加外部结点（二叉树原有的结点称为内部结构）将其补充为一棵完全二叉树，这个完全二叉树由内部结点和外部结点构成，且最后一个叶子一定是原二叉树最大层上最右边的叶子；然后对其进行按层次编号，用一个一维数组来存放所有结点的值，结点的值存放在一维数组中以它们编号为下标的位置上，内部结点存储它的值，外部结点的值统一用一个特殊的符号或值表示。上述处理过程虽然使得这种顺序结构可以应用于一般的二叉树，但是也带来另一个问题——存储利用率不高。

因为一条分支向上表示的是双亲关系，向下表示的是孩子关系。从双亲关系的角度存储分支信息是简单明了的，只需绑定结点的值和它的双亲编号即可。但是在二叉树中，我们需要明确这条分支信息表示的孩子关系是左孩子关系还是右孩子关系。换句话说，我们还需要存储结点是它双亲的左孩子还是右孩子的信息。这一点也不难做到，我们可以通过一个标志位来进行区分。

下面我们将基于上述求解思路给出具体的二叉树的存储方案。

9.2.3　二叉树的存储结构

1. 二叉树的链式存储结构

二叉树具有很强的结构特点，它的每个结点至多只有两个孩子，我们不妨将二叉树中的分支想象成带箭头的边，它从双亲出发指向孩子。那么我们会发现，每个结点至多具有两条这样的边，而且这种带箭头的边好似指针，它存储在双亲结点中，就像"星球大战"中绝地战士使用的光剑，当需要访问它的值时，它就发出带箭头的边指向孩子结点。因为每个结点只需要存储两个这样的指针，因此二叉树的这种链式存储结构称为**二叉链表**（Binary Linked List）。每个结点对应的存储映像如图9-6所示。

图9-6　二叉链表中的结点结构

其中，*data* 域为数据域，用来存储结点的信息；*lchild* 域为指针域，用来指向其左孩子；*rchild* 域也为指针域，用来指向其右孩子。

类型定义如下：

```
typedef struct BTNode
{
    DataType  data;
    struct BTNode *lchild,*rchild;
}BTNode,* BL_BTree;
```

图9-7a所示二叉树 T_4 所对应的二叉链表存储结构图如图9-7b所示。整个二叉链表以指向根结点的指针（称为根指针 *root*）为整个存储结构的访问入口。

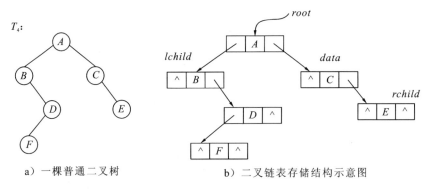

a）一棵普通二叉树　　　　　b）二叉链表存储结构示意图

图9-7　二叉链表存储结构示意图

【思考题9.10】具有 n 个结点的二叉树所对应的二叉链表中有多少个空链域？

分析：具有 n 个结点的二叉树对应的二叉链表具有 n 个如图9-6所示的结点结构，由图9-6可知每个结点结构有两个指针域，因此共有 $2n$ 个链域。因为除去根结点，其余结点有且仅有一个双亲，故共有 $n-1$ 个双亲关系，即 $n-1$ 条分支。通过前面的学习，我们知道同一条分支向上看表示双亲关系，向下看表示孩子关系，因此孩子关系的个数等于双亲关系的个数以及等于分支的条数，故有 $n-1$ 个孩子关系。要表示 $n-1$ 个孩子关系要使用 $n-1$ 个链域，因此还有 $2n-(n-1)=n+1$ 个空链域。

因为在二叉链表中直接保存的是孩子关系，因此基于此存储结构实现查找指定结点的孩子或子孙是很方便的。结点之间的孩子关系间接表示了它们之间的双亲关系，因此基于此存储结构也可以实现查找指定结点的双亲或祖先，但不直接，相对而言要复杂一些。下面我们给出基于二叉链表的二叉树的（除创建运算和遍历运算之外的）部分基本运算的实现，其他基本运算的实现请参看教辅中资料中的相关源代码。

假设有：

```
typedef char DataType;
typedef BTNode* ElemType;
/* ================== 内部接口 ================== */
```

```
/*******根据合法的结点编号或指向它的指针*******/
/*访问双亲运算:返回给定结点的双亲编号或指向其双亲的指针*/
void GetParent_Internal(BL_BTree T,BTNode *node_loc,BTNode **parent)
{
    BTNode *p = NULL,*q = NULL;
    CSqQueue Q;
    if(T == node_loc)
    {
        *parent = NULL;
        return;
    }
    InitQueue(&Q);
    EnQueue(&Q,T);
    while(!QueueEmpty(Q))
    {
        DeQueue(&Q,&p);
        q = p -> lchild;
        if(NULL ! = q)
        {
            EnQueue(&Q,q);
            if(q == node_loc)
            {
                *parent = p;
                return;
            }
        }
        q = p -> rchild;
        if(NULL ! = q)
        {
            EnQueue(&Q,q);
            if(q == node_loc)
            {
                *parent = p;
                return;
            }
        }
    }
}
/*访问子孙运算:输出给定结点的所有子孙的信息*/
void GetOffspring_Internal(BL_BTree T,BTNode* node_loc,int* num_offspring)
{
    BTNode *p = NULL;
    CSqQueue Q;
    *num_offspring = 0;
    p = node_loc -> lchild;
    if(NULL == node_loc -> lchild && NULL == node_loc -> rchild)
    {
        printf("The node %c is leaf,it has no child! \n",node_loc -> data);
return;
}
    printf("The node %c's offspring are:",node_loc -> data);
    InitQueue(&Q);
    if(NULL ! = node_loc -> rchild)
        EnQueue(&Q,node_loc -> rchild);
    if(NULL ! = node_loc -> lchild)
        EnQueue(&Q,node_loc -> lchild);
    while(!QueueEmpty(Q))
    {
        DeQueue(&Q,&p);
        (*num_offspring) ++ ;
        printf("%c  ",p -> data);
        if(NULL ! = p -> lchild)
            EnQueue(&Q,p -> lchild);
```

```
                if( NULL ! = p -> rchild)
                    EnQueue( &Q,p -> rchild);
            }
        printf( "\n");
    }
/*访问祖先运算:输出给定结点的所有祖先的信息*/
void GetAncestor_Internal( BL_BTree T,BTNode *node_loc,int *num_ancestor)
{
    BTNode *p_parent;
    *num_ancestor = 0;
    GetParent_Internal( T,node_loc,&p_parent);
    if( NULL == p_parent)
    {
        printf( "The node is root,it has not ancestor! \n");
        return;
    }
    printf( "The node %c's ancestors are:",node_loc -> data);
    while( NULL ! = p_parent)
    {
        ( *num_ancestor) ++;
        printf( "%c   ",p_parent -> data);
        GetParent_Internal( T,p_parent,&p_parent);
    }
    printf( "\n");
}
/* =================== 外部接口 =================== */
/*初始化运算:初始化得到一棵空二叉树*/
int InitBiTree( BL_BTree *T)
{
    *T = NULL;
    return SUCCESS;
}
/*******非递归版的求高度算法*******/
/*求高度运算:返回二叉树 T 的高度*/
int BiTreeHeight( BL_BTree T)
{
    int maxheight_subtree = 0,height_subtree;
    BTNode *p = NULL,*q = NULL;
    if( NULL == T)
        return 0;
    else
    {
        if( NULL ! = T -> lchild)
        {
            height_subtree = 0;
            q = T -> lchild;
            while( NULL ! = q)
            {
                height_subtree ++;
                p = q;
                q = q -> lchild;
                if( NULL == q)
                {
                    q = p -> rchild;
                    if( NULL == q)
                        break;
                    else
                    {
                        height_subtree ++;
                        p = q;
                        q = q -> lchild;
                    }
                }
```

```
            }
            maxheight_subtree = height_subtree;
        }
        if(NULL != T -> rchild)
        {
            height_subtree = 0;
            q = T -> rchild;
            while(NULL != q)
            {
                height_subtree ++ ;
                p = q;
                q = q -> lchild;
                if(NULL == q)
                {
                    q = p -> rchild;
                    if(NULL == q)
                        break;
                    else
                    {
                        p = q;
                        q = q -> lchild;
                    }
                }
            }
            if(maxheight_subtree < height_subtree)
                maxheight_subtree = height_subtree;
        }
    }
    return maxheight_subtree + 1;
}
/*******递归版的求高度算法*******/
/*求高度运算:返回二叉树 T 的高度*/
int BiTreeHeight(BL_BTree T)
{
    int leftsubtree_height = 0, rightsubtree_height = 0;
    if(NULL == T)
        return 0;
    else
    {
        leftsubtree_height = BiTreeHeight(T -> lchild);
        rightsubtree_height = BiTreeHeight(T -> rchild);
        if(leftsubtree_height < rightsubtree_height)
            return rightsubtree_height + 1;
        else
            return leftsubtree_height + 1;
    }
}
/*查找运算:返回指向结点 node 的指针*/
BTNode *LocateNode(BL_BTree T, DataType node)
{
    BTNode *p = NULL;
    CSqQueue Q;
    InitQueue(&Q);
    EnQueue(&Q, T);
    while(!QueueEmpty(Q))
    {
        DeQueue(&Q, &p);
        if(node == p -> data)
            return p;
        if(NULL != p -> lchild)
            EnQueue(&Q, p -> lchild);
        if(NULL != p -> rchild)
            EnQueue(&Q, p -> rchild);
```

```
    }
        return NULL;        //表示二叉树中不存在值为 node 的结点
}
/*******根据结点值*******/
/*访问双亲运算:返回给定结点的双亲编号或指向其双亲的指针*/
int GetParent(BL_BTree T,DataType node_value,BTNode **parent)
{
    BTNode *node_loc = NULL;
    node_loc = LocateNode(T,node_value);        //获得指向结点的指针
    if(NULL == node_loc)
        return PARAMETER_ERR;                    //返回错误代码
    GetParent_Internal(T,node_loc,parent);       //根据指向结点的指针访问结点的双亲
    return SUCCESS;
}
/*访问子孙运算:输出给定结点的所有子孙的信息*/
int GetOffspring(BL_BTree T,DataType node_value,int *num_offspring)
{
    BTNode *node_loc = NULL;
    node_loc = LocateNode(T,node_value);     //获得指向结点的指针
    if(NULL == node_loc)
        return PARAMETER_ERR;                //返回错误代码
    //根据指向结点的指针访问结点的所有孩子
    GetOffspring_Internal(T,node_loc,num_offspring);
    return SUCCESS;
}
/*访问祖先运算:输出给定结点的所有祖先的信息*/
int GetAncestor(BL_BTree T,DataType node_value,int *num_ancestor)
{
    BTNode *node_loc = NULL;
    node_loc = LocateNode(T,node_value);   //获得指向结点的指针
    if(NULL == node_loc)
        return PARAMETER_ERR;              //返回错误代码
    //根据指向结点的指针访问结点的所有祖先
    GetAncestor_Internal(T,node_loc,num_ancestor);
    return SUCCESS;
}
```

为了使得查找某指定结点的双亲与孩子一样方便，我们又一次需要使用"空间换时间"技术，在图9-6所示的结点结构中增加一个指针域 *parent*，用它来指向结点的双亲结点。因为每个结点对应的结点结构包括三个指针域，因此被称为二叉树的三叉链表存储表示法（Trifurcate Linked List）。三叉链表中每个结点的存储映像如图9-8所示。

| lchild | parent | data | rchild |

图9-8　三叉链表中的结点结构

其中，*data* 域为数据域，用来存储结点的信息；*lchild* 域为指针域，用来指向其左孩子；*rchild* 域也为指针域，用来指向其右孩子；*parent* 域也为指针域，用来指向其双亲。

类型定义如下：

```
typedef struct TTNode
{
    DataType data;
    struct TTNode * lchild,* rchild,* parent;
}TTNode,*TL_BTree;
```

图9-7a 所示二叉树 T_4 所对应的三叉链表存储结构图如图9-9所示。

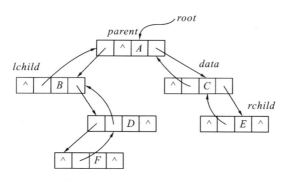

图 9-9　三叉链表存储结构示意图

【思考题 9.11】 具有 n 个结点的二叉树所对应的三叉链表中有多少个空链域?

分析: 具有 n 个结点的二叉树对应的三叉链表具有 n 个如图 9-8 所示的结点结构,由图 9-8 可知每个结点结构有三个指针域,因此共有 $3n$ 个链域。因为共有 $n-1$ 个双亲关系和 $n-1$ 个孩子关系,因此会使用 $2(n-1)$ 个链域,故还有 $3n-2(n-1)=n+2$ 个空链域。

2. 二叉树的顺序存储结构

(1) 二叉树基于性质 5 的顺序存储结构

完全二叉树的性质 5 告诉我们,对完全二叉树进行按层次编号(编号从 1 开始),那么这种编号本身就包含所有的分支信息(即双亲关系和孩子关系)以及分支的方向信息(即孩子的左右之分),因此我们可以借助于性质 5 得到二叉树的一种顺序结构。在此顺序存储结构中,由于要用到性质 5,而性质 5 只适用于完全二叉树,因此对一般二叉树采用这种顺序存储结构之前,我们需要利用外部结点(用方框表示)将该二叉树补充为完全二叉树,然后对改造得到的完全二叉树进行按层次编号。例如,图 9-7a 所示二叉树 T_4 如上述改造后得到的完全二叉树 T'_4 如图 9-10 所示。

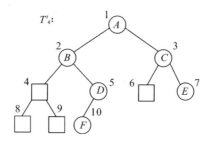

图 9-10　一棵包含外部结点的完全二叉树

用一个一维数组存储二叉树中的所有结点信息,结点信息存放在以其编号为下标的位置上,外部结点对应的位置存储一个特殊的符号(如 φ)以表示是外部结点。这样处理后,结点之间的关系信息就隐含存储在结点的编号(或下标)中。T'_4 的这种顺序存储结构如图 9-11 所示。

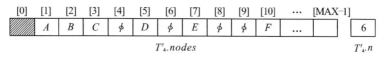

图 9-11　二叉树的基于性质 5 的顺序存储结构示意图

类型定义如下：

```
#define MAX 100
typedef struct
{
    DataTypenodes[MAX];   //结点信息存放在以其编号为下标的位置上
    intn;   //结点数
} SQ_BTree;
```

观察图 9-11，因为下标为 $2 \times 2 = 4$ 的位置上为特殊符号 $'\phi'$，所以意味着编号为 2 的结点（即结点 B）没有左孩子；而下标为 $2 \times 2 + 1 = 5$ 的位置上存储的信息是 D，则意味着编号为 2 的结点有右孩子，它的右孩子是结点 D。下标为 7 的位置上不为空且存储的信息也不是特殊符号 $'\phi'$，因此可以通过 $T'_4 . nodes [7]$ 访问到编号为 7 的结点的值；同时可以通过 $T'_4 . nodes[\lfloor 7/2 \rfloor]$ 访问到它的双亲，它双亲的编号为 $\lfloor 7/2 \rfloor = 3$。

因为上述顺序存储结构利用了只适合于完全二叉树的性质 5，所以在存储一般的二叉树时，会造成很大的存储浪费。特别地，当存储只有右分支的二叉树时这种浪费尤为严重，因为要补充大量的外部结点。那么，能否在不引入外部结点的情况下实现二叉树的顺序存储结构呢？为了回答这个问题，我们首先来看看思考题 9.12 提出的问题。

【思考题 9.12】 是否可以首先对二叉树进行按层次编号，然后按照类似于树的双亲数组表示法来存储二叉树呢？也就是说，以编号为下标将结点信息和它的双亲编号依次存储在一个一维数组中。

分析：树的双亲数组表示可以记录所有结点的信息和分支信息，但并没有记录分支的次序信息，故它适用的是对无序树的存储。同样地，如果我们用类似的方法存储二叉树，那么只能知道二叉树由哪些结点组成，哪些结点之间具有父子关系，但是在这些父子关系中无从判断其中的孩子是左孩子还是右孩子，故不能直接使用类似树的双亲数组表示法来存储二叉树。

通过对思考题 9.12 的思索，我们发现二叉树的存储较树的存储要复杂一些，因为它不光要记录结点的信息、分支的信息，还必须记录分支的方向信息。弄清了这一点，我们可以通过对树的双亲数组表示法稍加改造得到二叉树的一种顺序存储结构。也就是说，在记录每个结点的信息和双亲编号的同时还记录一个标志，此标志将指示结点是其双亲的左孩子还是右孩子，我们将这种顺序存储结构称为二叉树的类双亲数组表示法。

（2）类双亲数组表示法

在类双亲数组表示法中，每个结点对应的存储映像如图 9-12 所示。

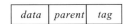

| data | parent | tag |

图 9-12   "类双亲数组表示法"中的结点结构

其中，*data* 域用来存储结点的信息，*parent* 域用来存储结点的双亲编号，*tag* 域用来存放标识结点是其双亲的左孩子还是右孩子的标签。

一棵具有 n 个结点的二叉树，对其进行按层次编号（编号可以从 0 开始也可以从 1 开始；若从 0 开始，则用 -1 表示双亲不存在；若从 1 开始，则可用 0 表示双亲不存在），它有 n 个如图 9-12 所示的存储映像，用一组地址连续的存储单元（即一个一维数组）按照结点的编号依次存储这 n 个存储映像。此时每个存储映像中的 *parent* 域存放的就是该结点双亲在一维数组中的下标（即双亲结点的编号）。

类型定义如下：

```
#define MAX 100
typedef struct
{
    DataType data;    //结点的信息
    int parent;       //结点的双亲信息(双亲结点的编号)
    char tag;         //标签
}PA_BTreeNode;
typedef struct
{
    PA_BTreeNode nodes[MAX];
    int n;            //二叉树中结点的总数
}PA_BTree;
```

图 9-13a 所示的二叉树的类双亲数组表示法存储结构如图 9-13b 所示。

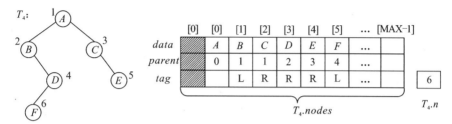

a) 按层次编号后的二叉树 T_4 的示意图　　　　b) 二叉树的类双亲数组表示法存储结构示意图

图 9-13　二叉树的"类双亲数组表示法"示例

9.2.4　方案的比较分析

就适应范围和灵活度来说，二叉树的链式存储结构比二叉树的顺序存储结构的适用范围更广、更灵活。二叉链表和三叉链表是二叉树的两种链式存储结构，它们均适用于所有的二叉树。二叉树的一种顺序存储结构是利用性质 5 来实现的，性质 5 中总结的规律就是对（某类）二叉树的一种线性抽象。因为二叉树性质 5 的局限性使得这种基于性质 5 的顺序存储结构天生具有缺陷：它只适用于完全二叉树或结点密集型二叉树或高度不大的二叉树，否则会造成较大的存储浪费。为了克服这些不足，我们给出了二叉树的另一种顺序存储结构——类双亲数组表示法。

9.3　二叉树的创建

9.3.1　问题描述与分析

二叉树的创建是指在存储器中创建二叉树，也就是按照二叉树的某种存储结构将二叉树的信息保存到存储器中。只有在存储器中成功创建二叉树之后，我们才能利用计算机实现关于二叉树的应用。

二叉树的创建是一个与实现层面相关的问题，所以它必然涉及二叉树的存储结构。当我们创建某棵二叉树时，必须先为其选择一种存储结构，然后根据二叉树的具体信息将存储结构需要的各项数据填满。因为在实际应用中我们通常采用的是二叉树的二叉链表存储结构，所以下面我们给出基于二叉链表的二叉树的一种创建算法，我们将在 9.4.3 节中还会介绍基于二叉树的遍历算法继续讨论二叉树的创建问题。

9.3.2　问题求解

假设有：

```
typedef char DataType;
typedef BTNode* ElemType;
/*创建运算:创建一棵树∧/
int CreateBiTree(BL_BTree *T)
{
    BTNode *p = NULL,*q = NULL;
    DataType e;
    CSqQueue Q;
    InitQueue(&Q);
    *T = (BTNode *)malloc(sizeof(BTNode));
    if(NULL == *T)
        return STORAGE_ERROR;
    printf("Please input the root's value:");
    scanf("%c",&((*T)->data));
    getchar();                    //去掉回车字符
    (*T)->lchild = NULL;
    (*T)->rchild = NULL;
    EnQueue(&Q,*T);
    while(!QueueEmpty(Q))
    {
        DeQueue(&Q,&p);
        printf("Please input the left child of node %c (if no please input \'#\'):",p -> data);
        scanf("%c",&e);
        getchar();                //去掉回车字符
        if('#' != e)
        {
            q = (BTNode *)malloc(sizeof(BTNode));
            if(NULL == q)
                return STORAGE_ERROR;
            q -> data = e;
            q -> lchild = NULL;
            q -> rchild = NULL;
            p -> lchild = q;
            EnQueue(&Q,q);
        }
        printf("Please input the right child of node %c (if no please input \'#\'):",p -> data);
        scanf("%c",&e);
        getchar();                //去掉回车字符
        if('#' != e)
        {
            q = (BTNode *)malloc(sizeof(BTNode));
            if(NULL == q)
                return STORAGE_ERROR;
            q -> data = e;
            q -> lchild = NULL;
            q -> rchild = NULL;
            p -> rchild = q;
            EnQueue(&Q,q);
        }
    }//while
    return SUCCESS;
}
```

9.4　二叉树的遍历

9.4.1　问题描述与分析

　　本节将介绍二叉树的一种重要操作——二叉树的遍历（Binary Tree Traversal）。我们在 8.4 节中已经介绍过遍历的概念，遍历是指访问且只访问一次某数据结构中的所有数据元素。因此，二叉树的遍历是指访问且只访问一次二叉树中的所有结点。

　　因为在二叉树中每个结点至多有两棵子树，即左子树和右子树，因此我们可以按照下面的几种顺序来遍历二叉树：①首先遍历根的左子树，然后访根，最后遍历根的右子树；②首先访根，再遍历根的左子树，最后遍历根的右子树；③首先遍历根的左子树，再遍历根的右子树，最后访根；④首先遍历根的右子树，然后访根，最后遍历根的左子树；⑤首先访根，再遍历根的右子树，最后遍历根的左子树；⑥首先遍历根的右子树，再遍历根的左子树，最后访根。显然，④、⑤、⑥所述的方法和①、②、③所述的方法是对偶的关系，因此只需取其中一组方法进行分析和介绍，我们选择①~③所述的方法进行详细的介绍。有兴趣的读者，可以自己完成按照④~⑥所述方法得到的二叉树的另三种遍历算法。此外，我们可以从另一个角度思考如何访问且只访问一次二叉树中的所有结点。因为二叉树中的某个结点只可能位于某一个层次，不可能同时位于多个层次，因此，我们可以从上自下、从左自右依次访问每一层中的结点以实现对二叉树的遍历。下面我们将分别详细介绍上述四种实现二叉树遍历的求解思路。

1. 先序遍历

二叉树的先序遍历，也称为二叉树的先根遍历或前序遍历或前根遍历，用符号记为 NLR，它的递归定义如下所述。

先序遍历二叉树，若二叉树为空，则遍历结束，否则依次执行：①访问根结点；②先序遍历根的左子树；③先序遍历根的右子树。

2. 中序遍历

二叉树的中序遍历，也称为二叉树的中根遍历，用符号记为 LNR，它的递归定义如下所述。

中序遍历二叉树，若二叉树为空，则遍历结束，否则依次执行：①中序遍历根的左子树；②访问根结点；③中序遍历根的右子树。

3. 后序遍历

二叉树的后序遍历，也称为二叉树的后根遍历，用符号记为 LRN，它的递归定义如下所述。

后序遍历二叉树，若二叉树为空，则遍历结束，否则依次执行：①后序遍历根的左子树；②后序遍历根的右子树；③访问根。

4. 层次遍历

层次遍历二叉树规定：从根结点开始，依层次次序自上而下、自左至右访问二叉树中的所有结点。那么，如何实现二叉树的层次遍历呢？假设现在从左向右访问二叉树第 k 层上的结点。根据结点层次的概念我们知道，第 k 层上的结点的孩子在第 $k+1$ 层上。第 k 层上第一个被访问且具有孩子的结点，它的孩子一定是第 $k+1$ 层上最左边的一个或两个结点，在其右边紧挨着的结点是第 k 层上第二个被访问且具有孩子结点的孩子，依此类推。我们发现第 k 层上最先被访问的结点，其孩子也是第 $k+1$ 层上最先被访问的结点，具有"先进先出"的特点，因此，可以联想到利用第 7 章所学的"队列"来实现二叉树的层次遍历。

需要注意的是，上述递归定义中的"根结点"是指进入本次先序遍历的二叉树的根。二叉树遍历的应用主要体现在"访根操作"上。例如，访根操作可以是简单地输出当前结点的信息；也可以是判断当前结点是否是叶子（或者是否是度为 1 的结点或者是否是度为 2 的结点），从而可以统计或输出给定二叉树的所有叶子结点（或度为 1 的结点或度为 2 的结点）；等等。如果访根操作是简单地输出当前结点的信息，那么遍历结束后将得到相应的遍历序列。

【思考题 9.13】 请写出图 9-7a 所示二叉树 T_4 的先序遍历序列、中序遍历序列、后序遍历序列和层次遍历序列。

分析：根据先序遍历的递归定义（口诀为"根左右"），可得 T_4 的先序遍历序列为 $A\ B\ D\ F\ C\ E$；根据中序遍历的递归定义（口诀为"左根右"），可得 T_4 的中序遍历序列为 $B\ F\ D\ A\ C\ E$；

根据后序遍历的递归定义（口诀为"左右根"），可得 T_4 的后序遍历序列为 $F\,D\,B\,E\,C\,A$；T_4 的层次遍历序列为 $A\,B\,C\,D\,E\,F$。

也可以用作图的方法得到 T_4 的先序遍历序列、中序遍历序列和后序遍历序列。为了能用图来刻画二叉树先序遍历、中序遍历和后序遍历的执行轨迹，需要将 T_4 每个结点的空链域表示出来（因为空链域是触发递归结束的条件），我们用外部结点表示空链域，显然这样处理后得到的二叉树的叶子均是外部结点。按照这种方法处理 T_4 得到的 T''_4 如图 9-14 所示。

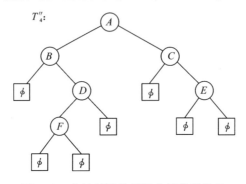

图 9-14　空链域被外部结点替代后的 T_4

回想二叉树的先序遍历序列、中序遍历序列和后序遍历序列的递归定义，可以发现三种遍历算法的差别仅仅在于访根操作位置的不同，它们的搜索策略均是先左后右，即搜索路径相同，如图 9-15 所示。

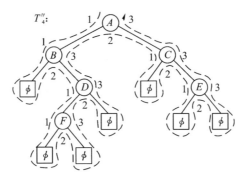

图 9-15　先序、中序、后序遍历二叉树的搜索路径

从图 9-15 可知，每个结点在搜索路径上均会出现三次（在图中，我们在每个结点的旁边都标注了数字 1、2、3 分别表示结点的三次出现）。若在结点第一次出现时对其进行访问，那么进行的是二叉树的先序遍历；若在结点第二次出现时对其进行访问，那么进行的是二叉树的中序遍历；若在结点第三次出现时对其进行访问，那么进行的是二叉树的后序遍历。显然，二叉树的先序遍历序列就是在搜索路径上按照数字"1"出现的次序依次访问相应结点得到的结点序列；二叉树的中序遍历序列就是在搜索路径上按照数字"2"出现的次序依次访问相应结点得到的结点序列；二叉树的后序遍历序列就是在搜索路径上按照数字"3"出现的次序依次访问相应结点得到的结点序列。故根据图 9-15 可得：二叉树 T_4 的先序遍历序列为 $A\,B\,D\,F\,C\,E$；二叉树 T_4 的中序遍历序列为 $B\,F\,D\,A\,C\,E$；二叉树 T_4 的后序遍历序列为 $F\,D\,B\,E\,C\,A$。这个结果和上面根据递归定义得到的遍历序列相同。

结论： 根据先序、中序和后序遍历的递归定义，我们可以发现这三种遍历序列具有以下特点：先序遍历序列中的第一个结点一定是整棵二叉树的根；后序遍历序列中的最后一个结点也一定是整棵二叉树的根；中序遍历序列中位于根结点左边（或右边）的子序列包含了其左子树（或右子树）中的所有结点，且该子序列是其左子树（或右子树）的中序遍历序列。上述特点在思考题9.13求得的T_4的先序、中序和后序遍历序列中有直观体现。上述特点说明，先序遍历序列或后序遍历序列可以告诉我们二叉树的根，而中序遍历序列可以告诉我们二叉树的树形结构，同时可以清晰地划分出二叉树左子树的中序遍历序列和右子树的中序遍历序列。根据左子树（或右子树）的中序遍历序列，我们可以知道左子树（或右子树）包含的所有结点，从而可以从先序或后序遍历序列中划分出左子树和右子树的先序或后序遍历序列。我们可以根据左子树（或右子树）的先序或后序遍历序列和它的中序遍历序列判断出左子树（或右子树）的根和它的树形。显然通过重复上述过程，因为问题规模在不断缩小，所以上述迭代过程最终会结束，结束时即可画出原二叉树。因此可以得出结论：先序遍历序列和中序遍历序列可以唯一确定一棵二叉树；中序遍历序列和后序遍历序列可以唯一确定一棵二叉树。需要注意的是，先序遍历序列和后序遍历序列不能唯一确定一棵二叉树。因为先序遍历序列和后序遍历序列不能告诉我们二叉树的树形结构信息。

例9.1 已知某二叉树的先序遍历序列为$STUWV$，中序遍历序列为$UWTVS$，画出这棵二叉树，并写出它的后序遍历序列和层次遍历序列。

解： 由二叉树的先序遍历序列可知，整个二叉树的根是"S"；再观察中序遍历序列，可以发现在中序遍历序列中位于S右边的子序列为空，因此可知以S为根的二叉树是一棵无右的二叉树，同时可知其左子树的先序遍历序列为$TUWV$，中序遍历序列为$UWTV$，如图9-16a所示。

根据S左子树的先序遍历序列可知，S左子树的根为T；在S左子树的中序遍历序列中找到结点T，结果发现，T的左右均有子序列，因此可知S的左子树是一棵完整态的二叉树。又因为在S左子树的中序遍历序列中，位于T右边的子序列只包含了一个结点V，因此可知V是T的右孩子；位于T左边的子序列为UW，它是T的左子树的中序遍历序列。在左子树的先序遍历序列中找到结点U和W对应的子序列UW，它是T的左子树的先序遍历序列，如图9-16b所示。

根据T左子树的先序遍历序列可知，T左子树的根为U；在T左子树的中序遍历序列中找到结点U，结果发现，U的左边无子序列，其右边是只包括一个结点W的子序列，因此可知T的左子树是一棵无左的二叉树，结点W是U的右孩子，如图9-16c所示。

LST$_S$的先序遍历序列为：$TUWV$
LST$_S$的中序遍历序列为：$UWTV$
a）第一次迭代后的结果

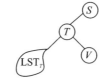
LST$_T$的先序遍历序列为：UW
LST$_T$的中序遍历序列为：UW
b）第二次迭代后的结果

c）第三次迭代后的结果

图9-16 先序遍历序列和中序遍历序列唯一确定一棵二叉树

图9-16c所示二叉树的后序遍历序列为$WUVTS$，层次遍历序列为$STUVW$。

例9.2 已知某二叉树的后序遍历序列为$FDBECA$，中序遍历序列为$BFDACE$，画出这棵二叉树，并写出它的先序遍历序列和层次遍历序列。

　　解：由二叉树的后序遍历序列可知，整个二叉树的根是"A"；再观察中序遍历序列，可以发现在中序遍历序列中 A 的左边和右边均有子序列，因此可知以 A 为根的二叉树是一棵完整态的二叉树，它的左子树的后序遍历序列为 FDB，中序遍历序列为 BFD；它的右子树的后序遍历序列为 EC，中序遍历序列为 CE，如图 9-17a 所示。

　　根据 A 左子树的后序遍历序列可知，A 左子树的根为 B；在 A 左子树的中序遍历序列中找到结点 B，结果发现，只有在结点 B 的右边存在子序列，因此可知 A 的左子树是一棵无左的二叉树。根据 A 右子树的后序遍历序列可知，A 右子树的根为 C；在 A 右子树的中序遍历序列中找到结点 C，发现在结点 C 的右边存在只包含结点 E 的子序列，因此可知 A 的右子树是一棵无左的二叉树，且结点 E 是结点 C 的右孩子，如图 9-17b 所示。

　　根据 B 右子树的后序遍历序列可知，B 右子树的根为 D；在 B 右子树的中序遍历序列中找到结点 D，结果发现，D 的右边不存在子序列，其左边存在只由一个结点 F 构成的子序列，因此可知 B 的右子树是一棵无右的二叉树，结点 F 是 D 的左孩子，如图 9-17c 所示。

　　图 9-17c 所示二叉树的先序遍历序列为 $ABDFCE$，层次遍历序列为 $ABCDEF$。

　　因为二叉树的先序、中序、后序遍历的定义是递归形式，所以用递归来实现二叉树的先序、中序、后序遍历是十分自然的事情。我们已经知道递归的实质还是程序调用，它是程序直接或间接地调用自己。同样，我们也知道，递归程序简洁明了，但效率不一定高（这里涉及递归深度对递归效率的影响问题）。为此，常常需要利用迭代或栈来消除递归。下面我们给出基于二叉链表的二叉树先序、中序、后序遍历的递归和非递归算法以及层次遍历算法的实现。

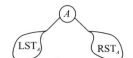

LST$_A$ 的后序遍历序列为：FDB
LST$_A$ 的中序遍历序列为：BFD
RST$_A$ 的后序遍历序列为：EC
RST$_A$ 的中序遍历序列为：CE

a）第一次迭代后的结果

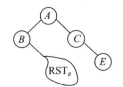

RST$_B$ 的后序遍历序列为：FD
RST$_B$ 的中序遍历序列为：FD

b）第二次迭代后的结果

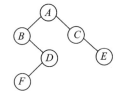

c）第三次迭代后的结果

图 9-17　后序遍历序列和中序遍历序列唯一确定一棵二叉树

9.4.2　问题求解

　　假设有：

```
typedef char DataType;
typedef BTNode* ElemType;
int visit(DataType node)
{
    printf("%c ",node);
    return 0;
}
/* ================== 内部接口 ================== */
/*******非递归版的遍历算法*******/
/*先序遍历运算:在先序遍历的过程中对每个结点调用一次 visit()操作*/
void PreTraverseBiTree_ Internal (BL_ BTree T, int (*visit) (DataType node))
{
    BTNode *p = NULL;
```

```
    SqStack S;
    InitStack (&S);
    Push (&S, T);
    while (!StackEmpty (S))
      {
         Pop (&S, &p);
          (*visit) (p -> data);
         if (NULL != p -> rchild)
             Push (&S, p -> rchild);
         if (NULL != p -> lchild)
             Push (&S, p -> lchild);
      }
}
/*中序遍历运算：在中序遍历的过程中对每个结点调用一次 visit()操作*/
void InTraverseBiTree_ Internal (BL_ BTree T, int (*visit) (DataType node))
{
    BTNode *p = NULL;
    SqStack S;
    InitStack (&S);
    p = T;
    while (NULL != p || !StackEmpty (S))
      {
         //找最左边叶子
         while (NULL != p)
          {
             Push (&S, p);
             p = p -> lchild;
          }
         //开始遍历
         Pop (&S, &p);
          (*visit) (p -> data);
         p = p -> rchild;
      }
}
/*后序遍历运算：在后序遍历的过程中对每个结点调用一次 visit()操作*/
void PostTraverseBiTree_ Internal (BL_ BTree T, int (*visit) (DataType node))
{
    BTNode *p = NULL;
    SqStack S;
    int tag [MAX];
    InitStack (&S);
    p = T;
    while (NULL != p || !StackEmpty (S))
      {
         //找最左叶子
         while (NULL != p)
          {
             Push (&S, p);
             tag [S. top] = 1;            //标记结点的左孩子指针被访问
             p = p -> lchild;
          }
         //开始遍历
         if (1 == tag [S. top])           //说明栈顶结点的左子树遍历结束
          {
             GetTop (S, &p);
             tag [S. top] = 2;            //标记结点的的右孩子指针被访问
             p = p -> rchild;
          }
         else if (2 == tag [S. top])        //说明栈顶结点的右子树遍历结束
          {
             tag [S. top] = 0;
             Pop (&S, &p);
              (*visit) (p -> data); //访根操作执行完后表示以 p 为根的二叉树后序遍历完成
             p = NULL;
          }
```

```
    }
}
/*层次遍历运算：在层次遍历的过程中对每个结点调用一次 visit()操作*/
void LevelTraverseBiTree_ Internal (BL_ BTree T, int (*visit) (DataType node))
{
    BTNode *p = NULL;
    CSqQueue Q;
    InitQueue (&Q);
    EnQueue (&Q, T);
    while (!QueueEmpty (Q))
      {
        DeQueue (&Q, &p);
         (*visit) (p -> data);
        if (NULL != p -> lchild)
            EnQueue (&Q, p -> lchild);
        if (NULL != p -> rchild)
            EnQueue (&Q, p -> rchild);
      }
}
/*******递归版的先序、中序和后序遍历算法*******/
/*先序遍历运算：在先序遍历的过程中对每个结点调用一次 visit()操作*/
void PreTraverseBiTree_ Internal (BL_ BTree T, int (*visit) (DataType node))
{
    if (NULL != T)
      {
         (*visit) (T -> data);
        PreTraverseBiTree_ Internal (T -> lchild, visit);    //先序遍历根的左子树
        PreTraverseBiTree_ Internal (T -> rchild, visit);    //先序遍历根的右子树
      }
}
/*中序遍历运算：在中序遍历的过程中对每个结点调用一次 visit()操作*/
void InTraverseBiTree_ Internal (BL_ BTree T, int (*visit) (DataType node))
{
    if (NULL != T)
      {
        InTraverseBiTree_ Internal (T -> lchild, visit);    //中序遍历根的左子树
         (*visit) (T -> data);
        InTraverseBiTree_ Internal (T -> rchild, visit);    //中序遍历根的右子树
      }
}
/*后序遍历运算：在后序遍历的过程中对每个结点调用一次 visit()操作*/
void PostTraverseBiTree_ Internal (BL_ BTree T, int (*visit) (DataType node))
{
    if (NULL != T)
      {
        PostTraverseBiTree_ Internal (T -> lchild, visit);    //中序遍历根的左子树
        PostTraverseBiTree_ Internal (T -> rchild, visit);    //中序遍历根的右子树
         (*visit) (T -> data);
      }
}
/* ================= 外部接口 ================== */
/*遍历运算：对二叉树 T 的每个结点调用有且仅有一次的 visit()操作*/
int TraverseBiTree (BL_ BTree T, int (* visit) (DataType node), int Type)
{
    if (IS_ EMPTYTREE == TreeBiEmpty (T))
      {
        printf (" This is a empty binary tree! \n");
        return IS_ EMPTYTREE;
      }
    if (PRE_ TRAVERSE == Type)
      {
        printf (" The binary tree's pretraverse list is:");
        PreTraverseBiTree_ Internal (T, visit);
        printf (" \n");
      }
```

```
    else if ( IN_ TRAVERSE == Type)
     {
        printf ( " The binary tree's intraverse list is:");
        InTraverseBiTree_ Internal (T, visit);
        printf ( " \n");
     }
    else if ( POST_ TRAVERSE == Type)
     {
        printf ( " The binary tree's posttraverse list is:");
        PostTraverseBiTree_ Internal (T, visit);
        printf ( " \n");
     }
    else if ( LEVEL_ TRAVERSE == Type)
     {
        printf ( " The binary tree's leveltraverse list is:");
        LevelTraverseBiTree_ Internal (T, visit);
        printf ( " \n");
     }
    else
        return PARAMETER_ ERR;
    return SUCCESS;
}
```

在上面给出的非递归算法中，我们通过调用已实现的顺序栈、循环队列的基本操作来完成相关处理。但是，函数调用是有系统开销的，它会涉及程序运行上下文环境的切换等问题。所以考虑效率原因，在二叉树遍历的非递归算法中我们也可以通过直接对顺序栈 S、循环队列 Q 进行操作来完成相关处理。

还需要强调的是，因为栈具有先进后出的特性，所以一定要注意算法实现过程中结点左、右子树的入口地址入栈的顺序。

最后还需要说明的是，二叉树后序遍历的非递归算法相对来说要复杂一些，因为它涉及"根"指针的三次访问。结点指针入栈后，第一次访问是为了获得所指对象的左子树的入口地址，目的是为了完成对其左子树的后序遍历；第二次访问是为了获得所指对象的右子树的入口地址，目的是为了完成对其右子树的后序遍历，并意味着该结点的左子树已后序遍历完毕；当对结点进行第三次访问时，这个事件意味着该结点的左子树和右子树均已后序遍历结束，此时应该进行"访根"操作，因此结点出栈并对其实施 $visit()$ 操作。为了标记结点入栈后进行了多少次访问，我们在后序遍历的非递归算法中使用了一个标记数组 tag，结点在 tag 中的下标与它在栈 S 中的位置对应。假设结点在栈 S 中的位置为 i，那么 $1 == tag[i]$ 表示结点入栈后只进行了 1 次访问，$2 == tag[i]$ 表示结点入栈后已经进行了 2 次访问，所以当结点再次成为栈顶并且 $2 == tag[i]$ 时，我们应该先对该结点实施出栈操作，然后对其进行 $visit()$ 操作（即"访根操作"）。

9.4.3 二叉树遍历应用举例

本小节主要给出利用二叉树的遍历求解一些有趣问题的例子。

1. 利用二叉树的先序、中序、后序遍历求解表达式的前缀、中缀和后缀表达式

二叉树的先序、中序、后序遍历与表达式的前缀、中缀和后缀三种形式有着紧密、自然的联系。图 9-18 是一个算术表达式的树型表示，树中的分支结点代表着操作符，叶子结点代表着变量或常量，分支结点的左子树是其代表的操作符的左边的操作量，分支结点的右子树是其代表的操作符的右边的操作量。图 9-18 所示二叉树的先序遍历序列" $+ * ab* - c/def$ "、中序

遍历序列"$a*b+c-d/e*f$"和后序遍历序列"$ab*cde/-f*+$"就是该二叉树对应的算术表达式的前缀表达式、中缀表达式和后缀表达式。

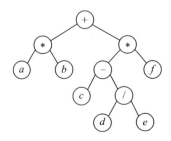

图 9-18　表达式 $a*b+(c-d/e)*f$ 的树型表示

2. 利用二叉树的遍历实现二叉树的创建

我们可以利用二叉树的某种遍历序列来实现二叉树的创建。假设二叉树采用二叉链表存储结构。下面我们将介绍基于先序遍历序列得到的递归构造算法和非递归构造算法，基于中序遍历序列、后序遍历序列的构造算法留给读者完成。请读者先写出图 9-19 所示二叉树的先序遍历序列。

相信读者已经给出了正确答案：T_5 的先序遍历序列为 $A\ B\ D\ F\ C\ E$。不难发现，T_5 的先序遍历序列和 T_4 的先序遍历序列是一样的，即不同的二叉树的先序遍历序列可能相同。因此，基于先序遍历序列构造二叉树的二叉链表，不能以通常的先序遍历序列为输入。那么，应以怎样的结点序列作为构造算法的输入呢？我们不妨对 T_5 也做类似于思考题 9.13 中对 T_4 的处理，处理结果如图 9-20 所示。

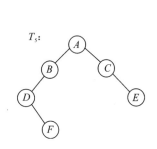

图 9-19　另一棵普通的二叉树

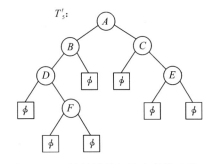

图 9-20　空链域被外部结点替代后的 T_5

图 9-14 所示 T_4'' 的先序遍历序列为"$A\ B\ \phi\ D\ F\ \phi\ \phi\ \phi\ C\ \phi\ E\ \phi\ \phi$"，图 9-20 所示 T_5' 的先序遍历序列为"$A\ B\ D\ \phi\ F\ \phi\ \phi\ \phi\ C\ \phi\ E\ \phi\ \phi$"。可见，带外部结点的二叉树先序遍历序列可以唯一确定一棵二叉树，所以它适合作为构造二叉树的二叉链表的输入。

```
/*基于先序遍历序列的二叉链表构造算法(递归版)*/
int CreateBTree_Pre_Rec(BL_BTree *T)
{
    char ch;
    if((ch = getchar()) == '*')  //用符号*表示序列中的外部结点
        *T = NULL;
    else
    {
        *T = (BL_BTree)malloc(sizeof(BTNode));
        if(NULL == *T)
            return STORAGE_ERROR;
```

```
            (*T)->data = ch;
            if(STORAGE_ERROR == CreateBTree_Pre_Rec(&((*T)->lchild)))
                return STORAGE_ERROR;
            if(CreateBTree_Pre_Rec(&((*T)->rchild)))
                return STORAGE_ERROR;
    }
    return SUCCESS;
}
/*基于先序遍历序列的二叉链表构造算法(非递归版)*/
int CreateBTree_Pre_NonRec(BL_BTree *T)
{
    SqStack S;
    int tag[MAX];
    BTNode *p = NULL, *q = NULL;
    char ch;
    InitStack(&S);
    printf("Please input the preorder list of a tree:");
    ch = getchar();
    if('*' == ch)
        *T = NULL;
    else
    {
        *T = (BL_BTree)malloc(sizeof(BTNode));
        if(NULL == *T)
            return STORAGE_ERROR;
        (*T)->data = ch;
        (*T)->lchild = NULL;
        (*T)->rchild = NULL;
        Push(&S, *T);
        tag[S.top] = 0;
        while(!StackEmpty(S))
        {
            ch = getchar();
            if('#' == ch)
            {
                printf("The inputted preorder list is wrong! \n");
                return PARAMETER_ERR;
            }
            else
            {
                if('*' != ch)              //用符号'*'表示序列中的外部结点
                {
                    q = (BTNode *)malloc(sizeof(BTNode));
                    if(NULL == q)
                        return STORAGE_ERROR;
                    q->data = ch;
                    q->lchild = NULL;
                    q->rchild = NULL;
                    if(0 == tag[S.top])
                    {
                        Pop(&S, &p);
                        p->lchild = q;
                        Push(&S, p);
                        tag[S.top] = 1;
                    }
                    else if(1 == tag[S.top])
                    {
                        Pop(&S, &p);
                        p->rchild = q;
                    }
                    Push(&S, q);
                    tag[S.top] = 0;
                }
                else
                {
```

```
                if(0 == tag[S.top])                //结点左孩子确定为空
                    tag[S.top] = 1;
                else if(1 == tag[S.top])           //结点右孩子确定为空
                    Pop(&S,&p);
            }
        }
    }
}
    return SUCCESS;
}
```

基于先序遍历序列的二叉链表非递归构造算法要复杂一些。因为在先序遍历序列中结点的左右孩子信息是在给出结点信息后给出的，因此需要利用栈来暂存结点。当结点对应的结构中的两个指针域均被赋值后（即左右孩子都找到后），它将不再入栈保存。为此，我们需要为每个结点设置一个标记，该标记注明了对应结点有几个指针域已被赋值。在上面的实现算法中我们使用了一个标记数组 *tag*，结点在 *tag* 中的下标与它在栈 S 中的位置对应。假设结点在栈 S 中的位置为 i，那么 $0 == tag[i]$ 表示结点的两个指针域均未被赋值，需要为它的左孩子指针域赋值；$1 == tag[i]$ 表示结点的左孩子指针域已被赋值，需要为它的右孩子指针域赋值。

需要说明的是，上述给出的两个构造算法都不够稳健，因为它的正确运行依赖于用户输入合法的带外部结点的先序遍历序列。有兴趣的读者可以将上述两个构造算法改造成为容错性强的算法（提示：在合法的带外部结点的先序遍历序列中，表示外部结点的特殊符号的个数比表示内部结点值的字符的个数刚好多 1 个）。

3. 利用二叉树的遍历统计二叉树中各类结点的个数

显然我们需要访问且只访问一次二叉树中的所有结点，对访问到的结点进行判断，看它属于哪一类的结点，并作相应的计数。我们可以采用 9.4.2 节中介绍的任意一种遍历算法来实现。

```
/*判断结点类型并计数*/
void visit(BTNode *p,int *leaf_num,int *onedegree_num,int *twodegree_num)
{
    if(NULL != p->lchild && NULL != p->rchild)
        (*twodegree_num)++;
    else if(NULL != p->lchild || NULL != p->rchild)
        (*onedegree_num)++;
    else
        (*leaf_num)++;
}
void main()
{
    BL_BTree T;
    int leaf_num = 0,onedegree_num = 0,twodegree_num = 0;
    InitBiTree(&T);
    CreateBTree(&T);
    ShowBiTree(T);
    TraverseBiTree(T,&visit,&leaf_num,&onedegree_num,&twodegree_num,PRE_TRAVERSE);
    printf("The number of leaves of the tree is %d;\n",leaf_num);
    printf("The number of one degree nodes of the tree is %d;\n",onedegree_num);
    printf("The number of two degree nodes of the tree is %d.\n",twodegree_num);
    leaf_num = 0;
    onedegree_num = 0;
    twodegree_num = 0;
    TraverseBiTree(T,&visit,&leaf_num,&onedegree_num,&twodegree_num,IN_TRAVERSE);
    printf("The number of leaves of the tree is %d;\n",leaf_num);
    printf("The number of one degree nodes of the tree is %d;\n",onedegree_num);
    printf("The number of two degree nodes of the tree is %d.\n",twodegree_num);
    leaf_num = 0;
    onedegree_num = 0;
```

```
twodegree_num = 0;
TraverseBiTree(T,visit,&leaf_num,&onedegree_num,&twodegree_num,POST_TRAVERSE);
printf("The number of leaves of the tree is %d; \n",leaf_num);
printf("The number of one degree nodes of the tree is %d; \n",onedegree_num);
printf("The number of two degree nodes of the tree is %d. \n",twodegree_num);
leaf_num = 0;
onedegree_num = 0;
twodegree_num = 0;
TraverseBiTree(T,&visit,&leaf_num,&onedegree_num,&twodegree_num,LEVEL_TRAVERSE);
printf("The number of leaves of the tree is %d; \n",leaf_num);
printf("The number of one degree nodes of the tree is %d; \n",onedegree_num);
printf("The number of two degree nodes of the tree is %d. \n",twodegree_num);
}
```

4. 利用二叉树的遍历求解可满足性问题

考虑由变量 x_1、x_2、…、x_n 和操作符 $\wedge$、$\vee$、$\neg$ 构成的演算公式集合。变量取值 t(true) 或 f (false)。公式的构成规则如下：一个变量是一个表达式；如果 x 和 y 是表达式，则 $\neg x$、$x \wedge y$、$x \vee y$ 是表达式；操作符的优先级从高到低为 $\neg$(非)、$\wedge$(析取)、$\vee$(合取)，但括号可以改变运算顺序。

上述三条基本规则可以生成命题演算的所有演算公式。表达式 $x_1 \vee (x_2 \wedge \neg x_3)$ 是一个演算公式。若 x_1 和 x_3 取 f，且 x_2 取 t，则表达式的求值结果为：$f \vee (t \wedge \neg f) = t$。命题演算可满足问题询问，对于给定的公式，是否存在一个变量集合的赋值，使该公式的求值结果为 t。这个问题最早由逻辑学家 Newell Shaw Simon 提出，时间是 20 世纪 50 年代，用来研究启发式数学规划的有效性。

演算公式 $(x_1 \wedge \neg x_2) \vee (\neg x_1 \wedge x_3) \vee \neg x_3$ 可以用二叉树表示，如公式的二叉树形式如图 9-21 所示。可满足问题有最直接的求解方法，方法是让 (x_1, x_2, x_3) 取遍 t 和 f 的所有组合，并把这些组合一一代入公式求值。对 n 个变量，t 和 f 的组合共有 2^n 个，这种算法的时间复杂度是指数级的。后序遍历表达树就是这种算法的实现。后序遍历在访问一个结点时，它的左右子树已经遍历完毕，因此，这时左右表达式的值已经计算出来了。例如，在访问第二层的 $\vee$ 时，$x_1 \wedge \neg x_2$ 与 $\neg x_1 \wedge x_3$ 的值已求出，可以对两个值做合取操作了。注意，树中的 $\neg$ 结点只有右子树，因为 $\neg$ 是单目操作符。

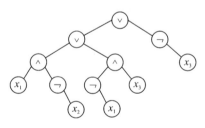

图 9-21 命题演算公式的二叉树

9.5 线索二叉树

9.5.1 线索二叉树的应用需求

利用二叉树二叉链表存储结构中的空链域来指向结点在某种遍历序列中的直接前驱结点或直接后继结点的存储映像。这种附加的指向直接前驱、直接后继的指针称为**线索**（Threads），在空左孩子链域附加的线索称为左线索，在空右孩子链域附加的线索称为右线索。带了线索的二叉树称为**线索二叉树**（Threaded Binary Tree）。使一个不带线索的二叉树变为线索二叉树的过程称为线索化。为了叙述的方便，我们在后面的章节中，在不引起混淆的情况下，将直接前驱结点简称为前驱结点，将直接后继结点简称为后继结点。

线索二叉树一般可分为先序线索二叉树、中序线索二叉树和后序线索二叉树。图 9-22 所示的线索二叉树是二叉树 T_4（见图 9-7a）分别根据其先序遍历序列 $A\,B\,D\,F\,C\,E$、中序遍历序列 $B\,F\,D\,A\,C\,E$ 和后序遍历序列 $F\,D\,B\,E\,C\,A$ 得到的。图 9-22 中的实线表示指针，虚线表示线索。图 9-22a 中，结点 E 的右线索为空，表示 E 是先序遍历序列的终端结点，因为它在先序遍历序列中无后继。图 9-22b 中，结点 B 的左线索为空，表示 B 是中序遍历序列的开始结点，因为它在中序遍历序列中无前驱；E 的右线索为空，表示 E 是中序遍历序列的终端结点，因为它在中序遍历序列中无后继。图 9-22c 中，结点 F 的左线索为空，表示 F 是后序遍历序列的开始结点，因为它在后序遍历序列中无前驱。从图 9-22 中，我们还可以发现，当某个结点同时具有左右线索时，说明该结点是叶子结点。

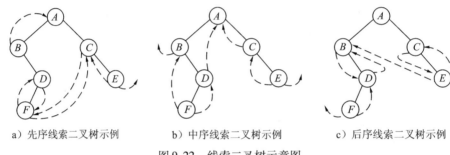

a）先序线索二叉树示例　　　b）中序线索二叉树示例　　　c）后序线索二叉树示例

图 9-22　线索二叉树示意图

加了线索的二叉链表称为线索链表。在具有 n 个结点的二叉树的二叉链表中，共有 $2n$ 个链域，其中 $n-1$ 个链域存放的是指针，而其余的 $n+1$ 个链域可以用来存放线索。那么，如何区分某个链域中存放的是指针还是线索呢？为了解决这个问题，我们可以为每个链域设置一个标记域，用它来标识链域中存放的内容。线索链表的结点结构如图 9-23 所示。

lchild	ltag	data	rtag	rchild

图 9-23　线索链表的结点结构

图 9-23 中，data 为数据域，用来存放结点的值，lchild、rchild 是指针域，ltag 和 rtag 是标记域。它们之间的关系和存储的内容如下所述：

1）左标记 ltag 的值为 0，表示指针域 lchild 存放的是指向结点左孩子的指针。

2）左标记 ltag 的值为 1，表示指针域 lchild 存放的是指向结点前驱的左线索。

3）右标记 rtag 的值为 0，表示指针域 rchild 存放的是指向结点右孩子的指针。

4）右标记 rtag 的值为 1，表示指针域 rchild 存放的是指向结点后继的右线索。

类型定义如下：

```
typedef enum{POINTER,THREAD}PointerType;//POINTER 和 THREAD 的值分别为 0 和 1
typedef struct ThrBTNode
{
    DataType data;
    struct ThrBTNode * lchild,* rchild;
    PointerType ltag,rtag;
}ThrBTNode,*ThrBTree;
```

图 9-22 所示线索二叉树对应的线索链表如图 9-24 所示。

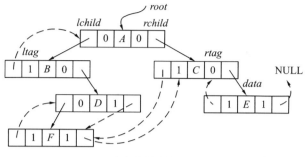

a）先序线索链表示例

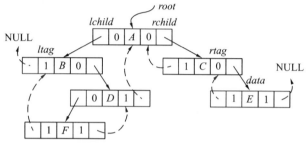

b）中序线索链表示例

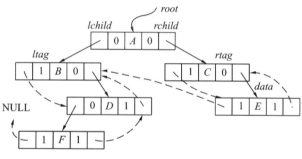

c）后序线索链表示例

图 9-24　线索链表示意图

9.5.2　二叉树的线索化

由于对二叉树有不同的遍历方式，在不同遍历方式下，同一棵二叉树的遍历序列是不尽相同的。线索化二叉树的方法是在进行二叉树某种遍历过程中，边遍历边作线索，遍历结束时线索二叉树也创建完成。对 9.4 节给出的遍历算法稍作修改可以得到二叉树的先序线索化、中序线索化和后序线索化的递归和非递归算法。所以也可以认为，二叉树的线索化是对二叉树遍历算法的一种应用。在线索化开始时，我们先做一个预处理，其目的是得到用于添加线索的二叉树 T 的线索链表，然后在线索链表的基础上对二叉树 T 进行线索化，线索化结束后，为了检验线索化的结果是否正确，我们还需要将创建得到的线索二叉树进行输出打印。为了便于处理，我们还写了一个线索二叉树的复制算法。通过这个复制运算，我们可以只进行一次预处理就能得到三种线索化所需的三个待添加线索的线索链表。下面给出二叉树先序线索化的非递归算法和递归算法。二叉树中序/后序线索化的非递归算法、递归算法，线索二叉树的复制算法和输出打印算法请参看教辅资料中的相关源代码。

假设有：

```
typedef ThrBTNode* ElemType;
typedef char DataType;
//(递归版线索化二叉树算法使用的)全局变量
//始终指向当前结点的前驱结点,即始终指向刚刚被访问过的结点
ThrBTNode *pre_PreOder = NULL;
ThrBTNode *pre_InOder = NULL;
ThrBTNode *pre_PostOder = NULL;
/*二叉树线索化预处理:根据二叉树 T 准备添加线索用的线索链表*/
int PreprocessingForCreateThrBTree(ThrBTree *T)
{
    ThrBTNode *p = NULL,*q = NULL;
    DataType e;
    CSqQueue Q;
    InitQueue(&Q);
    *T = (ThrBTNode * )malloc(sizeof(ThrBTNode));
    if(NULL == *T)
        return STORAGE_ERROR;
    printf("Please input the root's value:");
    scanf("%c",&((*T)->data));
    getchar();                   //去掉回车字符
    (*T)->lchild = NULL;
    (*T)->rchild = NULL;
    EnQueue(&Q,*T);
    while(!QueueEmpty(Q))
    {
        DeQueue(&Q,&p);
        printf("Please input the left child of node %c (if no please input \#\):",p->data);
        scanf("%c",&e);
        getchar();               //去掉回车字符
        if('#' != e)
        {
            q = (ThrBTNode *)malloc(sizeof(ThrBTNode));
            if(NULL == q)
                return STORAGE_ERROR;
            q->data = e;
            q->lchild = NULL;
            q->rchild = NULL;
            p->lchild = q;
                EnQueue(&Q,q);
        }
        printf("Please input the right child of node %c (if no please input \#\):",p->data);
        scanf("%c",&e);
        getchar();               //去掉回车字符
        if('#' != e)
        {
            q = (ThrBTNode *)malloc(sizeof(ThrBTNode));
            if(NULL == q)
                return STORAGE_ERROR;
            q->data = e;
            q->lchild = NULL;
            q->rchild = NULL;
            p->rchild = q;
            EnQueue(&Q,q);
        }
    }//while
    return SUCCESS;
}
/*先序线索化二叉树(递归版):对二叉树 T 进行先序线索化*/
void PreThreadTree(ThrBTree T)
{
    if(NULL != T)                        //当 T 非空时,当前访问结点是 T
    {
        if(NULL != T->lchild)
```

```
            T -> ltag = POINTER;
        else
            T -> ltag = THREAD;
        if( NULL != T -> rchild)
            T -> rtag = POINTER;
        else
            T -> rtag = THREAD;
        if( NULL != pre_PreOder)              //若当前结点的前驱结点存在
        {
            //若前驱结点右标记为线索,则为其添加右线索
            if( THREAD == pre_PreOder -> rtag)
                pre_PreOder -> rchild = T;
            //若当前结点左标记为线索,则为其添加左线索
            if( THREAD == T -> ltag)
                T -> lchild = pre_PreOder;
        }
        pre_PreOder = T;               //保证 pre_PreOder 指向新当前结点的先序前驱
        if( POINTER == T -> ltag)
            PreThreadTree( T -> lchild);   //左子树先序线索化
        if( POINTER == T -> rtag)
            PreThreadTree( T -> rchild);   //右子树先序线索化
    }
}
```

在二叉树线索化的非递归算法中,需要特别注意的是,while 循环后不要漏掉了对 *pre* 所指结点的右标记进行处理。通过上面的算法,我们发现某结点的左标记是当它作为当前结点时进行设置的(通过判断它的左指针域是否为空进行设置,若左标记被标记为线索,那么需要向左指针域添加左线索,即添加其前驱结点的地址),而它的右标记是在下一轮迭代它作为当前结点的前驱结点时进行设置的(因为此时当前结点是它的后继结点)。while 循环结束时,最后被访问结点的左标记域已被设置,因为再没有下一轮的迭代了,所以循环结束时它的右标记域还未进行设置,故在 while 循环结束时需要对此标记域进行设置。那么,如何设置才是适当的呢?因为此结点是先序、中序遍历到的最后一个结点,因此它不可能有右孩子,所以其对应结点结构的右标记域应被标注为 THREAD。同时,此结点在先序、中序遍历序列中也不可能有后继结点,所以它具有空的右线索。因为在后序遍历中最后遍历到的是根结点,它可能有右孩子也可能没有,所以其对应结点结构的右标记域应该根据根结点的右指针域是否为空指针进行设置,如果不为空指针则右标记域设置为 POINTER,否则设置为 THREAD(空的右线索)。

本节我们主要解决的问题是,线索二叉树的创建。线索二叉树创建完成后,我们将开始讨论线索二叉树上的运算。

9.5.3　线索二叉树上的运算

下面主要介绍线索二叉树上的三种常用的运算:查找指定结点的前驱结点、查找指定结点的后继结点、线索二叉树的遍历。

假设有:

```
typedef ThrBTNode* ElemType;
typedef char DataType;
int visit( DataType node)
{
    printf( "%c ",node);
    return 0;
}
```

1. 查找指定结点的前驱结点

设指定结点(在线索链表中)对应的结点结构由指针 *p* 指示。为了帮助用户提供查找指定

结点前驱结点和后继结点的入口参数 p，我们给出了线索二叉树的查找运算的实现。该运算能够根据用户提供的结点值返回指向该结点值对应的结点结构的指针。

```
/*查找运算:返回指向结点 node 的指针*/
ThrBTNode *LocateNode( ThrBTree T,DataType node)
{
    ThrBTNode *p = NULL;
    CSqQueue Q;
    InitQueue(&Q);
    EnQueue(&Q,T);
    while(!QueueEmpty(Q))
    {
        DeQueue(&Q,&p);
        if(node == p -> data)
            return p;
        if(POINTER == p -> ltag)
            EnQueue(&Q,p -> lchild);
        if(POINTER == p -> rtag)
            EnQueue(&Q,p -> rchild);
    }
    return NULL;            //表示二叉树中不存在值为 node 的结点
}
```

1）在先序线索二叉树中查找指定结点的前驱结点。以图 9-25 所示先序线索二叉树为例，为了便于检测分析的正确性，图中附上了此二叉树的先序遍历序列。

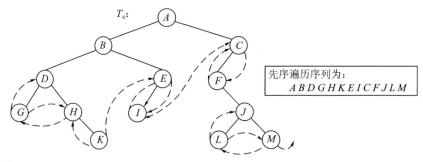

先序遍历序列为：
$ABDGHKEICFJLM$

图 9-25　先序线索二叉树 T_6

查找结点 p 的前驱结点分以下三种情况进行讨论：

情况 1：如果结点 p 是根（即 $p ==$ root），那么结点 $p -> data$ 是被先序遍历到的第一个结点，它没有先序前驱。例如，图 9-25 中的结点 A。

情况 2：如果 THREAD $== p -> ltag$，即 $p -> lchild$ 为左线索，那么结点 p 的前驱结点为左线索 $p -> lchild$ 所指向的结点（或结点 $p -> data$ 的前驱结点为 $p -> lchild -> data$）。例如，图 9-25 中，结点 G 的先序前驱是结点 D，结点 F 的先序前驱是结点 C。

情况 3：如果 POINTER $== p -> ltag$，即结点 p 的左子树不为空（例如，图 9-25 中的结点 B、结点 D、结点 E、结点 C、结点 J），那么需要分以下三种子情况进行讨论。

子情况 3.1：如果结点 p 是其双亲的左孩子，那么其双亲是该结点的先序前驱。例如，图 9-25 中的结点 B 是结点 A 的左孩子，所以结点 B 的先序前驱是结点 A；结点 D 是结点 B 的左孩子，所以结点 D 的先序前驱是结点 B。

子情况 3.2：如果结点 p 是其双亲的右孩子且无左兄弟，那么其双亲是该结点的先序前驱。例如，图 9-25 中的结点 J 是结点 F 的右孩子且无左兄弟，结点 F 是结点 J 的先序前驱。

子情况 3.3：如果结点 p 是其双亲的右孩子且有左兄弟，那么它的先序前驱应是以其左兄弟为根的二叉树"最右下的叶子结点"。例如，图 9-25 中的结点 E 是结点 B 的右孩子且有左兄弟，以其左兄弟 *D* 为根的二叉树"最右下的叶子结点" *K* 是结点 *E* 的先序前驱；结点 *C* 是结点 *A* 的右孩子且有左兄弟，以其左兄弟 *B* 为根的二叉树"最右下的叶子结点" *I* 是结点 *C* 的先序前驱。需要注意的是，结点 *E* 是以 *B* 为根的二叉树中"最右下"结点，但它不是叶子。

　　通过上面的分析可以看到，在先序线索二叉树中，当结点 *p* 的左子树非空时（即情况 3），需要知道 *p* 结点的双亲才能找到它的先序前驱。此时必须从根开始才能找到结点 *p* 的双亲，从而找到它的先序前驱。显然，线索对查找指定结点的先序前驱并无太大帮助。基于线索链表查找指定结点双亲的算法可以参见基于二叉链表查找指定结点双亲的算法得到。

```c
/*查找指定结点的双亲:返回指向给定结点的双亲的指针*/
void GetParent(ThrBTree T,ThrBTNode*node_loc,ThrBTNode **parent)
{
    ThrBTNode *p = NULL,*q = NULL;
    CSqQueue Q;
    if(T == node_loc)
    {
        *parent = NULL;
        return;
    }
    InitQueue(&Q);
    EnQueue(&Q,T);
    while(!QueueEmpty(Q))
    {
        DeQueue(&Q,&p);
        if(POINTER == p -> ltag)
        {
            q = p -> lchild;
            if(NULL != q)
            {
                EnQueue(&Q,q);
                if(q == node_loc)
                {
                    *parent = p;
                    return;
                }
            }
        }
        if(POINTER == p -> rtag)
        {
            q = p -> rchild;
            if(NULL != q)
            {
                EnQueue(&Q,q);
                if(q == node_loc)
                {
                    *parent = p;
                    return;
                }
            }
        }
    }
}
/*访问先序前驱结点运算:返回在先序线索二叉树中指向给定结点的先序前驱结点的指针*/
ThrBTNode *FindPrecursor_PreOrder(ThrBTree T,ThrBTNode *p)
{
    ThrBTNode *q = NULL;
    ThrBTNode *parent = NULL;
    if(p == T)                      //情况1(p结点是根结点)
        printf("The node %c is the root of the binary tree. \n",p->data);
    else if(THREAD == p -> ltag)    //情况2(p结点无左孩子)
        q = p -> lchild;
    else                            //情况3(p结点有左孩子)
    {
```

```
        GetParent(T,p,&parent);
        if(THREAD == parent -> ltag)   //parent 结点无左孩子
        {
            if(POINTER == parent -> rtag && p == parent -> rchild)   //情况 3.2
                q = parent;
        }
        else                         //parent 结点有左孩子
        {
            if(p == parent -> lchild)   //情况 3.1 & 情况 3.3
                q = parent;
            else if(POINTER == parent -> rtag && p == parent -> rchild)
            {
                q = parent -> lchild;
                //若结点 q 不是叶子
                while(THREAD != q -> ltag || THREAD != q -> rtag)
                {
                    while(POINTER == q -> rtag)
                        q = q -> rchild;
                    if(THREAD != q -> ltag)
                        q = q -> lchild;
                } //while
            }
        }
    }
    return q;
}
```

2）在中序线索二叉树中查找指定结点的前驱结点。查找结点 p 的前驱结点分以下两种情况：

情况 1：如果 THREAD == p -> $ltag$，即 p -> $lchild$ 为左线索，那么结点 p 的前驱结点为左线索 p -> $lchild$ 所指向的结点（或结点 p -> $data$ 的前驱结点为 p -> $lchild$ -> $data$）。例如，在图 9-24b 中，结点 F 的前驱结点是 B，结点 C 的前驱结点是 A。

情况 2：如果 POINTER == p -> $ltag$，即结点 p 具有左子树。根据二叉树中序遍历的定义（LNR）可知，结点 p 的前驱结点应为其左子树中最后一个被中序遍历到的结点，也就是其左子树中"最右下"的结点。如何找到这个结点呢？可以通过从 p 结点的左孩子出发，沿着右指针域中的 POINTER 型指针一直往下查找，直到找到一个没有右孩子的结点为止。例如，在图 9-24b 中，结点 A 的前驱结点是 D，结点 D 的前驱结点是 F。显然利用线索可以使得查找中序前驱结点变得简单（不难想象，在没有加线索的二叉树中处理情况 1 将是一件多么繁琐的事情）。

```
/*访问中序前驱结点运算:返回在中序线索二叉树中指向给定结点的中序前驱结点的指针*/
ThrBTNode *FindPrecursor_InOrder(ThrBTNode *p)
{
    ThrBTNode *q = NULL;
    if(THREAD == p -> ltag)   //情况 1
        q = p -> lchild;
    else                     //情况 2
    {
        q = p -> lchild;
        while(POINTER == q -> rtag)
            q = q -> rchild;
    }
    return q;
}
```

3）在后序线索二叉树中查找指定结点的前驱结点。查找结点 p 的前驱结点分以下两种情况进行讨论：

情况 1：如果 THREAD == p -> $ltag$，即 p -> $lchild$ 为左线索，那么结点 p 的前驱结点为左线

索 $p -> lchild$ 所指向的结点（或结点 $p -> data$ 的前驱结点为 $p -> lchild -> data$）。例如，在图9-24c 中，结点 B 的前驱结点是 D，结点 E 的前驱结点是 B。

情况 2：如果 POINTER == $p -> ltag$，即结点 p 具有左子树。根据二叉树后序遍历的定义（LRN）可知，结点 p 的前驱结点应为其左子树和右子树中最后一个被后序遍历到的结点。当结点 p 的右子树非空时（即 POINTER == $p -> rtag$），两棵子树中最后被后序遍历到的结点是右子树的根，也就是结点 p 的右孩子，即结点 $p -> data$ 的前驱结点为 $p -> rchild -> data$。当结点 p 的右子树为空时（即 THREAD == $p -> rtag$），两棵子树中最后被后序遍历到的结点是左子树的根，也就是结点 p 的左孩子，即结点 $p -> data$ 的前驱结点为 $p -> lchild -> data$。例如，在图 9-24c 中，结点 A 的前驱结点是 C，结点 D 的前驱结点是 F。

通过上面的分析可以看到，线索对查找指定结点的后序前驱结点是有帮助的。

```
/*访问后序前驱结点运算:返回在后序线索二叉树中指向给定结点的后序前驱结点的指针*/
ThrBTNode *FindPrecursor_PostOrder(ThrBTNode *p)
{
    ThrBTNode *q = NULL;
    if( THREAD == p -> ltag)
        q = p -> lchild;
    else
    {
        if( POINTER == p -> rtag)
            q = p -> rchild;
        else
            q = p -> lchild;
    }
    return q;
}
```

2. 查找指定结点的后继结点

设指定结点（在线索链表中）对应的结点结构由指针 p 指示。

1）在先序线索二叉树中查找指定结点的后继结点。查找结点 p 的后继结点分以下两种情况进行讨论：

情况 1：如果 THREAD == $p -> rtag$，即 $p -> rchild$ 为右线索，那么结点 p 的后继结点为右线索 $p -> rchild$ 所指向的结点（或结点 $p -> data$ 的后继结点为 $p -> rchild -> data$）。例如，在图 9-24a 中，结点 D 的后继结点是 F，结点 F 的后继结点是 C。

情况 2：如果 POINTER == $p -> rtag$，即结点 p 具有右子树。根据二叉树先序遍历的定义（NLR）可知，结点 p 的后继结点应为其左子树和右子树中第一个被先序遍历到的结点。当结点 p 的左子树非空时（即 POINTER == $p -> ltag$），两棵子树中第一个被先序遍历到的结点是左子树的根，也就是结点 p 的左孩子，即结点 $p -> data$ 的后继结点为 $p -> lchild -> data$。当结点 p 的左子树为空时（即 THREAD == $p -> ltag$），两棵子树中第一个被先序遍历到的结点是右子树的根，也就是结点 p 的右孩子，即结点 $p -> data$ 的后继结点为 $p -> rchild -> data$。例如，在图 9-24a 中，结点 B 的后继结点是 D，结点 A 的后继结点是 B，结点 C 的后继结点是 E。

通过上面的分析可以看到，线索对查找指定结点的先序后继结点是有帮助的。

```
/*访问先序后继结点运算:返回在先序线索二叉树中指向给定结点的先序后继结点的指针*/
ThrBTNode *FindSuccessor_PreOrder(ThrBTNode *p)
{
    ThrBTNode *q = NULL;
    if( THREAD == p -> rtag)
        q = p -> rchild;
    else
    {
        if( POINTER == p -> ltag)
```

```
            q = p -> lchild;
        else
            q = p -> rchild;
    }
    return q;
}
```

2）在中序线索二叉树中查找指定结点的后继结点。查找结点 p 的后继结点分以下两种情况：

情况 1：如果 THREAD == p -> $rtag$，即 p -> $rchild$ 为右线索，那么结点 p 的后继结点为右线索 p -> $rchild$ 所指向的结点（或结点 p -> $data$ 的后继结点为 p -> $rchild$ -> $data$）。例如，在图 9-24b 中，结点 D 的后继结点是 A，结点 F 的后继结点是 D。

情况 2：如果 POINTER == p -> $rtag$，即结点 p 具有右子树。根据二叉树中序遍历的定义（LNR）可知，结点 p 的后继结点应为其右子树中第一个被中序遍历到的结点，也就是其右子树中"最左下"的结点。如何找到这个结点呢？可以通过从 p 结点的右孩子出发，沿着左指针域中的 POINTER 型指针一直往下查找，直到找到一个没有左孩子的结点为止。例如，在图 9-24b 中，结点 B 的后继结点是 F，结点 C 的后继结点是 E，结点 A 的后继结点是 C。显然利用线索可以使得查找中序后继结点变得简单。

```
/*访问中序后继结点运算:返回在中序线索二叉树中指向给定结点的中序后继结点的指针*/
ThrBTNode *FindSuccessor_InOrder(ThrBTNode *p)
{
    ThrBTNode *q = NULL;
    if( THREAD == p -> rtag)
        q = p -> rchild;
    else
    {
        q = p -> rchild;
        while( POINTER == q -> ltag)
            q = q -> lchild;
    }
    return q;
}
```

3）在后序线索二叉树中查找指定结点的后继结点。以图 9-26 所示后序线索二叉树为例，为了便于检测分析的正确性，图中附上了此二叉树的后序遍历序列。

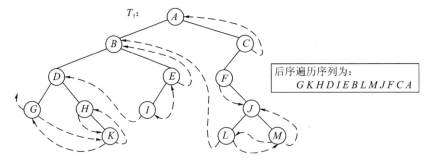

图 9-26 先序线索二叉树 T_7

查找结点 p 的后继结点分以下三种情况进行讨论：

情况 1：如果结点 p 是根（即 p == $root$），那么结点 p -> $data$ 是被后序遍历到的最后一个结点，它没后序后继。例如，图 9-26 中的结点 A。

情况 2：如果 THREAD == p -> $rtag$，即 p -> $rchild$ 为右线索，那么结点 p 的后继结点为右

线索 $p->rchild$ 所指向的结点（或结点 $p->data$ 的后继结点为 $p->rchild->data$）。例如，图 9-26 中，结点 G 的后序后继是结点 K，结点 E 的后序后继是结点 B，结点 K 的后序后继是结点 H，结点 M 的后序后继是结点 J。

情况 3：如果 POINTER $== p->rtag$，即结点 p 的右子树不为空（例如，图 9-26 中的结点 B、结点 D、结点 H、结点 F、结点 J），那么需要分以下三种子情况进行讨论。

子情况 3.1：如果结点 p 是其双亲的右孩子，那么其双亲是该结点的后序后继。例如，图 9-26 中的结点 J 是结点 F 的右孩子，所以结点 J 的后序后继是结点 F；结点 H 是结点 D 的右孩子，所以结点 H 的后序后继是结点 D。

子情况 3.2：如果结点 p 是其双亲的左孩子且无右兄弟，那么其双亲是该结点的后序后继。例如，图 9-26 中的结点 F 是结点 C 的左孩子且无右兄弟，结点 C 是结点 F 的后序后继。

子情况 3.3：如果结点 p 是其双亲的左孩子且有右兄弟，那么它的后序后继应是以其右兄弟为根的二叉树"最左下的叶子结点"。例如，图 9-26 中的结点 B 是结点 A 的左孩子且有右兄弟，以其右兄弟 C 为根的二叉树"最左下的叶子结点" L 是结点 B 的后序后继；结点 D 是结点 B 的左孩子且有右兄弟，以其右兄弟 E 为根的二叉树"最左下的叶子结点" I 是结点 D 的后序后继。需要注意的是，结点 F 是以 C 为根的二叉树中"最左下"结点，但它不是叶子。

通过上面的分析可以看到，在后序线索二叉树中，当结点 p 的右子树非空时（即情况 3），需要知道 p 结点的双亲才能找到它的后序后继。显然，线索对查找指定结点的后序后继并无太大帮助。

```
/*访问后序后继结点运算:返回在后序线索二叉树中指向给定结点的后序后继结点的指针*/
ThrBTNode *FindSuccessor_PostOrder(ThrBTree T,ThrBTNode *p)
{
    ThrBTNode *q = NULL;
    ThrBTNode *parent = NULL;
    if(p == T)                      //情况1(p结点是根结点)
        printf( "The node %c is the root of the binary tree. \n",p ->data);
    else if(THREAD == p ->rtag)     //情况2(p结点无右孩子)
        q = p ->rchild;
    else                            //情况3(p结点有右孩子)
    {
        GetParent(T,p,&parent);
        if(THREAD == parent ->rtag)    //parent 结点无右孩子
        {
            if( POINTER == parent ->ltag && p == parent ->lchild)  //情况3.2
                q = parent;
        }
        else                           //parent 结点有右孩子
        {
            if(p == parent ->rchild)   //情况3.1 & 情况3.3
                q = parent;
            else if( POINTER == parent -> rtag && p == parent -> rchild)
            {
                q = parent ->rchild;
                //若结点 q 不是叶子
                while(THREAD != q ->ltag || THREAD != q ->rtag)
                {
                    while( POINTER == q ->ltag)
                        q = q ->lchild;
                    if(THREAD != q ->rtag)
                        q = q ->rchild;
                } //while
            }
        }
    }
    return q;
}
```

3. 线索化二叉树的遍历

1）先序线索二叉树的先序遍历。在先序线索二叉树的先序遍历过程中，首先访问当前结点（当前访问结点初始化为根结点）；然后找当前结点的直接后继：若当前访问结点有左孩子，则其左孩子就是它在先序序列中的直接后继，否则（即无左孩子），它的右指针（无论其是否是线索）所指结点就是它的直接后继；接着将找到的直接后继修改为当前访问结点；重复上述过程，直到指向直接后继结点的指针为 NULL 为止。

```
/*先序线索二叉树的先序遍历算法:在先序遍历的过程中对每个结点调用一次 visit()操作*/
void PreTraverseOnPreThrBiTree(ThrBTree T,int (* visit)(DataType node))
{
    ThrBTNode *p = T;
    while (NULL != p)
    {
        visit(p -> data);   //访根操作
        if (POINTER == p -> ltag)
            p = p -> lchild;
        else
            p = p -> rchild;
    }
    printf("\n");
}
```

以图 9-24a 所示的先序线索链表作为上述算法的输入，输出的先序遍历序列为：$A\ B\ D\ F\ C\ E$，与思考题 9.13 中得到的结果一致。

2）中序线索二叉树的中序遍历。首先访问最左的结点，然后判断该结点是否有右线索，若有，则右线索所指结点就是它的直接后继结点；否则其右子树上最左边的结点是它的直接后继结点。重复访问、查找后继的操作，直到指向直接后继结点的指针为 NULL 为止。

```
/*中序线索二叉树的中序遍历算法:在中序遍历的过程中对每个结点调用一次 visit()操作*/
void InTraverseOnInThrBiTree(ThrBTree T,int (* visit)(DataType node))
{
    ThrBTNode *p = NULL;
    if(NULL != T)
    {
        p = T;
        while (POINTER == p -> ltag)
            p = p -> lchild;
        while (NULL != p)
        {
            visit(p -> data);
            if (THREAD == p -> rtag)
                p = p -> rchild;
            else
            {
                p = p -> rchild;
                while (POINTER == p -> ltag)
                    p = p -> lchild;
            }
        }
    }
    printf("\n");
}
```

以图 9-24b 所示的中序线索链表作为上述算法的输入，输出的中序遍历序列为：$B\ F\ D\ A\ C\ E$，与思考题 9.13 中得到的结果一致。

3）后序线索二叉树的后序遍历。非递归的遍历算法的设计显然要用循环，利用线索链表中的空链域作为循环结束的条件（像上述两个算法那样）是一个不错的选择。

后序线索二叉树的线索链表中的空链域（值均为空线索）最多有两个，第一个被后序访问的结点的左指针域一定存放的是空线索（表示是遍历序列的开始），后序遍历的最后一个结点一定是根结点，若它有右孩子，那么整个线索链表只有一个空链域，若它无右孩子，那么它的右指针域一定也存放的是空线索（表示是遍历序列的终点），那么整个线索链表有两个空链域。显然，表示遍历序列的开始的那个空链域更稳定，更合适作为循环结束条件。为了实现这一点，我们将以遍历序列相反的方向依次找出相应的结点，并将找到的结点压入栈中，循环结束后，将栈中结点的值依次输出即得后序线索二叉树的后序遍历序列。

在后序线索二叉树的逆向后序遍历过程中（显然这个过程从根结点开始，即将当前访问结点初始化为根结点），首先访问当前结点；然后找当前结点的直接前驱：若当前访问结点有右孩子，则其右孩子就是它在后序序列中的直接前驱，否则（即无右孩子），它的左指针（无论其是否是线索）所指结点就是它的直接前驱；接着将找到的直接前驱修改为当前访问结点；重复上述过程，直到指向直接前驱结点的指针为 NULL 为止。

```
/*后序线索二叉树的后序遍历算法:在后序遍历的过程中对每个结点调用一次 visit()操作*/
void PostTraverseOnPostThrBiTree(ThrBTree T,int ( * visit)(DataType node))
{
    ThrBTNode*  p = NULL;
    SqStack S;
    InitStack(&S);
    if(NULL != T)
    {
        p = T;
        while (NULL != p)
        {
            Push(&S,p);                 //当前结点入栈
            if ( POINTER == p -> rtag)    //当前结点有右孩子
                p = p -> rchild;
            else
                p = p -> lchild;
        }
        while(!StackEmpty(S))
        {
            Pop(&S,&p);
            visit(p -> data);
        }
    }
    printf(" \n");
}
```

以图 9-24c 所示的后序线索链表作为上述算法的输入，输出的后序遍历序列为：$F D B E C A$，与思考题 9.13 中得到的结果一致。

9.6　二叉树的应用

二叉树结构在实际问题中有着广泛的应用。在编码领域中，可以利用本节讨论的哈夫曼树（或称为最优二叉树）得到一种最优化编码——哈夫曼编码；在文件检索中用到的 B^+ 树、B_- 树也是二叉树的实际应用；用来实现优先队列的堆结构、树型选择排序、描述折半查找过程的判定树等也都是对二叉树的实际应用。其中，二叉排序树是最典型的二叉树的应用，在本节中也将对其进行介绍。

9.6.1　哈夫曼树及其应用

在8.1.2 节中介绍的路径、路径长度、树的路径长度等概念同样适用于二叉树。很多实际应用中，往往会给（二叉）树中的结点赋予具有某种实际意义的实数，称之为结点的权（Weight）。**叶子结点的带权路径长度**是指根结点到该叶子结点的路径长度与该叶子结点权值的

乘积。（二叉）**树的带权路径长度**是指（二叉）树中所有叶子结点的带权路径长度之和。（二叉）树的带权路径长度用符号 *WPL*（Weighted Path Length）表示。假设有 n 个叶子结点的二叉树，其叶子结点的权值分别为 w_1、w_2、$\cdots$、w_n，并假设根结点到每个叶子结点的路径长度分别为 l_1、l_2、$\cdots$、l_n，则叶子结点 i 的带权路径为：$l_i w_i$，该二叉树的带权路径长度为：

$$WPL = \sum_{i=1}^{n} l_i w_i$$

例9.3   求出图9-27所示二叉树的带权路径长度。

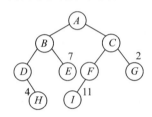

图9-27   一棵叶子带权的二叉树

解：该二叉树的带权路径长度为：

$$WPL = \sum_{i=1}^{4} l_i w_i = 4 \times 3 + 7 \times 2 + 11 \times 3 + 2 \times 2 = 63$$

给定一个大小为 n 的权值集合 $\{w_1, w_2, \cdots, w_n\}$，则可以构造许多棵具有 n 个叶子结点的二叉树，每个叶子结点的权值为 w_i，其中带权路径长度 *WPL* 最小的二叉树称为哈夫曼树（Haffman，或最优二叉树）。下面给出构造哈夫曼树的哈夫曼算法：

1）根据给定的 n 个权值 $\{w_1, w_2, \cdots, w_n\}$ 构造一个由 n 棵二叉树组成的森林 $F = \{T_1, T_2, \cdots, T_n\}$，其中每棵二叉树 T_i（$1 \le i \le n$）只具有一个权值为 w_i 的根结点，其左、右子树均为空。

2）从 F 中选取两棵根结点权值最小的二叉树分别作为左、右子树（一般要求根结点权值小的二叉树作为左子树，而根结点权值大的二叉树作为右子树）构造出一棵新的二叉树，该二叉树的根结点的权值为其左、右子树根结点的权值之和。

3）从 F 中删去这两棵已使用过的二叉树，同时将新二叉树加入到 F 中。

4）重复步骤2和步骤3，直到 F 中仅剩下一棵二叉树为止，该二叉树即为所求的哈夫曼树。

例9.4   给定一组权值 $\{13, 11, 7, 26, 3, 8\}$，构造相应的哈夫曼树，并计算 *WPL*。

解：根据哈夫曼算法得到的构造过程如下：

1）根据权集初始得到一个拥有6棵二叉树的森林 F，如下所示：

$$F\ \Big\{\ \boxed{13}\ \ \boxed{11}\ \ \boxed{7}\ \ \boxed{26}\ \ \boxed{3}\ \ \boxed{8}\ \Big\}$$

2）选择根结点权值为3和7的两棵二叉构造得到一棵根结点权值为10的二叉树，将选中的两棵二叉树从 F 中删去，同时将构造得到的新二叉树加入到 F 中，如下所示：

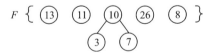

3）选择根结点权值为8和10的两棵二叉构造得到一棵根结点权值为18的二叉树，将选中的两棵二叉树从 F 中删去，同时将构造得到的新二叉树加入到 F 中，如下所示：

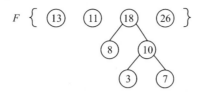

4）选择根结点权值为 11 和 13 的两棵二叉构造得到一棵根结点权值为 24 的二叉树，将选中的两棵二叉树从 F 中删去，同时将构造得到的新二叉树加入到 F 中，如下所示：

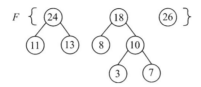

5）选择根结点权值为 18 和 24 的两棵二叉构造得到一棵根结点权值为 42 的二叉树，将选中的两棵二叉树从 F 中删去，同时将构造得到的新二叉树加入到 F 中，如下所示：

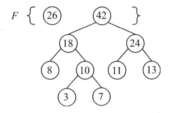

6）选择根结点权值为 26 和 42 的两棵二叉构造得到一棵根结点权值为 68 的二叉树，此时 F 拥有一棵二叉树，构造过程结束，如下所示：

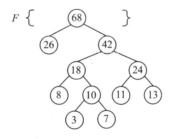

F 中剩下的这棵二叉树即为所求的哈夫曼树，它的带权路径长度为：
$$WPL = (3 + 7) \times 4 + (8 + 11 + 13) \times 3 + 26 \times 1 = 162$$

例 9.4 中求得二叉树是否一定是最优二叉树呢？回答是肯定的，因为求最优二叉树是一个最优化问题，上面给出的哈夫曼算法实际上是一个贪婪算法，它在每一步的构造过程中都做了贪婪的选择。可以证明上述哈夫曼算法所找到的二叉树一定是最优二叉树，在这里就不给出其证明过程了，有兴趣的读者可以查阅关于算法的书籍。但是不难观察到，正是每一步构造过程中的贪婪选择，使得权值低的叶子离根远、权值高的叶子离根近，从而降低整棵二叉树的带权路径长度，使之达到最小。实际上哈夫曼算法所用到的这个策略大家应该不陌生，我们在很多地方都会用到这样的策略。比如，为了提高计算机的平均存取速度，将使用频率很高的指令装入高速缓存，从而降低指令的平均存取时间，提高平均存取速度。

【思考题 9.14】根据哈夫曼树的构造过程，可以发现哈夫曼树具有什么样的特点呢？

分析：因为在哈夫曼树的构造过程中，总是选择根结点权值最小的两棵二叉树分别作为左右子树去构造得到一棵新的二叉树，所以可以发现哈夫曼树中没有度为1的结点。

补充：把没有度为1的结点的二叉树称为严格二叉树。需要注意的是，有些教材上把这里的严格二叉树定义为满二叉树，而把本书中提到的满二叉树称为完全二叉树，把本书中的完全二叉树称为几乎完全二叉树。

【思考题9.15】"哈夫曼树的总结点个数一定是奇数"，这句话对吗？为什么？

分析：假设任意一棵具有 n 个结点的哈夫曼树，有等式：$n = n_0 + n_1 + n_2$，其中 n_i 表示度为 i 的结点个数（$i = 0$，1，2）。通过对思考题9.14的思考我们知道，在哈夫曼中 $n_1 \equiv 0$，故上面的等式可以化简为：$n = n_0 + 0 + n_2 = n_0 + n_2$；由9.1.3节中介绍的二叉树的性质3可知 $n_0 = n_2 + 1$；由这两个等式可推导出：$n = 2n_0 - 1 = 2n_2 + 1$。因此，"哈夫曼树的总结点个数一定是奇数"这句话是正确的。

实际上所有具有 n 个叶子的严格二叉树都恰有 $2n - 1$ 个结点，即结点总数一定为奇数。

【思考题9.16】具有8个叶子的哈夫曼树共有多少个结点？具有16个度为2的结点的哈夫曼树呢？

分析：由思考题9.15可知，具有8个叶子的哈夫曼树共有 $2 \times 8 - 1 = 15$ 个结点；具有16个度为2的结点的哈夫曼树共有 $2 \times 16 + 1 = 33$ 个结点。

【思考题9.17】"在哈夫曼树中，除根以外所有结点的权值之和就是该哈夫曼树的带权路径长度 WPL"这句话对吗？为什么？

分析：我们可以首先来简单验证一下，按照这句话的叙述去求例9.4得到的哈夫曼树的带权路径长度，得到的结果为 $26 + 42 + 18 + 24 + 8 + 10 + 11 + 13 + 3 + 7 = 162$，这个值与例9.4中求得的 WPL 相同。我们对上面的等式做一个简单的变换，得到 $26 + 42 + 18 + 24 + 8 + 10 + 11 + 13 + 3 + 7 = 26 + (18 + 24) + 18 + 24 + 8 + 10 + 11 + 13 + 3 + 7 = 26 + 18 \times 2 + 24 \times 2 + 8 + 10 + 11 + 13 + 3 + 7 = 26 + (10 + 8) \times 2 + (11 + 13) \times 2 + 8 + 10 + 11 + 13 + 3 + 7 = 26 + ((3 + 7) + 8) \times 2 + (11 + 13) \times 2 + 8 + (3 + 7) + 11 + 13 + 3 + 7 = 26 \times 1 + (8 + 11 + 13) \times 3 + (3 + 7) \times 4 = WPL$，从而说明这句话是正确的。

通过上面的介绍和讨论，相信读者已经对哈夫曼树有了较深刻的认识，那么哈夫曼树到底有什么样的应用呢？

假设有电文"$BATDAT$"，对这个电文的编码方案有以下几种：

（1）等长编码

因为电文中共出现了 $4 = 2^2$ 个字符，因此用2位二进制位就可以分别标识这4个字符。假设它们的等长编码分别为：A（00），B（01），D（10），T（11），则上述电文的编码为"010011100011"，总码长为12。这种等长编码的优点是：编码容易，译码也容易。假设接收方收到编码为"011011001000110110"，因为收发双方在互相通信之前已达成了通信协议，故接收方也知道发送方的编码方案，每个字符对应的是2位二进制的等长码字。在译码时，将接收到的编码按2位二进制进行划分，然后对照编码表，就可以译出每两个二进制位所代表的字符，如下所示：

$$01 \quad 10 \quad 11 \quad 00 \quad 10 \quad 00 \quad 11 \quad 01 \quad 10$$
$$B \quad D \quad T \quad A \quad D \quad A \quad T \quad B \quad D$$

这种等长编码的缺点是：总码长不一定最短，效率不高，保密性差。

（2）不等长编码

为了提供信道的利用率，在编码时往往追求的是总码字达到最短。有一个编码方案可以实现这一点：将出现频率高的字符用短码字，出现频率低的字符用长码字，这样做可以使总码长尽可能地短。因为在这种编码方案中，字符的编码长度不尽相同，故称为不等长编码。因为在上述电文中，字符 A 和 T 都出现了两次，而字符 B 和 D 均只出现了一次，因此相对而言，字符 A 和 T 的出现频率高，故用短码字表示，字符 B 和 D 的出现频率低，故用长码字表示。假设它们的不等长编码为：A（0），B（00），D（10），T（1），则上述电文的编码为"00011001"，总码长为 8。

若收到电文"00011001"，对其进行译码，则可能有多种译码，例如：

1）0　00　1　1　0　0　1　　　*ABTTAAT*

2）00　0　1　10　0　1　　　*BATDAT*

3）0　0　0　1　10　0　1　　　*AAATDAT*

为什么会出现译码不唯一的情况呢？造成译码不唯一的原因是，短码字是长码字的前缀，如字符 A 的编码是字符 B 的编码的前缀，字符 T 的编码是字符 D 的编码的前缀，这就使得当出现长码字时，它的译码就不确定了，例如当出现长码字 00 时，不知道应该是译成成 AA 还是应该译成 B。为了避免这种情况的发生，在进行不等长编码时要求短码字不能是长码字的前缀，满足这种设计要求的不等长编码称为前缀编码。哈夫曼编码就是一种前缀编码。以 n 种字符出现的频率作权，设计得到一棵哈夫曼树，由此得到的总码字最短的二进制前缀编码称为哈夫曼编码。也就是说，哈夫曼树可以用来对字符进行编码。

【思考题 9.18】 如何证明哈夫曼编码是一种前缀编码？也就是说，如何证明其短码字一定不可能是其长码字的前缀？

分析：因为一个叶子结点不可能是另一个叶子结点的祖先，所以每个叶子结点对应的哈夫曼编码不可能是其他叶子结点的哈夫曼编码的前缀，故哈夫曼编码是一种前缀编码。

那么如何应用哈夫曼树得到哈夫曼编码呢？下面给出求解哈夫曼编码的算法。设 $C = \{c_1, c_2, \cdots, c_n\}$，$W = \{w_1, w_2, \cdots, w_n\}$，其中，$C$ 是待求编码的字符集，W 是各字符在电文中出现的频率集，求解过程如下：

1）用 c_1、c_2、$\cdots$、c_n 作为叶子，w_1、w_2、$\cdots$、w_n 作为各叶子的权值，构造一棵哈夫曼树。

2）在哈夫曼树中，左分支上标"0"，右分支上标"1"。

3）从根到某叶了 c_i 路径所经过分支上的 0、1 代码串就是字符 c_i 的哈夫曼编码。

例 9.5 一份电文共使用 5 个字符 a、b、c、d、e，它们出现的频率依次为 0.16、0.23、0.19、0.1、0.32；求每个字符的哈夫曼编码，以及该字符集哈夫曼编码的平均码长。

分析：1）以 5 个字符出现频率的 100 倍作为权值，构造得到的哈夫曼树如下。

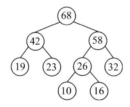

2）在求得的哈夫曼树中，左分支上标"0"，右分支上标"1"。

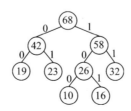

3）叶子结点对应字符的哈夫曼编码为：

字符	a	b	c	d	e
频率	0.16	0.23	0.19	0.10	0.32
编码	101	01	00	100	11

4）平均码长为：$(0.23+0.19+0.32)\times2+(0.16+0.10)\times3=2.26$。

可以利用哈夫曼树对字符进行编码，当然也可以对字符进行相应的译码。以例9.5为例进行说明，在通信前，收发双方约定采用的是哈夫曼编码，那么收发双方都有例9.5分析2中所示的哈夫曼树和分析3中所示的哈夫曼编码表。发送方根据哈夫曼编码表将电文"$cadebbacdbce$"以编码"001011001101011010100100010011"的形式发出，接收方在收到这串编码（假设是无差错接收）后，按照下面的方式进行译码：从左向右扫描接收到的编码，根据扫描到的二进制位在哈夫曼树中找到一条从根到达某个叶子结点的路径（扫描到"0"则沿着左分支向下走，扫描到"1"则沿着右分支向下走），当达到某个叶子时将叶子对应的字符输出，然后回到哈夫曼树的根结点，并继续扫描编码，根据扫描到的二进制位在哈夫曼树中找到下一条从根到达某个叶子结点的路径，依此类推，直到编码扫描完毕，整个译码过程结束。假设收到一串编码"1101101100"，它的译码过程如图9-28所示（仍以例9.5为例）。

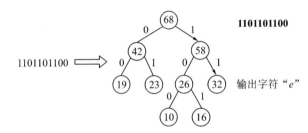

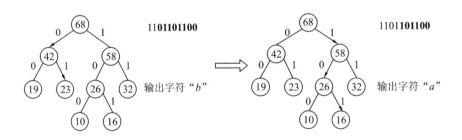

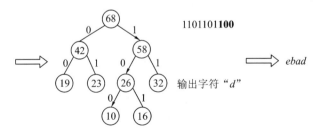

图9-28　哈夫曼编码译码过程图示

需要说明的是，哈夫曼编码并不是唯一的：①若在求得的哈夫曼树的左分支上标"1"，右分支上标"0"，就会得到一组新的编码；②如果有多个相同的频率出现时，由于频率结合的次序不同，使得到的哈夫曼树不唯一，从而得到的哈夫曼码也不唯一。但只要采用哈夫曼编码，字符的平均码长一定是唯一的，而且是可用二进制位编码平均码长最短的编码。

9.6.2 二叉排序树及其应用

二叉排序树（Binary Sort Tree，BST）或者是一棵空二叉树，或者是具有下列性质的二叉树：

1）若它的左子树非空，则左子树上所有结点的值均小于根结点的值。

2）若它的右子树非空，则右子树上所有结点的值均大于根结点的值。

3）它的左右子树也分别是一棵二叉排序树。

1. BST 的生成（插入）

将值为 key 的结点 s 插入到 BST 中，要保证插入后仍符合 BST 的定义。方法如下：

1）若二叉排序树是空树，则 s 结点成为二叉排序树的根。

2）若二叉排序树非空，则将 key 与二叉排序树的根进行比较，如果 key 的值等于根结点的值，则停止插入；如果 key 的值小于根结点的值，则将 s 插入左子树；如果 key 的值大于根结点的值，则将 s 插入右子树。

动态生成一棵二叉排序树时，其树的形状、深度依赖于被输入的关键字的大小和输入的先后次序，即使是同一组关键字，由于输入的先后顺序不同，得到的二叉排序树的形状也可能完全不同。

例9.6　设关键字序列为 $\{1,3,5,7,8,9\}$，若输入顺序分别为（7，8，3，5，9，1）或（9，3，1，7，5，8），运用二叉排序树的生成算法生成对应的二叉排序树，并写出它们的中序遍历序列。

解：输入序列（7，8，3，5，9，1）对应 BST 的创建过程如下。

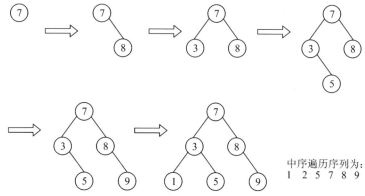

中序遍历序列为：
1 2 5 7 8 9

输入序列（9，3，1，7，5，8）对应 BST 的创建过程如下：

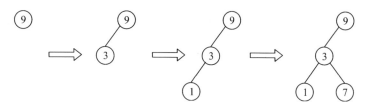

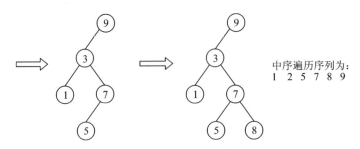

【BST 的一个重要性质】中序遍历一棵二叉排序树，可以得到一个递增有序序列。这个重要的性质在例 9.6 中已有体现。这告诉我们，可以运用二叉排序树对一组数据或记录进行排序，使之成为一组有序的数据或记录。同时，也告诉我们一种判断一棵二叉树是否是二叉排序树的方法，即对待判断的二叉树写出它的中序遍历序列，然后判断该序列是否是递增有序的。

2. BST 的删除

假设要删除的结点为 P，其双亲结点为 F，且不失一般性，设结点 P 是结点 F 的左孩子（右孩子的情况类似），下面分三种情况讨论：

情况一：若 P 为叶子结点，由于删去叶子结点不会破坏整棵二叉排序树的结构约束，故只需将被删结点的双亲结点的相应指针域修改为空指针即可，如图 9-29 所示。

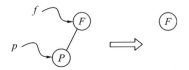

图 9-29　BST 删除情况一（被删结点为叶子）

情况二：若 P 结点只有左子树 P_L，或只有右子树 P_R，此时只要令 P_L 或 P_R 直接成为其双亲结点 F 的左子树即可。显然，作此修改也不破坏二叉排序树的结构约束条件，如图 9-30 所示。

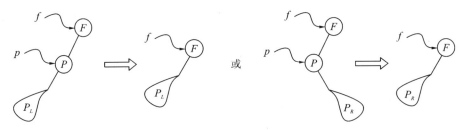

图 9-30　BST 删除情况二（被删结点有一棵子树）

情况三：若 P 结点左子树和右子树均不空，此时有两种处理方法。

方法 1：首先找到 P 结点在中序序列中的直接前驱 S 结点，然后将 P 的左子树改为 F 的左子树，而将 P 的右子树改为 S 的右子树，如图 9-31 所示。

方法 2：首先找到 P 结点在中序序列中的直接前驱 S 结点，然后用 S 结点替代 P 结点，再将原 S 结点的左子树改为 S 的双亲结点 Q 的右子树，如图 9-32 所示。

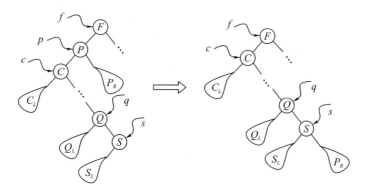

图 9-31　BST 删除情况三之方法一（被删结点有两棵子树）

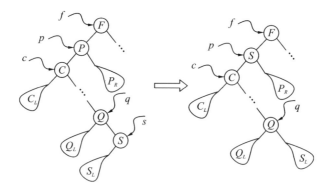

图 9-32　BST 删除情况三之方法二（被删结点有两棵子树）

3. BST 的查找

　　当二叉排序树不为空时，首先将给定值和根结点的值比较，若相等，则查找成功，否则将依据给定值和根结点的值之间的大小关系，分别在左子树或右子树上继续进行查找。若给定值比根结点的值大，则在根的右子树上继续进行查找，若给定值比根结点的值小，则在根的左子树上继续进行查找。在子树中的查找过程与在原树中的查找过程类似，也是先和子树的根结点的值进行比较，若相等则查找成功，若不相等则根据比较的大小关系继续在子树的子树中进行查找。可见，在 BST 中的查找路线是从根开始向着叶子的方向逐步深入的，通过比较沿途遇到的结点的值来进行查找的。当沿着查找路线（该查找路线是由给定值与沿途遇到结点的值之间的大小关系决定的）到达某个叶子时，若给定结点的值与该叶子结点的值仍不相等，那么可以知道原二叉排序树中不包含待查结点，此时将根据待查结点值与该叶子结点值的大小关系，把待查结点插入到叶子结点的左子树或右子树中（即作为该叶子结点的左孩子或右孩子）。所以，二叉排序树也可应用到查找运算中，并作为一种动态查找算法（关于动态查找的相关介绍请参见第 11 章）。

　　下面给出 BST 查找的性能分析，这里用到的性能指标是查找成功的平均查找长度（其定义请参见11.1 节），即 $ASL_{成功}$。若给定关键字序列原本有序，则建立的二叉排序树就"退化"为单链表，树深为 n，其查找效率同顺序查找一样。由此可见，在二叉排序树上进行查找时的平均查找长度和二叉树的形态有关。给定二叉排序树的形态，并假设该 BST 具有 n 个结点，在等概率的情况下，每个结点被查找的概率相等，都为 $1/n$，则查找成功时的平均查找长度为：

（1）最差情况（单支二叉树）

$$ASL_{成功} = \sum_{i=1}^{n} p_i c_i = \frac{1}{n}\sum_{i=1}^{n} c_i = \frac{1}{n}(1 + 2 + \cdots + n) = \frac{n+1}{2}$$

其中，p_i 是结点 i 被查找的概率，c_i 是成功查找到结点 i 所需的关键字比较次数。此时 BST 查找算法的时间开销为 $O(n)$。

（2）最好情况（左右子树分布均匀）

在 9.1.3 节我们已经讨论过，具有 n 个结点的二叉树中，左右子树越平衡，其深度就越小，其最小值为 $\lfloor \log_2 n \rfloor + 1$ 或 $\lceil \log_2(n+1) \rceil$，所以在最好情况下，关键字的比较次数不会超过二叉树的深度减 1，即在最好情况下最多进行 $\lfloor \log_2 n \rfloor + 1$ 或 $\lceil \log_2(n+1) \rceil$ 次关键字的比较。此时 BST 查找算法的时间开销为 $O(\log_2 n)$。

（3）平均情况

若考虑 n 个关键字所形成的 $n!$ 种排列是等概率的，则可证明这 $n!$ 个关键字序列所产生的 $n!$ 棵二叉排序树（其中有的形态相同）的平均高度为 $O(\log_2 n)$。故平均情况下的 BST 查找算法的时间开销为 $O(\log_2 n)$。

通过前面的分析可知，在二叉排序树上进行查找时的平均查找长度和二叉树的形态有关。因此有必要避免二叉排序树"退化"为单链表，使二叉排序树保持较好的树型，一种行之有效的方法是，采用平衡二叉树。

9.6.3　平衡二叉树

平衡二叉树（Balanced Binary Tree，BBT），又称为 AVL 树，它或者是一棵空二叉树，或者是具有下列性质的二叉树：

1）它的左子树深度和右子树深度之差的绝对值不超过 1。

2）它的左右子树也分别是一棵平衡二叉树。

将结点左右子树深度之差定义为结点的平衡因子（Balance Factor）。如果一棵二叉树上的所有结点的平衡因子的绝对值不超过 1，那么这棵二叉树是一棵平衡二叉树。只要二叉树上有一个结点的平衡因子的绝对值超过了 1，那么这棵二叉树一定不是一棵平衡二叉树。

如何使得 9.6.2 节中构造得到的二叉排序树是平衡的？通过前面的学习，我们知道二叉排序的创建过程实际上是不断地进行结点的插入操作，而且创建最开始时，被创建的二叉排序树是一棵空二叉排序树，它是平衡的；插入第一个结点后，它是一棵只具有根结点的二叉排序树，它仍是平衡的，然后插入第二个结点，…。换句话说，如果我们分析出在一棵平衡二叉树上插入一个结点导致二叉树不平衡的所有可能情况，并且给出每种情况的处理方法，那么我们就可以构造出平衡的二叉排序树。

假设在一棵平衡二叉树上插入一个结点而失去平衡的最小子树的根结点为 A，导致 A 失去平衡的各种情况和每种情况下的调整规则分析如下：

1）情况一（如图 9-33 所示）。

调整规则为：①修改结点 A 的左指针域，使其指向结点 B 的右子树，即令 B_R 成为结点 A 的左子树，这时结点 A 的左子树和右子树的深度均为 $h-1$，结点 A 的平衡因子为 0，以 A 为根的二叉树的深度为 h。②修改结点 B 的右指针域，使其指向结点 A，即结点 A 作为结点 B 的右孩子，此时结点 B 的左右子树的深度均为 h，故结点 B 的平衡因子为 0。二叉树恢复了平衡。

若此二叉树是二叉排序树，上述调整过程同样不会破坏二叉排序树的约束条件。分析如下：B_R 原来是结点 B 的右子树，且 B 是 A 的左孩子，因此 B_R 所有结点的值均大于结点 B 的值而小于结点 A 的值，故将其作为 A 的新左子树是能满足二叉排序树的约束条件的；得到的以 A 为根的新二叉树中的所有结点的值都大于结点 B 的值，所以用该二叉树作为 B 的新右子树得到的仍是一棵二叉排序树。调整结果如图 9-34 所示。

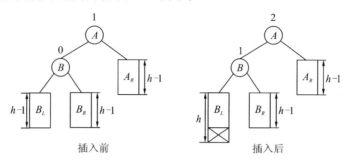

图 9-33　导致平衡二叉树失去平衡的情况之一

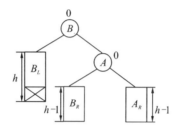

图 9-34　平衡调整后的结果（情况之一）

2）情况二（如图 9-35 所示）。

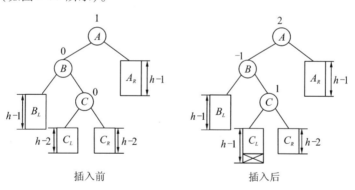

图 9-35　导致平衡二叉树失去平衡的情况之二

调整规则为：①修改结点 B 的右指针域，使其指向结点 C 的左子树，即令 C_L 成为结点 B 的右子树，这时结点 B 的左子树和右子树的深度均为 $h-1$，结点 B 的平衡因子为 0，以 B 为根的二叉树的深度为 h。若待调整的二叉树是二叉排序树，显然经过上述调整得到的以 B 为根、深度为 h 的二叉树仍是一个二叉排序树。②修改结点 A 的左指针域，使其指向结点 C 的右子树，即令 C_R 成为结点 A 的左子树，此时结点 A 的左子树的深度为 $h-2$、右子树的深度为 $h-1$，故结点 A 的平衡因子为 -1，以 A 为根的二叉树的深度为 h。若待调整的二叉树是二叉排序树，显然经过上述调整得到的以 A 为根、深度为 h 的二叉树仍是一个二叉排序树。③若待调整的二叉树是二叉排序树，那么经过上面两步调整得到的以 B 为根的二叉树中的所有结点的值均小于结点 C 的值，得到的以 A 为根的二叉树中的所有结点的值均大于结点 C 的值，为了使得调整规则适用于二叉排序树，令 C 的左指针域指向结点 B，C 的右指针域指向结点 A，此时 C 的平衡因子为 0。二叉树恢复了平衡。调整结果如图 9-36 所示。

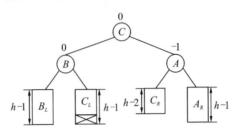

图 9-36　平衡调整后的结果（情况之二）

3）情况三（如图 9-37 所示）。

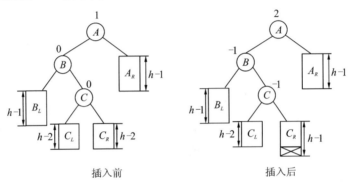

插入前　　　　　　　　　插入后

图 9-37　导致平衡二叉树失去平衡的情况之三

调整规则：和情况二下的调整规则相同，得到的调整结果如图 9-38 所示。

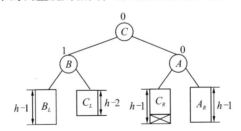

图 9-38　平衡调整后的结果（情况之三）

4）情况四（如图 9-39 所示）。

调整规则为：①修改结点 A 的右指针域，使其指向结点 B 的左子树，即令 B_L 成为结点 A 的右子树，这时结点 A 的左子树和右子树的深度均为 $h-1$，结点 A 的平衡因子为 0，以 A 为根的二叉树的深度为 h。②修改结点 B 的左指针域，使其指向结点 A，即结点 A 作为结点 B 的左孩子，此时结点 B 的左右子树的深度均为 h，故结点 B 的平衡因子为 0。二叉树恢复了平衡。

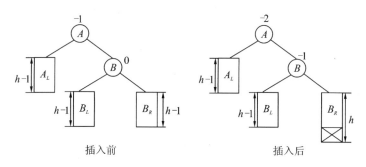

图 9-39 导致平衡二叉树失去平衡的情况之四

若此二叉树是二叉排序树，上述调整过程不会破坏二叉排序树的约束条件。分析如下：B_L 原来是结点 B 的左子树，且 B 是 A 的右孩子，因此 B_L 所有结点的值均小于结点 B 的值而大于结点 A 的值，故将其作为 A 的新右子树是能满足二叉排序树的约束条件的。得到的以 A 为根的新二叉树中的所有结点的值都小于结点 B 的值，所以用该二叉树作为 B 的新左子树得到的仍是一棵二叉排序树。调整结果如图 9-40 所示。

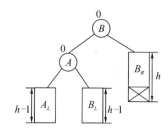

图 9-40 平衡调整后的结果（情况之四）

5）情况五（如图 9-41 所示）。

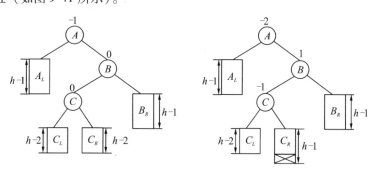

图 9-41 导致平衡二叉树失去平衡的情况之五

调整规则为：①修改结点 A 的左指针域，使其指向结点 C 的左子树，即令 C_L 成为结点 A 的右子树，这时结点 A 的左子树深度为 $h-1$，右子树的深度均为 $h-2$，结点 A 的平衡因子为 1，以 A 为根的二叉树的深度为 h。若待调整的二叉树是二叉排序树，显然经过上述调整得到的以 A 为根、深度为 h 的二叉树仍是一个二叉排序树。②修改结点 B 的左指针域，使其指向结点 C 的右子树，即令 C_R 成为结点 B 的左子树，此时结点 B 的左子树和右子树的深度均为 $h-1$，故结点 B 的平衡因子为 0，以 B 为根的二叉树的深度为 h。若待调整的二叉树是二叉排序树，显然经过上述调整得到的以 B 为根、深度为 h 的二叉树仍是一个二叉排序树。③若待调整的二叉树是二叉排序树，那么经过上面两步调整得到的以 A 为根的二叉树中的所有结点的值均小于结点 C 的值，得到的以 B 为根的二叉树中的所有结点的值均大于结点 C 的值，为了使得调整规则适用于二叉排序树，令 C 的左指针域指向结点 A，C 的右指针域指向结点 B，此时 C 的平衡因子为0。二叉树恢复了平衡。调整结果如图9-42所示。

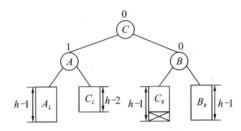

图9-42   平衡调整后的结果（情况之五）

6）情况六（如图9-43所示）。

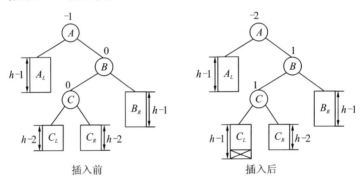

图9-43   导致平衡二叉树失去平衡的情况之六

调整规则：和情况五下的调整规则相同，得到的调整结果如图9-44所示。

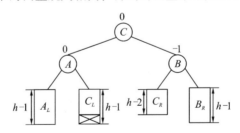

图9-44   平衡调整后的结果（情况之六）

【思考题9.19】为什么在进行平衡调整时是对失去平衡的最小子树的根进行平衡调整而不是对插入点的其他失衡祖先进行调整呢？

分析：因为插入点对祖先造成的不平衡影响是具有"连锁反应"效果的，就像多米诺骨牌一样。显然只要保证第一枚骨牌不被碰倒，那么其他的骨牌也不会倒。相同的道理，只要让失去平衡的最小子树重获平衡，那么整棵树也就恢复平衡了。

9.7　树、森林与二叉树的关系

在树和二叉树之间、森林和二叉树之间均有一个自然的一一对应关系。任何一个森林或一棵树均可唯一对应到一棵二叉树；同样地，任何一棵二叉树也可唯一地对应到一个森林或一棵树。

9.7.1　树、森林与二叉树的相互转换

1. 树转换成二叉树

树转换成二叉树的步骤如下：

1）添线：在同一双亲的兄弟间添加虚线相连。

2）抹线：对任一结点，除保留它与最左边孩子的连线外，删去与其他孩子间的连线。

3）旋转：适当顺时针方向旋转 45°。

图 9-45d 所示的二叉树是图 9-45a 所示的树 T_8 对应的二叉树，图 9-45b 至图 9-45d 是其转换过程。

通过上述的转换规则和过程演示，可以发现树中结点的右兄弟将成为它的右孩子，而根结点是没有右兄弟的，因此树所对应的二叉树一定是一棵无右的二叉树。

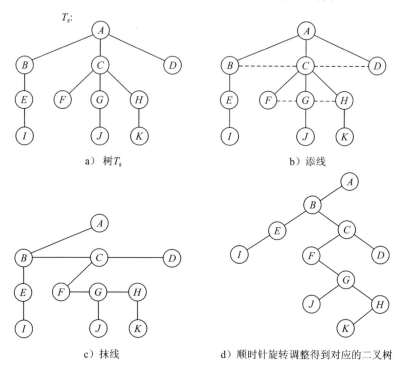

图 9-45　树到二叉树的转换示意图

2. 二叉树转换成树

二叉树转换成树的步骤如下：

1）添线：若结点 j 是结点 i 的左孩子，则将 j 的右链上所有结点与结点 i 之间添加虚线连接起来。

2）断右：删去二叉树中所有的右分支。

3）规整：逆时针旋转调整，将树图规范化，使结点按层次排列。

图 9-46d 所示的树是图 9-46a 所示的二叉树 T_9 对应的树，图 9-46b 至图 9-46d 是其转换过程。

有兴趣的读者，可以画出图 9-45a 所示 T_8 的左孩子右兄弟表示法的存储结构图，画出图 9-45d 所示二叉树的二叉链表存储结构图，看看会有怎样的结果。将树的左孩子右兄弟表示法存储结构图顺时针旋转调整后得到的就是其对应二叉树的二叉链表存储结构图；同样地，将二叉树的二叉链表存储结构图逆时针旋转调整得到的就是其对应树的左孩子右兄弟表示法存储结构图。这是树和二叉树在存储结构上的联系，同时也告诉我们另外一种实现树和二叉树相互转换的途径，即利用它们在存储结构上的关系来实现。

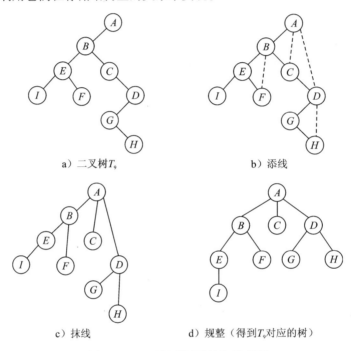

a）二叉树 T_9　　　　　　　　b）添线

c）抹线　　　　　　　　d）规整（得到 T_9 对应的树）

图 9-46　二叉树到树的转换示意图

3. 森林转换成二叉树

因为森林是树的集合，因此森林与二叉树的相互转换是以树和二叉树之间的相互转换为基础的。在森林转换为二叉树时需要解决的主要问题是，如何组装由森林中的树转换得到的二叉树。通过前面的学习，我们知道树所对应的二叉树都是无右的二叉树，因此可以利用二叉树根结点的空右指针域将若干棵二叉树组装起来构造一棵"枝繁叶茂"的二叉树，即为森林对应的二叉树。在二叉树转换为森林的过程中，需要解决的问题主要是如何从一棵"枝繁叶茂"的二叉树中分解出若干棵无右的二叉树。

森林转换成二叉树的步骤如下：

1）将森林 F 中每棵树 T_i（$1 \leqslant i \leqslant m$，$m > 0$）转换成其对应的二叉树 T_i'。

2）依次将后一棵树对应的二叉树作为前一棵树对应的二叉树的右子树链接起来。

图 9-47 是森林转换为二叉树的示例。

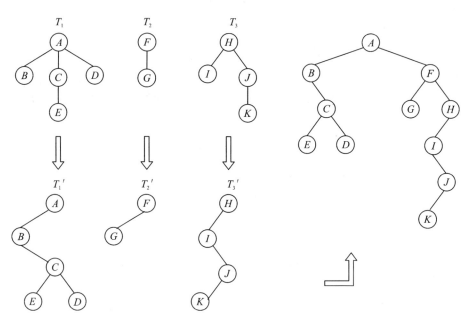

图 9-47 森林转换为二叉树的示例

4. 二叉树转换成森林

二叉树转换成森林的步骤如下：

1）断主右链，将森林对应的二叉树中从根往下的所有右链全部删掉，这样就会产生若干棵无右子树的二叉树；

2）将每棵二叉树还原为对应的树，则这个树的集合就是所求的森林。

图 9-48 是二叉树转换为森林的示例。

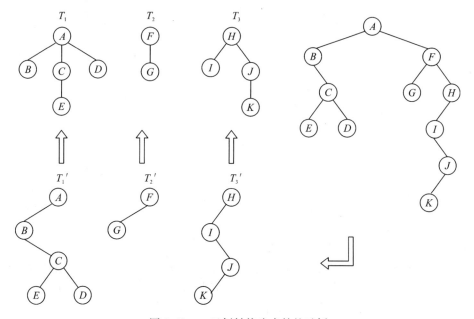

图 9-48 二叉树转换为森林的示例

9.7.2 树、森林与二叉树在遍历运算上的关系

本小节我们通过两道思考题对树、森林与二叉树在遍历运算上的关系进行分析。

【思考题 9.20】 请写出图 9-45a 所示树 T_8 的先序遍历序列和它的后序遍历序列，同时请写出 T_8 对应二叉树（如图 9-45d）的先序遍历序列和中序遍历序列。比较两个结果，找出它们之间的关系？

分析： 根据上述树的先序遍历和后序遍历的定义，可以得到 T_8 的先序遍历序列为 "$A\ B\ E\ I\ C\ F\ G\ J\ H\ K\ D$"，$T_8$ 的后序遍历序列为 "$I\ E\ B\ F\ J\ G\ K\ H\ C\ D\ A$"。$T_8$ 对应二叉树的先序遍历序列为 "$A\ B\ E\ I\ C\ F\ G\ J\ H\ K\ D$"，$T_8$ 对应二叉树的中序遍历序列为 "$I\ E\ B\ F\ J\ G\ K\ H\ C\ D\ A$"。

比较两个结果可以发现，树 T_8 的先序遍历序列和它对应二叉树的先序遍历序列相同，树 T_8 的后序遍历序列和它对应二叉树的中序遍历序列相同

结论： 一棵树的先序遍历序列和后序遍历序列，分别与其对应的二叉树的先序遍历序列和中序遍历序列是完全一致的。

因此，也可以先将树转换为对应的二叉树，然后通过求二叉树的先序和中序遍历序列得到树的先序和后序遍历序列。

【思考题 9.21】 请写出图 9-47 所示森林的先序遍历序列、中序遍历序列和后序遍历序列，同时请写出该森林对应二叉树（如图 9-47）的先序遍历序列、中序遍历序列和后序遍历序列。比较两个结果，找出它们之间的关系？

分析： 根据上述森林的先序遍历、中序和后序遍历的定义，可以得到森林的先序遍历序列为 "$A\ B\ C\ E\ D\ F\ G\ H\ I\ J\ K$"；其中序遍历序列为 "$B\ E\ C\ D\ A\ G\ F\ I\ K\ J\ H$"，其后序遍历序列为 "$B\ E\ C\ D\ G\ I\ K\ J\ H\ F\ A$"。

森林对应二叉树的先序遍历序列为 "$A\ B\ C\ E\ D\ F\ G\ H\ I\ J\ K$"，其中序遍历序列为 "$B\ E\ C\ D\ A\ G\ F\ I\ K\ J\ H$"，其后序遍历序列为 "$E\ D\ C\ B\ G\ K\ J\ I\ H\ F\ A$"。

比较两个结果可以发现，森林的先序遍历序列和它对应二叉树的先序遍历序列相同，森林的中序遍历序列和它对应二叉树的中序遍历序列相同，森林的后序遍历序列和它对应的二叉树的后序遍历序列可能不相同。

结论： 一个森林的先序遍历序列和中序遍历序列，分别与其对应的二叉树的先序遍历序列和中序遍历序列是完全一致的。

因此，也可以先将森林转换为对应的二叉树，然后通过求二叉树的先序和中序遍历序列得到森林的先序和中序遍历序列。

9.8 知识点小结

二叉树是应用最广泛的树结构，如查找、排序等都可以用二叉树来提高解决问题的效率。二叉树和树是两个不同的概念，请注意理解和区分。完全二叉树和满二叉树是二叉树的两种特殊情形，它们和一般的二叉树都有着鲜明的特征（请参见相关的思考题），突出体现在二叉树的 5 个重要性质上。

遍历是一种非常重要的运算，遍历是指访问且只访问一次某数据结构中的所有数据元素。遍历的定义体现了这种运算操作范围的完备性——不会遗漏某个数据元素，也体现了这种运算操作的一致性——每个数据元素恰好被访问一次。正是由于遍历运算的这些特点，使得遍历运算具有很广泛的应用价值，可以通过对访问到的数据元素进行不同的处理完成不同的应用需求。二叉树的遍历方式有四种：先序遍历、中序遍历、后序遍历和层次遍历。每一种遍历得到的遍历序列都有其固有的特征（想想为什么？），这些特征使得可以通过中序遍历序列和先序

遍历序列来唯一确定一棵二叉树、中序遍历序列和后序遍历序列来唯一确定一棵二叉树、先序遍历序列和后序遍历序列不能唯一确定一棵二叉树（正如前面思考题中分析得到的那样，现在想请读者思考的是，层次遍历序列和中序遍历序列是否能唯一确定一棵二叉树呢？层次遍历序列和先序遍历序列呢？层次遍历序列和后序遍历序列呢？）。

当需要在二叉树中查找某个结点的直接前驱或直接后继时，需要先对二叉树按某种方式进行遍历，然后才能从得到的遍历序列中找到在某种遍历下该结点的直接前驱或直接后继。如果能充分利用二叉链表的 $n+1$ 个空指针域，利用空指针域建立指向直接前驱和直接后继的线索，那么将给查找结点的直接前驱和直接后继带来极大的方便。

哈夫曼树和二叉排序树是二叉树的两个重要应用，利用哈夫曼树求哈夫曼编码在通信领域也有着广泛的应用。

习 题

9.1 已知某二叉树的前序遍历序列为 $GFKDAIEBCHJ$，中序遍历序列为 $DIAEKFCJHBG$，画出这棵二叉树，并写出它的后序遍历序列和层次遍历序列。

9.2 已知某二叉树的中序遍历序列为 $GFKDAIEBCHJ$，后序遍历序列为 $DIAEKFCJHBG$，画出这棵二叉树，并写出它的前序遍历序列和层次遍历序列。

9.3 画出图 9-49 所示二叉树的先序、中序和后序线索二叉树及相应的线索链表。

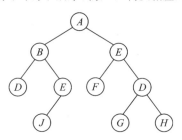

图 9-49 习题 9.3 所用二叉树

9.4 在何种线索树中，线索对求指定结点在相应次序下的前驱和后继帮助不大？

9.5 在什么情况下，等长编码是最优前缀码？

9.6 假设用于通信的电文仅由八个字符 $\{a, b, c, d, e, f, g, h\}$ 组成，各字符在电文中出现的频率分别为 0.05，0.25，0.03，0.06，0.1，0.11，0.36，0.04。
1）试为这 8 个字符设计哈夫曼编码；
2）若用三位二进制（0～7）对这 8 个字符进行等长编码，则哈夫曼编码的平均码长是等长编码的百分之几？它使电文总长度平均压缩了多少？

9.7 已知二叉树左、右子树都含有 m 个结点，当 $m=3$ 时，试构造满足如下要求的所有的二叉树。
1）左右子树的先序遍历序列和中序遍历序列相同；
2）左子树的中序遍历序列与后序遍历序列相同，右子树的先序遍历序列和中序遍历序列相同。

9.8 以二叉链表为存储结构，分别写出求二叉树高度和宽度的算法（所谓二叉树的宽度是指，二叉树的各层中具有最多结点的那一层上的结点数）。

9.9 以二叉链表为存储结构，写出交换各结点左右子树的算法。

9.10 一棵 n 个结点的完全二叉树以数组作为存储结构，试写一非递归算法实现对该完全二叉树的先序遍历。

第10章 图

10.1 认识图

自从 1736 年大数学家欧拉解决哥尼斯堡七桥问题而发表了关于图论的首篇论文以来，图论发展到今天已经成为一门科学。图以及图的操作和算法在人工智能、工程、数学、金融、生物和计算机科学等领域中有着很广泛的应用。图是一种复杂的非线性结构，它比树更为复杂。在树结构中数据元素之间有着层次的关系，而在图结构中，数据元素之间的关系是任意的，因此可以说树是特殊的图。

10.1.1 图的定义

图（Graph）是由一个非空有限顶点集 V 和一个有限边集 E 所构成的一种数据结构。记作：$G = (V, E)$ 或 $G = (V(G), E(G))$，其中，V 是构成图的非空有限顶点集；E 是构成图的有限边集。根据图的定义可知，图允许边集为空，但不允许顶点集为空。

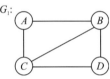

图 10-1 无向图的示例

例如，如图 10-1 所示的图 G_1 可记作：$G_1 = (V(G_1), E(G_1))$，其中顶点集 $V(G_1) = \{A, B, C, D\}$，边集 $E(G_1) = \{(A, B), (B, D), (C, D), (A, C), (B, C)\}$。

10.1.2 基本术语

下面介绍关于图的一些基本术语。

1. 顶点

顶点（Vertex）是构成图的一种基本元素，是"数据元素"在图中的另一种称谓。

2. 边

边（Edge）是构成图的另一种基本元素，是图结构中数据元素之间关系的表示。

3. 边的分类

- **无向边**（Undirected Edge）——没有方向性的边，用连接顶点的线段表示，简称为"边"（Edge）；表示边的顶点对用圆括弧括起来。
- **有向边**（Directed Edge）——有方向性的边，用连接顶点的带箭头的线段表示，简称为"弧"（Arc），弧的出发顶点称为弧尾（Tail）（或称为弧的始点），弧的终止顶点（即箭头所指顶点）称为弧头（Head）（或称为弧的终点）；表示弧的顶点对用尖括弧括起来。

例如，图 G_1（见图 10-1）的边是无方向性的边，边 $(A, B) = (B, A)$，表示同一条边。图 G_2（如图 10-2 所示）的边是有方向性边，G_2 中的弧 $<A, B> \neq <B, A>$，它们表示不同的弧。G_2 中有从顶点 A 出发指向 B 的弧，其中，顶点 A 是弧 $<A, B>$ 的弧尾，顶点 B 是弧 $<A, B>$ 的弧头。G_2 中不存在从顶点 B 出发指向 A 的弧。

- **有权边**（Weighted Edge）——具有与之相关权值的边或弧。
- **无权边**（Unweighted Edge）——不具有与之相关权值的边或弧。

例如，图 G_3（如图 10-3 所示）的边具有权值，是有权边。图 G_4（如图 10-3 所示）的弧具有权值，是有权弧。

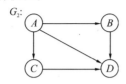 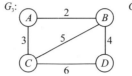 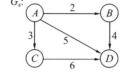

图 10-2 有向图的示例 图 10-3 有权图的示例

4. 图的分类

- **无向图**（Undigraph）——由非空有限顶点集和有限无向边集构成的图。
- **有向图**（Digraph）——由非空有限顶点集和有限有向边集构成的图。
- **无权图**（Unweighted Graph）——由非空有限顶点集和有限无权边集构成的图，简称为"图"。
- **有权图**（Weighted Graph）——由非空有限顶点集和有限有权边集构成的图，简称为"网络"。

例如，图 G_1 和图 G_3 均是无向图，图 G_2 和图 G_4 均是有向图；同时，图 G_1 和图 G_2 是无权图，而图 G_3 和图 G_4 是有权图（即网络），其中 G_3 是无向网络，G_4 是有向网络。

5. 邻接关系/关联关系

邻接关系描述的是顶点与顶点之间的关系，而关联关系描述的是顶点与边或弧之间的关系，具体定义如下：

若 $(i,j) \in E$，称顶点 i 与顶点 j 是相邻接的（Adjacent）；称边 (i, j) 依附于顶点 i 和顶点 j，或称边 (i, j) 与顶点 i 和顶点 j 是相关联的（Incident）。

若 $<i, j> \in E$，称顶点 i 邻接到顶点 j，或称顶点 j 邻接于顶点 i；称弧 $<i, j>$ 依附于顶点 i 和顶点 j，或称弧 $<i, j>$ 与顶点 i 和顶点 j 是相关联的。

例如，因为 $(A,C) \in E(G_1)$，所以，在图 G_1 中顶点 A 和顶点 C 相邻接，它们互为邻接顶点；边 (A, C) 依附于顶点 A 和顶点 C，或称边 (A, C) 与顶点 A 和顶点 C 相关联。

因为 $<B,D> \in E(G_2)$，所以，在图 G_2 中顶点 B 邻接到顶点 D，或者说顶点 D 邻接于顶点 B，顶点 B 和顶点 D 互为邻接顶点；弧 $<B, D>$ 依附于顶点 B 和顶点 D，或称弧 $<B, D>$ 与顶点 B 和顶点 D 相关联。

6. 完全图

- **无向完全图**（Undirected Complete Graph）——任意两个顶点之间都存在边的无向图。
- **有向完全图**（Directed Complete Graph）——任意两个顶点之间都存在互达的弧的有向图。

例如，因为在图 G_1 中，顶点 A 和顶点 D 之间不存在边，所以图 G_1 不是无向完全图。在图 G_2 中，存在 A 到 B 的弧，但不存在 B 到 A 的弧，存在 A 到 C 的弧，但不存在 C 到 A 的弧，…，因此图 G_2 不是有向完全图。我们向图 G_1 中添加边得到图 G'_1，向图 G_2 中添加弧得到图 G'_2、G''_2，如图 10-4 所示，请判断图 G'_1 是否是无向完全图？图 G'_2、G''_2 是否是有向完全图？

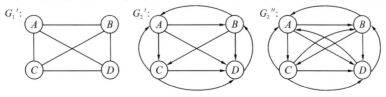

图 10-4 无向完全图、（非）有向完全图的示例

　　因为 G'_1 中任意两个顶点之间都有边（即任意两个顶点均相邻），所以 G'_1 是无向完全图。G'_2 不是有向完全图，因为顶点 A 和顶点 D 之间只存在从 A 出发指向 D 的弧，不存在从 D 出发指向 A 的弧；同时顶点 B 和顶点 C 之间也只存在一个方向上的弧，不存在互达的弧。G''_2 是有向完全图，因为任意两个顶点之间均存在弧达的弧（即任意一个顶点既邻接到其他所有的顶点同时又邻接于其他所有的顶点）。

　　【思考题 10.1】 具有 n 个顶点的无向完全图具有多少条边？具有 n 个顶点的有向完全图具有多少条弧？

　　分析：1）**思路一**　无向完全图要求任意两个顶点之间都存在边，因此求解具有 n 个顶点的无向完全图的边数实际上是一个组合问题，即从 n 个顶点中任意拿出两个顶点，共有多少种拿法。故具有 n 个顶点的无向完全图的边数为：

$$C_n^2 = \frac{n(n-1)}{2}$$

　　思路二　要保证具有 n 个顶点的无向图的任意两个顶点之间具有边（为了便于叙述，假设给 n 个顶点进行了编号，编号从 1 开始），即保证第 1 个顶点与其余的 $n-1$ 个顶点之间均有边，第 2 个顶点与其余编号比它大的 $n-2$ 个顶点之间均有边，第 3 个顶点与其余编号比它大的 $n-3$ 个顶点之间均有边，…，第 $n-1$ 个顶点与第 n 个顶点之间有一条边。也就是说，具有 n 个顶点的无向完全图的边数为：

$$\sum_{i=1}^{n-1}(n-i) = (n-1)+(n-2)+\cdots+2+1 = \frac{n(n-1)}{2}$$

　　2）**思路一**　有向完全图要求任意两个顶点之间都存在互达的弧，因此求解具有 n 个顶点的有向完全图的弧的条数实际上是一个排列问题，即从 n 个顶点中任意拿出两个顶点，共有多少种不同的排列。故具有 n 个顶点的有向完全图的弧的条数为：

$$P_n^2 = n(n-1)$$

　　思路二　要保证具有 n 个顶点的有向图的任意两个顶点之间具有互达的弧，即保证有向图中的每个顶点均发出 $n-1$ 条弧，分别指向其余的 $n-1$ 个顶点。也就是说，具有 n 个顶点的有向完全图的弧的条数为：$n(n-1)$。

　　思路三　因为具有 n 个顶点的有向完全图比具有 n 个顶点的无向完全图刚好多出一个方向上的边，又已知具有 n 个顶点的无向完全图具有 $n(n-1)/2$ 条边，所以可知具有 n 个顶点的有向完全图共有 $2\times[n(n-1)/2]=n(n-1)$ 条弧。

　　需要说明的是，本章讨论的是简单的图，即图中不存在顶点到自己的边或弧也不存在重复边或弧（所谓重复边或弧是指一条边或弧在图中重复出现）。

　　7. 子图

　　设有两个图：$G=(V(G),E(G))$，$G'=(V(G'),E(G'))$，若图 G' 的顶点集是图 G 的顶点集的子集，且图 G' 的边集也是图 G 的边集的子集，即 $V(G')\subseteq V(G)$，$E(G')\subseteq E(G)$，则称图 G' 为图 G 的子图（Subgraph）。

　　例如，在图 10-5 所示的图中，因为 $V(G_1^*)\subseteq V(G^*)$&&$E(G_1^*)\subseteq E(G^*)$、$V(G_2^*)\subseteq V(G^*)$&&$E(G_2^*)\subseteq E(G^*)$、$V(G_3^*)\subseteq V(G^*)$&&$E(G_3^*)\subseteq E(G^*)$，所以 G_1^*、G_2^* 和 G_3^* 是图 G^* 的子图；因为 G_4^* 的顶点集不是图 G^* 的顶点集的子集，G_4^* 的边集也不是图 G^* 的边集的子集，虽然图 G_5^* 的顶点集是图 G^* 的顶点集的子集，但 G_5^* 的边集不是图 G^* 边集的子集，所以 G_4^*、G_5^* 不是图 G^* 的子图。

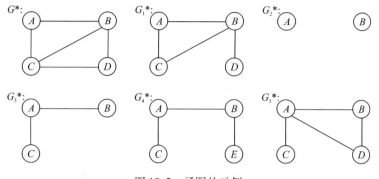

图 10-5 子图的示例

8. 路径

若图中存在一条从顶点 i 到顶点 j 由边或弧组成的通路，则称这条通路为顶点 i 到顶点 j 的路径（Path）。路径可以用顶点序列表示也可以用边序列来表示。例如，G_1（见图 10-1）中顶点 A 到顶点 D 的一条路径为 (A, B, D) 或者表示为 $((A, B)，(B, D))$。

9. 路径的长度

路径的长度是指路径上所含边或弧的条数。

10. 简单路径

简单路径是指路径的顶点序列中无重复顶点的路径。

11. 回路（或环）

回路是指从一个顶点出发又回到该顶点的路径。

12. 简单回路（或简单环）

简单回路是指除第 1 个顶点与最后一个顶点相同之外，其余顶点不重复出现的回路。

例如，在图 G_1（见图 10-1）中从顶点 A 到顶点 D 的一条路径可以表示为 (A, B, D) 或表示为 $((A,B),(B,D))$，它的长度为 2，它是一条简单路径。在图 G_2（见图 10-2）中从顶点 A 到顶点 D 的一条路径可以表示为 (A, C, D) 或表示为 $(<A,C>, <C,D>)$，它的长度为 2，它是一条简单路径。

在图 G_1 中从顶点 A 到顶点 D 的另一条路径可以表示为 (A, C, B, A, C, D) 或表示为 $((A, C)，(C, B)，(B, A)，(A, C)，(C, D))$，它的长度为 5，它不是一条简单路径，它含有环。在图 G'_2（见图 10-4）中从顶点 A 到顶点 D 的另一条路径可以表示为 (A, C, B, A, D) 或表示为 $(<A,C>, <C,B>, <B,A>, <A,D>)$，它的长度为 4，它不是一条简单路径，它含有环。

在图 G_1 中从顶点 A 出发又回到顶点 A 的一条回路可以表示为 (A, C, D, B, C, A)，它不是简单回路。G_1 中从顶点 A 出发又回到顶点 A 的另一条回路可以表示为 (A, C, D, B, A)，它是一条简单回路。在图 G'_2 中从顶点 A 出发又回到顶点 A 的一条回路可以表示为 (A, C, D, B, C, A)，它不是简单回路。G'_2 中从顶点 A 出发又回到顶点 A 的另一条回路可以表示为 (A, C, D, B, A)，它是一条简单回路。

13. 连通图/连通分量/连通顶点（针对无向图而言）

• 连通图（Connected Graph）——任意两个顶点之间存在路径的无向图。

• 连通分量（Connected Component）——无向图的极（或最）大连通子图。

• 连通顶点（Connected Vertex）——若顶点 i 和顶点 j 之间存在一条路径，则称顶点 i 和顶点 j 为连通顶点；或者说顶点 i 和顶点 j 是互相可达的。

如果一个无向图是连通的，则说明它的任意两个顶点之间是可达的，或者说是互通的。

例如，在图 10-6 中的 G_5 不是连通图，因为在图 G_5 中顶点 A 和顶点 F 是连通顶点，顶点 H 和顶点 I 是连通顶点，但顶点 A 和顶点 J 不是连通顶点。G_6 和 G_7 是 G_5 的两个连通分量。

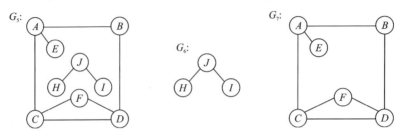

图 10-6   非连通图及其连通分量的示例

【思考题 10.2】请求出图 G_1 的连通分量。

分析：图 G_1 是一个连通图，它的连通分量就是它自身。

可以得出结论：连通图的连通分量就是它自身；而非连通图有多个连通分量。

【思考题 10.3】判断下面的说法是否正确。

1）一个无向完全图一定是一个连通图。

2）一个连通图一定是一个无向完全图。

3）一个连通图不一定是一个无向完全图。

4）一个连通图一定不是一个无向完全图。

5）一个连通图可能是一个无向完全图。

分析：连通图是指任意两个顶点之间都存在路径的无向图，它不能保证任意两个顶点之间一定有边。无向完全图是指任意两个顶点之间都存在边的无向图，它能确保任意两个顶点之间一定存在路径。因此一个无向完全图一定是一个连通图，而一个连通图不一定是一个无向完全图。所以，上述第一句是正确的，第二句是错误的，第三句是正确的，第四句错误的，第五句是正确的。

【思考题 10.4】一个具有 n 个顶点的连通图至少具有多少条边？至多具有多少条边？

分析：要使得具有 n 个顶点的无向图是连通的，至少需要 $n-1$ 条边将 n 个顶点串起来。在具有 n 个顶点的无向图中，无向完全图的边数是其中最多的，并且一个无向完全图一定是一个连通图。因此，一个具有 n 个顶点的连通图至少具有 $n-1$ 条边，至多具有 $n(n-1)/2$ 条边。

14. 强连通图/强连通分量/强连通顶点（针对有向图而言）

- **强连通图**（Strongly Connected Graph）——任意两个顶点之间存在互达路径的有向图。

- **强连通分量**（Strongly Connected Component）——有向图的极（或最）大强连通子图。

- **强连通顶点**（Strongly Connected Vertex）——若顶点 i 和顶点 j 之间存在互达的路径，则称顶点 i 和顶点 j 为强连通顶点。

如果一个有向图是强连通的，则说明它的任意两个顶点之间是可达的，或者说是互通的。

例如，图 10-7 中的 G_8 不是强连通图，因为在图 G_8 中顶点 A 和顶点 B 是强连通顶点，但顶点 A 和顶点 D 不是强连通顶点，顶点 C 和顶点 D 也不是强连通顶点。G_9、G_{10} 和 G_{11} 是 G_8 的三个强连通分量。

【思考题 10.5】请根据图 10-8 给出的有向图 G_{12}，回答下面的问题。

1）图 G_{12} 是强连通图吗？

2）求图 G_{12} 的强连通分量。

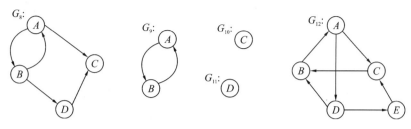

图 10-7　非强连通图及其强连通分量的示例　　　图 10-8　有向图 G_{12}

分析：因为在图 G_{12} 中存在从顶点 A 到顶点 B 的路径（A，D，B）和从顶点 B 到顶点 A 的路径（B，A），存在从顶点 A 到顶点 C 的路径（A，C）和从顶点 C 到顶点 A 的路径（C，B，A），存在从顶点 A 到顶点 D 的路径（A，D）和从顶点 D 到顶点 A 的路径（D，B，A），存在从顶点 A 到顶点 E 的路径（A，D，E）和从顶点 E 到顶点 A 的路径（E，C，B，A），存在从顶点 B 到顶点 C 的路径（B，A，C）和从顶点 C 到顶点 B 的路径（C，B），存在从顶点 B 到顶点 D 的路径（B，A，D）和从顶点 D 到顶点 B 的路径（D，B），存在从顶点 B 到顶点 E 的路径（B，A，D，E）和从顶点 E 到顶点 B 的路径（E，C，B），存在从顶点 C 到顶点 D 的路径（C，B，A，D）和从顶点 D 到顶点 C 的路径（D，B，A，C），存在从顶点 D 到顶点 E 的路径（D，E）和从顶点 E 到顶点 D 的路径（E，C，B，A，D），所以图 G_{12} 是一个强连通图。它的强连通分量就是它自身。

可以得出结论：强连通图的强连通分量是它自身；非强连通图有多个强连通分量。

【思考题 10.6】判断下面的说法是否正确。

1）一个有向完全图一定是一个连通图。

2）一个有向完全图一定是一个强连通图。

3）一个强连通图一定是一个有向完全图。

4）一个强连通图不一定是一个有向完全图。

5）一个强连通图一定不是一个有向完全图。

6）一个强连通图可能是一个有向完全图。

分析：连通图是针对无向图而言的，强连通图是针对有向图而言，故第一句是错误的。有向完全图要求任意两个顶点之间有互达的弧，这保证了任意两个顶点之间一定有互达的路径，所以一个有向完全图一定是一个强连通图，故第二句是正确的。强连通图要求任意两个顶点之间有互达的路径，这个约束并不能一定保证图中的任意两个顶点之间有互达的弧，因此，一个强连通图不一定是一个有向完全图，故第三句是错误的、第四句是正确的、第五句是错误的、第六句是正确的。

【思考题 10.7】一个具有 n 个顶点的强连通图至少具有多少条弧？至多具有多少条弧？

分析：要使得具有 n 个顶点的有向图是强连通的，至少需要 n 条弧将 n 个顶点沿着一个方向串成一个环。在具有 n 个顶点的有向图中，有向完全图的弧数是其中最多的。因此，一个具有 n 个顶点的强连通图至少具有 n 条弧，至多具有 $n(n-1)$ 条弧。

15. 顶点的度（Degree of Vertex）

无向图中：

　　　顶点 i 的度 = 与顶点 i 相关联的边的条数（或顶点 i 的邻接顶点的个数）

有向图中：

　　　顶点 i 的度 = 顶点 i 的出度 + 顶点 i 的入度

　　　（顶点 i 的度即为与顶点 i 相关联的弧的条数或顶点 i 的邻接顶点的个数）

顶点 i 的出度 = 以顶点 i 为始点的弧的条数（或顶点 i 的邻接到的顶点个数）

顶点 i 的入度 = 以顶点 i 为终点的弧的条数（或顶点 i 的邻接于的顶点个数）

例如，图 G_1（见图 10-1）中，顶点 A 的度为 2，顶点 B 的度为 3，顶点 C 的度为 3，顶点 D 的度为 2；图 G_2（见图 10-2）中，顶点 A 的出度为 3、入度为 0、度为 3，顶点 B 的出度为 1、入度为 1、度为 2，顶点 C 的出度为 1、入度为 1、度为 2，顶点 D 的出度为 0、入度为 3、度为 3。

一个具有 n 个顶点、e 条边的无向图，假设 d_i 是其第 i 个顶点的度，则有：

$$\sum_{i=1}^{n} d_i = 2e$$

一个具有 n 个顶点、e 条弧的有向图，假设 ind_i 是其第 i 个顶点的入度，$outd_i$ 是其第 i 个顶点的出度，d_i 是其第 i 个顶点的度，则有：

$$d_i = outd_i + ind_i, \quad \sum_{i=1}^{n} outd_i = e, \quad \sum_{i=1}^{n} ind_i = e$$

$$\sum_{i=1}^{n} d_i = \sum_{i=1}^{n} (outd_i + ind_i) = \sum_{i=1}^{n} outd_i + \sum_{i=1}^{n} ind_i = e + e = 2e$$

图论第一定理（The first theorem of graph theory）：无向图中所有顶点的度之和等于边的条数的两倍。

显然这个定理同样适用于有向图，即有向图中所有顶点的度之和等于弧的条数的两倍，其中所有顶点的出度之和等于弧的条数，所有顶点的入度之和等于弧的条数。

10.1.3　图的基本运算

假设有：

```
#define MAXSIZE       100
#define   GRAPH       30
#define   UN_DIRECT_GRAPH      GRAPH + 0      //创建无向图
#define   DIRECT_GRAPH         GRAPH + 1      //创建有向图
#define   DIRECT_GRAPH_REV     GRAPH + 2      //表示创建有向图的逆邻接表
#define   NET         50
#define   UN_DIRECT_NET        NET + 0        //创建无向网络
#define   DIRECT_NET           NET + 1        //创建有向网络
#define SUCCESS                0
#define FAIL                   -1
#define EXIST                  -2
#define NOT_EXIST              -3
#define PARAMETER_ERR          -4
#define STORAGE_ERROR          -5
#define INFINITY 5000
```

在图的逻辑结构基础上定义的操作主要有以下几种：

1）CreateGraph(&G, $graphtype$)创建运算：创建一个指定类型（无向图或有向图或无向网或有向网）的图 G，创建前 G 已初始化为空，如果创建成功则返回 SUCCESS，否则返回错误代码。

2）JudgeGraphType(G)判断图类型运算：判断并返回图 G 的类型。

3）LocateVertex(G, $vertex$)查找运算：在图 G 中搜索顶点 $vertex$，如果搜索成功则返回顶点 $vertex$ 的编号，否则返回 NOT_ EXIST。

4）FindAllAdjVertexs(G, $vertex$)访问邻接顶点运算：根据顶点的值 $vertex$ 访问该顶点的所有邻接顶点，如果访问成功则返回 SUCCESS，否则返回错误代码。

5）GetDegreeOfVertex(G, $vertex$, &$degree$)求顶点度的运算：求解指定顶点的度，并用变量 $degree$ 返回，如果求解成功则返回 SUCCESS，否则返回错误代码。

6）GetInDegreeOfVertex(G,$vertex$,&$indegree$)求顶点入度的运算（仅适用于有向图、有向网）：求解指定顶点的入度，并用变量 $indegree$ 返回，如果求解成功则返回 SUCCESS，否则返回错误代码（PARAMETER_ ERR 表示有向图/网 G 中没有值为 $vertex$ 的顶点，FAIL 表示 G 是无向的）。

7）GetOutDegreeOfVertex(G,$vertex$,&$outdegree$)求顶点出度的运算（仅适用于有向图、有向网）：求解并返回指定顶点的出度，并用变量 $outdegree$ 返回，如果求解成功则返回 SUCCESS，否则返回错误代码（PARAMETER_ ERR 表示有向图/网 G 中没有值为 $vertex$ 的顶点，FAIL 表示 G 是无向的）。

8）DFSTraverse(G,$visit$( ))深度优先搜索运算：对图 G 实施深度优先搜索遍历，对遍历到的每个顶点调用有且仅有一次的 $visit$( )操作。

9）DFSTraverse_ FromVertex(G,$vertex\_loc$,$visit$( ))从指定顶点开始进行深度优先搜索运算：以编号为 $vertex\_ loc$ 的顶点作为出发顶点对图 G 进行深度优先搜索运算，对遍历到的每个顶点调用有且仅有一次的 $visit$( )操作。

10）BFSTraverse(G,$visit$( ))广度优先搜索运算：对图 G 实施广度优先搜索遍历，对遍历到的每个顶点调用有且仅有一次的 $visit$( )操作。

11）BFSTraverse_ FromVertex(G,$vertex\_loc$,$visit$( ))从指定顶点开始进行广度优先搜索运算：以编号为 $vertex\_ loc$ 的顶点作为出发顶点对图 G 进行广度优先搜索运算，对遍历到的每个顶点调用有且仅有一次的 $visit$( )操作。

12）ShowGraph(G)输出/打印运算：将图 G 的内容输出到屏幕上或文件中。

13）DestroyGraph(&G)撤销运算：撤销图 G，即回收 G 的存储空间。

图的 ADT 定义在此省略，读者可以参照前面章节介绍的线性结构的 ADT 定义和上述给出的图的基本运算的定义自行完成。图的 ADT 定义好后，我们就可以利用图去求解一些应用问题了。

10. 2　图的实现

10. 2. 1　需要解决的关键问题

通过前面的叙述，我们认识了"图"结构，那么如何在内存中表示这种结构呢？要回答这个问题，我们必须提出在内存中存储顶点信息和边（或弧）信息的解决方案。顶点即为数据元素，它的存储是简单和直接的；而边（或弧）描述的是关系，关系的存储是不易而多样的。因此，**我们需要解决的关键问题是，如何在存储器中存储边（或弧）信息**。也就是说，我们需要从存储边（或弧）信息的角度入手找到可能的图的存储方案。

10. 2. 2　关键问题的求解思路

【求解思路一】因为本章讨论的图是不允许重复边（或弧）出现的，这意味着每对顶点间至多存在一条边（或同向弧），因此如果我们能存储所有顶点的信息和每对顶点间的互连信息，那么我们就在存储器中表示了图。根据这个思路得到图的一种存储结构——邻接矩阵表示法。

【求解思路二】因为边（或弧）是依附于顶点存在的，所以我们可以用两个属性值＜顶点的值，与顶点关联的边集＞来刻画无向图中的顶点，用两个属性值＜顶点的值，从顶点发出的弧集＞或＜顶点的值，指向顶点的弧集＞来刻画有向图中的顶点。因此如果我们能存储所有如上述定义的顶点信息，那么我们也在存储器中成功地描述了图，根据这个思路得到图的另一种存储结构——邻接表表示法。

10.2.3 图的存储结构

根据上节给出的求解思路，我们可以得到以下几种图的存储结构。同时我们约定顶点的编号从1开始。

1. 邻接矩阵（Adjacency Matrix）表示法

图的邻接矩阵表示法是用一个一维数组存储顶点的信息，用一个二维数组存储顶点之间的关系（即边或弧的信息）。顶点的信息存放在一维数组中以顶点编号为下标的位置上。设 $G = (V, E)$ 是一个具有 n 个顶点的图，那么图 G 的邻接矩阵表示法中用来存储边或弧的二维数组是一个 $n \times n$ 的矩阵（称为邻接矩阵），假设用字母 A 来表示这个矩阵，那么矩阵元素的值定义为：

1）若图 G 是无权图：

$$A[i,j] = \begin{cases} 1 & \text{if}(v_i,v_j) \in E(G)\,\text{or} < v_i,v_j > \in E(G) \\ 0 & \text{if}(v_i,v_j) \notin E(G)\,\text{or} < v_i,v_j > \notin E(G) \end{cases}$$

2）若图 G 是有权图：

$$A[i,j] = \begin{cases} w_{ij} & \text{if}(v_i,v_j) \in E(G)\,\text{or} < v_i,v_j > \in E(G) \\ \infty & \text{if}(v_i,v_j) \notin E(G)\,\text{or} < v_i,v_j > \notin E(G) \end{cases}$$

其中，w_{ij} 表示边 (i, j) 或弧 $<i, j>$ 上的权值，无穷大 ∞ 可以用一个计算机允许的、大于所有边上权值的数来表示。

类型定义如下（用抽象类型名 VertexType 表示顶点的类型，用抽象类型名 EdgeType 表示边上权值的类型）：

```
#define MAX 100
typedef struct
{
    VertexType vexs[MAX];
    EdgeType edges[MAX][MAX];
    int vexnum, arcnum;              //记录图的顶点数和边或弧的条数
}AdjMatrix;
```

无向图 G_1 的邻接矩阵存储结构图如图10-9所示。

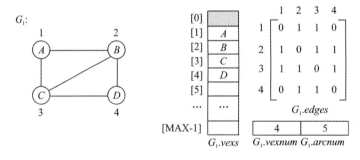

图10-9 无向图 G_1 和它的邻接矩阵存储结构图

无向图邻接矩阵的特点如下：

1）因为无向图的边是没有方向性的，因此描述边信息的邻接矩阵一定是对称阵（因此可用第7章中介绍的方法对它进行压缩存储）。

2）第 i 行"1"的个数就是与顶点 i 相关联的边的条数，即顶点 i 的度数。

3）第 j 列"1"的个数就是与顶点 j 相关联的边的条数，即顶点 j 的度数。

4）因为矩阵中"1"的总个数 = 第 1 行"1"的个数 + 第 2 行"1"的个数 + … + 最后一行"1"的个数 = 第 1 列"1"的个数 + 第 2 列"1"的个数 + … + 最后一列"1"的个数 = 所有顶点的度之和,所以矩阵中"1"的总个数等于边的总条数的两倍。

无向网 G_3 的邻接矩阵存储结构图如图 10-10 所示。

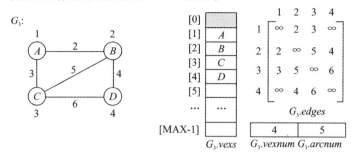

图 10-10 无向网 G_3 和它的邻接矩阵存储结构图

无向网邻接矩阵的特点如下:

1）一定是对称阵。

2）第 i 行非 ∞ 元素的个数就是顶点 i 的度数。

3）第 j 列非 ∞ 元素的个数就是顶点 j 的度数。

4）矩阵中非 ∞ 元素的个数等于边的总条数的两倍。

有向图 G_2 的邻接矩阵存储结构图如图 10-11 所示。

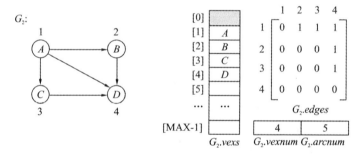

图 10-11 有向图 G_2 和它的邻接矩阵存储结构图

有向图邻接矩阵的特点如下:

1）因为有向图的边是有方向性的,因此描述弧信息的邻接矩阵一般不是对称阵(不能说有向图的邻接矩阵一定不是对称阵,它是有可能为对称阵的,例如有向完全图的邻接矩阵就是一个对称阵)。

2）根据邻接矩阵的定义可知,有向图的邻接矩阵的每个矩阵元素描述的是从编号为行下标的顶点发出指向编号为列下标的顶点的弧的信息,因此在矩阵中,行下标对应的是弧的始点,列下标对应的是弧的终点。因此可以通过统计第 i 行"1"的个数来确定顶点 i 的出度;通过统计第 j 列"1"的个数来确定顶点 j 的入度。即第 i 行"1"的个数就是顶点 i 的出度;第 j 列"1"的个数就是顶点 j 的入度。

3）矩阵中"1"的总个数 = 每一行"1"的个数之和 = 所有顶点的出度之和,或者矩阵中"1"的总个数 = 每一列"1"的个数之和 = 所有顶点的入度之和;又已知有向图的所有顶点的入度之和或出度之和等于该有向图的弧的总条数;所以,矩阵中"1"的总个数等于弧的总条数。

有向网 G_4 的邻接矩阵存储结构图如图 10-12 所示。

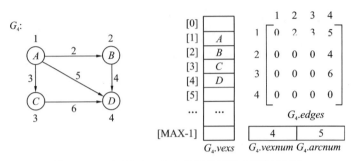

图 10-12   有向网 G_4 和它的邻接矩阵存储结构图

有向网邻接矩阵的特点如下：

1）一般不是对称阵。

2）第 i 行非∞元素的个数就是顶点 i 的出度。

3）第 j 列非∞元素的个数就是顶点 j 的入度。

4）矩阵中非∞元素的个数等于弧的总条数。

【思考题 10.8】 假设已知某个图 G 的邻接矩阵存储结构图，根据存储结构图如何判断这个图 G 是有向图还是无向图？

分析：统计邻接矩阵中"1"的个数，如果"1"的总个数是 $G.arcnum$ 的两倍，那么这个图是无向图；如果"1"的总个数等于 $G.arcnum$，那么这个图是有向图。

当然，也可以首先判断邻接矩阵是否为对称阵，如果不是对称阵，那么说明这个图是有向图；如果是对称的，那么需要进行上述的判断，即先统计"1"的个数再根据统计情况进行判断。

基于邻接矩阵的图的（除创建运算和遍历运算之外的）基本运算的实现请参看教辅资料中的相关源代码。

2. 邻接表（Adjacency List）表示法

这种表示法类似于树的孩子链表表示法。如果存储了图的每个顶点信息，并且存储了与每个顶点相关联的边或弧的信息，那么就可以唯一确定这个图。显然，存储与某个顶点相关联的边或弧的信息可以通过存储该顶点的所有邻接顶点来实现。由于每个顶点的邻接顶点数不能事先确定的，因此我们采用具有良好动态生长的链表来存储顶点的邻接顶点信息，将这个链表称为顶点的邻接链表。

对于无向图而言，顶点的邻接链表记录了顶点的所有邻接顶点，即记录了与该顶点关联的所有边的信息，因此无向图的邻接表又称为边表。

对于有向图而言，与顶点关联的弧有两种，一种是从该顶点发出去的弧，另一种是指向该顶点的弧。如果对于与弧关联的一个顶点而言，弧是发出去的，那么弧对于与它关联的另一个顶点而言，它一定是射入的。所以，在有向图中只要存储了所有顶点发出去的弧的信息或者只要存储了所有射向顶点的弧的信息，也就存储了所有弧的信息。因此，对于同一个有向图而言，它有两种邻接表表示法：一种是顶点的邻接链表记录了邻接于该顶点的所有邻接顶点，即记录了所有从该顶点发出去的弧，有向图的这种邻接表又称为出边表；另一种是顶点的邻接链表记录了邻接到该顶点的所有邻接顶点，即记录了所有指向该顶点的弧，为了和有向图的第一种邻接表相区别，将它称为有向图的逆邻接表，又称为入边表。

（无向或有向）图中的每个顶点都有与之对应的邻接链表，它们之间的这种一一对应关系可以存储在图 10-13 所示的存储映像中。

data | first

图 10-13　"邻接表表示法"中的头结点结构

其中，*data* 域为数据域，用来存储顶点的信息；*first* 域为指针域，用来存储顶点邻接链表的入口地址。对于无向图的邻接表而言，该指针域指向顶点的第一个邻接顶点；对于有向图的邻接表而言，该指针域指向第一个邻接于该顶点的顶点；对于有向图的逆邻接表而言，该指针域指向第一个邻接到该顶点的顶点。图 10-14 为邻接链表中的表结点结构。

adjno | next

图 10-14　"邻接表表示法"中的表结点结构

其中，*adjno* 域用来存储某个邻接顶点的编号；*next* 域为指针域，用来指向顶点的下一个邻接顶点所对应的表结点。

一个具有 n 个顶点的图，有 n 个"顶点与邻接链表的映射关系"，这 n 个映射关系对应 n 个头结点（见图 10-13），我们如何组织这 n 个头结点呢？在邻接表表示法中，用一个一维数组来存储这 n 个头结点，将这个一维数组称为顶点表。头结点在顶点表中的位置由它对应顶点的编号决定。

类型定义如下：

```
#define MAX 100
typedef struct EdgeNode
{
    int adjno;
    struct EdgeNode *next;
}EdgeNode;
typedef struct VertexNode
{
    VertexType data;
    EdgeNode *first;
}VertexNode;
typedef struct
{
    VertexNode vexs[MAX];
    int vexnum,arcnum;//记录图的顶点数和边或弧的条数
}AdjList;
```

无向图 G_1 的邻接表存储结构图如图 10-15 所示（其中邻接链表采用头部创建法得到）。

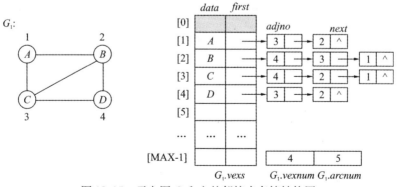

图 10-15　无向图 G_1 和它的邻接表存储结构图

无向图邻接表的特点如下：

1）第 i 个单链表的长度就是与顶点 i 相关联的边的条数，故可以通过求解第 i 个单链表的长度得到顶点 i 的度数。

2）总表结点的个数＝所有链表的长度之和＝所有顶点的度之和，所以总表结点的个数等于边的总条数的两倍。

有向图 G_2 的邻接表存储结构图如图 10-16 所示（其中邻接链表采用头部创建法得到）。

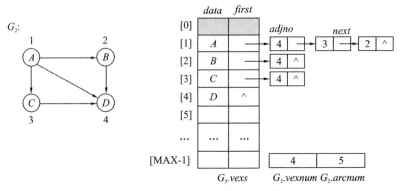

图 10-16　有向图 G_2 和它的邻接表存储结构图

有向图邻接表的特点如下：

1）第 i 个单链表的长度就是从顶点 i 发出的弧的条数，故可以通过求解第 i 个单链表的长度得到顶点 i 的出度。

2）总表结点的个数＝所有链表的长度之和＝所有顶点的出度之和，所以总表结点的个数等于弧的总条数。

通过前面的分析可知，基于有向图的邻接表存储结构可以很方便地求出顶点的出度，但不便于求解顶点的入度。

有向图 G_2 的逆邻接表存储结构图如图 10-17 所示（其中逆邻接链表采用头部创建法得到）。

有向图逆邻接表的特点：

1）第 i 个单链表的长度就是指向顶点 i 的弧的条数，故可以通过求解第 i 个单链表的长度得到顶点 i 的入度。

2）总表结点的个数＝所有链表的长度之和＝所有顶点的入度之和，所以总表结点的个数等于弧的总条数。

通过前面的分析可知，基于有向图的逆邻接表存储结构可以很方便地求出顶点的入度，而要求出顶点的出度就需要遍历所有的表结点，统计指定顶点在表结点中出现的次数。

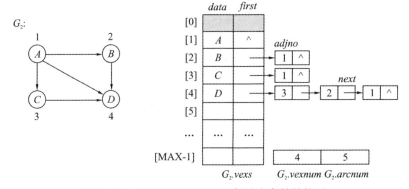

图 10-17　有向图 G_2 和它的逆邻接表存储结构图

【思考题 10.9】 已知某个图 G 的邻接表存储结构图，根据存储结构图如何判断这个图 G 是有向图还是无向图？

分析：统计邻接表的表结点个数，如果表结点个数是 $G.arcnum$ 的两倍，那么这个图是无向图；如果等于 $G.arcnum$，那么这个图是有向图。

基于邻接表的图的（除创建运算和遍历运算之外的）基本运算的实现请参看教辅资料中的相关源代码。

因为在有向图的邻接表存储结构中，顶点表中的顶点是弧的始点，而表结点中记录的顶点均是弧的终点。因此，基于有向图的邻接表存储结构求顶点的出度很简单，顶点对应的邻接表的长度就是该顶点的出度，但是求顶点的入度会复杂一些，我们需要遍历所有的表结点，统计指定顶点的编号在表结点中出现的次数。同样地，因为在有向图的逆邻接表存储结构中，顶点表中的顶点是弧的终点，而表结点中记录的顶点均是弧的始点。因此，基于有向图的逆邻接表存储结构求顶点的入度很简单，顶点对应的邻接表的长度就是该顶点的入度，但是求顶点的出度会复杂一些，我们需要遍历所有的表结点，统计指定顶点的编号在表结点中出现的次数。

通过前面对无向图的邻接表的分析可知，在无向图的邻接表存储结构中每条边的信息被存储了两次，冗余的边信息会给某些操作（如删除一条边、增加一条边等对边进行的操作）带来不便。那么，我们是否可以得到一个边信息只存储一次的无向图的存储结构呢？回答是肯定的。无向图的邻接多重表存储结构就是一种可以满足上述存储要求的存储结构。

3. 邻接多重表（Adjacency Multilist）表示法

图中的每个顶点都有与之对应的邻接链表，它们之间的这种一一对应关系可以存储在图 10-18 所示的存储映像中。

图 10-18 "邻接多重表表示法"中的头结点结构

其中，*data* 域为数据域，用来存储顶点的信息；*first* 域为指针域，用来存储顶点邻接链表的入口地址。可见，邻接多重表中的头结点结构与邻接表表示法中的头结点结构相同。

顶点的邻接链表记录了与顶点相关联的所有边的信息。一条边与两个顶点相关联，为了避免边信息的重复存储，我们必须让存储边信息的表结点同时位于两个顶点的邻接链表中。图 10-19 为邻接多重表中的表结点结构。

图 10-19 "邻接多重表表示法"中的表结点结构

其中，*ivex* 和 *jvex* 域用来存储与某条边相关联的两个顶点的编号；*inext* 域为指针域，用来指向与顶点 *ivex* 相关联的下一条边对应的表结点；*jnext* 域为指针域，用来指向与顶点 *jvex* 相关联的下一条边对应的表结点。

一个具有 n 个顶点的无向图，有 n 个"顶点与邻接链表的映射关系"，这 n 个映射关系对应 n 个头结点（见图 10-18），我们如何组织这 n 个头结点呢？在邻接多重表表示法中，用一个一维数组来存储这 n 个头结点，头结点在一维数组中的位置由它对应顶点的编号决定。

类型定义如下：

```
#define MAX 100
typedef struct EdgeNode
{
```

```
    int ivex,jvex;
    struct EdgeNode *inext,*jnext;
}EdgeNode;
typedef struct VertexNode
{
    VertexType data;
    EdgeNode *first;
}VertexNode;
typedef struct
{
    VertexNode vexs[MAX];
    int vexnum,arcnum;//记录图的顶点数和边或弧的条数
}AdjMList;
```

无向图 G_1 的邻接多重表存储结构图如图 10-20 所示（其中邻接多重链表采用头部创建法得到）。

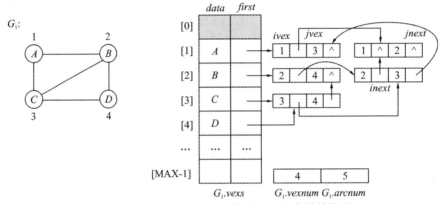

图 10-20　无向图 G_1 和它的邻接多重表存储结构图

通过前面对有向图的邻接表和逆邻接表的分析可知，基于有向图的邻接表求顶点的出度很方便，基于有向图的逆邻接表求顶点的入度很方便。那么，我们是否可以得到一个既便于求解顶点的出度又便于求解顶点的入度的有向图的存储结构呢？回答是肯定的。有向图的十字链表存储结构就是一种可以满足上述求解需求的存储结构。

4. 十字链表（Orthogonal List）表示法

图中的每个顶点都有与之对应的邻接链表和逆邻接链表，它们之间的这种一一对应关系可以存储在图 10-21 所示的存储映像中。

data	infirst	outfirst

图 10-21　"十字链表表示法"中的头结点结构

其中，*data* 域为数据域，用来存储顶点的信息；*outfirst* 域为指针域，用来存储顶点邻接链表的出口地址；*infirst* 域为指针域，用来存储顶点逆邻接链表的入口地址。

一条弧与两个顶点相关联，其中一个顶点是弧的始点，另一个顶点是弧的终点。所以，存储弧信息的表结点同时位于它的出发顶点的邻接链表中和它的终止顶点的逆链接表中。图 10-22 为十字链表中的表结点结构。

outvex	outnext	invex	innext

图 10-22　"十字链表表示法"中的表结点结构

其中，*outvex* 和 *invex* 域分别用来存储弧的出发顶点编号和终止顶点编号；*outnext* 域为指针域，用来指向从顶点 *outvex* 发出的下一条弧对应的表结点；*innext* 域为指针域，用来指向以顶点 *invex* 为终点的下一条弧对应的表结点。

一个具有 n 个顶点的有向图，有 n 个“顶点与邻接链表/逆邻接链表的映射关系”，这 n 个映射关系对应 n 个头结点（见图 10-21），我们如何组织这 n 个头结点呢？在十字链表表示法中，用一个一维数组来存储这 n 个头结点，头结点在一维数组中的位置由它对应顶点的编号决定。

类型定义如下：

```
#define MAX 100
typedef struct EdgeNode
{
    int invex,outvex;
    struct EdgeNode *innext,*outnext;
}EdgeNode;
typedef struct VertexNode
{
    VertexType data;
    EdgeNode *infirst,*outfirst;
}VertexNode;
typedef struct
{
    VertexNode vexs[MAX];
    int vexnum,arcnum;          //记录图的顶点数和边或弧的条数
}OList;
```

有向图 G_2 的十字链表存储结构图如图 10-23 所示（其中邻接链表/逆邻接链表采用头部创建法得到）。

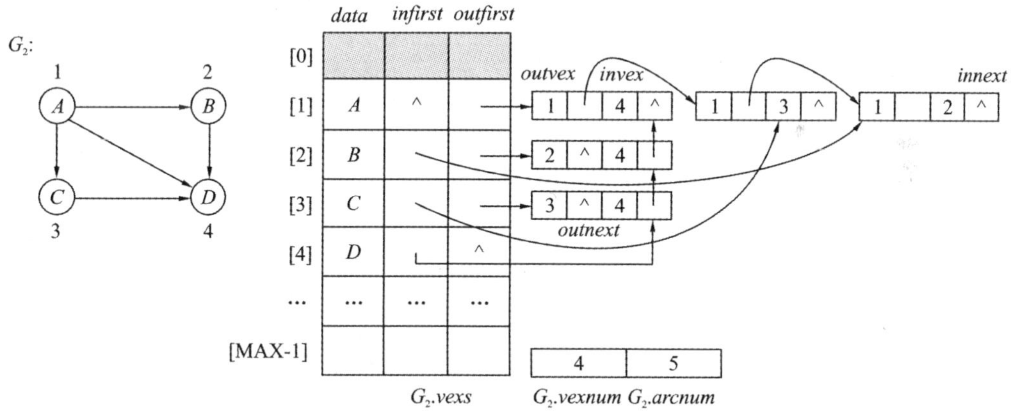

图 10-23 有向图 G_2 和它的十字链表存储结构图

10.2.4 存储方案的比较分析

邻接矩阵和邻接表是非常常用的两种图的存储结构，因此有必要对这两种存储结构进行比较分析，以助于在解决图的实际问题时，能选择合适的存储结构。两种存储结构的分析、比较如下所述：

1）无向图邻接表中的第 i 个单链表对应于其邻接矩阵中的第 i 行或第 i 列，无向图邻接表第 i 个单链表的长度等于其邻接矩阵第 i 行非零元个数或第 i 列非零元个数；有向图邻接表中的第 i 个单链表对应于其邻接矩阵中的第 i 行，有向图邻接表的第 i 个单链表的长度等于其邻

接矩阵第 i 行非零元个数；有向图逆邻接表中的第 i 个单链表对应于其邻接矩阵中的第 i 列，有向图逆邻接表的第 i 个单链表的长度等于其邻接矩阵第 i 列非零元个数。

2）假设图 G 具有 n 个顶点，e 条边或弧，若 $e \ll n^2$，那么我们将图 G 称为稀疏图（Sparse Graph）；若 e 接近于 n^2（即若图 G 是无向图，那么 e 接近于 $n(n-1)/2$；若 G 是有向图，那么 e 接近于 $n(n-1)$），那么我们将图 G 称为稠密图（Dense Graph）。显然，稀疏图的邻接矩阵将会造成较大的存储空间的浪费，$n \times n$ 的矩阵中只有少数的矩阵元素用于存储了边或弧的信息；稠密图的邻接表存储结构中每个顶点的邻接表的长度均接近顶点个数 n，创建稠密图的邻接表将会造成较大的系统开销。因此，对稀疏图而言，用邻接表表示比用邻接矩阵表示节省存储空间；对于稠密图而言，采用邻接矩阵表示更合适，因为在邻接表表示法中需要附加指针域。

3）求无向图顶点的度，采用邻接矩阵表示和采用邻接表表示都很容易实现；求有向图顶点的度，采用邻接矩阵表示比采用邻接表表示更方便（请读者再次阅读 12.2.3 节，细细体会）。

4）当需要判断一条边 (i, j) 或弧 $<i, j>$ 是否是属于图时，采用邻接矩阵更容易判断，只需判断第 i 行第 j 列的元素是否是非零元即可；但在邻接表表示中，则需要扫描第 i 个邻接（单）链表（若是有向图的逆邻接表表示，则扫描第 j 个单链表），最坏情况下的时间开销为 $O(n)$。

10.3   图的创建

10.3.1   问题描述与分析

图的创建是指在存储器中创建图，也就是按照图的某种存储结构将图的信息保存到存储器中。只有在存储器中成功创建图之后，我们才能利用计算机实现许多关于图的应用。

图的创建是一个和实现层面相关的问题，所以它必然涉及图的存储结构。当我们创建某个图时，必须先为其选择一种存储结构，然后根据图的具体信息将存储结构需要的各项数据填满。下面我们给出同时适用于建立无向图、有向图、无向网络、有向网络的邻接矩阵的创建算法，适用于建立无向图、有向图邻接表的创建算法。

10.3.2   问题求解

假设有：

```
typedef char VertexType;
typedef int EdgeType;
```

1. 适用于建立无向图、有向图、无向网络、有向网络的邻接矩阵的创建算法

```
/*创建运算:创建一个无向/有向图或无向/有向网络,结点编号从1开始*/
int CreateGraph(AdjMatrix *G,int graphtype)
{
    int i,j,k;
    int weight;
    printf("Please input graph's vexnum:");
    scanf("%d",&((*G).vexnum));
    printf("Please input graph's arcnum:");
    scanf("%d",&((*G).arcnum));
    for (i =1;i <=(*G).vexnum;i ++)
    {
        getchar();
        printf("Please input No. %d vertex\'s value:",i);
        scanf("%c",&((*G).vexs[i]));
    }
    if(UN_DIRECT_GRAPH == graphtype || DIRECT_GRAPH == graphtype)
```

```
{                                                   //创建的是图
    for ( i = 1;i <= ( *G). vexnum;i ++ )           //初始化矩阵
        for ( j = 1;j <= ( *G). vexnum;j ++ )
            ( *G). edges[ i][ j] = 0;
    for ( k = 1;k <= ( *G). arcnum;k ++ )           //根据输入的边的信息设置邻接矩阵
    {
        printf( "Please input NO. %d edge ( start,end) :",k);
        scanf( "%d,%d",&i,&j);
        ( *G). edges[ i][ j] = 1;
        if( UN_DIRECT_GRAPH == graphtype)
            ( *G). edges[ j][ i] = 1;
    }
}
else if( UN_DIRECT_NET == graphtype || DIRECT_NET == graphtype)
{                                                   //创建的是网络
    for ( i = 1;i <= ( *G). vexnum;i ++ )           //初始化矩阵
        for ( j = 1;j <= ( *G). vexnum;j ++ )
            ( *G). edges[ i][ j] = INFINITY;
    for ( k = 1;k <= ( *G). arcnum;k ++ )
    {
        printf( "Please input NO. %d edge ( start,end,weight) :",k);
        scanf( "%d,%d,%d",&i,&j,&weight);
        ( *G). edges[ i][ j] = weight;
        if( UN_DIRECT_NET == graphtype)
            ( *G). edges[ j][ i] = weight;
    }
}
return SUCCESS;
}
```

上述算法的时间复杂度为:

1) 当图的边或弧的条数 e 远远小于顶点数 n 的平方时, 算法的时间复杂度是 $O(n^2)$。

2) 当图的边或弧的条数接近顶点数的平方时, 算法的时间复杂度仍是 $O(n^2)$。

也就是说, 无论是稀疏图还是稠密图, 创建它们的邻接矩阵的时间开销是一样的, 但是相比较而言, 稀疏图的邻接矩阵将会造成较大的存储空间的浪费, $n \times n$ 的矩阵中只有少数的矩阵元素用于存储了边或弧的信息。

2. 适用于建立无向图、有向图邻接表的创建算法

网络的邻接表的创建会涉及对表结点结构的修改, 需要增加一个域, 用来存放边或弧的权。因此, 下面我们只给出适用于建立无向图、有向图邻接表的创建算法。

```
/*创建运算:创建一个无向/有向图,结点编号从 1 开始*/
/*graphtype 为 UN_DIRECT_GRAPH 表示创建无向图的邻接表*/
/*graphtype 为 DIRECT_GRAPH 表示创建有向图的邻接表*/
/*graphtype 为_DIRECT_GRAPH_REV 表示创建有向图的逆邻接表*/
int CreateGraph( AdjList *G,int graphtype)
{
    int i,s,d;
    EdgeNode *p = NULL, *q = NULL;
    if( graphtype - GRAPH > 2 || graphtype - GRAPH < 0)
        return PARAMETER_ERR;
    printf( "Please input graph's vexnum:");
    scanf( "%d",&( ( *G). vexnum));
    printf( "Please input graph's arcnum:");
    scanf( "%d",&( ( *G). arcnum));
    //初始化顶点向量
    for ( i = 1;i <= ( *G). vexnum;i ++ )
    {
        getchar( );
        printf( "Please input No. %d vertex\'s value:",i);
        scanf( "%c",&( ( *G). vexs[ i]. data));
        ( *G). vexs[ i]. first = NULL;
```

```
    }
    //根据输入的边的信息创建各个顶点对应的邻接链表(采用头部创建法)
    if(UN_DIRECT_GRAPH == graphtype || DIRECT_GRAPH == graphtype)
    {
        for (i = 1;i <= (*G). arcnum;i ++ )
        {
            printf("Please input NO. %d edge (start,end):",i);
            scanf("%d,%d",&s,&d);
            p = (EdgeNode * )malloc(sizeof(EdgeNode));
            if(NULL == p)
                return STORAGE_ERROR;
            p -> adjno = d;
            p -> next = (*G). vexs[s]. first;
            (*G). vexs[s]. first = p;
            if(UN_DIRECT_GRAPH == graphtype)
            {
                q = (EdgeNode * )malloc(sizeof(EdgeNode));
                if(NULL == q)
                    return STORAGE_ERROR;
                q -> adjno = s;
                q -> next = (*G). vexs[d]. first;
                (*G). vexs[d]. first = q;
            }
        }
    }
    else if(DIRECT_GRAPH_REV == graphtype)
    {
        for (i = 1;i <= (*G). arcnum;i ++ )
        {
            printf("Please input NO. %d edge (start,end):",i);
            scanf("%d,%d",&s,&d);
            q = (EdgeNode * )malloc(sizeof(EdgeNode));
            if(NULL == q)
                return STORAGE_ERROR;
            q -> adjno = s;
            q -> next = (*G). vexs[d]. first;
            (*G). vexs[d]. first = q;
        }
    }
    return SUCCESS;
}
```

显然，无论是创建稀疏图的邻接表还是创建稠密图的邻接表，此算法的时间复杂度都是 $O(n + e)$，其中 n 表示被创建图的顶点数规模，e 表示被创建图的边数或弧数的规模。

需要注意的是，一个图的邻接矩阵表示是唯一的，但它的邻接表表示却不是唯一的。因为在图的邻接表表示法中，邻接（单）链表中各表结点的链接次序取决于创建邻接（单）链表的算法和输入边（或弧）的信息的次序。在上述算法中，我们采用的是单链表的头部创建法来建立邻接链表，因此某顶点邻接链表表结点中邻接顶点编号的次序与输入该顶点的邻接顶点编号的次序相反。若按照编号递增的次序依次输入某顶点的邻接顶点编号，那么邻接表的各顶点对应的邻接链表中的顶点编号是降序的。

10.4 图的遍历

10.4.1 问题描述与分析

在第 8 章中，我们已给出遍历的概念，即访问且只访问一次某数据结构中的所有数据元素。因此，所谓图的遍历是指访问且只访问一次图中的所有顶点。

图的遍历是图的一种非常重要的运算，它是许多图算法的基础。因为图中顶点之间是一种多对多的关系，所以相对于树的遍历而言图的遍历要更为复杂。为了保证能访问到所有的顶点，我们必须确定某种搜索策略，根据策略得到的搜索路径能够覆盖到所有的顶点。常见的搜索策略有深度优先搜索遍历和广度优先搜索遍历，它们对无向图和有向图均适用。为了保证每个顶点只被访问一次和避免搜索路径局限在某个局部回路上，我们必须对已访问过的顶点作上标记。

下面我们给出深度优先搜索遍历和广度优先搜索遍历的具体内容。为了叙述的方便，假定遍历过程中访问顶点的操作是简单地输出顶点的信息。实际上，对图的遍历的应用就体现在对遍历到的顶点的访问操作上。

10.4.2 深度优先搜索遍历

图的深度优先搜索遍历（Depth – First Search Traversal）类似于树的先序遍历。树有一个天生的遍历的开始结点（根结点），树的各种遍历算法总是以根为出发点去搜索其他结点的。在图中，所有顶点的地位是平等的，任何一个顶点都可以作为遍历的初始出发点。在下面的遍历算法描述中，假定初始出发点为顶点 v_0。为了避免重复访问同一个顶点，必须对已访问过的顶点进行标记。

【算法描述】

1）假设出发顶点用 v 表示，$v \leftarrow v_0$。

2）首先访问并标记 v，然后去寻找 v 的一个尚未被访问过的邻接顶点 v_j。

3）v_j 作为新的出发顶点，即 $v \leftarrow v_j$，然后重复步骤 2，直到遇到一个所有的邻接顶点均被访问过的顶点 v_w 为止。

4）此时应从 v_w 反向回溯到一个尚有邻接顶点 v_k 未被访问过的顶点，这时再以 v_k 作为出发顶点，即 $v \leftarrow v_k$，重复步骤 2，直到再也找不到这样的顶点为止。如果此时图中的所有顶点均被访问过（图是连通的），遍历过程结束，我们称遍历成功；否则我们称由 v_0 可达的所有顶点构成的子图遍历完成，此时可以再任意选择一个未被访问过的顶点作为出发顶点开始新的深度优先搜索。

对图进行深度优先搜索遍历时，按访问顶点的先后次序得到的顶点序列称为该图的深度优先遍历序列（简称为 DFS 序列）。

例 10.1 根据如图 10-24 所示的无向图 G_{13} 和有向图 G_{14}，回答：①从顶点 A 出发对图 G_{13} 进行深度优先搜索遍历，写出它的 DFS 序列；②从顶点 A 出发对图 G_{14} 进行深度优先搜索遍历，写出它的 DFS 序列。

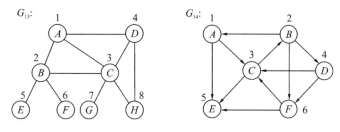

图 10-24 无向图 G_{13} 和有向图 G_{14}

解： 1）首先访问顶点 A，当前得到的 DFS 序列为（A），然后去寻找顶点 A 的一个尚未被访问过的邻接顶点，A 有三个邻接顶点 B、C、D，且均未被访问过，任意选择其中的一个作为新的出发顶点，假设选择顶点 C。访问顶点 C，当前得到的 DFS 序列为（A，C），C 有四个尚未被访问过的邻接顶点 B、H、D、G，假设选择顶点 D 为新的出发顶点。访问顶点 D，当前得到的 DFS 序列为 (A, C, D)，D 有一个尚未被访问的邻接顶点 H，将顶点 H 为新的出发顶点。访问顶点 H，当前得到的 DFS 序列为 (A, C, D, H)，此时顶点 H 已没有尚未被访问过的邻接顶点了，需回溯到上一步刚刚被访问过的顶点 D，寻找顶点 D 的一个尚未被访问过的邻接顶点。此时顶点 D 也没有尚未被访问的邻接顶点了，需要进一步回溯到顶点 C。顶点 C 还有两个尚未被访问过的邻接顶点 B 和 G，假设选择顶点 G 为新的出发顶点。访问顶点 G，当前得到的 DFS 序列为 (A, C, D, H, G)，此时顶点 G 已没有尚未被访问的邻接顶点了，需回溯到顶点 C。顶点 C 还有一个尚未被访问过的邻接顶点 B，选择顶点 B 为新的出发顶点。访问顶点 B，当前得到的 DFS 序列为 (A, C, D, H, G, B)，顶点 B 还有两个尚未被访问过的邻接顶点 E 和 F，假设选择顶点 E 为新的出发顶点。访问顶点 E，当前得到的 DFS 序列为 (A, C, D, H, G, B, E)，顶点 E 已没有尚未被访问的邻接顶点了，需回溯到顶点 B。B 还有一个尚未被访问过的邻接顶点 F，选择顶点 F 为新的出发顶点。访问顶点 F，当前得到的 DFS 序列为 (A, C, D, H, G, B, E, F)，顶点 F 已没有尚未被访问的邻接顶点了，需回溯到顶点 B。顶点 B 也已没有尚未被访问的邻接顶点了，需回溯到顶点 C。顶点 C 也已没有尚未被访问的邻接顶点了，需回溯到顶点 A，此时已回到初始出发顶点，遍历结束。深度优先搜索遍历 G_{13} 最终得到的 DFS 序列为 (A, C, D, H, G, B, E, F)，因为 DFS 序列包含了图 G_{13} 的所有顶点，因此说明图 G_{13} 是连通图。

通过上述分析，可见基于无向图的逻辑结构得到的 DFS 序列是不唯一的（因为某个刚访问过的顶点可能有多个尚未被访问过的邻接顶点）。

2）首先访问顶点 A，当前得到的 DFS 序列为 (A)，然后去寻找顶点 A 的一个尚未被访问过的"邻接到"顶点，A 有两个邻接到顶点 E 和 C，且均未被访问过，任意选择其中的一个作为新的出发顶点，假设选择顶点 C。访问顶点 C，当前得到的 DFS 序列为 (A, C)，C 有两个尚未被访问过的邻接到顶点 B、E，假设选择顶点 E 为新的出发顶点。访问顶点 E，当前得到的 DFS 序列为 (A, C, E)，顶点 E 已没有尚未被访问的邻接到顶点了，需回溯到顶点 C。选择 C 的尚未被访问过的邻接到顶点 B 为新的出发顶点。访问顶点 B，当前得到的 DFS 序列为 (A, C, E, B)，B 有两个尚未被访问过的邻接到顶点 D 和 F，假设选择顶点 D。访问顶点 D，当前得到的 DFS 序列为 (A, C, E, B, D)，D 有一个尚未被访问过的邻接到顶点 F，选择顶点 F 为新的出发顶点。访问顶点 F，当前得到的 DFS 序列为 (A, C, E, B, D, F)，顶点 F 已没有尚未被访问的邻接到顶点了，需回溯到顶点 D。顶点 D 也已没有尚未被访问的邻接到顶点了，需进一步回溯到顶点 B。顶点 B 也已没有尚未被访问的邻接到顶点了，需进一步回溯到顶点 C。顶点 C 也已没有尚未被访问的邻接到顶点了，需进一步回溯到顶点 A，此时回到了初始出发顶点，遍历结束。深度优先搜索遍历 G_{14} 最终得到的 DFS 序列为 (A, C, E, B, D, F)。因为 DFS 序列包含了图 G_{14} 的所有顶点，因此说明在图 G_{14} 中，顶点 A 可以到达任何一个其他的顶点，但此时不能得出图 G_{14} 是强连通图的结论。要判断图 G_{14} 是否是强连通图，需要依次以图中的各个顶点作为初始出发顶点进行深度优先搜索遍历，如果以每个顶点作为初始出发顶点得到的 DFS 序列均包含了图 G_{14} 的所有顶点，那么可以得出图 G_{14} 是强连通图的结论。

同样地，基于有向图的逻辑结构得到的 DFS 序列也是不唯一的（因为某个刚访问过的顶点可能有多个尚未被访问过的邻接到顶点）。

通过前面的例 10.1 可知，基于图的逻辑结构得到的 DFS 序列不唯一，但是如果通过调用上述的实现算法得到的 DFS 序列却是唯一的，即基于图的存储结构得到 DFS 序列是唯一的。因此，从某种意义上来说，存储结构将逻辑上的某种无序变成了有序，将某种程度的随意性变成了确定性。

例 10. 2　基于图 G_{13} 的邻接矩阵存储结构如图 10-25 所示，写出从顶点 A 出发的 DFS 序列。

解：首先访问顶点 A（其编号为 1），当前得到的 DFS 序列为 (A)，访问邻接矩阵的第 1 行，可知 A 的一个邻接顶点为编号为 2 的顶点（即顶点 B），顶点 B 尚未被访问过，故将顶点 B 作为新的出发顶点。访问顶点 B，当前得到的 DFS 序列为 (A, B)，访问邻接矩阵的第 2 行，可知 B 的一个尚未被访问过的邻接顶点为编号为 3 的顶点（即顶点 C），将顶点 C 作为新的出发顶点。访问顶点 C，当前得到的 DFS 序列为 (A, B, C)，访问邻接矩阵的第 3 行，可知 C 的一个尚未被访问过的邻接顶点为编号为 4 的顶点（即顶点 D），将顶点 D 作为新的出发顶点。访问顶点 D，当前得到的 DFS 序列为 (A, B, C, D)，访问邻接矩阵的第 4 行，可知 D 的一个尚未被访问过的邻接顶点为编号为 8 的顶点（即顶点 H），将顶点 H 作为新的出发顶点。访问顶点 H，当前得到的 DFS 序列为 (A, B, C, D, H)，访问邻接矩阵的第 8 行，发现顶点 H 已无尚未被访问过的邻接顶点了，故回溯到顶点 D。继续访问邻接矩阵的第 4 行，发现顶点 D 也已无尚未被访问过的邻接顶点了，故回溯到顶点 C。继续访问邻接矩阵的第 3 行，找到 C 的一个尚未被访问过的邻接顶点是编号为 7 的顶点（即顶点 G），将顶点 G 作为新的出发顶点。访问顶点 G，当前得到的 DFS 序列为 (A, B, C, D, H, G)，访问邻接矩阵的第 7 行，发现顶点 G 已无尚未被访问过的邻接顶点了，故回溯到顶点 C。继续访问邻接矩阵的第 3 行，发现顶点 C 也已无尚未被访问过的邻接顶点了，故回溯到顶点 B。继续访问邻接矩阵的第 2 行，找到 B 的一个尚未被访问过的邻接顶点是编号为 5 的顶点（即顶点 E），将顶点 E 作为新的出发顶点。访问顶点 E，当前得到的 DFS 序列为 (A, B, C, D, H, G, E)，访问邻接矩阵的第 5 行，发现顶点 E 已无尚未被访问过的邻接顶点了，故回溯到顶点 B。继续访问邻接矩阵的第 2 行，找到 B 的一个尚未被访问过的邻接顶点是编号为 6 的顶点（即顶点 F），将顶点 F 作为新的出发顶点。访问顶点 F，当前得到的 DFS 序列为 (A, B, C, D, H, G, E, F)，访问邻接矩阵的第 6 行，发现顶点 F 已无尚未被访问过的邻接顶点了，故回溯到顶点 B。继续访问邻接矩阵的第 2 行，发现顶点 B 也已无尚未被访问过的邻接顶点了，故继续回溯到顶点 A，回到了初始出发点，继续访问邻接矩阵的第 1 行，结果发现顶点 A 也已无尚未被访问过的邻接顶点了，故遍历结束，得到的 DFS 序列为 (A, B, C, D, H, G, E, F)。

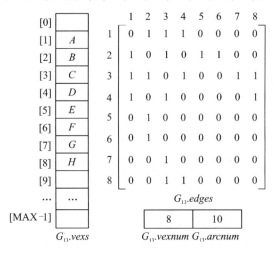

图 10-25 无向图 G_{13} 的邻接矩阵存储结构图

例 10.3 基于图 G_{14} 的邻接矩阵存储结构如图 10-26 所示，写出从顶点 A 出发的 DFS 序列。

解：首先访问顶点 A（其编号为 1），当前得到的 DFS 序列为 (A)，访问邻接矩阵的第 1 行，可知 A 的一个邻接到顶点为编号为 2 的顶点（即顶点 B），顶点 B 尚未被访问过，故将顶

点 B 作为新的出发顶点。访问顶点 B，当前得到的 DFS 序列为 $(A，B)$，访问邻接矩阵的第 2 行，可知 B 的一个尚未被访问过的邻接到顶点为编号为 4 的顶点（即顶点 D），将顶点 D 作为新的出发顶点。访问顶点 D，当前得到的 DFS 序列为 $(A，B，D)$，访问邻接矩阵的第 4 行，可知 D 的一个尚未被访问过的邻接到顶点为编号为 3 的顶点（即顶点 C），将顶点 C 作为新的出发顶点。访问顶点 C，当前得到的 DFS 序列为 $(A，B，D，C)$，访问邻接矩阵的第 3 行，可知 C 的一个尚未被访问过的邻接到顶点为编号为 5 的顶点（即顶点 E），将顶点 E 作为新的出发顶点。访问顶点 E，当前得到的 DFS 序列为 $(A，B，D，C，E)$，访问邻接矩阵的第 5 行，发现顶点 E 已无尚未被访问过的邻接到顶点了，故回溯到顶点 C。继续访问邻接矩阵的第 3 行，发现顶点 C 也已无尚未被访问过的邻接到顶点了，故继续回溯到顶点 D。继续访问邻接矩阵的第 4 行，找到 D 的一个尚未被访问过的邻接顶点是编号为 6 的顶点（即顶点 F），将顶点 F 作为新的出发顶点。访问顶点 F，当前得到的 DFS 序列为 $(A，B，D，C，E，F)$，访问邻接矩阵的第 6 行，发现顶点 F 已无尚未被访问过的邻接到顶点了，故回溯到顶点 D。继续访问邻接矩阵的第 4 行，发现顶点 D 也已无尚未被访问过的邻接到顶点了，故继续回溯到顶点 B。继续访问邻接矩阵的第 2 行，发现顶点 B 也已无尚未被访问过的邻接到顶点了，故继续回溯到顶点 A，回到了初始出发点，继续访问邻接矩阵的第 1 行，结果发现顶点 A 也已无尚未被访问过的邻接到顶点了，故遍历结束，得到的 DFS 序列为 $(A，B，D，C，E，F)$。

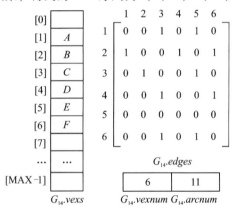

图 10-26   有向图 G_{14} 的邻接矩阵存储结构图

例 10.4   基于图 G_{13} 的邻接表存储结构如图 10-27 所示，写出从顶点 A 出发的 DFS 序列。

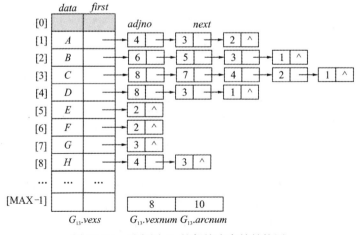

图 10-27   无向图 G_{13} 的邻接表存储结构图

解： 首先访问顶点 A，当前得到的 DFS 序列为 (A)，然后去访问顶点 A 的邻接链表的第一个表结点，得到 A 的一个邻接顶点 D（即编号为 4 的顶点），顶点 D 尚未被访问过，故将顶点 D 作为新的出发顶点。访问顶点 D，当前得到的 DFS 序列为 (A,D)，访问顶点 D 的邻接链表的第一个表结点，得到 D 的一个邻接顶点 H，顶点 H 尚未被访问过，故将顶点 H 作为新的出发顶点。访问顶点 H，当前得到的 DFS 序列为 (A,D,H)，访问顶点 H 的邻接链表的第一个表结点，得到 H 的一个邻接顶点 D，但是顶点 D 已被访问过，接着访问顶点 H 的邻接链表的第二个表结点，得到 H 的另一个邻接顶点 C，顶点 C 尚未被访问过，故将顶点 C 作为新的出发顶点。访问顶点 C，当前得到的 DFS 序列为 (A,D,H,C)，沿着顶点 C 的邻接链表找到它的一个尚未被访问过的邻接顶点，首先找到的满足条件的顶点是顶点 G，将顶点 G 作为新的出发顶点。访问顶点 G，当前得到的 DFS 序列为 (A,D,H,C,G)，访问顶点 G 的邻接链表找到它的一个尚未被访问过的邻接顶点，结果发现顶点 G 已无尚未被访问过的邻接顶点了，故回溯到顶点 C。继续访问顶点 C 的邻接链表，找到 C 的下一个尚未被访问过的邻接顶点是编号为 2 的顶点，即顶点 B，将顶点 B 作为新的出发顶点。访问顶点 B，当前得到的 DFS 序列为 (A,D,H,C,G,B)，访问顶点 B 的邻接链表的第一个表结点，得到它的一个尚未被访问过的邻接顶点 F，将顶点 F 作为新的出发顶点。访问顶点 F，当前得到的 DFS 序列为 (A,D,H,C,G,B,F)，访问顶点 F 的邻接链表，结果发现顶点 F 已无尚未被访问过的邻接顶点了，故回溯到顶点 B。继续访问顶点 B 的邻接链表，结果得到它的一个尚未被访问过的邻接顶点 E，将顶点 E 作为新的出发顶点。访问顶点 E，当前得到的 DFS 序列为 (A,D,H,C,G,B,F,E)，访问顶点 E 的邻接链表，结果发现顶点 E 已无尚未被访问过的邻接顶点了，故回溯到顶点 B。继续访问顶点 B 的邻接链表，结果发现顶点 B 也已经没有尚未被访问过的邻接顶点了，故继续回溯到顶点 C。继续访问顶点 C 的邻接链表，结果发现顶点 C 也没有尚未被访问过的邻接顶点了，故继续回溯到顶点 H。顶点 H 的邻接链表的访问已到达表尾，故顶点 H 已无尚未被访问过的邻接顶点了，回溯到顶点 D。继续访问顶点 D 的邻接链表，结果发现顶点 D 也无尚未被访问过的邻接顶点了，故继续回溯到顶点 A，回到了初始出发点，继续访问顶点 A 的邻接链表，结果发现顶点 A 也已无尚未被访问过的邻接顶点了，遍历结束，得到的 DFS 序列为 (A,D,H,C,G,B,F,E)。

上述的搜索路径可以用图 10-28 表示，图中的虚线表示是回溯路线，虚线旁边的编号表示回溯的顺序，图中顶点上方的斜体标号表示的是顶点被访问的次序。

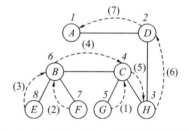

图 10-28　无向图 G_{13} 的深度优先搜索树

例 10.5　基于图 G_{14} 的邻接表存储结构如图 10-29 所示，写出从顶点 A 出发的 DFS 序列。

解： 首先访问顶点 A，当前得到的 DFS 序列为 (A)，然后去访问顶点 A 的邻接链表的第一个表结点，得到 A 的一个尚未被访问过的邻接到顶点 E（即编号为 5 的顶点），将顶点 E 作为新的出发顶点。访问顶点 E，当前得到的 DFS 序列为 (A,E)，访问顶点 E 的邻接链表，发现顶点 E 已无尚未被访问过的邻接到顶点了，故回溯到顶点 A。继续访问顶点 A 的邻接链表，找到 A 的下一个尚未被访问过的邻接到顶点 C（即编号为 3 的顶点），将顶点 C 作为新的出发顶点。访问顶点 C，当前得到的 DFS 序列为 (A,E,C)，访问顶点 C 的邻接链表的第一个表结点，得到 C 的一个邻接到顶点 E，但是顶点 E 已被访问过，接着访问顶点 C 的邻接链表的第二个表结点，得到 C 的另一个邻接到顶点 B（即编号为 2 的顶点），顶点 B 尚未被访问过，故将顶点 B 作为新的出发顶点。访问顶点 B，当前得到的 DFS 序列为 (A,E,C,B)，访问顶点 B 的邻接链表，找到它的一个尚未被访问过的邻接到顶点 F(即编号为 6 的顶点)，将顶点 F 作为新的出发顶点。访问顶点 F，当前得到的 DFS 序列为 (A，E，C，B，F)，访问顶点 F 的邻接链表，结果发现顶点 F 已无尚未被访问过的邻接到顶点了，故回溯到顶点 B。继续访问顶点 B 的邻接链表，找到的下一个尚未被访问过的邻接到顶点 D(即编号为 4 的顶点)，将顶点 D 作为新的出发顶点。访问顶点 D，当前得到的 DFS 序列为 (A，E，C，B，F，D)，访问顶点 D 的邻接链表，结果发现顶点 D 已无尚未被访问过的邻接到顶点了，故回溯到顶点 B。继续访问顶点 B 的邻接链表，结果发现顶点 B 也已经没有尚未被访问过的邻接到顶点了，故继续回溯到顶点 C。继续访问顶点 C 的邻接链表，结果发现顶点 C 也没有尚未被访问过的邻接到顶点了，故继续回溯到顶点 A，回到了初始出发点，继续访问顶点 A 的邻接链表，结果发现顶点 A 也已无尚未被访问过的邻接到顶点了，遍历结束，得到的 DFS 序列为 (A，E，C，B，F，D)。

上述的搜索路径可以用图 10-30 表示，图中的虚线表示是回溯路线，虚线旁边的编号表示回溯的顺序，图中顶点上方的斜体标号表示的是顶点被访问的次序。

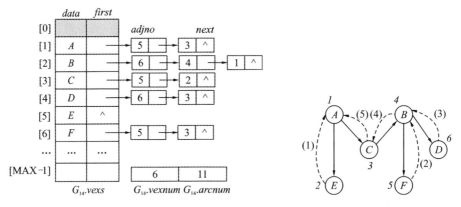

图 10-29 有向图 G_{14} 的邻接表存储结构图   图 10-30 有向图 G_{14} 的深度优先搜索树

下面分别给出基于邻接矩阵和邻接表的图的深度优先搜索遍历算法的实现。
假设有：

```
typedef char VertexType;
typedef int EdgeType;
/* ==================== 基于邻接矩阵 ==================== */
int visit(VertexType vertex)
{
    printf("%c ",vertex);
    return 0;
}
/*深度优先搜索运算:在深度优先搜索遍历的过程中对每个顶点调用一次 visit()操作*/
void DFSTraverse(AdjMatrix G,int visit(VertexType vertex))
{
    int k;
    int * visited_array = NULL;
    int graphtype;
    visited_array = (int * )malloc(sizeof(int) * (G.vexnum +1));
    if(NULL == visited_array)
        return;
    //初始化标识向量
    for(k =1;k <= G.vexnum;k ++)
        visited_array[k] =0;//visited_array[k]为 0 表示顶点 k 没有被访问过
    graphtype = JudgeGraphType(G);
    for(k =1;k <= G.vexnum;k ++)
    {
        if(0 == visited_array[k])
```

```
                                    //若编号为 k 的顶点未被访问过,则以该顶点为出发顶点
            DFSTraverse_FromVertex(G,k,visited_array,&visit,graphtype);
        }
    }
    printf("\n");
    free(visited_array);
    visited_array = NULL;
}
```

/*从指定顶点开始进行深度优先搜索运算:以编号为 *vertex_loc* 的顶点为出发顶点对 *G* 进行深度优先搜索遍历*/

```
void DFSTraverse_FromVertex(AdjMatrix G,int vertex_loc,int * visited_array,int visit(Vertex-
Type vertex),int graphtype)
{
    int j;
    visit(G.vexs[vertex_loc]);   //访问出发顶点
    //visited_array[vertex_loc]为 1 表示顶点 vertex_loc 已被访问过
    visited_array[vertex_loc] = 1;
    if(UN_DIRECT_GRAPH == graphtype || DIRECT_GRAPH == graphtype)
    {
        //查找顶点 vertex_loc 的一个尚未被访问过的邻接顶点
        for(j = 1;j <= G.vexnum;j ++ )
        {
            //若编号为 j 的顶点尚未被访问过
            if(1 == G.edges[vertex_loc][j] && 0 == visited_array[j])
                DFSTraverse_FromVertex(G,j,visited_array,&visit,graphtype);
        }
    }
    else if(UN_DIRECT_NET == graphtype || DIRECT_NET == graphtype)
    {
        //查找顶点 vertex_loc 的一个尚未被访问过的邻接顶点
        for(j = 1;j <= G.vexnum;j ++ )
        {
            //若编号为 j 的顶点尚未被访问过
            if(INFINITY != G.edges[vertex_loc][j] && 0 == visited_array[j])
                DFSTraverse_FromVertex(G,j,visited_array,&visit,graphtype);
        }
    }
}
```

上述基于邻接矩阵的深度优先搜索遍历适用于无向图、有向图、无向网和有向网。
假设有:

```
typedef char VertexType;
typedef EdgeNode*  ElemType;
/* ==================== 基于邻接表 ==================== */
int visit(VertexType vertex)
{
    printf("%c ",vertex);
    return 0;
}
```

/*深度优先搜索运算:在深度优先搜索遍历的过程中对每个顶点调用一次 *visit*()操作*/
/*只适用于无向图邻接表和有向图邻接表存储结构*/

```
void DFSTraverse(AdjList G,int visit(VertexType vertex))
{
    int k;
    int * visited_array = NULL;
    EdgeNode *p = NULL;
    visited_array = (int *)malloc(sizeof(int) * (G.vexnum + 1));
    if(NULL == visited_array)
        return;
    //初始化标识向量
    for(k = 1;k <= G.vexnum;k ++ )
        visited_array[k] = 0;   //visited_array[k]为 0 表示顶点 k 没有被访问过
    for(k = 1;k <= G.vexnum;k ++ )
    {
```

```
        //若编号为 k 的顶点未被访问过,则以该顶点为出发顶点
        if(0 == visited_array[k])
        {
            DFSTraverse_FromVertex(G,k,visited_array,&visit);
        }
    }
    printf("\n");
    free(visited_array);
    visited_array = NULL;
}
```

/*从指定顶点开始进行深度优先搜索运算:以编号为 *vertex_loc* 的顶点为出发顶点对 *G* 进行深度优先搜索遍历*/

```
    void DFSTraverse_FromVertex(AdjList G,int vertex_loc,int * visited_array,int visit(Vertex-
Type vertex))
    {
        SqStack S;
        EdgeNode *p = NULL;
        InitStack(&S);
        visit(G.vexs[vertex_loc].data);//访问出发顶点
        //visited_array[vertex_loc]为 1 表示顶点 vertex_loc 已被访问过
        visited_array[vertex_loc] = 1;
        p = G.vexs[vertex_loc].first;
        Push(&S,p);
        while(!StackEmpty(S))
        {
            Pop(&S,&p);
            while(NULL != p && 1 == visited_array[p->adjno])
                p = p->next;
            if(NULL != p)
            {
                visit(G.vexs[p->adjno].data);
                visited_array[p->adjno] = 1;
                Push(&S,p->next);
                p = G.vexs[p->adjno].first;
                Push(&S,p);
            }
        }
    }
```

10.4.3　广度优先搜索遍历

图的广度优先搜索遍历（Breadth – First Search Traversal）类似于树的层次遍历。在下面的遍历算法描述中，假定初始出发点为顶点 v_0。

【算法描述】

1）假设出发顶点用 v 表示，$v \leftarrow v_0$。

2）访问 v。

3）标记 v，然后依次访问 v 的所有尚未访问的邻接顶点 v'_1，v'_2，$\cdots$，v'_k。

4）依 v'_1，v'_2，$\cdots$，v'_k 的秩序，依次作为出发顶点 v，执行步骤 3。

5）重复以上步骤，直到与顶点 v_0 有路径相通的顶点均已被访问为止。若此时得到遍历序列包含了所有的顶点，那么称遍历成功；否则，可以再任意选择一个未访问过的顶点作为出发顶点开始新的广度优先搜索。

对图进行广度优先搜索遍历时，按访问顶点的先后次序得到的顶点序列称为该图的广度优先遍历序列（简称为 BFS 序列）。

例 10.6　根据如图 10-24 所示的无向图 G_{13} 和有向图 G_{14}，回答：①从顶点 A 出发对图 G_{13} 进行广度优先搜索遍历，写出它的 BFS 序列；②从顶点 A 出发对图 G_{14} 进行广度优先搜索遍历，写出它的 BFS 序列。

解： 1）首先访问顶点 A，当前得到的 BFS 序列为 (A)，接着依次访问顶点 A 的所有尚未被访问的邻接顶点，并记录它们被访问的次序，这时得到的 BFS 序列为 $(A，B，C，D)$，然后以顶点 B 为新的出发顶点。访问顶点 B 的所有尚未被访问过的邻接顶点，得到的 BFS 序列为 $(A，B，C，D，E，F)$，然后以顶点 C 为新的出发顶点。访问顶点 C 的所有尚未被访问过的邻接顶点，得到的 BFS 序列为 $(A，B，C，D，E，F，G，H)$，然后依次以顶点 D、E、F、G、H 为新的出发顶点，重复上述过程。最终得到的 BFS 序列为 $(A，B，C，D，E，F，G，H)$。

2）首先访问顶点 A，当前得到的 BFS 序列为 (A)，接着依次访问顶点 A 的所有尚未被访问的"邻接到"顶点，并记录它们被访问的次序，这时得到的 BFS 序列为 $(A，E，C)$，然后以顶点 E 为新的出发顶点。访问顶点 E 的所有尚未被访问过的邻接到顶点，得到的 BFS 序列为 $(A，E，C)$，然后以顶点 C 为新的出发顶点。访问顶点 C 的所有尚未被访问过的邻接到顶点，得到的 BFS 序列为 $(A，E，C，B)$，然后以顶点 B 为新的出发顶点。访问顶点 B 的所有尚未被访问过的邻接到顶点，得到的 BFS 序列为 $(A，E，C，B，F，D)$，然后以顶点 F 为新的出发顶点。访问顶点 F 的所有尚未被访问过的邻接到顶点，得到的 BFS 序列为 $(A，E，C，B，F，D)$，然后以顶点 D 为新的出发顶点。访问顶点 D 的所有尚未被访问过的邻接到顶点，最终得到的 BFS 序列为 $(A，E，C，B，F，D)$。

通过上述分析，可见基于无向图的逻辑结构得到的 BFS 序列是不唯一的（因为某个刚访问过的顶点的多个尚未被访问过的邻接顶点被访问的次序不确定）；基于有向图的逻辑结构得到的 BFS 序列也是不唯一的（因为某个刚访问过的顶点的多个尚未被访问过的邻接到顶点的访问次序不确定）。

BFS 序列有与 DFS 序列相类似的如下结论：若某无向图的 BFS 序列包含了图的所有顶点，那么说明该无向图是连通图；若某有向图的 BFS 序列包含了图的所有顶点，只能说明在该有向图中，此次遍历的初始出发顶点可以到达图中任何一个其他的顶点。要判断该有向图是否是强连通图，需要依次以图中的各个顶点作为初始出发顶点进行广度优先搜索遍历，如果以每个顶点作为初始出发顶点得到的 BFS 序列均包含了图的所有顶点，那么可以得出该有向图是强连通图的结论。

通过前面的例 10.6 可知，基于图的逻辑结构得到的 BFS 序列不唯一，但是如果通过调用上述的实现算法得到的 BFS 序列却是唯一的，即基于图的存储结构得到 BFS 序列是唯一的。

例 10.7 基于图 G_{13} 的邻接矩阵存储结构（见图 10-25），写出从顶点 A 出发的 BFS 序列。

解： 其搜索过程如图 10-31 所示，图中顶点上方的斜体标号表示的是顶点被访问的次序。故基于图 G_{13} 的邻接矩阵存储结构，从顶点 A 出发的 BFS 序列为：$(A，B，C，D，E，F，G，H)$。

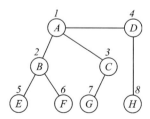

图 10-31 基于邻接矩阵的无向图 G_{13} 的广度优先搜索树

例 10.8 基于图 G_{14} 的邻接矩阵存储结构（见图 10-26），写出从顶点 A 出发的 BFS 序列。

解： 其搜索过程如图 10-32 所示，图中顶点上方的斜体标号表示的是顶点被访问的次序。故基于图 G_{14} 的邻接矩阵存储结构，从顶点 A 出发的 BFS 序列为：$(A，C，E，B，D，F)$。

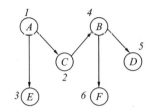

图 10-32　基于邻接矩阵的有向图 G_{14} 的广度优先搜索树

例 10.9　基于图 G_{13} 的邻接表存储结构（见图 10-27），写出从顶点 A 出发的 BFS 序列。

解：其搜索过程如图 10-33 所示，图中顶点上方的斜体标号表示的是顶点被访问的次序。故基于图 G_{13} 的邻接表存储结构，从顶点 A 出发的 BFS 序列为：(A, D, C, B, H, G, F, E)。

例 10.10　基于图 G_{14} 的邻接表存储结构（见图 10-29），写出从顶点 A 出发的 BFS 序列。

解：其搜索过程如图 10-34 所示，图中顶点上方的斜体标号表示的是顶点被访问的次序。故基于图 G_{14} 的邻接表存储结构，从顶点 A 出发的 BFS 序列为：(A, D, C, B, H, G, F, E)。

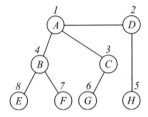

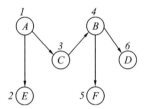

图 10-33　基于邻接表的无向图 G_{13} 的广度优先搜索树　　图 10-34　基于邻接表的有向图 G_{14} 的广度优先搜索树

下面分别给出基于邻接矩阵和邻接表的图的广度优先搜索遍历算法的实现。

假设有：

```
typedef char VertexType;
typedef int EdgeType;
/* ==================== 基于邻接矩阵 ==================== */
int visit(VertexType vertex)
{
    printf("%c ",vertex);
    return 0;
}
/*广度优先搜索运算:在广度优先搜索遍历的过程中对每个顶点调用一次 visit()操作*/
void BFSTraverse(AdjMatrix G,int visit(VertexType vertex))
{
    int k;
    int * visited_array =NULL;
    int graphtype;
    visited_array =(int * )malloc(sizeof(int) * (G.vexnum +1));
    if(NULL ==visited_array)
        return;
    //初始化标识向量
    for(k =1;k <= G.vexnum;k ++ )
        visited_array[k] =0;//visited_array[k]为0表示顶点k没有被访问过
    graphtype =JudgeGraphType(G);
    for(k =1;k <= G.vexnum;k ++ )
    {
        //若编号为k的顶点未被访问过,则以该顶点为出发顶点
        if(0 ==visited_array[k])
        {
            BFSTraverse_FromVertex(G,k,visited_array,&visit,graphtype);
        }
    }
    printf(" \n");
```

```
            free(visited_array);
            visited_array = NULL;
    }
    /*从指定顶点开始进行广度优先搜索运算:以编号为 vertex_loc 的顶点为出发顶点对 G 进行广度优先搜索遍历*/
    void BFSTraverse_FromVertex(AdjMatrix G,int vertex_loc,int * visited_array,int visit(Vertex-
Type vertex),int graphtype)
    {
        int j,t;
        CSqQueue Q;
        InitQueue(&Q);
        visit(G.vexs[vertex_loc]);    //访问编号为 vertex_loc 的顶点
        visited_array[vertex_loc] = 1;
        if(UN_DIRECT_GRAPH == graphtype || DIRECT_GRAPH == graphtype)
        {
            //访问顶点 vertex_loc 的所有尚未被访问过的邻接顶点
            for(j = 1;j <= G.vexnum;j ++ )
            {
                if(1 == G.edges[vertex_loc][j] && 0 == visited_array[j])
                {                                    //若编号为 j 的顶点尚未被访问过
                    visit(G.vexs[j]);
                    visited_array[j] = 1;
                    EnQueue(&Q,j);                    //按访问顺序依次入列
                }
            }
            while( !QueueEmpty(Q))
            {
                DeQueue(&Q,&t);
                //访问顶点 t 的所有尚未被访问过的邻接顶点
                for(j = 1;j <= G.vexnum;j ++ )
                {
                    if(1 == G.edges[t][j] && 0 == visited_array[j])
                    {
                        visit(G.vexs[j]);
                        visited_array[j] = 1;
                        EnQueue(&Q,j);    //按访问顺序依次入列
                    }
                }
            }
        }
        else if(UN_DIRECT_NET == graphtype || DIRECT_NET == graphtype)
        {
            //访问顶点 vertex_loc 的所有尚未被访问过的邻接顶点
            for(j = 1;j <= G.vexnum;j ++ )
            {
                //若编号为 j 的顶点尚未被访问过
                if(INFINITY != G.edges[vertex_loc][j] && 0 == visited_array[j])
                {
                    visit(G.vexs[j]);
                    visited_array[j] = 1;
                    EnQueue(&Q,j);        //按访问顺序依次入列
                }
            }
            while( !QueueEmpty(Q))
            {
                DeQueue(&Q,&t);
                //访问顶点 t 的所有尚未被访问过的邻接顶点
                for(j = 1;j <= G.vexnum;j ++ )
                {
                    if(INFINITY != G.edges[t][j] && 0 == visited_array[j])
                    {
                        visit(G.vexs[j]);
                        visited_array[j] = 1;
                        EnQueue(&Q,j);    //按访问顺序依次入列
                    }
                }
            }
        }
    }
```

```
}
```

上述基于邻接矩阵的广度优先搜索遍历适用于无向图、有向图、无向网和有向网。
假设有：

```
typedef char VertexType;
typedef EdgeNode* ElemType;
/* ==================== 基于邻接表 ==================== */
int visit(VertexType vertex)
{
    printf("%c ",vertex);
    return 0;
}
/*广度优先搜索运算:在广度优先搜索遍历的过程中对每个顶点调用一次 visit()操作*/
/*只适用于无向图邻接表和有向图邻接表存储结构*/
void BFSTraverse(AdjList G,int visit(VertexType vertex))
{
    int k;
    int * visited_array = NULL;
    EdgeNode *p = NULL;
    visited_array = (int * )malloc(sizeof(int) * (G.vexnum + 1));
    if(NULL == visited_array)
        return;
    //初始化标识向量
    for(k = 1;k <= G.vexnum;k ++ )
        visited_array[k] = 0;//visited_array[k]为 0 表示顶点 k 没有被访问过
    for(k = 1;k <= G.vexnum;k ++ )
    {
        //若编号为 k 的顶点未被访问过,则以该顶点为出发顶点
        if(0 == visited_array[k])
        {
            BFSTraverse_FromVertex(G,k,visited_array,&visit);
        }
    }
    printf("\n");
    free(visited_array);
    visited_array = NULL;
}
/*从指定顶点开始进行广度优先搜索运算:以编号为 vertex_loc 的顶点为出发顶点对 G 进行广度优先搜索
遍历*/
void BFSTraverse_FromVertex(AdjList G,int vertex_loc,int * visited_array,int visit(Vertex-
Type vertex))
{
    CSqQueue Q;
    EdgeNode *p = NULL,*q = NULL;
    InitQueue(&Q);
    visit(G.vexs[vertex_loc].data);   //访问编号为 vertex_loc 的顶点
    visited_array[vertex_loc] = 1;
    p = G.vexs[vertex_loc].first;
    while(NULL != p)
    {
        if(0 == visited_array[p -> adjno])
        {
            visit(G.vexs[p -> adjno].data);
            visited_array[p -> adjno] = 1;
            EnQueue(&Q,p);
        }
        p = p -> next;
    }
    while(!QueueEmpty(Q))
    {
        DeQueue(&Q,&q);
        p = G.vexs[q -> adjno].first;
        while(NULL != p)
        {
            if(0 == visited_array[p -> adjno])
            {
```

```
                visit(G.vexs[p->adjno].data);
                visited_array[p->adjno]=1;
                EnQueue(&Q,p);
            }
            p=p->next;
        }
    }
}
```

10.4.4 图遍历的应用

深度优先搜索遍历在图和几何算法中应用很广泛。在本节中我们将列举一些它的主要应用。

1. 求连通分量

求无向图的连通分量的应用是显而易见的，因为它就体现在深度优先搜索遍历的定义中。通过 10.4.2 节中的算法可以得到无向图的所有深度优先搜索树（即得到一个森林），每棵搜索树上的顶点属于同一个连通分量。

2. 求强连通分量

在有向图中，强连通分量把图划分成若干部分，其中每个部分中的任意两个顶点均能互达。可以利用深度优先搜索遍历找出一个有向环，环中的顶点应属于同一个强连通分量。然后把有向图中的环收缩成一个点，得到一个新的有向图，再在这个新的有向图中利用深度优先搜索遍历找出一个有向环，然后再将其收缩成一个点，得到另一个新的有向图，重复上述操作，直到构造得到的图中不再存在有向环为止。此时，最后构造得到的图中的每个结点对应原有向图的一个强连通分量。

3. 判断图的回路性

设图 G 是一个 n 个顶点、e 条边的有向或无向图，可以通过对其进行深度优先搜索遍历来判断 G 中是否含有回路。如果在搜索过程中探测到一条回边，那么说明图 G 含有回路，否则 G 没有回路。

4. 查找图的关结点

设图 G 是一个连通图，如果存在顶点 v 和 w，使的 v 和 w 之间的每条路径都包含相异于 v 和 w 的顶点 a，则顶点 a 称为 G 的关结点（Articulation Point）。换句话说，当移去顶点 a 和与之相关联的边，将产生 G 的不连通子图。一个无向图如果是连通的且不存在关结点，那么称其为是双连通的。在计算机网路中，双连通图有非常重要的应用。一个通信网络图的连通度越高，其系统就越可靠。网络安全比较低级的要求就是双连通图。通过前面的介绍可知，在双连通图中，任何一对顶点之间至少存在两条路径，在删除某个顶点和与之相关的边时，不会破坏图的连通性。判断一个通信网络是否安全，就需要查找网络图中的关结点。可以通过在网络图上执行一个深度优先遍历来寻找其中的关结点。我们在这里不进行展开，有兴趣的读者可以查阅一些算法方面的书籍和资料。

广度优先搜索遍历在图和网络算法中同样很重要。设图 G 是一个连通图，s 是图 G 的一个顶点，当在图 G 上执行 BSF 算法，并以 s 作为初始出发点时，产生的广度优先搜索树中从顶点 s 到其他任意顶点的路径有最少的边数。若顶点间的路径长度定义为路径经过的边数，那么，顶点之间的最短路径就是包含边数最少的那条路径。这时就可利用图的广度优先搜索遍历来找出顶点间的最短路径。当然，对于无向图而言，也可以利用广度优先搜索遍历来求解它的连通分量。

10.5 生成树

10.5.1 连通图的生成树

设 G 是一个具有 n 个顶点的连通图，如果 G 的一个子图 G' 是一个包含 n 个顶点、$n-1$ 条边的连通图，则称 G' 是 G 的生成树（Spanning Tree）。也就是说，连通图 G 的一个子图 G' 如果是一棵包含 G 的所有顶点的树，则称 G' 是 G 的生成树。

根据生成树的定义可知，若在图 G 的生成树中去掉任何一条边，都会使之变成非连通图；若在图 G 的生成树中任意添加一条边，都会使之产生回路。因此图 G 的生成树是图 G 的极小连通子图。根据生成树的定义还可知，它是无向图中的一个概念，是针对于连通的无向图而言的。例如，在图 10-35 中所示的无向图都是图 G_{13}（见图 10-24）的生成树。

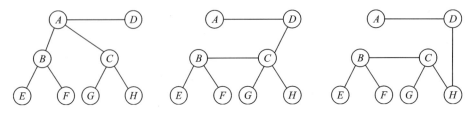

图 10-35　连通图 G_{13} 的生成树示意图

可以通过对一个连通图进行深度优先搜索遍历来得到它的一棵生成树，称之为该连通图的深度优先生成树，简称为 DFS 生成树；也可以通过对一个连通图进行广度优先搜索遍历来得到它的另一棵生成树，称之为该连通图的广度优先生成树，简称为 BFS 生成树。图 10-28 中的深度优先搜索树就是连通图 G_{13} 的一棵 DFS 生成树（以顶点 A 为根），图 10-31、图 10-33 中的广度优先搜索树均是连通图 G_{13} 的 BFS 生成树（均以顶点 A 为根）。

如果从遍历的角度重新定义生成树，那么根据上面求解 DFS 生成树和 DFS 生成树的过程可将生成树定义为：若从图的某顶点出发，可以系统地访问到图中的所有顶点，则遍历过程中经过的边和图中的所有顶点所构成的子图，称为是该图的生成树。从遍历角度重新给出的生成树定义对有向图也是适合的。从强连通图的任一顶点 v 出发，可以访问到该有向图中的所有顶点，那么在遍历过程中经过的弧和图中的顶点构成的子图就是该有向图的一棵生成树，因为是从顶点 v 出发的，因此这棵生成树是一棵以 v 为根的生成树。图 10-30 中的深度优先搜索树就是强连通图 G_{14} 的一棵 DFS 生成树（以顶点 A 为根），图 10-32、图 10-34 中的广度优先搜索树均是强连通图 G_{14} 的 BFS 生成树（均以顶点 A 为根）。

10.5.2　连通网的最小生成树

在一个无向连通网络的所有生成树中，$n-1$ 条边上的权值之和最小的生成树称为该网络的最小生成树（Minimum Spanning Tree）。最小生成树有许多重要的应用，例如，现在需要在 n 个城市之间铺设光缆，使得这 n 个城市均可以互相通信，并已评估出可能铺设的两个城市间的铺设代价。怎样才能找到在建设初期投资最小的光纤铺设的可行性方案呢？可以将 n 个城市看作是图中的 n 个顶点，将城市间可能铺设的线路抽象为图中的边，评估出的代价可以作为边上的权值，从而得到一个网络，通过求解该网络的最小生成树可以找到一种代价最小的光纤铺设方案。那么剩下的问题是，如何得到连通网络的最小生成树？最小生成树的构造方法有很多，大多数都利用了最小生成树的 MST 性质。

设 $N=(V,E)$ 是一个网络，U 是顶点集 V 的一个真子集。如果边 (u,v) 的顶点 $u \in U$，$v \in V-U$，且边 (u,v) 是网络 N 中所有一端在 U 里、另一端在 $V-U$ 里的边中，边上权值最小的边，则一定存在 N 的一棵最小生成树包括此边 (u,v)。

上述性质就是最小生成树的 MST 性质。最小生成树的 MST 性质的证明在很多书籍上都有，所以我们在此省略，需要了解的读者可以参看其他的数据结构或算法方面的书籍。本节主要介绍两种常用的最小生成树的构造方法：普里姆（Prim）算法和克鲁斯卡尔（Kruskal）算法。

1. 普里姆算法

【算法描述】

设网络 $N = (V(N), E(N))$，待求的最小生成树为 $T = (V(T), E(T))$，出发顶点为 v_0。

1）初始化：$V(T) = \{v_0\}, E(T) = \phi$。

2）在所有满足下列约束条件的边 (u, v) 中选取一条权值最小的边 (u', v')，将 v' 并入 $V(T)$，(u', v') 并入 $E(T)$：

$$u \in V(T), v \in V(N) - V(T)$$

3）重复步骤 2 直到 $V(T) = V(N)$ 为止。

该算法更适用于稠密网求最小生成树。

例 10.11 用普里姆算法构造连通网络 N（见图 10-36）的最小生成树，给出构造过程。

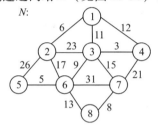

图 10-36 连通网络 N

解： 用普里姆算法构造最小生成树的过程如图 10-37 所示。

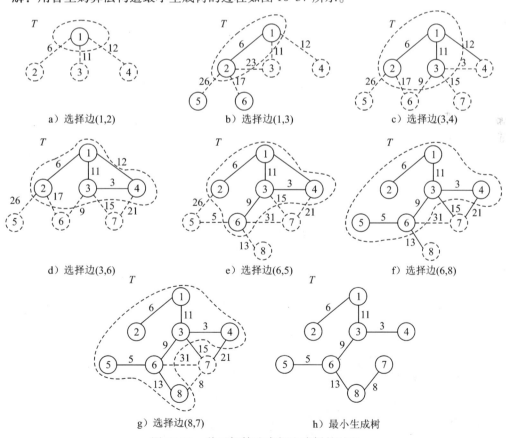

图 10-37 普里姆算法求解生成树的过程

2. 克鲁斯卡尔算法

【算法描述】

设网络 $N = (V(N), E(N))$，待求的最小生成树为 $T = (V(T), E(T))$。

1）初始化：$V(T) = V(N)$，$E(T) = \phi$。

2）从 $E(N)$ 中选取一条权值最小的边 (v, u)，假若当其加入 $E(T)$ 后使得 T 不构成回路，则将 (v, u) 并入 $E(T)$，否则舍掉该边，将决策过的边 (v, u) 从 $E(N)$ 中删掉。

3）重复步骤 2，直到 $E(T)$ 中正好有 $n - 1$ 条边为止。

显然，该算法的运算量取决于无线网络的边数，因此它适用于稀疏网求最小生成树。

例 10.12　用克鲁斯卡尔算法构造连通网络 N（见图 10-36）的最小生成树，给出构造过程。

解：克鲁斯卡尔算法构造最小生成树的过程如图 10-38 所示。

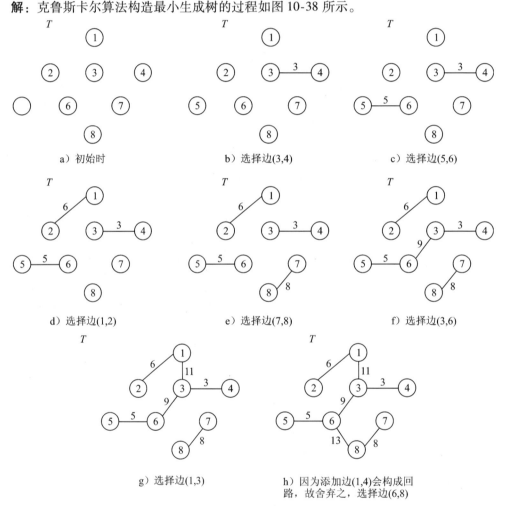

图 10-38　克鲁斯卡尔算法求解生成树的过程

10.6　最短路径

最短路径问题是图的另一个经典应用，是最小生成树问题之后，关于图的又一个最优化问题。图的最短路径问题具有很强的实践指导意义，如在计算机网络中如何找到最短的路由，在众多行驶路线中如何找到最近的一条路线等。在本节中讨论的最短路径是指，所经过的边或弧上的权值之和为最小的路径，而不是指路径上所经过的边的数目最小。考虑到很多实际应用问题抽象得到的模型是有向网络，因此本节主要以有向网络为例来进行最短路径的讨论。并假设有向网络上的权值均为非负实数，并将路径的开始顶点称为源点（Source），路径的最后一个顶点称为终点（Destination）。图中的最短路径问题有很多种，本节只介绍其中最常见的两种最短路径问题：单源最短路径问题（Single Source Shortest Paths Problem）和每对顶点间的最短路径问题（All Pairs Shortest Paths Problem）。

10.6.1 单源最短路径

所谓单源最短路径问题是指，给定一个有向网络 N，要求找出从某个顶点 v 到 N 中其余各顶点的最短路径。Dijkstra（迪杰斯特拉）提出了一种基于贪婪的求解算法，通常称为求解单源最短路径的迪杰斯特拉算法。

迪杰斯特拉算法的原理是按路径长度递增次序产生源点到各顶点的最短路径。基本思想是将网络 N 的顶点集 $V(N)$ 化分成两个顶点集 S 和 T，即 $V(N) = S \cup T$。顶点集 S 用来存放已找到最短路径的顶点，顶点集 T 用来存放尚未确定最短路径的顶点。初始时，顶点集 S 中只有源点 v_0，而顶点集 T 则包含了网络中除源点外的所有顶点。不断地从顶点集 T 中选取到源点 v_0 路径长度最短的顶点 u 加入顶点集 S，每加入一个顶点到集合 S 时，都需要修改 v_0 到集合 T 中剩余顶点的最短路径长度：

$\forall v \in T$，v_0 到 v 新的最短路径长度 = min ｛v_0 到 v 原来的最短路径长度，v_0 到 u 的最短路径长度 + u 到 v 的路径长度｝

上述过程不断重复，直到集合 T 为空，即顶点集 S 包含了所有的顶点，换句话说，源点 v_0 到其余各顶点的最短路径都已找到。

迪杰斯特拉算法的实现所涉及的数据结构如下：

1）图的邻接矩阵（或者邻接表）。

2）一维数组 $S[1..n]$：记录从源点到相应顶点的最短路径是否已确定；$S[i]$ 的值为 1 表示源点到编号为 i 的顶点的最短路径长度已确定，为 0 表示尚未确定。

3）一维数组 $D[1..n]$：记录源点到相应顶点的路径长度。算法结束时，D 记录了源点到各个顶点的最短路径的长度，其中 $D[i]$ 记录了源点到编号为 i 的顶点的最短路径的长度。

4）一维数组 $P[1..n]$：记录路径上相应顶点的直接前驱顶点的编号，即 $P[i]$ 记录的是源点到编号为 i 的顶点的当前最短路径上顶点 i 的前驱顶点的编号。当 $S[i] = 1$ 时，$P[i]$ 才是源点到顶点 i 的最短路径上顶点 i 的前驱顶点的编号。

在下面给出的算法描述中，假设图采用的是邻接矩阵存储表示，并对矩阵元素的取值做了如下重新定义：

$$N.edges[i][j] \begin{cases} w_{ij} & \text{如果}(v_i, v_j) \in E(N) \text{ 或 } <v_i, v_j> \in E(N), w_{ij} \text{ 为}(v_i, v_j) \text{ 或 } <v_i, v_j> \text{ 上的权值} \\ 0 & \text{如果 } i = j \\ \infty & \text{如果}(v_i, v_j) \notin E(N) \text{ 或 } <v_i, v_j> \notin E(N) \end{cases}$$

【算法描述】

```
step1  初始化辅助数据结构（ i = 1,2,…,n）（假设源点为 v）
    step1.1  S[i] = 0;
    step1.2  D[i] = N.vexs[v][i];
    step1.3  若 D[i] 不为 ∞,则 P[i] = v,否则 P[i] = -1。
step2  确定源点自身的最短路径:S[v] = 1,D[v] = 0,P[v] = -1。
step3  循环确定 v 到其余 n-1 个顶点的最短路径:
    step3.1  在 D 中找出未确定最短路径的顶点中路径长度最小的顶点,设该顶点序号为 k;
    step3.2  若 D[k] 为 ∞,则退出本算法,否则执行 step3.3;
    step3.3  赋值 S[k] = 1;
```

step3.4　若还存在未确定最短路径的顶点,则执行 step3.5,否则进入打印最短路径信息和长度的处理,即执行 step4;

step3.5　对还未确定最短路径的顶点 j 进行如下调整:如果 $D[j] > D[k] + N[k][j]$,则 $D[j] = D[k] + N[k][j]$,$P[j] = k$,然后执行 step3.1;

step4　依次打印各顶点的最短路径及其长度:

step4.1　如果源点 v 到其余顶点的最短路径全部打印完毕,则算法结束,否则选择一个顶点,假设为 i,继续执行 step4.2(打印源点 v 到顶点 i 的最短路径长度和信息);

step4.2　write(i,$D[i]$);　//输出源点 v 到顶点 i 的最短路径的长度

step4.3　输出顶点 i 的值;//step4.3 至 step4.6 输出源点 v 到顶点 i 的最短路径信息

step4.4　$k \leftarrow i$;

step4.5　确定路径上顶点 k 的前驱:$k = P[k]$;

step4.6　若 $k = -1$,则说明源点到顶点的最短路径信息输出完毕,转去执行 step4.1;否则输出顶点 k 的值,并继续执行 step4.5。

示例说明如下:

图 10-39b 是图 10-39a 所示网络 N 的邻接矩阵,图 10-39c 是迪杰斯特拉算法描述中的 3 个一维工作数组 S、D 和 P 的初始情况。

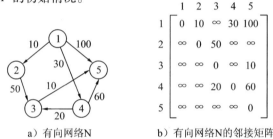

a）有向网络N　　　　　b）有向网络N的邻接矩阵

c）三个工作向量的初始情况

图 10-39　迪杰斯特拉算法演示示例

顶点 1 为源点,应用迪杰斯特拉算法求解图 10-39a 所示网络中源点到其余 4 个顶点的最短路径的过程(即 3 个工作向量的值的变化过程)如下所示。

1）在图 10-39c 所示的 D 中找出未确定最短路径的顶点中路径长度最小的顶点,显然选择顶点 2,然后进行如下处理:

①置 $S[2] = 1$。

②查看网络的邻接矩阵,发现存在从顶点 2 出发指向顶点 3 的弧,因此得到了一条从源点途径顶点 2 到顶点 3 的路径,此路径的长度为:

$$D[2] + N.edges[2][3] = 10 + 50 = 60 < D[3] = \infty$$

故修改 $D[3]$ 为 $D[2] + N.edges[2][3] = 10 + 50 = 60$,并置 $P[3] = 2$,因为当前找到的从顶点 1 到顶点 3 的长度为 60 的路径上,顶点 3 的前驱顶点为顶点 2。

③查看网络的邻接矩阵,发现不存在从顶点 2 出发指向顶点 4 的弧,也不存在从顶点 2 出发指向顶点 5 的弧,则必有 $D[2] + N.edges[2][4] = 10 + \infty = \infty \geqslant D[4]$ 和 $D[2] + N.edges[2][5] = 10 + \infty = \infty \geqslant D[5]$,因此不需要修改 $D[4]$ 和 $D[5]$,从而也不需要修改 $P[4]$ 和 $P[5]$。

此时,3 个工作向量的情况如图 10-40 所示。

	[1]	[2]	[3]	[4]	[5]			[1]	[2]	[3]	[4]	[5]			[1]	[2]	[3]	[4]	[5]
S	1	1	0	0	0		D	0	10	60	30	100		P	-1	1	2	1	1

图 10-40　工作向量状态一

2）在图 10-40 所示的 D 中找出未确定最短路径的顶点中路径长度最小的顶点，显然选择顶点 4，然后进行如下处理：

①置 $S[4]=1$。

②查看网络的邻接矩阵，发现存在从顶点 4 出发指向顶点 3 的弧，因此得到了一条从源点途径顶点 4 到顶点 3 的路径，此路径的长度为：

$$D[4]+N.edges[4][3]=30+20=50<D[3]=60$$

故修改 $D[3]$ 为 $D[4]+N.edges[4][3]=30+20=50$，并置 $P[3]=4$，因为当前找到的从顶点 1 到顶点 3 的长度为 50 的路径上，顶点 3 的前驱顶点为顶点 4。

③查看网络的邻接矩阵，发现存在从顶点 4 出发指向顶点 5 的弧，因此得到了一条从源点途径顶点 4 到顶点 5 的路径，此路径的长度为：

$$D[4]+N.edges[4][5]=30+60=80<D[5]=100$$

故修改 $D[5]$ 为 $D[4]+N.edges[4][5]=30+60=80$，并置 $P[5]=4$，因为当前找到的从顶点 1 到顶点 5 的长度为 80 的路径上，顶点 5 的前驱顶点为顶点 4。

此时，3 个工作向量的情况如图 10-41 所示。

	[1]	[2]	[3]	[4]	[5]			[1]	[2]	[3]	[4]	[5]			[1]	[2]	[3]	[4]	[5]
S	1	1	0	1	0		D	0	10	50	30	80		P	-1	1	4	1	4

图 10-41　工作向量状态二

3）在图 10-41 所示的 D 中找出未确定最短路径的顶点中路径长度最小的顶点，显然选择顶点 3，然后进行如下处理：

①置 $S[3]=1$。

②查看网络的邻接矩阵，发现存在从顶点 3 出发指向顶点 5 的弧，因此得到了一条从源点途径顶点 3 到顶点 5 的路径，此路径的长度为：

$$D[3]+N.edges[3][5]=50+10=60<D[5]=80$$

故修改 $D[5]$ 为 $D[3]+N.edges[3][5]=50+10=60$，并置 $P[5]=3$，因为当前找到的从顶点 1 到顶点 5 的长度为 60 的路径上，顶点 5 的前驱顶点为顶点 3。

此时，3 个工作向量的情况如图 10-42 所示。

	[1]	[2]	[3]	[4]	[5]			[1]	[2]	[3]	[4]	[5]			[1]	[2]	[3]	[4]	[5]
S	1	1	1	1	0		D	0	10	50	30	60		P	-1	1	4	1	3

图 10-42　工作向量状态三

4）在图 10-42 所示的 D 中找出未确定最短路径的顶点中路径长度最小的顶点，显然选择顶点 5，然后进行如下处理：

①置 $S[5]=1$。

②因为此时所有的顶点的最短路径都已确定，所以求解过程结束，3 个工作向量的情况如图 10-43 所示。

	[1]	[2]	[3]	[4]	[5]			[1]	[2]	[3]	[4]	[5]			[1]	[2]	[3]	[4]	[5]
S	1	1	1	1	1		D	0	10	50	30	60		P	-1	1	4	1	3

图 10-43　工作向量状态四

图 10-43 所示的 D 中值即为源点 1 到其余各个顶点的最短路径长度；图 10-43 所示的 P 记录了这些最短路径的路径信息。通过这两个工作向量可以得到如下信息：

顶点 1 到顶点 2 的最短路径为：$P[2] \to 2$，即 $1 \to 2$；长度为 10。

顶点 1 到顶点 3 的最短路径为：$P[P[3]] \to P[3] \to 3$，即 $1 \to 4 \to 3$；长度为 50。

顶点 1 到顶点 4 的最短路径为：$P[4] \to 4$，即 $1 \to 4$；长度为 30。

顶点 1 到顶点 5 的最短路径为：$P[P[P[5]]] \to P[P[5]] \to P[5] \to 5$，即 $1 \to 4 \to 3 \to 5$；长度为 60。

虽然，具有 n 个顶点的有向网络的迪杰斯特拉算法的时间复杂度为 $O(n^2)$。迪杰斯特拉算法的实现请参看教辅资料中的相关源代码。

10.6.2　每对顶点间的最短路径

显然，求每对顶点间的最短路径，可以通过调用迪杰斯特拉算法 n 次（分别以 n 个顶点为源点）来实现。这样，总的运行时间为 $O(n^3)$。Floyd（弗洛伊德）提出了另一种方法，其基本思想是（设有向网络 N 有 n 个顶点，采用邻接矩阵存储表示，其矩阵元素值的定义和在迪杰斯特拉算法中给出的定义一样）：

1）二维数组 $A[1..n,1..n]$：$A[i][j]$ 记录顶点 v_i 到顶点 v_j 的当前最短路径长度，初始时 $A[i][j] = N.edges[i][j]$。

2）二维数组 $P[1..n,1..n]$：$P[i][j]$ 记录的是编号为 i 的顶点到编号为 j 的顶点的当前最短路径上顶点 j 的前驱顶点的编号。当 A 经过 n 次调整后，$P[i][j]$ 才是编号为 i 的顶点到编号为 j 的顶点的最短路径上顶点 j 的前驱顶点的编号。初始时：

①当 $i = j$ 时，$P[i][j] = i$。

②当 $i \neq j$ 时，如果 $A[i][j] \neq \infty$，那么 $P[i][j] = i$，否则 $P[i][j] = 0$。

3）顶点集 S 记录当前允许经过的中间顶点，初始时 $S = \phi$。

4）依次向 S 中加入顶点 v_1、v_2、$\cdots$、v_n，每加入一个顶点，就对 A 进行一次修正。设 $S = \{v_1, v_2, \cdots, v_{k-1}\}$，加入 v_k，则对 A 进行第 k 次调整，用符号 $A^{(k)}$ 表示第 k 次调整后的二维数组 A。需要注意的是，对 A 的第 k 次调整是在 $A^{(k-1)}$ 的基础上进行的。按照下面的方式对 A 中的各个元素进行调整：

$$A^{(k)}[i][j] = \min\{A^{(k-1)}[i][j], A^{(k-1)}[i][k] + A^{(k-1)}[k][j]\} \quad (i \neq j \&\& j \neq k)$$

$A^{(k)}[i][j]$ 的含义是：允许经过的中间顶点的序号最大为 k 时，从顶点 v_i 到顶点 v_j 的最短路径长度。

示例说明：图 10-39b 是图 10-39a 所示网络 N 的邻接矩阵，图 10-44 是弗洛伊德算法描述中的两个二维工作数组 A 和 P 的初始情况。

$$
A^{(0)} =
\begin{array}{c}
\phantom{A^{(0)}=}\begin{array}{ccccc} 1 & 2 & 3 & 4 & 5 \end{array} \\
\begin{array}{c} 1 \\ 2 \\ 3 \\ 4 \\ 5 \end{array}
\begin{bmatrix}
0 & 10 & \infty & 30 & 100 \\
\infty & 0 & 50 & \infty & \infty \\
\infty & \infty & 0 & \infty & 10 \\
\infty & \infty & 20 & 0 & 60 \\
\infty & \infty & \infty & \infty & 0
\end{bmatrix}
\end{array}
\qquad
P^{(0)} =
\begin{array}{c}
\phantom{P^{(0)}=}\begin{array}{ccccc} 1 & 2 & 3 & 4 & 5 \end{array} \\
\begin{array}{c} 1 \\ 2 \\ 3 \\ 4 \\ 5 \end{array}
\begin{bmatrix}
1 & 1 & 0 & 1 & 1 \\
0 & 2 & 2 & 0 & 0 \\
0 & 0 & 3 & 0 & 3 \\
0 & 0 & 4 & 4 & 4 \\
0 & 0 & 0 & 0 & 5
\end{bmatrix}
\end{array}
$$

图 10-44　弗洛伊德算法演示示例

应用弗洛伊德算法求解图 10-39a 所示网络中每对顶点间的最短路径的过程（即两个工作矩阵的值的变化过程）如下所示。

1）允许经过的中间顶点的序号最大为 1，即将向 S 中加入顶点 1（集合 S 初始为空），此时对矩阵 A 和矩阵 P 在图 10-39 所示状态 $A^{(0)}$ 和 $P^{(0)}$ 上进行第 1 次调整：因为其余的 4 个顶点均没有指向顶点 1 的弧，所以本次调整结束，结束后矩阵 A 和 P 的状态保持不变，即 $A^{(1)} = A^{(0)}$，$P^{(0)} = P^{(1)}$，如图 10-45 所示。

$$A^{(1)}= \begin{array}{c} \\ 1 \\ 2 \\ 3 \\ 4 \\ 5 \end{array} \begin{array}{ccccc} 1 & 2 & 3 & 4 & 5 \\ \left[\begin{array}{ccccc} 0 & 10 & \infty & 30 & 100 \\ \infty & 0 & 50 & \infty & \infty \\ \infty & \infty & 0 & \infty & 10 \\ \infty & \infty & 20 & 0 & 60 \\ \infty & \infty & \infty & \infty & 0 \end{array}\right] \end{array} \qquad P^{(1)}= \begin{array}{c} \\ 1 \\ 2 \\ 3 \\ 4 \\ 5 \end{array} \begin{array}{ccccc} 1 & 2 & 3 & 4 & 5 \\ \left[\begin{array}{ccccc} 1 & 1 & 0 & 1 & 1 \\ 0 & 2 & 2 & 0 & 0 \\ 0 & 0 & 3 & 0 & 3 \\ 0 & 0 & 4 & 4 & 4 \\ 0 & 0 & 0 & 0 & 5 \end{array}\right] \end{array}$$

图 10-45　工作矩阵状态一

2）允许经过的中间顶点的序号最大为 2，即将向 S 中加入顶点 2，此时对矩阵 A 和矩阵 P 在状态 $A^{(1)}$ 和 $P^{(1)}$ 上进行第 2 次调整：

①因为存在顶点 1 指向顶点 2 的弧，故可对矩阵 $A^{(1)}$、$P^{(1)}$ 的第 1 行进行调整（是对第 1 行中列下标满足以下条件的元素进行调整：列下标≠行下标，即列下标≠1，且列下标≠当前允许经过的中间顶点的最大序号，即列下标≠2）：

- $A^{(2)}[1][3] = \min\{A^{(1)}[1][3], A^{(1)}[1][2] + A^{(1)}[2][3]\} = \min\{\infty, 10+50\} = 60$，并置 $P^{(2)}[1][3] = 2$。
- $A^{(2)}[1][4] = \min\{A^{(1)}[1][4], A^{(1)}[1][2] + A^{(1)}[2][4]\} = \min\{30, 10+\infty\} = A^{(1)}[1][4]$。
- $A^{(2)}[1][5] = \min\{A^{(1)}[1][5], A^{(1)}[1][2] + A^{(1)}[2][5]\} = \min\{100, 10+\infty\} = A^{(1)}[1][5]$。

②因为不存在顶点 3 指向顶点 2 的弧，不存在顶点 4 指向顶点 2 的弧，不存在顶点 5 指向顶点 2 的弧，故不需要对 $A^{(1)}$ 和 $P^{(1)}$ 的第 3 行、第 4 行、第 5 行进行调整。

此时，两个工作矩阵的情况如图 10-46 所示。

$$A^{(2)}= \begin{array}{c} \\ 1 \\ 2 \\ 3 \\ 4 \\ 5 \end{array} \begin{array}{ccccc} 1 & 2 & 3 & 4 & 5 \\ \left[\begin{array}{ccccc} 0 & 10 & 60 & 30 & 100 \\ \infty & 0 & 50 & \infty & \infty \\ \infty & \infty & 0 & \infty & 10 \\ \infty & \infty & 20 & 0 & 60 \\ \infty & \infty & \infty & \infty & 0 \end{array}\right] \end{array} \qquad P^{(2)}= \begin{array}{c} \\ 1 \\ 2 \\ 3 \\ 4 \\ 5 \end{array} \begin{array}{ccccc} 1 & 2 & 3 & 4 & 5 \\ \left[\begin{array}{ccccc} 1 & 1 & 2 & 1 & 1 \\ 0 & 2 & 2 & 0 & 0 \\ 0 & 0 & 3 & 0 & 3 \\ 0 & 0 & 4 & 4 & 4 \\ 0 & 0 & 0 & 0 & 5 \end{array}\right] \end{array}$$

图 10-46　工作矩阵状态二

3）允许经过的中间顶点的序号最大为 3，即将向 S 中加入顶点 3，此时对矩阵 A 和矩阵 P 在状态 $A^{(2)}$ 和 $P^{(2)}$ 上进行第 3 次调整：

①因为存在顶点 1 指向顶点 3 的弧，故可对矩阵 $A^{(2)}$、$P^{(2)}$ 的第 1 行进行调整（是对第 1 行中列下标满足以下条件的元素进行调整：列下标≠行下标，即列下标≠1，且列下标≠当前允许经过的中间顶点的最大序号，即列下标≠3）：

- $A^{(3)}[1][2] = \min\{A^{(2)}[1][2], A^{(2)}[1][3] + A^{(2)}[3][2]\} = \min\{10, 60+\infty\} = A^{(2)}[1][2]$。
- $A^{(3)}[1][4] = \min\{A^{(2)}[1][4], A^{(2)}[1][3] + A^{(2)}[3][4]\} = \min\{30, 60+\infty\} = A^{(2)}[1][4]$。
- $A^{(3)}[1][5] = \min\{A^{(2)}[1][5], A^{(2)}[1][3] + A^{(2)}[3][5]\} = \min\{100, 60+10\} = 70$，并置 $P^{(3)}[1][5] = 3$。

②因为存在顶点 2 指向顶点 3 的弧，故可对矩阵 $A^{(2)}$、$P^{(2)}$ 的第 2 行进行调整（是对第 2 行中列下标满足以下条件的元素进行调整：列下标≠行下标，即列下标≠2，且列下标≠当前允许经过的中间顶点的最大序号，即列下标≠3）：

- $A^{(3)}[2][1] = \min\{A^{(2)}[2][1], A^{(2)}[2][3] + A^{(2)}[3][1]\} = \min\{\infty, 50 + \infty\} = A^{(2)}[2][1]$。
- $A^{(3)}[2][4] = \min\{A^{(2)}[2][4], A^{(2)}[2][3] + A^{(2)}[3][4]\} = \min\{\infty, 50 + \infty\} = A^{(2)}[2][4]$。
- $A^{(3)}[2][5] = \min\{A^{(2)}[2][5], A^{(2)}[2][3] + A^{(2)}[3][5]\} = \min\{\infty, 50 + 10\} = 60$，并置 $P^{(3)}$ $[2][5] = 3$。

③因为存在顶点 4 指向顶点 3 的弧，故可对矩阵 $A^{(2)}$、$P^{(2)}$ 的第 4 行进行调整（是对第 4 行中列下标满足以下条件的元素进行调整：列下标 $\neq$ 行下标，即列下标 $\neq 4$，且列下标 $\neq$ 当前允许经过的中间顶点的最大序号，即列下标 $\neq 3$）：

- $A^{(3)}[4][1] = \min\{A^{(2)}[4][1], A^{(2)}[4][3] + A^{(2)}[3][1]\} = \min\{\infty, 20 + \infty\} = A^{(2)}[4][1]$。
- $A^{(3)}[4][2] = \min\{A^{(2)}[4][2], A^{(2)}[4][3] + A^{(2)}[3][2]\} = \min\{\infty, 20 + \infty\} = A^{(2)}[4][2]$。
- $A^{(3)}[4][5] = \min\{A^{(2)}[4][5], A^{(2)}[4][3] + A^{(2)}[3][5]\} = \min\{60, 20 + 10\} = 30$，并置 $P^{(3)}[4][5] = 3$。

④因为不存在顶点 5 指向顶点 3 的弧，故不需要对 $A^{(2)}$ 和 $P^{(2)}$ 的第 5 行进行调整。

此时，两个工作矩阵的情况如图 10-47 所示。

$$A^{(3)} = \begin{array}{c} \\ 1 \\ 2 \\ 3 \\ 4 \\ 5 \end{array} \begin{array}{ccccc} 1 & 2 & 3 & 4 & 5 \\ \left[\begin{array}{ccccc} 0 & 10 & 60 & 30 & 70 \\ \infty & 0 & 50 & \infty & 60 \\ \infty & \infty & 0 & \infty & 10 \\ \infty & \infty & 20 & 0 & 30 \\ \infty & \infty & \infty & \infty & 0 \end{array}\right] \end{array} \qquad P^{(3)} = \begin{array}{c} \\ 1 \\ 2 \\ 3 \\ 4 \\ 5 \end{array} \begin{array}{ccccc} 1 & 2 & 3 & 4 & 5 \\ \left[\begin{array}{ccccc} 1 & 1 & 2 & 1 & 3 \\ 0 & 2 & 2 & 0 & 3 \\ 0 & 0 & 3 & 0 & 3 \\ 0 & 0 & 4 & 4 & 3 \\ 0 & 0 & 0 & 0 & 5 \end{array}\right] \end{array}$$

图 10-47   工作矩阵状态三

4）允许经过的中间顶点的序号最大为 4，即将向 S 中加入顶点 4，此时对矩阵 A 和矩阵 P 在状态 $A^{(3)}$ 和 $P^{(3)}$ 上进行第 4 次调整：

①因为存在顶点 1 指向顶点 4 的弧，故可对矩阵 $A^{(3)}$、$P^{(3)}$ 的第 1 行进行调整（是对第 1 行中列下标满足以下条件的元素进行调整：列下标 $\neq$ 行下标，即列下标 $\neq 1$，且列下标 $\neq$ 当前允许经过的中间顶点的最大序号，即列下标 $\neq 4$）：

- $A^{(4)}[1][2] = \min\{A^{(3)}[1][2], A^{(3)}[1][4] + A^{(3)}[4][2]\} = \min\{10, 30 + \infty\} = A^{(3)}[1][2]$。
- $A^{(4)}[1][3] = \min\{A^{(3)}[1][3], A^{(3)}[1][4] + A^{(3)}[4][3]\} = \min\{60, 30 + 20\} = 50$，并置 $P^{(4)}[1][3] = 4$。
- $A^{(4)}[1][5] = \min\{A^{(3)}[1][5], A^{(3)}[1][4] + A^{(3)}[4][5]\} = \min\{70, 30 + 30\} = 60$，并置 $P^{(4)}[1][5] = 4$。

②因为不存在顶点 2 指向顶点 4 的弧，不存在顶点 3 指向顶点 4 的弧，不存在顶点 5 指向顶点 4 的弧，故不需要对 $A^{(3)}$ 和 $P^{(3)}$ 的第 2 行、第 3 行、第 5 行进行调整。

此时，两个工作矩阵的情况如图 10-48 所示。

$$A^{(4)} = \begin{array}{c} \\ 1 \\ 2 \\ 3 \\ 4 \\ 5 \end{array} \begin{array}{ccccc} 1 & 2 & 3 & 4 & 5 \\ \left[\begin{array}{ccccc} 0 & 10 & 50 & 30 & 60 \\ \infty & 0 & 50 & \infty & 60 \\ \infty & \infty & 0 & \infty & 10 \\ \infty & \infty & 20 & 0 & 30 \\ \infty & \infty & \infty & \infty & 0 \end{array}\right] \end{array} \qquad P^{(4)} = \begin{array}{c} \\ 1 \\ 2 \\ 3 \\ 4 \\ 5 \end{array} \begin{array}{ccccc} 1 & 2 & 3 & 4 & 5 \\ \left[\begin{array}{ccccc} 1 & 1 & 4 & 1 & 4 \\ 0 & 2 & 2 & 0 & 3 \\ 0 & 0 & 3 & 0 & 3 \\ 0 & 0 & 4 & 4 & 3 \\ 0 & 0 & 0 & 0 & 5 \end{array}\right] \end{array}$$

图 10-48   工作矩阵状态四

5）允许经过的中间顶点的序号最大为 5，即将向 S 中加入顶点 5，此时对矩阵 A 和矩阵 P 在状态 $A^{(4)}$ 和 $P^{(4)}$ 上进行第 5 次调整：虽然存在顶点 1 指向顶点 5 的弧、存在顶点 2 指向顶点 5 的弧、存在顶点 3 指向顶点 5 的弧、存在顶点 4 指向顶点 5 的弧，但是顶点 5 到其余的四个顶点均不可达（参见 $A^{(4)}$ 的第 5 行），故本次调整结束，结束后矩阵 A 和 P 的状态保持不变，即 $A^{(5)} = A^{(4)}$，$P^{(5)} = P^{(4)}$，如图 10-49 所示。

$$
A^{(5)} = \begin{array}{c} \\ 1 \\ 2 \\ 3 \\ 4 \\ 5 \end{array}
\begin{array}{ccccc} 1 & 2 & 3 & 4 & 5 \\ \end{array}
\left[\begin{array}{ccccc}
0 & 10 & 50 & 30 & 60 \\
\infty & 0 & 50 & \infty & 60 \\
\infty & \infty & 0 & \infty & 10 \\
\infty & \infty & 20 & 0 & 30 \\
\infty & \infty & \infty & \infty & 0
\end{array} \right]
\qquad
P^{(5)} = \begin{array}{c} \\ 1 \\ 2 \\ 3 \\ 4 \\ 5 \end{array}
\begin{array}{ccccc} 1 & 2 & 3 & 4 & 5 \\ \end{array}
\left[\begin{array}{ccccc}
1 & 1 & 4 & 1 & 4 \\
0 & 2 & 2 & 0 & 3 \\
0 & 0 & 3 & 0 & 3 \\
0 & 0 & 4 & 4 & 3 \\
0 & 0 & 0 & 0 & 5
\end{array} \right]
$$

图 10-49　工作矩阵状态五

因为，该有向网络共 5 个顶点，它们均已并入集合 S，所以整个算法结束，得到的结果如图 10-49 所示。根据这两个矩阵我们可以得到该有向网络中任意两个顶点间的最短路径的长度和路径信息：

- 由 $A^{(5)}$ 的第 1 行和 $P^{(5)}$ 的第 1 行得：

顶点 1 到顶点 2 的最短路径：1 –> 2，长度为 10。

顶点 1 到顶点 3 的最短路径：1 –> 4 –> 3，长度为 50。

顶点 1 到顶点 4 的最短路径：1 –> 4，长度为 30。

顶点 1 到顶点 5 的最短路径：1 –> 4 –> 5，长度为 60。

- 由 $A^{(5)}$ 的第 2 行和 $P^{(5)}$ 的第 2 行得：

不存在顶点 2 到顶点 1 的路径。

顶点 2 到顶点 3 的最短路径：2 –> 3，长度为 50。

不存在顶点 2 到顶点 4 的路径。

顶点 2 到顶点 5 的最短路径：2 –> 3 –> 4，长度为 60。

- 由 $A^{(5)}$ 的第 3 行和 $P^{(5)}$ 的第 3 行得：

不存在顶点 3 到顶点 1 的路径。

不存在顶点 3 到顶点 2 的路径。

不存在顶点 3 到顶点 4 的路径。

顶点 3 到顶点 5 的最短路径：3 –> 5，长度为 10。

- 由 $A^{(5)}$ 的第 4 行和 $P^{(5)}$ 的第 4 行得：

不存在顶点 4 到顶点 1 的路径。

不存在顶点 4 到顶点 2 的路径。

顶点 4 到顶点 3 的最短路径：4 –> 3，长度为 20。

顶点 4 到顶点 5 的最短路径：4 –> 3 –> 5，长度为 30。

- 由 $A^{(5)}$ 的第 5 行和 $P^{(5)}$ 的第 5 行得：

不存在顶点 5 到顶点 1 的路径。

不存在顶点 5 到顶点 2 的路径。

不存在顶点 5 到顶点 3 的路径。

不存在顶点 5 到顶点 4 的路径。

显然，算法的时间开销为 $O(n^3)$，与重复调用 n 次迪克杰斯特拉算法的时间开销一样，但弗洛伊德算法形式上简单一些。弗洛伊德算法的实现请参看教辅资料中的相关源代码。

10.6.3 最短路径应用举例

最短路径问题在交通网络结构的分析、交通运输路线（公路、铁路、河流航运线、航空线、管道运输线路等）的选择、通讯线路的建造与维护、物流运输的最小成本分析、城市公共交通网络的规划、汽车导航系统以及各种应急系统等领域都有直接应用的价值。例如，在公交查询中，最优路径的研究包括时间最短、费用最少、换乘最少等都可以转化为最短路径的研究。在车辆交通方面，合理地导航引导车辆的行驶是非常必要的，特别是最优化路径控制可以减少在路段中的滞留时间、优化交通路线的使用效率、改善交通状况上都会起到一定的积极作用。此外，图论中的一些其他问题也可以借助最短路径问题进行求解，例如图的迁移闭包问题。所谓迁移闭包问题是指，给定有向图 G，要求确定图中任意顶点 i、j 之间是否存在路径长度为正值或路径长度为非负值的路径（这里的路径长度是指路径所经过的弧的条数）。如果进一步细分的话，我们将确定图中任意顶点 i、j 之间是否存在路径长度为正值的路径问题称为图的迁移闭包问题，将确定图中任意顶点 i、j 之间是否存在路径长度为非负值的路径问题称为图的自反迁移闭包问题。

10.7 有向无环图及其应用

所谓有向无环图（Directed Acyclic Graph）是指不包含回路的有向图，简称 DAG 图。DAG 图是分析许多实际系统和应用的有效工具，在实际工作中，人们常常用一个有向图来表示工程的施工流程图，或产品生产的流程图。一个工程一般可分为若干个子工程，通常把子工程称为"活动"。有些应用关心的是，工程是否能顺利完工，即是否存在一个从工程开始到工程完工的活动序列，该序列满足所有活动之间的制约关系（即一些活动的开始必须以另一些活动的结束为条件）；而有些应用关心的是，工程完成时间的估算，哪些活动是影响工程进度的关键。对于上述两种不同的应用要求，有两类 DAG 图分别提供支持：一类是 AOV（Activity On Vertex）网，它主要针对第一种应用要求，它涉及的主要应用是拓扑排序和逆拓扑排序；另一类是 AOE（Activity On Edge）网，它主要针对第二种应用要求，它涉及的主要应用是关键路径。下面分别具体介绍这两类 DAG 图以及它们的应用。

10.7.1 AOV 网与拓扑排序

在有向图中，若以顶点表示活动，用有向边表示活动之间的制约关系，则这样的有向图称为以顶点表示活动的网（Activity On Vertex Network），简称为 AOV 网。

若 $<i, j>$ 是 AOV 网的一条弧，那么称顶点 i 是顶点 j 的直接前驱，顶点 j 是顶点 i 的直接后继。AOV 网中的弧表示了活动之间的制约关系，弧 $<i, j>$ 表示的制约关系是，顶点 j 所代表的活动必须要等顶点 i 所代表的活动完成后才能够开始。有很多实际问题可以用 AOV 网表示。例如，计算机专业的学生必须学完一系列规定的课程后才能毕业，这可看作是一个工程，用 AOV 网进行表示。网中的顶点表示各个教学活动，在具有制约关系的顶点之间添加有向边，有向边由前驱课程顶点指向后继课程顶点。例如，软件专业的学生必须学习的一系列基本课程表 10-1 所示，这些课程之间的优先关系可以用如图 10-50 所示的 AOV 网进行表示。

表 10-1 软件专业学生必须学习的基本课程

课程编号	课程名称	先决条件
C_1	程序设计基础	无
C_2	离散数序	C_1
C_3	数据结构	C_1，C_2
C_4	汇编语言	C_1
C_5	语言的设计和分析	C_3，C_4
C_6	计算机原理	C_{11}
C_7	编译原理	C_3，C_5
C_8	操作系统	C_3，C_6
C_9	高等数学	无
C_{10}	线性代数	C_9
C_{11}	普通物理	C_9
C_{12}	数值分析	C_1，C_9，C_{10}

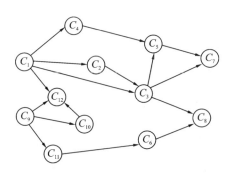

图 10-50 AOV 网的示例

在 AOV 网中一定不能存在回路，如果存在回路，则说明某个活动是否能进行要以自身任务的完成为先决条件，显然，这样的工程是无法完成的。因此，我们要判断一个工程能不能完成，首先对该工程进行 AOV 网的建模，然后判断模型中是否有回路存在。如何用 AOV 网进行建模的问题前面已经给出了回答，现在剩下的关键问题是：如何判断一个 AOV 网是否存在回路。

检测 AOV 网是否存在回路的方法是对它进行拓扑排序或者进行逆拓扑排序，根据得到的（逆）拓扑有序序列得出 AOV 网是否存在回路的结论。

1. 拓扑排序（Topological Sort）

对于一个 AOV 网，构造其所有顶点的线性序列，使此序列不仅保持网中各顶点之间原有的制约关系，而且使原来没有制约关系的顶点之间也建立起人为的制约关系。这样的线性序列称为拓扑有序序列，构造 AOV 网的拓扑有序序列的运算称为拓扑排序。

拓扑排序的基本思想：在 AOV 网中至少有一个入度为 0 的顶点（即没有前驱的顶点，没有被制约的顶点），首先找一个入度为 0 的顶点输出它，并删除它发出的所有有向边（这样做可能会产生新的入度为 0 的顶点）；继续寻找下一个入度为 0 的顶点进行输出，并删除它发出的所有有向边……重复上述动作，直到再也找不到一个入度为 0 的顶点为止。

拓扑排序得到的结果有两种：

1）若拓扑有序序列包含了 AOV 网所有的顶点（即 AOV 网的所有顶点均被输出），则说明 AOV 网中不存在有向回路（拓扑排序成功）。

2）若拓扑有序序列没有包含 AOV 网所有的顶点（即 AOV 网中的顶点未被全部输出，剩余的顶点均有前驱顶点），则说明 AOV 网中存在有向回路（拓扑排序失败）。

若拓扑排序成功，那么按照拓扑有序序列开展各项活动，能够保证整个工作顺利地进行。也就是说，拓扑有序序列是 AOV 网顶点的一个线性序列，使得 AOV 网中所包含的所有趋继关系都得以满足，即前驱顶点在线性序列中总是排在后继顶点之前。

例如，图 10-50 所示 AOV 网的一个拓扑有序序列为：

$$C_1 C_4 C_2 C_3 C_5 C_7 C_9 C_{10} C_{12} C_{11} C_6 C_8$$

该序列包含了 AOV 网中的所有顶点，因此图 10-49 所示的 AOV 网不存在回路。显然，一个 AOV 网的拓扑有序序列并不是唯一的。如下面两个序列仍然是图 10-50 所示 AOV 网的拓扑有序序列：

$$C_9 C_{11} C_6 C_{10} C_1 C_{12} C_2 C_3 C_4 C_5 C_7 C_8$$
$$C_1 C_9 C_4 C_2 C_{10} C_{11} C_{12} C_3 C_6 C_5 C_7 C_8$$

AOV 网采用邻接表存储表示的拓扑排序算法的实现请参看教辅资料中的相关源代码。

在提供的源代码中，拓扑排序算法是借助栈来实现的。当然，此算法也可借助队列来实现。对一个具有 n 个顶点、e 条有向边的 AOV 网而言，上述算法的时间开销为 $O(n+e)$。

2. 逆拓扑排序（Inverse Topological Sort）

将 AOV 网拓扑排序基本思想描述中的"入度"改为"出度"，"删除它发出的所有有向边"改为"删除指向它的所有有向边"，即可得到求解 AOV 网逆拓扑排序的算法。同样地，若逆拓扑有序序列包含了 AOV 网所有的顶点，则逆拓扑排序成功，说明 AOV 网中不存在有向回路；若逆拓扑有序序列没有包含 AOV 网所有的顶点，则逆拓扑排序失败，说明 AOV 网中存在有向回路。

例如，图 10-50 所示 AOV 网的一个逆拓扑有序序列为：

$$C_7 C_5 C_8 C_3 C_4 C_2 C_6 C_{11} C_{12} C_1 C_{10} C_9$$

该序列包含了 AOV 网中的所有顶点，因此图 10-50 所示的 AOV 网不存在回路。显然，一个 AOV 网的逆拓扑有序序列也是不唯一的。AOV 网的逆拓扑排序的实现请读者参看 AOV 网的拓扑排序算法自行完成。

10.7.2 AOE 网与关键路径

若在带权有向图 G 中，以顶点表示事件（Event），以有向边表示活动，边上的权值表示该活动持续的时间，将这样的带权有向图称为边表示活动的网（Activity On Edge Network），简称 AOE 网。

在用 AOE 网表示一项工程的施工计划时，顶点所表示的事件发生是指，当所有指向该顶点的有向边所表示的活动均已完成后其发出的有向边所表示的活动均可以开始的一种状态。对于一个工程来说，一般有一个开始状态和一个结束状态，所以在 AOE 网中至少有一个开始顶点，它的入度为零，也称为源点（其编号为 1，在逻辑上源点表示一个工程或复杂工程的开始）。此外，应有一个结束顶点，它的出度为零，也称为汇点（其编号为 n，假设 AOE 网共有 n 个顶点，在逻辑上汇点表示一个工程或复杂工程的结束）。同样地，在 AOE 网中不能存在回路，否则整个工程无法完成。

因为 AOE 网中某些活动是可以平行进行的，所以完成整个工程至少需要的时间是从源点到汇点的最长路径上的权值之和（将路径上的权值之和称为路径的长度）。从源点到汇点的最长路径称为关键路径（Critical Path），该路径上的活动均是关键活动（Critical Activity）。之所以将这些活动称为是关键的，是因为如果任何一个关键活动没有按期完成，那么将会影响整个工程的进度，而提高关键活动的速度则可以缩短整个工期。也就是说，找出关键路径的意义在于，可以评估出完成整个工程最少需要的时间，并找出影响工程进度的关键活动。图 10-51 给出了一个 AOE 网的示例。其中顶点 V_1 是源点，顶点 V_9 为汇点；该 AOE 网所代表的工程包括 11 个活动，边上的权值表示这些活动的持续时间；若活动 a_4 和 a_5 均已发生，则称顶点事件 V_5 发生了，此时活动 a_7 和 a_8 均可以开始。

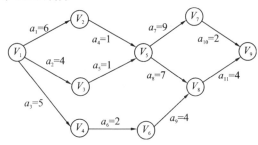

图 10-51 AOE 网的示例

下面给出关键路径的求解步骤。

（1）求出顶点事件的最早发生时间 $V_e(j)$（与拓扑排序有关）

顶点事件的最早发生时间 $V_e(j)$ 是指从源点到 V_j 的最长路径长度（即时间），这个时间决定了所有从 V_j 发出的有向边所表示的活动能够开工的最早时间。其计算方法为：

$$V_e(j) = \begin{cases} 0, & j = 1 \\ \max\{V_e(i) + weight(<i,j>)\}, & 2 \leq j \leq n \end{cases}$$

其中，i 和 j 是顶点编号。

（2）求出顶点事件的最晚发生时间 $V_l(i)$（与逆拓扑排序有关）

顶点事件的最晚发生时间 $V_l(i)$ 是指在不推迟工期完成日期的前提下事件 V_i 允许的最晚发生时间。其计算方法为：

$$V_l(i) = \begin{cases} V_e(i), & i = n \\ \max\{V_l(j) - weight(<i,j>)\}, & 1 \leq i \leq n-1 \end{cases}$$

其中，i 和 j 是顶点编号。当 $i=n$ 时要求 $V_l(i)=V_e(i)$ 是为了从逻辑上表示不允许推迟工期。

例如，图 10-51 所示 AOE 网中各顶点事件的最早发生时间和最晚发生时间如图 10-52 所示，其中，顶点上方方框内的数字是该顶点事件的最早发生时间，顶点下方三角形框内的数字是该顶点事件的最晚发生时间。

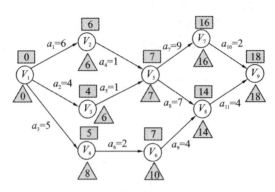

图 10-52　事件的最早和最晚发生时间

（3）求出边活动的最早发生时间 $A_e(<i,j>)$

边活动的最早发生时间 $A_e(<i,j>)$ 是指边 $<i, j>$ 所表示的活动最早可开工的时间，显然它应等于事件 V_i 的最早发生时间。其计算方法为：

$$A_e(<i,j>) = V_e(i)$$

其中，i 和 j 是顶点编号。

（4）求出边活动的最晚发生时间 $A_l(<i,j>)$

边活动的最晚发生时间 $A_l(<i,j>)$ 是指在不推迟整个工程完成日期的前提下允许活动的最晚开始时间。其计算方法为：

$$A_l(<i,j>) = V_l(i) - weight(<i,j>)$$

其中，i 和 j 是顶点编号。

例如，根据图 10-52 求得的顶点事件的最早和最晚发生时间，得到的 AOE 网（图 10-51 所示）边活动的最早和最晚发生时间如图 10-53 所示。

边活动	a_1	a_2	a_3	a_4	a_5	a_6	a_7	a_8	a_9	a_{10}	a_{11}
最早发生时间	0	0	0	6	4	5	7	7	7	16	14
最晚发生时间	0	2	3	6	6	8	7	7	10	16	14

图 10-53　活动的最早发生和最晚发生时间

（5）求出关键活动

关键活动是最早发生时间和最晚发生时间相等的活动，说明关键活动的施工期一点也不能拖延。例如，图 10-53 可知，图 10-51 所示 AOE 网的关键活动有 a_1、a_4、a_7、a_8、a_{10}、a_{11}。

（6）求出关键路径和关键路径的长度

关键路径是由表示关键活动的有向边构成的从源点到汇点的有向路径，它是从源点到汇点的最长路径。关键路径的长度是指关键路径上有向边的权值之和，逻辑上表示至少花多少时间才能完成工程。

例如，根据图 10-53 可求得 AOE 网（见图 10-51）的关键路径，如图 10-54 所示。

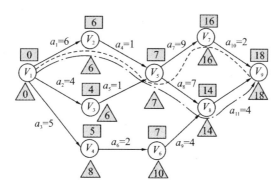

图 10-54　AOE 网的关键路径

从图 10-54 中可以看到，图 10-51 所示 AOE 网有两条关键路径：

第 1 条关键路径是 $a_1 \to a_4 \to a_7 \to a_{10}$；长度为 $6+1+9+2=18$。

第 2 条关键路径是 $a_1 \to a_4 \to a_8 \to a_{11}$；长度为 $6+1+7+4=18$。

10.8　知识点小结

图是一种复杂且重要的数据结构，它描述的是一种多对多的关系。根据组成图的边的类型的不同，图可以分为无向图、有向图、无权图（简称为图）、有权图（简称为网络）、无向网络（即无向有权图）、有向网络（即有向有权图）；根据连通性可分为（强）连通图和非（强）连通图；根据边的多少可分为稀疏图和稠密图；等等。

如何将一种更为复杂的非线性结构存储到线性的存储器中是非常有趣和有挑战性的问题。常见的图的存储表示有邻接矩阵和邻接表。

图的遍历有深度优先搜索遍历和广度优先搜索遍历两种方法，图的很多应用都涉及图的遍历，例如可以利用它们得到图的生成树，分别称为深度优先生成树和广度优先生成树。当然生成树还有两种更为常见的求解方法——普里姆（Prim）算法和克鲁斯卡尔（Kruskal）算法，它们均是基于贪婪的思想。

因为图是一种非线性结构，因此不同的顶点之间可能存在多条路径，如何在这些路径中找到最短的路径，是图的一个重要应用问题——最短路径问题。对于任何一个图，可以应用 Dijkstra 算法求出从源点出发到其余任何一个顶点的最短路径，也可以应用 Floyd 算法求出图中每对顶点间的最短路径。

对于有向无环图（即 DAG 图）有两个重要的应用，一个是 AOV 网与拓扑排序，另一个是 AOE 网与关键路径。

习　题

10.1　画出如图 10-55 所示各图的邻接矩阵存储结构图。

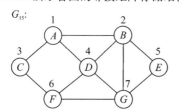
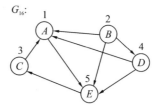

图 10-55　习题 10.1 图

10.2 画出如图 10-56 所示邻接表存储结构所对应的图。

10.3 画出图 10-57 中 G_{17} 的邻接表存储结构图，并写出以顶点 A 为出发点的深度优先搜索遍历序列和广度优先搜索遍历序列。

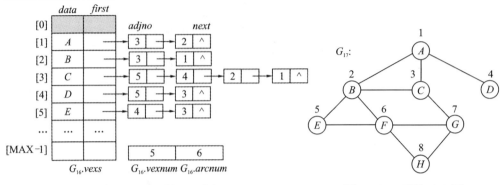

图 10-56 习题 10.2 图   图 10-57 习题 10.3 图

10.4 ①调用 Floyd 算法求解图 10-58 所示有向网络的每对顶点间的最短路径，试画出算法执行过程中 A 和 P 数组的变化情况。②对图 10-57 所示有向网络调用 Dijdstra 算法求源点 1 到其余各顶点的最短路径，试画出算法执行过程中 S、D 和 P 数组的变化情况。

10.5 对于图 10-59 中的 AOE 网，试回答下面的问题：①列出所有的关键路径；②完成整个工程至少需要多少时间？

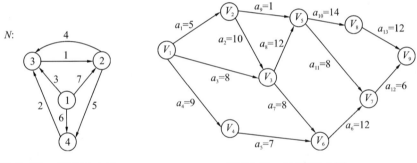

图 10-58 习题 10.4 图   图 10-59 习题 10.5 图

10.6 一个具有 n 个顶点的有向图，采用邻接表作为存储结构，试编写如下算法：

1）求图中的弧数。

2）判断顶点编号为 i 和 j 的两个顶点间是否有弧 <i, j>。

3）求图中每个顶点的入度、出度和度数。

10.7 试证明，对于一个无向图 $G = (V, E)$，若 G 中各顶点的度均大于或等于 2，则 G 中必有回路。

10.8 对一个具有 n 个顶点的无向图 G，试证明下面的叙述是等价的：①图 G 是一棵树；②图 G 是连通的，移去图 G 的任何一条边得到的图都是不连通的；③图 G 的任意两个不同的顶点 v 和 u 之间有且仅有一条简单路径；④图 G 具有 $n-1$ 条边且没有回路；⑤图 G 是连通的且具有 $n-1$ 条边。

第四部分　重要运算部分

　　无论是在我们的日常生活中，还是在计算机应用中，都涉及大量的查找和排序操作。有时为了提高某应用系统的搜索速度，往往会对一些数据信息进行预处理，而最常见的预处理就是对它们进行排序。在我们解决最近点对问题时，为了提高算法效率，事先对空间上的点按横坐标或纵坐标进行排序，以提高在算法处理中对它们的访问（检索）速度。所以在很多应用上，两种运算是紧密结合的。

　　很多学者设计出了许多非常优秀的查找和排序算法，本部分主要介绍了几种常见的、经典的查找、排序算法。在排序过程中涉及有内外存交互的排序算法不是本部分介绍的重点，本部分主要介绍的是多种内部排序算法。

第11章 查　　找

查找，也称为检索、查询。在日常生活中，我们会进行各种查询操作，如在朗文词典中查找某个单词的读音和含义、在班级成绩单上查询自己的成绩、在互联网上检索自己喜欢的音乐、搜索有用的学习资料等；在科研工作中，信息检索是研究工作的基础和必要环节，成功的信息检索能够节省大量时间，并为研究提供内容参考。我们常用的搜索引擎有百度、Google、雅虎等，各大搜索引擎非常重视用户体验，如何为用户提供高速、有效的搜索服务是它们关注的主要问题。如何实现在浩瀚的信息海洋中找到需要到达的小岛是一件非常有意义和具有挑战性的工作，让我们先从几种常用的查找方法入手吧。

11.1　查找的基本概念

下面给出与查找运算相关的概念和术语。

1. 查找

设文件（或数据集合）中有 n 个记录（或数据元素），k_i 为记录（或数据元素）R_i 的关键字，现给定关键字 k，将寻找关键字与 k 相同的记录（或数据元素）R 的过程称为查找（Searching）。

2. 关键字

关键字（Keyword）分为主关键字和次关键字，其中主关键字是指能唯一标识一个记录（或数据元素）的字段（或数据项）；次关键字是指不能唯一标识一个记录（或数据元素）的字段（或数据项）。在"查找"概念中提到的关键字指的是主关键字。在不引起混淆的情况下，将主关键字简称为关键字。

3. 查找表

查找表（Searching Table）是一种以集合为逻辑结构、以查找为核心的数据结构。由于集合中的数据元素之间只有属于同一个集合的关系，因此查找表的实现就比较灵活，可以根据实际应用对查找的具体要求去组织查找表，以便实现高效的查找。

4. 查找的分类

1）分为静态查找和动态查找。根据查找的过程中是否修改查找表，将查找分为静态查找和动态查找。所谓静态查找是指，对查找表的查找仅是以查询为目的，不改动查找表中的数据。所谓动态查找是指，在查找的过程中同时插入不存在的记录，或删除某个已存在的记录。

2）分为内查找和外查找。根据查找的过程中是否有内外存的交互，将查找分为内查找和外查找。所谓内查找是指，整个查找过程都在内存中进行。所谓外查找是指，在查找过程中需要访问外存。本章讨论的主要是内查找的各种查找算法。

5. 两种查找结果

查找有两种结果，要么查找成功，要么查找失败。所谓查找成功是指在查找表中检索到指定关键字对应的记录（或数据元素）。对查找成功的处理方式往往是返回检索到的记录（或数据元素）信息，或返回该记录（或数据元素）在查找表中的位置。所谓查找失败是指在查找表中没有检索到指定关键字对应的记录（或数据元素）。对查找失败的处理方式往往是返回空指针（当查找表采用链式存储结构时）或者0（假设在顺序查找表中，记录从下标为1的位置开始存储）或者 -1（假设在顺序查找表中，记录从下标为 0 的位置开始存储）。

6. 平均查找长度（Average Search Length，ASL）

查找效率是判定查找算法好坏的关键因素，由于查找运算涉及的主要操作是关键字的比较，因此，通常用查找过程中对关键字需要进行的平均比较次数（也称为平均查找长度）来衡量一个查找算法的查找效率。查找成功时的 *ASL* 计算方法如下：

$$ASL = \sum_{i=1}^{n} p_i c_i$$

其中，n 为查找表中记录（或数据元素）的个数；p_i 为查找第 i 个记录（或数据元素）的概率；c_i 为查找到第 i 个记录所需的关键字比较次数。通常是在等概率的情况下求解查找成功时的平均查找长度，也就是说，通常假设 n 个记录（或数据元素）被查找的概率相同，因此，通常 $p_i = 1/n$。显然，查找成功时的平均查找长度就是查找过程中所需关键字比较次数的数学期望。

本章将要介绍的主要查找算法如图 11-1 所示。

- 查找
  - 静态查找
    - 顺序查找
    - 二分查找（折半查找）
    - 分块查找
  - 动态查找
    - 二叉查找树
      - 二叉排序树查找
      - 平衡二叉树查找
    - 红 - 黑树查找
    - B_ 树查找
  - 散列查找
    - 开放地址法
      - 线性探测法
      - 二次探测法
      - 随机探测法
      - 双散列函数探测法
    - 链地址法
    - 再散列法
    - 建立公共溢出区

图 11-1　本章内容组织框架图

说明：二叉排序树、平衡二叉树的相关内容已分别在 9.6.2 节和 9.6.3 节进行了介绍，本章将不再重复介绍。

11.2　静态查找

假设记录除关键字的其他数据项用抽象类型名 InfoType 表示，且关键字类型为整数类型，记录类型定义如下：

```
#define MAX 50
typedef  int  KeyType;
typedef struct
{
    KeyType key;              //关键字
    InfoType otheritems;      //其他数据项
}RecType;
```

在静态查找表的组织方式中，线性表是最简单的一种。本节介绍的三种查找方法均是在线性表上进行的。

11.2.1　顺序查找

【基本思想】 从查找表的一端开始，顺序扫描查找表，依次将给定关键字 k 与扫描到的记录的关键字进行比较，若相等则查找成功，否则失败。

【适用范围】 顺序查找（Sequential Search）适用于顺序存储的或链式存储的有序或无序线性表。即有序顺序表、无序顺序表、有序链表和无序链表。

【举例说明】

例 11.1 对线性表 L:(2,4,3,12,6,5)进行顺序查找，若查找成功，则返回元素在线性表中的位置，否则返回0。给出待查关键字为3和7时的查找过程。

解：1）当线性表 L 采用顺序存储结构（如图 11-2a 所示）。

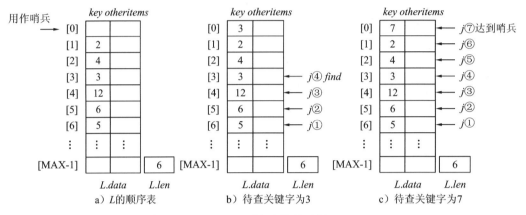

图 11-2　顺序查找的示例

从最后一个记录开始扫描，即扫描指示器 j 的初始值为 $L.len$，依次将指示器所指记录的关键字与待查关键字 key 进行比较，即判断 $key == L.data[j].key$ 是否成立，如果成立，则查找成功，返回 j 的值，否则指 $j = j - 1$，继续向上扫描。

之所以选择从最后一个记录开始扫描而不是从第一个记录开始扫描，是为了利用下标为0的位置作为哨兵，即 $L.data[0].key$ 作为哨兵，由待查关键字在该位置上"站岗放哨"。设置哨兵的作用，是为了省去扫描结束时对扫描状态的判断（未设置哨兵时，我们是根据这个状态来决定是否返回0的）。设置哨兵后为什么能省去这个判断？因为，若整个表已扫描完，都未找到待查关键字 key，那么扫描过程必止于 $L.data[0] == key$，此时返回的 j 值即为哨兵的位置0，表示查找失败（如图 11-2c）；若表中存在关键字与 key 相等的记录，那么扫描过程必止于 $L.data[j] == key$，其中 $j > 0$，此时返回的 j 值即为记录在表中的位置（如图 11-2b）。

2）当线性表 L 采用链式存储结构。使用单链表作为存储结构时，扫描必须从表头开始，即从第一个结点开始，其算法已在 3.3.2 节讨论过，这里就不详细叙述了。

【顺序查找的性能分析（平均查找长度 ASL）】

1）以顺序表作为存储结构。

通过前面的分析知道，当待查关键字是查找表的最后一个关键字（假设查找表的长度为 n）时，需要关键字比较 1($= n - n + 1$)次就能查找成功；当待查关键字是查找表的第一个关键字时，需要关键字比较 n($= n - 1 + 1$)次才能查找成功；当成功查找查找表的第 i 个关键字时，需要进行 $n - i + 1$ 次的关键字比较，故在等概率的情况下（查找表中的 n 个记录被查找的概率相同均为 $1/n$），查找成功的顺序查找的平均查找长度为：

$$ASL_{成功} = \sum_{i=1}^{n} p_i c_i = \sum_{i=1}^{n} \frac{1}{n}(n - i + 1) = \frac{(n + 1)}{2}$$

即查找成功时所进行的关键字比较的平均次数为表长的一半。

当待查关键字 *key* 不在表中时，需要依次和表中的所有关键字比较一次，直到与哨兵也比较一次后才能确定查找失败，因此，查找不成功的顺序查找的平均查找长度为：

$$ASL_{不成功} = n + 1$$

在更一般的情况下，查找表中的各个记录被查找的概率并不相同，显然，若已知各个记录的查找概率，那么将记录按其查找概率从小到大的顺序依次存放在查找表中，可以提高顺序查找的效率。若各个记录的查找概率事先不可知，那么可以在每次查找成功后，将找到的记录与其后继（若存在的话）交换位置，这样做的目的是，使得查找频率高的记录逐渐积聚在表的后端，从而提高顺序查找的效率。

2）以单链表作为存储结构。

分析查找表以单链表作为存储结构的顺序查找的平均查找长度，可以得到与上面类似的结论，这里就不再叙述了顺序查找算法简单，适用范围广，但查找效率较低，当 *n* 较大时不宜采用顺序查找。

11.2.2 二分查找

【基本思想】先取查找表中间位置上的记录的关键字与给定关键字 *k* 进行比较，若相等则查找成功；否则，若 *k* 值比该记录的关键字大，则在后半部分继续进行二分查找（假设查找表是递增的有序表），否则在前半部分继续进行二分查找。这样，每经过一次比较就将查找范围缩小一半（故也称为折半查找）。如此反复进行，直到查找成功或查找不成功为止。

【适用范围】二分查找（Binary Search）适用于顺序存储的有序线性表，即有序顺序表。

【举例说明】

例 11.2 有序顺序表 *L* 为 {6,11,25,31,48,53,67,72,84}，待查关键字 *key* 为 31。画出对该有序顺序表 *L* 进行二分查找的过程。

解：假设用 *l* 表示查找范围的下界，*h* 表示查找范围的上界，那么初始时，$l=1, h=L.len=9$，即查找范围为 [1,9]；假设用 *m* 表示查找范围的中间位置，即 $m=\lfloor(l+h)/2\rfloor$。

1）将待查关键字 *key* 与 *L* 的查找范围的中间位置上的关键字进行比较，即待查关键字 *key* 与 $L.data[m].key$ 进行比较，其中 $m=\lfloor(1+9)/2\rfloor=5$。结果待查关键字 31 比中间位置上的关键字 48 要小，因此将下一次搜索的范围缩小为顺序表 *L* 的前半部分，即用 $m-1=4$ 修改查找范围的上界 *h*，下一次的查找范围为 [1,4]。也就是说，将范围缩小到查找范围的前半部分，可以通过修改查找范围的上界来实现，即 $h=m-1$。如下所示：

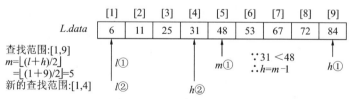

2）查找范围 [1,4] 的中间位置为 $\lfloor(1+4)/2\rfloor=2$，故将待查关键字 31 与 $L.data[2].key=11$ 进行比较，发现待查关键字比中间位置上的关键字要大，因此下一次搜索的范围缩小为本次查找范围的后半部分，即 [3,4]。将范围缩小到查找范围的后半部分，可以通过修改查找范围的下界来实现，即 $l=m+1$。如下所示：

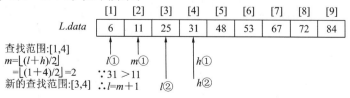

3）查找范围[3,4]的中间位置为⌊(3+4)/2⌋=3，故将待查关键字 31 与 $L.data[3].key=$ 25 进行比较，发现待查关键字比中间位置上的关键字要大，因此下一次搜索的范围缩小为本次查找范围的后半部分，即[4,4]。如下所示：

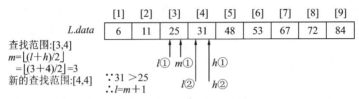

4）查找范围[4,4]的中间位置为⌊(4+4)/2⌋=4，故将待查关键字 31 与 $L.data[4].key=$ 31 进行比较，发现待查关键字比中间位置上的关键字相等，查找成功，返回被找到的记录在表中的位置，即 m 的值。如下所示：

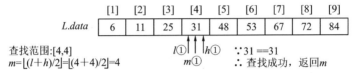

若将待查关键字 key 改为 32，显然该关键字也依次和 48、11、25、31 进行比较，但在第四次比较中，$32 > L.data[m].key = L.data[4] = 31$，此时应修改下界为 $l = m + 1 = 4 + 1 = 5$，得到的新查找范围为[5,4]，发现，下界反而大于了上界，说明该查找表中不存在关键字等于 key 的记录，查找失败。故在二分查找中，查找失败的条件是：$l > h$。

【性能分析（平均查找长度 ASL）】

可用一棵二叉树描述二分查找的过程，这种描述二分查找过程的二叉树成为判定树（Decision Tree）或比较树。可利用判定树来求二分查找的平均查找长度（包括查找成功时的平均查找长度和查找失败时的平均查找长度）。判定树的结点的值不是关键字，而是关键字在查找表中的位置，因此判定树的形态只与关键字序列的长度有关，与具体的关键字序列无关。长度相同的不同关键字序列对应的判定树相同，即对这些关键字序列进行二分查找时的查找路线相同。

例如，例 11.2 对应的判定树如图 11-3 所示。

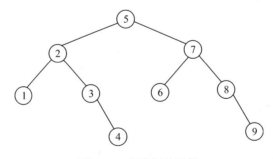

图 11-3　判定树的示例

所有长度为 9 的查找表的二分查找对应的判定树都形如图 11-3 所示的判定树，它描述了对长度为 9 的查找表进行二分查找的查找路线：首先待查关键字 key 与第 5 个位置上的关键字进行比较，如果相等，则查找成功，否则，如果 key 比第 5 个位置上的关键字小，则 key 与第 2 个位置上的关键字继续进行比较，否则 key 与第 7 个位置上的关键字继续进行比较。假设 key 与第 2 个位置上的关键字继续进行比较，如果 key 与第 2 个位置上的关键字相等，则查找成功，否则，如果 key 比第 2 个位置上的关键字小，则 key 与第 1 个位置上的关键字继续进行比较，否则 key 与第 3 个位置上的关键字继续进行比较。假设 key 与第 1 个位置上的关键字继续进行比较，如果 key 与第 1 个位置上的关键字相等，则查找成功，否则，查找失败。这是因为无论 key 比第 1 个位置上的关键字大还是比它小，此时都已经没有继续向下的查找路线了，这就充分说明查找表中没有关键字与 k 相等的记录，因此我们可以宣称查找失败。

如果待查关键字 key 是查找表中的某个关键字，那么一定查找成功，需要的比较次数可以通过相应的判定树得到。假设此关键字在判定树中对应的结点为 i，那么成功查找该关键字的比较次数为从根结点到达结点 i 的路径长度。例如，在例 11.2 中的关键字 31 对应的判定树的结点为结点 4（见图 11-3），则成功查找关键字 31 需要进行 4 次比较，这个结果同例 11.2 中得到的结果一致。也就是说，根据判定树可以得到，成功查找关键字序列中的任何一个关键字需要的比较次数。因此，在等概率的情况下，对长度为 9 的有序顺序表进行二分查找，其查找成功的平均查找长度为（对应的判定树第 1 层有 1 个结点，第 2 层有 2 个结点，第 3 层有 4 个结点，第 4 层有 2 个结点）：

$$ASL_{成功} = \frac{1}{9}(1 \times 1 + 2 \times 2 + 3 \times 4 + 4 \times 2) = \frac{25}{9}$$

根据判定树的构造过程可知，判定树具有这样的特点：除去最大层是一棵满二叉树，叶子只分布在最大层和次大层上。根据我们在第 9 章中关于二叉树的性质 4 的讨论可知，对于满足这个特点的所有二叉树，性质 4 均适用。故可知，长度为 n 的有序顺序表对应的判定树的深度为 $\lfloor \log_2 n \rfloor + 1$ 或者 $\lceil \log_2(n+1) \rceil$，也就是说，对长度为 n 的有序顺序表进行二分查找，查找成功时的关键字的最大比较次数为 $\lfloor \log_2 n \rfloor + 1$ 或者 $\lceil \log_2(n+1) \rceil$，查找成功时的关键字的最小比较次数显然为 1。此外，通过判定树还可以得到成功查找一个关键字的查找路线，即可以知道成功找到该关键字之前依次与哪些关键字进行了比较。

利用判定树也可以分析得出查找失败时的平均查找长度，为了便于理解，对判定树稍作修改，向其中添加外部结点（用方结点表示），树中原来的结点称为内部结点（用圆结点表示）。向判定树中添加外部结点使得所有的内部结点均为度为 2 的结点、所有的叶子结点均为外部结点。图 11-3 所示判定树添加外部结点后如图 11-4 所示（为了便于叙述，我们在图中对外部结点进行了编号）。

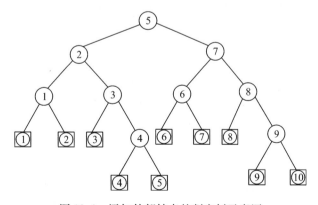

图 11-4　添加外部结点的判定树示意图

就例 11.2 所给的关键字序列而言，凡是比关键字 6 小的元素均落在编号为①的外部结点内；编号为②的外部结点表示的关键字范围为 [7,10]；编号为③的外部结点表示的关键字范围为 [12,24]；编号为④的外部结点表示的关键字范围为 [16,30]；编号为⑤的外部结点表示的

关键字范围为 $[32,47]$；编号为⑥的外部结点表示的关键字范围为 $[49,52]$；编号为⑦的外部结点表示的关键字范围为 $[54,66]$；编号为⑧的外部结点表示的关键字范围为 $[68,71]$；编号为⑨的外部结点表示的关键字范围为 $[73,83]$；编号为⑩的外部结点表示的关键字范围为 $\geqslant 85$。

可见，当待查关键 key 落入上述 10 个区间内的任何一个，都将意味着查找失败。若 $key = 32$，那么查找该关键字的过程由根结点到达编号为⑤的外部结点的路径描述。从图 11-4 中可以看到，key 依次与第 5 个位置上的关键字（48）、第 2 个位置上的关键字（11）、第 3 个位置上的关键字（25）和第 4 个位置上的关键字（31）进行比较，最终进入编号为⑤的外部结点，从而可知表中不含有关键字与 key 相等的记录。也就是说，查找失败对应的是根结点到达某外部结点的路径，查找失败时的关键字比较次数为该路径上经过的内部结点个数。例如，查找关键字 32，经过 4 次关键字比较后可知查找失败；查找关键字 70，对应的外部结点是编号为⑧的外部结点，根到达编号为⑧的外部结点的路径上经过了 3 个内部结点，故可知经过 3 次关键字的比较后可知查找失败。

因为图 11-3 所示判定树对应的有序顺序表的长度为 9，也就是说该判定树有 9 个内部结点，因此在图 11-4 所示的添加了外部结点的判定树中共有 $9 + 1 = 10$ 个外部结点（二叉树的性质 3，叶子结点比度为 2 的结点刚好多 1 个）。因此，在等概率的情况下，对长度为 9 的有序顺序表进行二分查找，其查找失败的平均查找长度为（路径上有 3 个内部结点的外部结点有 6 个，路径上有 4 个内部结点的外部结点有 4 个）：

$$ASL_{失败} = \frac{1}{10}(3 \times 6 + 4 \times 4) = 3.4$$

因为查找失败时，需要的关键字比较次数是根到达某外部结点路径上所经过的内部结点个数，所以可知查找失败的关键字比较次数不会超过判定树的深度，即查找失败时的关键字的最大比较次数为 $\lfloor \log_2 n \rfloor + 1$ 或者 $\lceil \log_2(n+1) \rceil$。又因为判定树是叶子只分布在最大层和次大层上的二叉树，且添加的外部结点全为叶子结点，所以这些外部结点分布在添加外部结点后的判定树的最大层和次大层上，故可知查找失败时的关键字的最小比较次数为 $\lfloor \log_2 n \rfloor$ 或者 $\lceil \log_2(n+1) \rceil - 1$。

【思考 11.1】 对拥有 22 个记录的有序顺序表进行二分查找，①当查找成功时，最多需要进行多少次关键字的比较？至少需要进行多少次关键字的比较？②当查找失败时，最多需要进行多少次关键字的比较？至少需要进行多少次关键字的比较？

分析： 因为长度为 22 的有序顺序表对应的判定树的深度为 $\lfloor \log_2 22 \rfloor + 1 = 5$，故可知当查找成功时，最多需要进行 5 次关键字的比较；当查找失败时，最多需要进行 5 次关键字的比较，至少需要进行 4 次关键字的比较。当待查关键字就是中间位置上的关键字时，只需进行 1 次关键字的比较就可以查找成功，因此查找成功时，至少需要进行 1 次关键字的比较。

【思考 11.2】 建立一棵具有 13 个结点的判定树，并求其查找成功和查找不成功的平均查找长度各为多少？已知关键字序列 {3，11，17，21，39，45，51，60，68，73，81，88，92}，请问欲查找 $k = 39$ 的记录需要进行多少次关键字比较？欲查找 $k = 92$ 的记录需要进行多少次关键字比较？

分析： 具有 13 个结点的判定树如图 11-5 所示。由此判定树可知：

$$ASL_{成功} = \frac{1}{13}(1 \times 1 + 2 \times 2 + 3 \times 4 + 4 \times 6) = \frac{41}{13}$$

$$ASL_{失败} = \frac{1}{14}(3 \times 2 + 4 \times 12) = \frac{54}{14}$$

关键字 $k = 39$ 的记录在序列中的位序为 5，判定树中它对应的结点位于第 3 层，即它的深度为 3，所以成功查找 $k = 39$ 的记录需要进行 3 次关键字比较，并且可知待查关键字 $k = 39$ 依次与关键字51、17和39进行了比较；关键字 $k=92$ 的记录在序列中的位序为13，判定树中它对应的结点位于第4层，即它的深度为4，所以成功查找 $k=92$ 的记录需要进行4次关键字比较，并且可知待查关键字 $k=92$ 依次与关键字51、73、88和92进行了比较。

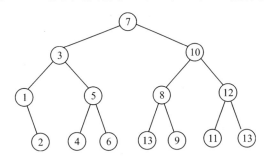

图 11-5 具有 13 个结点的判定树

二分查找的平均查找长度较小，查找速度快，特别是当 n 较大时，它的查找效率较高。但在查找前需要将顺序表按记录关键字的大小进行排序，而排序本身是一种比较耗时的运算。此外，二分查找只适用于顺序存储结构，因此，对那些查找少但又经常需要进行插入、删除的线性表而言，它们可采用链表作为存储结构进行顺序查找。二分查找特别适合长度较大、改动较少且又经常进行查找的顺序表。

11.2.3 分块查找

【适用范围】分块查找（Blocking Search）又称为索引顺序查找，它是一种性能介于顺序查找和二分查找之间的查找方法。它适用于"分块有序"的线性表，采用顺序、链式存储结构均可。

什么是"分块有序"？所谓"分块有序"是指查找表中的记录可按其关键字的大小分成若干"块"，且"前一块"中的最大关键字小于"后一块"中的最小关键字，而各块内部的关键字不一定有序。例如，图11-6所示的是一个具有"分块有序"特性的顺序表。观察图11-6可以发现，该顺序表可分成3块，每一块含有4个记录。第1块的最大关键字是22，小于第2块的最小关键字28；第2块的最大关键字是42，小于第3块的最小关键字50。

[1]	[2]	[3]	[4]	[5]	[6]	[7]	[8]	[9]	[10]	[11]	[12]
12	22	13	8	28	33	38	42	86	76	50	63

图 11-6 一个具有分块有序性的顺序表

在对具有"分块有序"性的查找表进行分块查找时，需要从各块中抽取最大关键字构成一个索引表。例如对图11-6所示的顺序表进行分块查找，建立的索引表如图11-7所示。

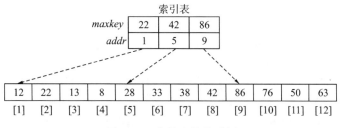

图 11-7 分块查找的示例

每个分块对应索引表中的一个索引项，索引项包括两个部分的信息：块内的最大关键字和该块的起始地址。

【分块查找的步骤】①二分或者顺序查找索引表，确定可能存在待查关键字的块；②在已确定的块中顺序查找（若块中有序也可折半查找）。

例如，对于图 11-7 所示示例，若待查关键字 key = 38，它的分块查找过程是：首先在索引表中进行二分查找或顺序查找，可知它比第 1 块的最大关键字 22 要大、比第 2 块的最大关键字 42 要小，因此该关键字要存在的话，只可能在第 2 块中存在；随后根据索引项中的起始地址在查找表中找到第 2 块的起始位置，依次将 key 与块内的关键字 28、33、38 进行比较，最终找到待查关键字 38。若待查关键字 key = 39，因为 22 < 39 < 42，故确定在第 2 块中继续进行比较，根据索引项中的起始地址在查找表中找到第 2 块的起始位置，依次将 key 与块内的关键字 28、33、38、42 进行比较，均不相等，故查找失败。

【性能分析（平均查找长度 ASL）】

设分块有序查找表的长度为 n，索引表长度为 b，s 为块中记录个数，即块的大小。它们之间显然具有这样的关系：$b = \lfloor n/s \rfloor$。

1）顺序查找索引表 + 顺序查找被确定的块。

$$ASL_{成功} = \frac{1}{b}\sum_{j=1}^{b} j + \frac{1}{s}\sum_{i=1}^{s} i = \frac{1}{2}(b+s) + 1 = \frac{1}{2}(\frac{n}{s} + s) + 1$$

取 $ASL_{成功}$ 关于 s 的一阶导数得：

$$\frac{\mathrm{d}(ASL_{成功})}{\mathrm{d}s} = \frac{1}{2}(-\frac{n}{s^2} + 1)$$

当上述一阶导等于零时，$ASL_{成功}$ 取最小值，即当

$$\frac{1}{2}(-\frac{n}{s^2} + 1) = 0 \Rightarrow s = \sqrt{n}$$

$ASL_{成功}$ 取最小值：

$$\frac{1}{2}(\frac{n}{s} + s) + 1 = \frac{1}{2}(\frac{n}{\sqrt{n}} + \sqrt{n}) + 1 = \sqrt{n} + 1$$

2）折半查找索引表 + 顺序查找被确定的块。

$$ASL_{成功} \approx \lceil \log_2(b+1) - 1 \rceil + (s+1)/2 \approx \log_2(n/s+1) + s/2$$

可见，分块查找是介于顺序查找和二分查找之间的一种查找方法，它的查找速度比顺序查找要快，但需要将顺序表分块排序和增加用来存放索引表的存储空间；它的查找速度比二分查找要慢，但它不需要对顺序表中的所有记录进行排序，且它的查找表不限于顺序存储结构。还需要注意的是，分块查找不一定要将线性表分成大小相等的若干块，可以根据具体的应用要求和表的特性来进行分块。例如，某公司的职工工资表可按部门或职务分块。各个分块可以同时存放在一个向量或链表中，也可以分开存储在不同的向量或链表中。

11.3 动态查找

本节主要讨论树表和用树结构存储元素集合时的动态查找算法，树表本身是在查找过程中动态建立的。树表主要有二叉排序树（也称为二叉查找树或二叉搜索树）、平衡二叉树、红 – 黑树、B_树、B⁺树等。二叉排序树（BST）和平衡二叉树（AVL）以作为二叉树的应用在第 11 章进行了介绍（分别在 9.6.2 节和 9.6.3 节中介绍）。文件系统是树表动态查找的典型应用，文件系统中常用的树表是 B⁺树。红 – 黑树和 B_树都是平衡二叉树的典型代表，它们和 9.6.3 中介绍的平衡二叉树的主要区别在于集合中元素在树结点中的存储方式。平衡二叉树的所有结

点（非叶子结点和叶子结点）都用于存储集合中的元素，它属于内结点存储方式；而红 – 黑树和 B_树中只有叶子结点用于存储集合中的元素，非叶子结点用于存储引导搜索的关键字等信息，它们属于叶子结点存储方式。本节重点讨论的树表是红 – 黑树和 B_树。

1. B_树的定义

B_树又称为平衡多路查找树或外部查找树，是一种组织和维护外存文件系统的有效数据结构。一棵 $m(m \geqslant 3)$ 阶的 B_树或者是一棵空树，或者是满足下列要求的 m 叉树：

1）每个结点至多有 m 个孩子结点。

2）除根结点外，其他的每个结点至少有 $\lceil m/2 \rceil$ 个孩子结点。

3）若树非空，则根至少有 1 个关键字，故若根不是叶子，则它至少有 2 棵子树。

4）所有叶子结点都在同一层上，叶子结点不包含任何信息，仅表示查找失败（可以把叶子结点看成是实际上不存在的外部结点，指向这些结点的指针为空）。

5）每个非叶子结点中包含以下信息：$(n, P_0, K_1, P_1, K_2, P_2, K_3, \cdots, K_n, P_n)$。其中，$n$ 为该结点中关键字的个数（$\lceil m/2 \rceil - 1 \leqslant n \leqslant m - 1$）；$K_i$ 为关键字，关键字序列递增有序，即 $K_i < K_{i+1}(1 \leqslant i \leqslant n - 1)$；$P_i$ 为孩子指针：P_0 所指子树上的所有结点中的关键字均小于 K_1，P_1 所指子树上的所有结点中的关键字均大于 K_1 且均小于 K_2，P_2 所指子树上的所有结点中的关键字均大于 K_2 且均小于 $K_3, \cdots$，P_{n-1} 所指子树上的所有结点中的关键字均大于 K_{n-1} 且均小于 K_n，P_n 所指子树上的所有结点中的关键字均大于 K_n。

图 11-8 所示为一棵包含 11 个关键字的 4 阶 B_树。按照定义，在 4 阶 B_树中，根结点中的关键字个数可以是 1 ~ 3，子树的个数可以是 2 ~ 4；其他结点的中的关键字个数至少是 $\lceil 4/2 \rceil - 1 = 1$，至多是 $m - 1 = 3$，子树的个数可以是 2 ~ 4。显然，图 11-8 所示二叉树满足这些条件。

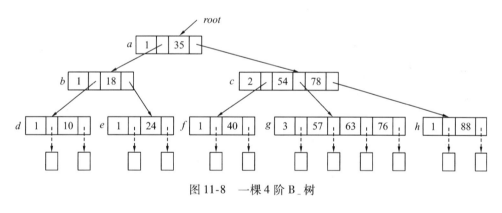

图 11-8　一棵 4 阶 B_树

2. B_树的查找

在 B_树中查找给定关键字 key 的方法类似与二叉排序树上的查找，所不同的是，B_树中的每个结点上可以存储多个关键字（在二叉排序树中每个结点只能存放一个关键字），有多路向下查找的路径（在二叉树排序树中每个结点向下的查找路径至多为两路）。因此，在 B_树上的查找过程中，当到达某个结点时，先在结点内进行顺序查找或二分查找，若找到，则查找成功；否则，若 $key < K_1$，则到 P_0 指向的子树中继续进行查找，若 $K_i < key < K_{i+1}$，则到 P_i 指向的子树中继续进行查找，若 $key > K_n$，则到 P_n 指向的子树中继续进行查找。当到达叶子结点时，说明树中没有相应的关键字，查找失败。

例如，在图 11-8 所示 B_树中查找关键字 63。搜索过程从根结点 a 开始，因为 $63 > 35$，所以沿着根结点的第 2 个指针到其所指向的结点 c 中进行查找。在结点 c 中采用顺序查找或者折半查找，发现 54 < 63 < 78，因此沿着结点 c 的第 2 个指针到其所指向的结点 g 中进行查找，若在结点内采用的是顺序查找，那么在经过依次与关键字 57、63 的比较后，找到与待查关键字相等的关键字，查找成功。若待查关键字是 65，显然它的查找路线和查找 63 的查找路线相同，最终到达结点 g，在结点 g 内经过与关键字的依次比较发现 63 < 65 < 78，因此试图沿着结点 g 的第 3 个指针向下搜索，但结点 g 的第 3 个指针为空，意味着该指针指向的是一个叶子，因为叶子不包含任何信息，因此可以得知，树中没有关键字 65，查找失败。

通常 B_树是存储在外存上的，在 B_树中查找结点操作涉及读磁盘操作，属于外查找，在磁盘上定位后，将所需结点信息读入内存，所以在结点内的查找属于内查找。实际上外查找的时间可能远远大于内查找的时间，所以，在磁盘上读取结点信息的次数，即 B_树的层次数是决定 B_树查找效率的首要因素。

3. B_树的插入和生成

在 B_树中插入一个关键字的步骤是：

1）按照 B_树查找的方法找到待插入关键字的适当位置：①若在搜索的过程中找到了与待插入关键字相等的关键字，则插入操作结束（假设不处理相同关键字的插入）；②若树中不存在值与待插入关键字相等的关键字，那么搜索过程一定止步于最底层的某个非终端结点，即找到了插入的结点。

2）假设找到的添加结点为 A，如果添加前，结点 A 中的关键字个数小于 $m-1$，则将待插入关键字插入到结点 A 的适当位置即可；如果添加前，结点 A 中的关键字个数已经等于 $m-1$，那么将待插入关键字按照其大小插入到结点 A 后，必会破坏结点 A 的 B_树性质。为了保证结点的 B_树性质，要进行结点 A 的"分裂"。把结点 A 位于中间位置上的关键字 k 取出来插入到结点 A 的双亲结点的适当位置上；位于 k 前面的关键字和位于 k 后面的关键字分属于分裂得到的两个结点，且易知这两部分的关键字个数一定是大于等于 $\lceil m/2 \rceil - 1$ 且小于 $m-1$ 的，即保证得到的两个新结点是满足 B_树性质的。将关键字 k 插入到结点 A 的双亲结点，可能会引起双亲结点的再分裂，双亲结点的再分裂可能引起祖先的连锁分裂，甚至可能一直传播到根。当根结点分裂时，因根结点没有双亲，故需要建立一个新的根，这时 B_树增加了一层，因此 B_树是一棵自底向上成长的树。

例如，在图 11-8 所示 4 阶 B_树中插入关键字 8。根据 B_树的查找方法可知，当查找路径到达结点 d 时，查找失败，则结点 d 就是关键字 8 的插入结点。因为此时结点 d 包含 1（$\leqslant m$ $-1 = 4 - 1 = 3$）个关键字，故直接将关键字 8 插入到结点 d 的适当位置即可，同时注意修改结点 d 的关键字个数。插入关键字 8 后得到的 4 阶 B_树如图 11-9 所示。

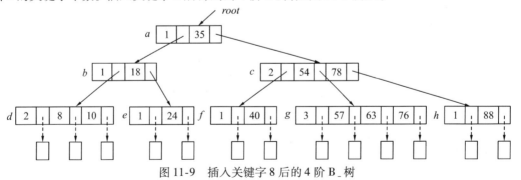

图 11-9　插入关键字 8 后的 4 阶 B_树

紧接着继续插入关键字 70。同样，根据 B_树的查找方法可知，当查找路径到达结点 g 时，查找失败，则结点 g 就是关键字 70 的插入结点。因为此时结点 g 包含 3（$= m-1$）个关键字，故将关键字 70 插入到结点 g 的适当位置后（此时结点 g 中的关键字序列为：57，63，70，76），会引起结点 g 的分裂。其中关键字 63 会进入结点 c，而关键字 57 属于分裂得到的新结点 i，关键字 70、76 则属于另一个分裂得到的新结点 j。因为结点 c 中所含的关键字个数并未达到最大值，因此插入关键字 63，不会引起结点 c 的分裂。插入关键字 70 后得到的 4 阶 B_树如图 11-10 所示。

紧接着继续插入关键字 65、72，分别得到的 4 阶 B_树如图 11-11 和图 11-12 所示。

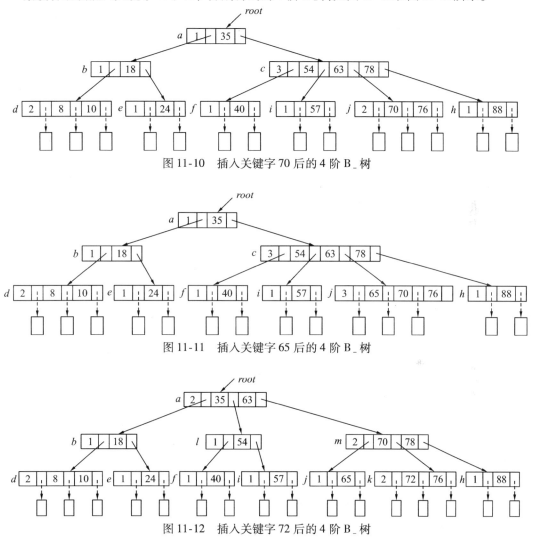

图 11-10 插入关键字 70 后的 4 阶 B_树

图 11-11 插入关键字 65 后的 4 阶 B_树

图 11-12 插入关键字 72 后的 4 阶 B_树

4. B_树的删除

B_树上的删除运算比它的插入运算要复杂一些。删除操作同样分两个步骤：首先需要利用 B_树的查找运算对待删除的关键字进行定位，也就是确定该关键字在 B_树的哪一个结点上；然后再实施删除。在具体介绍 B_树的删除运算之前，首先来看看 B_树遍历序列上的特点。

B_树实际上是二叉排序树的一种推广，前面在第 9 章中我们介绍过二叉排序树的中序遍历序列是一个递增序列，B_树同样具有这个特点，也就是说，中序遍历 B_树也可以得到有序序列。因此，B_树中某结点中的关键字 K 的中序前驱必是 K 的左边子树中最右下结点中的最后一个关键字，关键字 K 的中序后继必是 K 的右边子树中最左下结点中的第一个关键字。因为 B_树是完全平衡的（所谓完全平衡是指在树中任何结点的所有子树的高度相同），因此这种最左下结点和最右下结点一定是最后一层的非叶子结点。所以，当被删除关键字 key 所在结点（假设该结点为 B）不是最后一层的非叶子结点时，可以做如下转换：用关键字 key 的中序前驱或中序后继 key' 去替换 key，即在结点 B 中用 key' 取代关键 key（之所以用 key 的中序前驱或中序后继而不是用其他的关键字去取代 key，是为了保证结点 B 的 B_树性质不被破坏），这就相当于在最后一层的非叶子结点中删除了关键字 key'。经过上述转换后，就将在 B_树中任何位置上的关键字的删除归一到了对最后一层非叶子结点中关键字的删除。所以，我们只需讨论在最后一层非叶子结点中删除关键字的各种情况。

假设结点 C 是 B_树中最后一层的一个非叶子结点，下面讨论删除结点 C 中的关键字 key 可能出现的各种情况：

1）如果结点 C 包含的关键字个数大于 $\lceil m/2 \rceil - 1$，那么只需要删除结点 C 中的关键字 key 和 key 右边的指针即可使删除操作结束。

例如，在图 11-12 所示的 4 阶 B_树中删除关键字 8。

因为关键字 8 在最后一层非叶子结点 d 上，且结点 d 包含的关键字个数大于 $\lceil 4/2 \rceil - 1 = 1$，所以直接从结点 d 中删除关键字 8 和它右边的指针即可，删除关键字 8 后得到的 4 阶 B_树如图 11-13 所示。

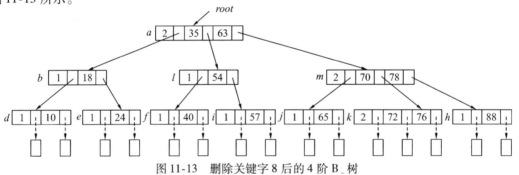

图 11-13　删除关键字 8 后的 4 阶 B_树

再例如，在图 11-13 所示的 4 阶 B_树中删除关键字 70。

因为 70 所在的结点 m 不是最后一层的非叶子结点，此时可用 70 的中序前驱或中序后继去替换 70，在本例子中，我们选择用 70 的中序后继进行替换。70 的中序后继是它右边子树中的最左下结点（即结点 k）中的最小关键字，即 72。先用 72 去替换结点 m 中的 70，如图 11-14a 所示。然后删除结点 k 中的关键字 72，将问题转换为删除最后一层的非叶子结点中的关键字。因为结点 k 包含的关键字个数大于 1，因此直接删除关键字 72 和它右边的指针。此时删除关键字 70 的操作结束，得到的 4 阶 B_树如图 11-14b 所示。

2）如果结点 C 包含的关键字个数等于 $\lceil m/2 \rceil - 1$，那么此时删除结点 C 中的关键字 key 和 key 右边的指针，会破坏结点 C 的 B_树性质（因为删除关键字 key 后，使得结点 C 所包含的关键字个数小于 B_树规定的最低要求），此时需要进行调整，以帮助结点恢复 B_树性质。调整过程如下（假设结点 B 是结点 C 的左兄弟，结点 D 是结点 C 的右兄弟，结点 A 是结点 C 的双亲结点）：

① 若结点 B 包含的关键字个数大于 $\lceil m/2 \rceil - 1$，则将双亲结点 A 中相应的关键字（即原来在 A 中介于指向结点 B 的指针和指向结点 C 的指针之间的关键字）下移至结点 C 将关键字 key 覆盖掉，然后将结点 B 中的最大关键字上移到双亲结点 A 覆盖刚刚被下移的关键字，最后删除结点 B 中的最大关键字；或者若结点 D 包含的关键字个数大于 $\lceil m/2 \rceil - 1$，则将双亲结点 A 中

相应的关键字（即原来在 A 中介于指向结点 C 的指针和指向结点 D 的指针之间的关键字）下移至结点 C 将关键字 key 覆盖掉，然后将结点 D 中的最小关键字上移到双亲结点 A 中覆盖刚刚被下移的关键字，最后删除结点 D 中的最小关键字。

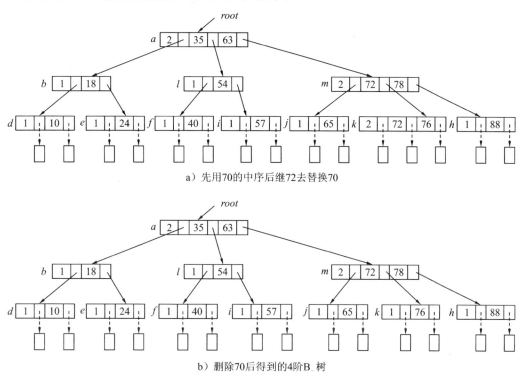

a）先用70的中序后继72去替换70

b）删除70后得到的4阶B_树

图 11-14　被删除的关键字不在最后一层的非叶子结点中

对于结点 A 而言，是用孩子结点中的某个关键字去替换相应位置上的关键字，所以替换后它包含的关键字个数不变，即不会破坏它的 B_ 树性质；对于结点 B 或结点 D 而言，相当于从其中删除了一个关键字，那么结点 B 或结点 D 所包含的关键字个数减 1，而这样处理的前提是，结点 B 或结点 D 所含关键字个数大于最低要求，因此减 1 后所包含的关键字个数仍然是大于等于最低要求的，故结点 B 或结点 D 的 B_树性质没被破坏；对于结点 C 而言，因为删除关键字 key 后使其包含的关键字个数变为 $\lceil m/2 \rceil - 1 - 1$，破坏了它的 B_树性质，现在从双亲结点中下移了一个关键字到结点 C 中，使得它所包含的关键字个数重新变为 $\lceil m/2 \rceil - 1$，从而恢复了 B_ 树的性质。

例如，在如图 11-15 所示的一棵 5 阶 B_ 树中删除关键字 76。

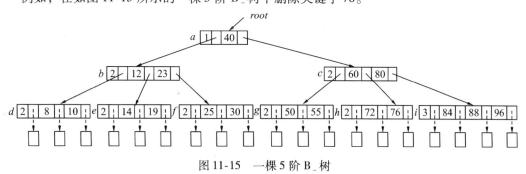

图 11-15　一棵 5 阶 B_ 树

关键字 76 在最后一层非叶子结点 h 上，结点 h 包含的关键字个数等于 $\lceil m/2 \rceil - 1 =$ $\lceil 5/2 \rceil - 1 = 2$，所以从结点 h 中删除关键字 76 和它右边的指针之后，结点 h 包含的关键字个数小于了 2，其 B_树性质被破坏，需要进行调整。

因为结点 h 的右兄弟（结点 i）中的关键字个数为 3，大于最低要求 2，所以：

第一步：将双亲结点 c 中的关键字 80（关键字 80 是结点 c 中位于指向结点 h 和指向结点 i 的指针之间的关键字）下移至结点 h 中，将关键字 76 覆盖掉，如图 11-16a 所示。

第二步：将结点 i 中的最小关键字 84 上移至结点 c，去替换结点 c 中（刚刚被下移）的关键字 80，如图 11-16b 所示。

第三步：将结点 i 中的关键字 84 删除，如图 11-16c 所示。图 11-16c 所示 B_树即为成功删除关键字 76 后得到的 5 阶 B_树。

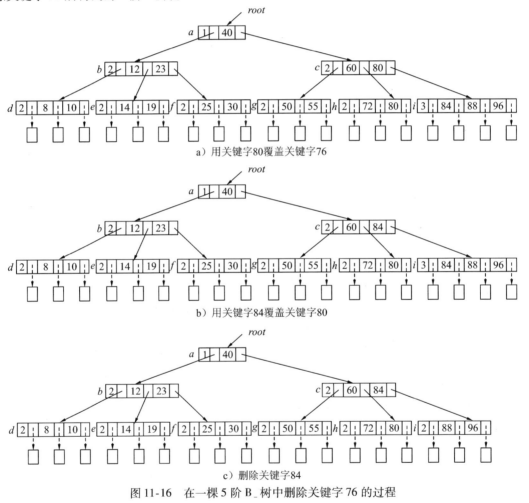

a）用关键字80覆盖关键字76

b）用关键字84覆盖关键字80

c）删除关键字84

图 11-16 在一棵 5 阶 B_树中删除关键字 76 的过程

②若结点 B 和结点 D 所包含的关键字个数均等于最低要求 $\lceil m/2 \rceil - 1$，此时需要进行结点 C 与结点 B 或结点 D 的"聚合"。

不妨假设结点 C 及其右兄弟结点 D 合并，合并的过程是：a. 在结点 C 中删除关键字 key 及其右指针；b. 将双亲结点中介于指向结点 C 和指向结点 D 之间的关键字 K' 作为中间关键字，与结点 C 和结点 D 中的关键字一起合并成一个新的结点取代结点 D 和结点 C。

因为结点 C 在删除关键字 key 后拥有$\lceil m/2 \rceil - 1 - 1 = \lceil m/2 \rceil - 2$ 个关键字，结点 D 拥有 $\lceil m/2 \rceil - 1$ 个关键字，因此结点 C 和结点 D 中的关键字以及关键字 K' 合并得到的新结点一共拥有 $(\lceil m/2 \rceil - 2) + (\lceil m/2 \rceil - 1) + 1 = 2\lceil m/2 \rceil - 2$ 个关键字，显然这个值是小于等于 $m-1$ 的，没有破坏 B_ 树的性质。但是，从双亲结点中下移了一个关键字有可能会破坏双亲结点的 B_ 树性质，从而引起双亲结点与其兄弟之间的合并，甚至可能会引起祖先的连锁合并，最坏情况下，合并操作向上传播到根结点，当根结点中只有一个关键字时，合并操作将会使根结点及其两个孩子合并成一个新的根，从而使得整棵树的高度减少一层。

例如，在图 11-16c 所示的 5 阶 B_ 树中删除关键字 14。

因为关键字 14 所在的结点 e 包括 2（$= \lceil m/2 \rceil - 1 = \lceil 5/2 \rceil - 1$）个关键字，且它的左兄弟和右兄弟都只包含 2 个关键字，因此结点 e 删除关键字 14，必引起和兄弟之间的合并。在这里，我们选择结点 e 和它的左兄弟结点 d 进行合并。

第一步：从结点 e 中删除关键字 14，如图 11-17a 所示。

第二步：将双亲结点 b 中的关键字 12（介于指向结点 d 和结点 e 的指针之间）作为中间关键字和结点 d 中的关键字 8、10，结点 c 中的关键字 19 合并得到一个新的结点 j，如图 11-17b 所示，这个合并操作导致双亲结点 b 的 B_ 树性质被破坏，故继续进行第三步的处理。

第三步：因为结点 b 的右兄弟结点 c 只包含 2 个关键字，所以需要结点 b 和兄弟 c 的合并，此合并需要从它们的双亲结点 a 中下移一个关键字，而结点 a 是根结点且只包含一个关键字，因此会引起根结点 a 与其两个孩子 b 和 c 的合并，导致此 B_ 树的高度减 1，如图 11-17c 所示。图 11-17c 所示 B_ 树即为成功删除关键字 14 后得到的 5 阶 B_ 树。

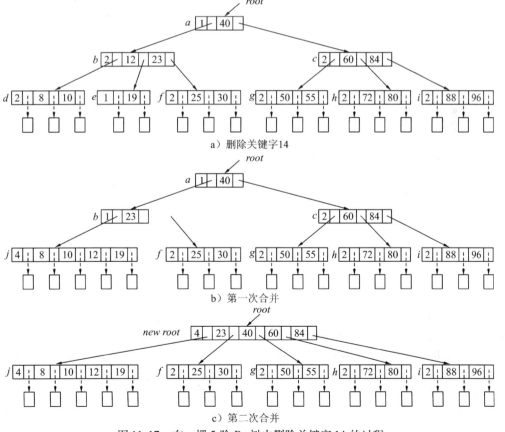

a）删除关键字14

b）第一次合并

c）第二次合并

图 11-17 在一棵 5 阶 B_ 树中删除关键字 14 的过程

当 B_树的阶取最小值（即 $m=3$）时，B_树中每个非叶子结点可以有 2 个或 3 个孩子（除根结点之外，根可以有 1~3 个孩子），故将 3 阶 B_树称之为 2-3 树。

11.4   散列技术

前面讨论的线性查找（顺序查找、折半查找、分块查找）、二叉查找树查找都是以关键字的比较操作为基础的。而本节介绍的散列查找法（也称为散列查找法或杂凑查找法）是通过对记录的关键字值进行某个函数，直接得到记录的存储地址，不需要进行关键字的反复比较。

11.4.1   散列表的概念

对于某个散列函数（也称为散列函数）H 和两个关键字 k_i 和 k_j，如果 $k_i \neq k_j$，而 $H(k_j) = H(k_i)$，这种现象称为冲突（Collision）。k_i 和 k_j 称为散列函数 H 的同义词（Synonym）。根据散列函数 H 和处理冲突的方法将一组关键字映射到一个有限的连续地址集（区间）上，并以关键字在地址集中的"象"作为记录在表中的存储位置，这种表便称为散列表（HashTable，也称为散列表）。通过前面的介绍可知，散列表的创建依赖于散列函数 H 和解决冲突的方法，因此，要能够进行散列查找，必须解决两个问题：①如何构造散列函数？②如何解决冲突？

11.4.2   散列函数的构造方法

下面介绍几种常用的构造散列函数的方法（假设关键字是定义在自然数集合上）：

1. 直接地址法

取关键字的值或关键字的某个线性函数的值作为散列地址，即：
$$H(key) = key \quad 或 \quad H(key) = a \times key + b$$

2. 数字分析法

假设有一组关键字，每个关键字由 n 位数字组成，如 $k_{i1}k_{i2}\cdots k_{in}$，从中提取数字分布比较均匀的若干位作为散列地址。

3. 除留余数法

取关键字被某个不大于散列表长（假设散列表长为 m）的数 p（p 一般取不大于表长的最大素数）除后所得余数作为散列地址。
$$H(key) = key \text{ MOD } p \quad (p \leqslant m)$$

4. 平方取中法

先通过求关键字的平方值以扩大相近数的差别，然后根据表长度取关键字平方的中间几位作为散列地址。

5. 折叠法

把关键字分成位数相同的几段（最后一段的位数可少一些），段的位数取决于散列地址的位数，然后将各段的叠加和（舍去最高进位）作为散列地址。

6. 随机数法

选择一个随机函数，取关键字的随机函数值为它的散列地址，即 $H(key) = random(key)$，其中 random 为随机函数。通常，当关键字长度不等时采用此法构造散列函数较恰当。

散列函数的选择要结合实际应用，通常需要考虑的因素有：计算散列函数的时间、关键字的长度、散列表的大小、关键字的分布情况、记录的查找概率等等。

11.4.3   处理冲突的方法

好的散列函数能够减少冲突但是不能避免冲突，在散列法中冲突是不可避免的，因此在应用散列法时，如何解决冲突是一个非常关键的问题。下面介绍几种常用的解决冲突的方法。

1. 开放地址法（Open Addressing）

开放地址法的基本思想是，当发生冲突时，用某种方法形成一个探测序列，沿着这个序列一个位置一个位置地查询，直到找到这个关键字或找到一个开放的地址（即没有进行存储的空位置）。如果是插入运算，则遇到空位置就可以进行插入；如果是查找运算，则遇到空位置就表示查找失败。

可见，在开放地址法中，关键是如何产生探测序列。探测序列一般按下面的公式产生：

$$H_i = (H(key) + d_i)\,\text{MOD}\,m \quad (i = 1,2,\cdots,k')(k' \leqslant m - 1)$$

其中，$H(key)$ 为散列函数，m 为散列表表长，d_i 为增量序列。$H(key)$ 是最初得到的散列地址，如果产生了冲突，就根据上述公式得到第一个探测的位置：

$$H_1 = (H(key) + d_1)\,\text{MOD}\,m$$

如果仍然冲突，再一次计算上述公式进行第二次探测，第二个探测位置为：

$$H_2 = (H(key) + d_2)\,\text{MOD}\,m$$

依此类推，直到不再冲突为止（或探测发现整个散列表已满为止）。

根据增量序列 d_i 的不同求法，将开放地址法分成以下几种方法：

- 线性探测法：$d_i = 1，2，\cdots，m - 1$
- 二次探测法：$d_i = 1^2，-1^2，2^2，-2^2，\cdots，\pm k^2 \quad (k \leqslant m/2)$
- （伪）随机探测法：$d_i =$ 随机序列

线性探测再散列法容易产生"二次聚集"问题，即在处理同义词的冲突时又导致非同义词的冲突。例如，当表中 i、$i+1$、$i+2$ 三个单元已满时，下一个散列地址为 i，或 $i+1$ 或 $i+2$ 或 $i+3$ 的元素，都将填入 $i+3$ 这同一个单元（发生了冲突），而这 4 个元素并非同义词。但只要散列表不满，线性探测再散列法就一定能找到一个不冲突的散列地址，而二次探测再散列法和伪随机探测再散列法却不一定能找到。二次探测再散列法最主要的问题是不易探查到整个散列空间。

例 11.3 关键字集为 {47，7，29，11，16，92，22，8，3}，散列表表长为 11，$H(key) =$ $key \bmod 11$，用线性探测法处理冲突，建立该散列表。

解：建立散列表的过程如下：

① $H(47) = 47 \bmod 11 = 3$

散列地址	0	1	2	3	4	5	6	7	8	9	10
关键字				47							

② $H(7) = 7 \bmod 11 = 7$

散列地址	0	1	2	3	4	5	6	7	8	9	10
关键字				47				7			

③ $H(29) = 29 \bmod 11 = 7$（产出冲突），进行第一探测得：

$$H_1 = (H(29) + 1)\bmod 11 = (7 + 1)\bmod 11 = 8 \quad （冲突解决）$$

散列地址	0	1	2	3	4	5	6	7	8	9	10
关键字				47				7	29		

④ $H(11) = 11 \bmod 11 = 0$

散列地址	0	1	2	3	4	5	6	7	8	9	10
关键字	11			47				7	29		

⑤ $H(16) = 16 \bmod 11 = 5$

散列地址	0	1	2	3	4	5	6	7	8	9	10
关键字	11			47		16		7	29		

⑥ $H(92) = 92 \bmod 11 = 4$

散列地址	0	1	2	3	4	5	6	7	8	9	10
关键字	11			47	92	16		7	29		

⑦$H(22)=22 \bmod 11=0$（产出冲突），进行第一探测得：

$$H_1=(H(22)+1)\bmod 11=(0+1)\bmod 11=1 \text{（冲突解决）}$$

散列地址	0	1	2	3	4	5	6	7	8	9	10
关键字	11	22		47	92	16		7	29		

⑧$H(8)=8 \bmod 11=8$（产出冲突），进行第一探测得：

$$H_1=(H(8)+1)\bmod 11=(8+1)\bmod 11=9 \text{（冲突解决）}$$

散列地址	0	1	2	3	4	5	6	7	8	9	10
关键字	11	22		47	92	16		7	29	8	

⑨$H(3)=3 \bmod 11=3$（产出冲突），进行第一探测得：

$$H_1=(H(3)+1)\bmod 11=(3+1)\bmod 11=4 \text{（仍冲突）}$$
$$H_2=(H(3)+2)\bmod 11=(3+2)\bmod 11=5 \text{（仍冲突）}$$
$$H_3=(H(3)+3)\bmod 11=(3+3)\bmod 11=6 \text{（冲突解决）}$$

散列地址	0	1	2	3	4	5	6	7	8	9	10
关键字	11	22		47	92	16	3	7	29	8	

此时，出现了"聚集"现象。

例 11.4 关键字集为$\{47, 7, 29, 11, 16, 92, 22, 8, 3\}$，散列表表长为11，$H(key)=key \bmod 11$，用二次探测法处理冲突，建立该散列表。

解：建立散列表的过程如下：

①$H(47)=47 \bmod 11=3$

散列地址	0	1	2	3	4	5	6	7	8	9	10
关键字				47							

②$H(7)=7 \bmod 11=7$

散列地址	0	1	2	3	4	5	6	7	8	9	10
关键字				47				7			

③$H(29)=29 \bmod 11=7$（产出冲突），进行第一探测得：

$$H_1=(H(29)+1^2)\bmod 11=(7+1)\bmod 11=8 \text{（冲突解决）}$$

散列地址	0	1	2	3	4	5	6	7	8	9	10
关键字				47				7	29		

④$H(11)=11 \bmod 11=0$

散列地址	0	1	2	3	4	5	6	7	8	9	10
关键字	11			47				7	29		

⑤$H(16)=16 \bmod 11=5$

散列地址	0	1	2	3	4	5	6	7	8	9	10
关键字	11			47		16		7	29		

⑥$H(92)=92 \bmod 11=4$

散列地址	0	1	2	3	4	5	6	7	8	9	10
关键字	11			47	92	16		7	29		

⑦$H(22)=22 \bmod 11=0$（产出冲突），进行第一探测得：

$$H_1=(H(22)+1^2)\bmod 11=(0+1)\bmod 11=1 \text{（冲突解决）}$$

散列地址	0	1	2	3	4	5	6	7	8	9	10
关键字	11	22		47	92	16		7	29		

⑧$H(8)=8 \bmod 11=8$（产出冲突），进行第一探测得：

$$H_1 = (H(8) + 1^2)\bmod 11 = (8 + 1)\bmod 11 = 9 \text{ (冲突解决)}$$

散列地址	0	1	2	3	4	5	6	7	8	9	10
关键字	11	22		47	92	16	.	7	29	8	

⑨$H(3) = 3\bmod 11 = 3$（产出冲突），进行第一探测得：

$$H_1 = (H(3) + 1^2)\bmod 11 = (3 + 1)\bmod 11 = 4 \text{ (仍冲突)}$$

$$H_2 = (H(3) - 1^2)\bmod 11 = (3 - 1)\bmod 11 = 2 \text{ (冲突解决)}$$

散列地址	0	1	2	3	4	5	6	7	8	9	10
关键字	11	22	3	47	92	16		7	29	8	

2. 链地址法（也称为拉链法）

链地址法的基本思想是，把具有相同散列地址的关键字放在同一个链表中，有 m 个散列地址就有 m 个链表，同时用一个一维数组存放各个链表的头指针。

例11.5 关键码集为 $\{47, 7, 29, 11, 16, 92, 22, 8, 3, 50, 37, 89, 94, 21\}$，散列表表长为 11，$H(key) = key\bmod 11$，用链地址法处理冲突，建立该散列表。

解：建立散列表的过程如下：

$H(47) = 47\bmod 11 = 3$　　$H(7) = 7\bmod 11 = 7$　　$H(29) = 29\bmod 11 = 7$

$H(11) = 11\bmod 11 = 0$　　$H(16) = 16\bmod 11 = 5$　　$H(92) = 92\bmod 11 = 4$

$H(22) = 22\bmod 11 = 0$　　$H(8) = 8\bmod 11 = 8$　　$H(3) = 3\bmod 11 = 3$

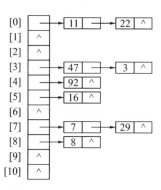

链地址法的特点是：冲突处理简单，无堆积现象，平均查找长度较短；较适合于事先无法确定表长的情况；删除结点的操作易于实现。

3. 再散列法

$$H_i = RH_i(key) \quad (i = 1, 2, 3, \cdots, k)$$

$RH_i(i = 1, 2, 3, \cdots, k)$ 均是不同的散列函数，即在同义词产生地址冲突时，计算另一个散列函数地址，直到冲突不再发生，这种方法不易产生"聚集"，但增加了计算的时间。

4. 建立公共溢出区

这种方法的基本思想是将散列表分为基本表和溢出表的两个部分。所有关键字和基本表中关键字为同义词的记录，不管它们由散列函数得到散列地址是什么，一旦发生冲突，都填入溢出表。

11.4.4 散列表的查找

散列查找的过程和建表的过程相似。假设给定关键字 key，根据建表时设定的散列函数 H，计算出待查关键字 key 的散列地址 $H(key)$。如果散列表中此地址上并未存放记录（即为空），则查找失败；否则将 key 与该地址中的记录的关键字进行比较，若相等则查找成功，否则按建表时设定的处理冲突的方法找出下一个地址，如此反复下去，直到找到的地址单位为空（查找失败）或关键字比较相等（查找成功）为止。

散列查找本身是不依赖于关键字的比较，但由于冲突现象的存在，而冲突的解决会涉及关键字的比较。查找过程中，关键字的比较次数，取决于产生冲突的多少，产生的冲突少，查找效率就高，产生的冲突多，查找效率就低。因此，影响产生冲突多少的因素，也就是影响查找效率的因素。影响产生冲突多少有以下三个因素：散列函数是否均匀；处理冲突的方法；散列表的装填因子。

设 m 和 n 分别表示装入散列表的元素个数和散列表表长，将它们之间的比值称为散列表的装填因子 α（*LoadFactor*），即

$$\alpha = \frac{装入散列表的元素个数}{散列表的表长} = \frac{m}{n}$$

装填因子 α 描述了散列表的装满程度有关。由于表长是定值，α 与"装入散列表中的元素个数"成正比，所以，α 越大，装入表中的元素越多，产生冲突的可能性就越大；α 越小，装入表中的元素越少，产生冲突的可能性就越小。

例 11.6 设散列函数为 $H(key) = key \bmod p$，散列表地址空间为 $0 \sim 12$，对给定关键字序列为 $\{19, 14, 23, 01, 68, 21, 84, 38\}$，分别以链地址法和线性探测法构造散列表，并计算查找成功和不成功的平均查找长度。

解： 1）以链地址法构造散列表如下所示：

$H(19) = 19 \bmod 13 = 6$	$H(14) = 14 \bmod 13 = 1$	$H(23) = 23 \bmod 13 = 10$
$H(01) = 01 \bmod 13 = 01$	$H(68) = 68 \bmod 13 = 3$	$H(21) = 21 \bmod 13 = 8$
$H(84) = 84 \bmod 13 = 6$	$H(38) = 38 \bmod 13 = 12$	

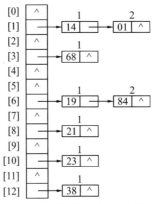

图中结点上方标注的数字表示，成功查找结点中的关键字需要进行的关键字比较次数，因此，查找成功时的平均查找长度为：（在等概率的情况下）

$$ASL_{成功} = \frac{1}{8}(1 \times 6 + 2 \times 2) = \frac{5}{4}$$

若待查关键字 *key* 不是散列表中的关键字，则必查找失败。如果 $H(key) = i$，且散列地址为 i 的位置上是空指针，那么可以马上得出（只进行了一次分析比较）查找失败的结论。显然，满足这个条件的散列地址有：0、2、4、5、7、9、11，共 7 个位置。如果 $H(key) = 3$，因为散列地址为 i 的位置上的指针域不为空，则可以与指针所指结点中的关键字进行比较，不相等，判断结点的指针域是否为空，若为空，则说明该散列表中不存在该关键字，得出查找失败的结论。经过 2 次分析比较能够知道查找失败的地址有：3、8、10、12，共 4 个地址。同理分

析可得，经过 3 次分析比较能够知道查找失败的地址有：1 和 6，共 2 个地址。故在在等概率的情况下（即 $H(key)$ 等于 0 ~ 12 的可能性相同，都为 1/13），查找失败时的平均查找长度为：

$$ASL_{失败} = \frac{1}{13}(1 \times 7 + 2 \times 4 + 3 \times 2) = \frac{21}{13}$$

2）以线性探测法构造散列表如下所示：

散列地址	0	1	2	3	4	5	6	7	8	9	10	11	12
关键字	14	01	68				19	84	21		23		38
查找次数比较	1	2	1				1	2	1		1		1

表中的查找比较次数是指，成功查找相应位置上的关键字需要比较的次数，因此，查找成功时的平均查找长度为（在等概率的情况下）：

$$ASL_{成功} = \frac{1}{8}(1 \times 6 + 2 \times 2) = \frac{5}{4}$$

若待查关键字 key 不是散列表中的关键字，则必查找失败。如果 $H(key) = 2$，因为散列地址为 2 的位置是空位置，因此可以马上得出（只进行了一次分析比较）查找失败的结论。显然，当 $H(key)$ 等于 4 或 5 或 9 或 11 时有类似的过程。如果 $H(key) = 6$ 的话，因为散列地址为 6 的位置上不为空，因此 key 与位置 6 上的关键字进行比较，不相等，根据建表时确定的冲突解决方法探测下一个可能的位置，这里用的是线性探测法，因此下一个探测的位置为 7，不为空，将 key 与位置 7 上的关键字进行比较，不相等，继续探测下一个位置，下一个位置是 8，不为空，key 与其中的关键字比较，不相等，继续探测，探测到位置 9，位置 9 为空，因此可知查找失败，故对散列地址为 6 且不在散列表的关键字来说，需要经过 4 次分析比较才能得出查找失败的结论。$H(key)$ 为其他散列地址时查找失败的比较次数可以进行类似的分析。最终可以发现，进行 1 次分析比较就能得出查找失败结论的散列地址有：2、4、5、9、11，共 5 个地址；需要进行 2 次分析比较得出查找失败结论的散列地址有：1、3、8、10，共 4 个地址；需要进行 3 次分析比较得出查找失败结论的散列地址有：0、7，共 2 个地址；需要进行 4 次分析比较得出查找失败结论的散列地址有：6、12，共 2 个地址。

故在等概率的情况下（即 key 落在 13 个散列地址上的可能性相同，都为 1/13），查找失败时的平均查找长度为：

$$ASL_{失败} = \frac{1}{13}(1 \times 5 + 2 \times 4 + 3 \times 2 + 4 \times 2) = \frac{27}{13}$$

11.4.5　散列表的应用

散列表可以用来实现 WebServer 的动态 Cache 文件管理。在 WebServer 中，由于许多网页被频繁地访问，如果每次访问都从硬盘去读显然是很低效的，有些操作系统的文件系统本身具有 Cache 功能，文件读过一次之后就被存放在 Cache 中，第二次读时就不用再从硬盘读取了，但操作系统的文件系统 Cache 功能是用户无法控制的，通常 Cache 的大小是一定的，并不是所有读过的网页文件都能被存放在 Cache 中，因此必须单独设计一个网页文件 Cache 管理模块。对于 Cache 文件管理，主要考虑以下三项需求：①当收到客户端的 URL 请求时，要能很快从 Cache 里找到对应的文件，将文件发送给对方；②当频繁访问某个不在 Cache 中的文件时，需要将文件读入到 Cache 中；③如果当 Cache 使用过程中占用的空间超过预定大小时，需要将 Cache 中满足某些条件比如访问次数较小或文件已隔了一定时间没有被访问等的文件删除掉。根据上面提出的需求，可以使用散列表来保存 Cache 文件。从 Cache 文件管理表中查找一个文件，可以通过散列表的查找操作来实现；从 Cache 文件管理表中删除一个文件，可以通过散列表的删除操作来实现；向 Cache 文件管理表中添加一个文件，可以通过散列表的插入操作来实现。

11.5   知识点小结

查找方法可分为静态查找、动态查找和散列查找（即 Hash 查找）。无论是哪一类的查找，其查找表中的数据元素之间的逻辑关系无外乎两种：线性关系和树型关系。

在本章介绍的静态查找都是基于线性表的查找，包括顺序查找、二分查找（即折半查找）和分块查找。其中顺序查找的适用范围最广，它适用于有序的或无序的线性表，对线性表的存储结构也无限制，可以是顺序存储结构也可以链式存储结构；二分查找的适应范围最窄，只适用于有序线性表，并且要求线性表只能采用顺序存储结构；分块查找则要求线性表是分块有序的，但对线性表的存储结构无过多要求，顺序存储结构和链式存储结构均可。但是，在这三种查找方法中二分查找效率最高。

在本章介绍的动态查找都是基于树表的查找，包括二叉排序树（参见 9.6.2 节）、平衡二叉树（参见 9.6.3 节）、B_树。其中，二叉排序树是最基本、最简单的树表查找方法，但在最坏情况下，它有可能退化成一个基本线性表（当每一层只有一个结点时），因此，查找效率不是最好的；平衡二叉树能够使得二叉树的深度尽可能的小，但维持二叉树的平衡度需要消耗大量的时间开销，它的时间复杂度和二叉排序树的时间复杂度一样均为 $O(\log n)$。B_树是一类适用于外部查找法的数据结构。总的来说，动态查找的效率普遍比静态查找的效率要高，因此动态查找在解决复杂查找问题中更具有适用价值。

在介绍的静态查找和动态查找中，由于记录在结构中的相对位置是随机的，因此在查找时需要经过一系列的关键字的比较才能确定待查记录在结构中的位置。而散列查找是通过散列函数（以记录的关键字为自变量）直接计算得到记录在散列表中的位置，如果发生冲突（即得到的位置非空），那么选择某种处理冲突的方法探测下一个位置，直到探测到一个空位置为止。当需要查找时，须用同一散列函数计算得到待查记录在散列表中的位置，然后比较判断此位置上的记录是否为待查记录，如果不相等，则须用同一种处理冲突的方法，探测到下一个位置，然后继续比较判断此探测位置上的记录是否为待查记录，这个过程一直持续到探测到一个空位置或待查记录与探测位置上的记录相等为止。散列函数和解决冲突的方法是散列查找的关键。

习　题

11.1   若对具有 n 个元素的有序顺序表和无序顺序表分别进行顺序查找，试在下述两种情况下分别讨论两者在等概率情况下的平均查找长度：①查找不成功，即表中无关键字等于待查关键字 k 的记录；②查找成功，即在表中有关键字等于给定值 k 的记录。

11.2   画出对长度为 21 的有序顺序表进行二分查找的判断树，并指出在等概率情况下查找成功的平均查找长度，以及查找失败时所需的最多的关键字比较次数。

11.3   为什么对有序的单链表不能进行折半查找？

11.4   设有序表为 $(a, b, d, e, g, k, m, n, p, q, s)$，请分别画出对给定关键字 d 和 h 进行二分查找的过程。

11.5   从空树开始，依次输入 20，30，50，54，62，70，73，画出建立 2-3 树的过程；并画出删除 50 和 70 后的 B_树状态。

11.6   在一棵 B_树中，空指针数总是比关键字多一个，这种说法是否正确？包含 8 个关键字的 3 阶 B_树最多有几个结点？最少有几个结点？画出这两种情况的 B_树。

11.7   设散列表长度为 11，散列函数 $H(k) = k\%\ 11$，给定的关键字序列为：1，13，12，34，38，36，25，20。试画出分别用链地址法和线性探测再散列法解决冲突时所构造的散列表，并求出在等概率情况下，这两种方法查找成功和失败时的平均查找长度。请问装填因子的值是多少？

11.8   假定有 m 个关键字互为同义词，若用线性探测再散列法把这些同义词存入散列表中，至少要进行多少次探测？

第12章 排　序

在计算机软件系统设计中，排序占有重要的地位。如何进行高效的排序，是程序设计中所面临的重要问题。本章主要介绍一些常用的排序算法。

12.1　排序的基本概念

在介绍各种排序算法之前，我们首先来弄清楚以下几个问题：什么是排序？满足什么条件的算法是稳定的？从不同的角度来看，可以把排序分成哪几类？待排记录序列可以采用哪几种存储结构？

1. 排序（Sorting）

设含有 n 个记录的文件 $\{R_1, R_2, \cdots, R_n\}$，其相应的关键字为 $\{K_1, K_2, \cdots, K_n\}$，排序就是编定一种排列 $\{R_{j1}, R_{j2}, \cdots, R_{jn}\}$，使它们相对应的关键字满足递增（或递减）关系，即 $K_{j1} \leqslant K_{j2} \leqslant \cdots \leqslant K_{jn}$，这种操作过程就称为排序。

2. 排序的稳定性

若在待排序的一组记录中，R_i 和 R_j 的关键字相同，即 $K_i = K_j$，且在排序前 R_i 领先于 R_j，那么在排序后，如果 R_i 和 R_j 的相对位置关系保持不变，R_i 仍领先于 R_j，则称此排序法是稳定的。若在排序后的序列中有可能 R_j 领先于 R_i，则称此排序法是不稳定的。需要的注意是，排序算法的稳定性是针对所有输入实例而言的。也就是说，在所有可能的输入实例中，只要有一个实例使得算法不满足稳定性要求，则该排序算法就是不稳定的。

3. 排序的分类

我们可以从不同的角度对排序进行分类，具体如下：

1）根据文件所在的位置，排序可分为内排序（Internal Sort）和外排序（External Sort）。在排序过程中，若整个文件都是放在内存中处理，排序时不涉及数据的内、外存交换，则称之为内部排序（简称内排序）。内排序适用于记录个数不是很多的小文件，它的排序全过程均处在内存中。若排序过程中涉及数据的内、外存交换，则称之为外部排序（简称外排序）。外排序适用于记录个数太多，不能一次将其全部记录放入内存的大文件。需要注意的是，本章主要讨论的是各种内部排序算法，其中的12.5.2节会涉及关于外排序的相关内容。

2）根据不同的排序策略，排序可分为：插入排序（Insertion Sort）、选择排序（Selection Sort）、交换排序（Exchange Sort）、归并排序（Merge Sorting）、分配排序（Distribution Sort）。每一类中的各种排序法基于同一种思想。

3）根据排序过程中所需的工作量，排序可分为：简单的排序法，其时间复杂度为 $O(n^2)$；先进的排序法，其时间复杂度为 $O(n\log_2 n)$；基数排序法，其时间复杂度为 $O(d \cdot n)$。

4. 排序过程中需要进行的两种基本操作

大多数排序算法都涉及两种基本操作：①比较两个关键字的大小；②将记录从一个位置移动至另一个位置，即记录的移动。其中第二个操作可以通过改变记录的存储方式来避免。

5. 待排序记录序列的三种存储方式

第一种存储方式是将待排序的一组记录依次存放在一组地址连续的存储单元中，即以顺序表（或直接用向量）作为存储结构。在这种情况下，排序过程是对记录本身进行物理重排，即通过关键字之间的比较判断，将记录移到合适的位置。

第二种存储方式是以链表作为存储结构，排序过程中无需移动记录，仅需修改指针即可，通常将这类排序称为链表（或链式）排序。

第三种存储方式是采用索引结构。有的排序方法要求避免在排序过程中移动记录，但又难于在链表上实现，此时就可以考虑采用索引结构，也就是说，仍用顺序的方式存储待排序的记录，同时为其建立一个索引表（索引项由关键字和一个指示对应记录的指针组成）。在排序过程中只需对索引表的索引项进行物理重排，也就是只移动索引表的索引项，而不移动记录本身。在排序结束后再按照索引表中的值调整记录的存储位置。在该存储方式下实现的排序又称为地址排序。

6. 排序算法的性能分析

通过第 2 章的学习可知，评价排序算法的好坏主要从两个角度去评价：算法的时间开销和所需的辅助空间大小。此外，排序算法本身的复杂程度也是需要考虑的一个因素。若排序算法所需的辅助空间大小与问题规模 n 无关的话（即空间复杂度为 $O(1)$），则称这样的排序算法为就地排序。一般而言，非就地排序算法要求的辅助空间为 $O(n)$。因为大多数排序算法是基于关键字比较和记录移动两种基本操作实现的，所以以在大多数排序算法中，时间主要耗费这两种基本操作上，故在分析基于关键字比较的排序算法的性能时，往往给出关键字的比较次数和记录的移到次数。如果某些排序算法的执行时间除了和问题规模 n 相关之外，还与待排记录初始序列的状态有关的话，我们将分析这些排序算法在最好情况下、最坏情况下和平均情况下的时间开销。

为了方便叙述各种排序算法，在本章中做了以下几点假设：待排记录序列采用顺序表作为存储结构；若无特别声明，假定按关键字从小到大排序，即递增排序或非递减排序；假设记录除关键字的其他数据项用抽象类型名 InfoType 表示，且关键字类型为整数类型。记录类型定义如下：

```
#define MAX 50
typedef int KeyType;
typedef struct
{
    KeyType key;          //关键字
    InfoType otheritems;  //其他数据项
}RecType;
typedef RecType SeqRecList[MAX];
```

本章将要介绍的排序方法如图 12-1 所示。

排序
- 插入排序
  - 简单插入排序（Simple Insertion Sort）（也称为直接插入排序）
  - 希尔排序（Shell Sort）
- 交换排序
  - 冒泡排序（Bubble Sort）
  - 快速排序（Quick Sort）
- 选择排序
  - 简单选择排序（Simple Seletion Sort）（也称为直接选择排序）
  - 树形选择排序（Tree Seletion Sort）
  - 堆排序（Heap Sort）
- 归并排序
  - 内部归并排序（Internal Merge Sort）（本章主要介绍 2-路归并）
  - 外部归并排序（External Merge Sort）
    - 多路平衡归并
    - 置换选择归并
    - 归并树及最佳归并树
- 分配排序
  - 箱排序（Bin Sort）
  - 基数排序（Radix Sort）

图 12-1　本章内容组织框架图

12.2 插入排序

【基本思想】 每次将一个待排序的记录，按其关键字的大小插入到前面已经排好序的记录序列中的适当位置，直到全部记录插完为止。

12.2.1 直接插入排序

假设待排的 n 个记录存放在一个 SeqRecList 类型的变量 R 中（记录从下标为 1 的位置开始存储），首先将 $R[1]$ 看做是已排好序的有序区，并且将后 $n-1$ 个数组元素（即 $R[2..n]$）看作是尚未排好序的无序区，然后将无序区的第一个元素 $R[2]$ 插入到前面有序区的适当位置，从而得到新的有序区 $R[1..2]$，依次类推，经过 $i-2$ 趟直接插入排序后，得到有序区 $R[1..i-1]$，此时无序区为 $R[i..n]$。

下面进行第 i 趟直接插入排序，将 $R[i]$ 插入到有序区 $R[1..i-1]$ 的适当位置：

1）如果 $R[i].key \geqslant R[i-1].key$，那么 $R[i]$ 原来的位置就是适当位置，将 $R[i]$ 插入原位置从而得到新的有序区 $R[1..i]$，否则继续步骤 2。

2）（即 $R[i].key < R[i-1].key$）此时意味着 $R[i]$S 在有序区中的适当位置应当在元素 $R[i-1]$ 之前，故将 $R[i-1]$ 后移一个位置，继续步骤 3。

3）比较 $R[i]$ 和 $R[i-2]$，如果 $R[i].key \geqslant R[i-2].key$，则 $R[i]$ 在有序区中的适当位置是第 $i-1$ 个位置，将 $R[i]$ 插入 R 的第 $i-1$ 个位置从而得到新的有序区 $R[1..i]$，否则继续步骤 4。

4）（即 $R[i].key < R[i-2].key$）将 $R[i-2]$ 后移一个位置，继续比较 $R[i]$ 和 $R[i-3]$。

依此类推，直到找到 $R[i]$ 的合适位置，得到新的有序区 $R[1..i]$ 为止。

容易看出，上述在有序区 $R[1..i-1]$ 中搜寻 $R[i]$ 合适位置的过程用到的是第 11 章介绍的基于顺序表的顺序查找算法，因此可以将 $R[0]$ 用作哨兵。设置哨兵既可以保存 $R[i]$ 的副本，使得不至于因为记录的后移而导致 $R[i]$ 信息的丢失，又可以简化边界条件的测试，提高算法时间效率。

显然，经过 $n-1$ 趟直接插入排序后，可得到有序区 $R[1..n]$。因为每进行一趟直接插入排序后得到的有序区增加一个记录，因此这种排序方法也称为增量法。下面我们用具体的例子来演示直接插入排序算法的排序过程。

例 12.1 设记录的关键字序列为：$\{31, \underline{43}, 9, 54, 16, 27, 5, 43\}$，对其进行直接插入排序，请写出每一趟的排序结果。

分析： 该记录序列的直接插入排序的过程和每一趟的排序结果如图 12-2 所示。

	哨兵								
初始时（$i=1$ 时）：	$R[0]$	$R[1]$	$R[2]$	$R[3]$	$R[4]$	$R[5]$	$R[6]$	$R[7]$	$R[8]$
	[31]	$\underline{43}$	9	54	16	27	5	43	

a）初始时的状态

	$R[0]$	$R[1]$	$R[2]$	$R[3]$	$R[4]$	$R[5]$	$R[6]$	$R[7]$	$R[8]$
$i=2$ 时：	$\underline{43}$	[31]	$\underline{43}$	9	54	16	27	5	43

$\uparrow$
$j=i-1=1$

比较 $R[0].key$ 与 $R[j].key$，$\because R[0].key \not< R[j].key$
$\therefore R[0]$ 的适当位置为 R 的第 $j+1$ 个位置，将 $R[0]$ 插入 $R[j+1]$

$R[0]$	$R[1]$	$R[2]$	$R[3]$	$R[5]$	$R[5]$	$R[6]$	$R[7]$	$R[8]$
$\underline{43}$	[31]	$\underline{43}$	9	54	16	27	5	43

b）第一趟排序的过程和结果

图 12-2 直接插入排序过程的示例

	$R[0]$	$R[1]$	$R[2]$	$R[3]$	$R[4]$	$R[5]$	$R[6]$	$R[7]$	$R[8]$
$i = 3$ 时:	9	[31	43]	9	54	16	27	5	43

$\uparrow j = i - 1 = 2$

	$R[0]$	$R[1]$	$R[2]$	$R[3]$	$R[4]$	$R[5]$	$R[6]$	$R[7]$	$R[8]$
	9	[31	43]	43	54	16	27	5	43

$\uparrow j$ ∵ $R[0].key < R[j].key$ ∴ $R[j]$ 后移一位,即 $R[j+1] = R[j]$
同时 j--, $R[0].key$ 继续和 j 所指记录的关键字比较

	$R[0]$	$R[1]$	$R[2]$	$R[3]$	$R[4]$	$R[5]$	$R[6]$	$R[7]$	$R[8]$
	9	[31	31]	43	54	16	27	5	43

$\uparrow j$ 比较 $R[0].key$ 与 $R[j].key$, ∵ $R[0].key \not< R[j].key$. ∴ $R[0]$ 的适当位置为 R 的第 $j+1$ 个位置,即将 $R[0]$ 插入 $R[j+1]$

	$R[0]$	$R[1]$	$R[2]$	$R[3]$	$R[4]$	$R[5]$	$R[6]$	$R[7]$	$R[8]$
	9	[9	31	43]	54	16	27	5	43

c) 第二趟排序的过程和结果

	$R[0]$	$R[1]$	$R[2]$	$R[3]$	$R[4]$	$R[5]$	$R[6]$	$R[7]$	$R[8]$
$i = 4$ 时:	54	[9	31	43]	54	16	27	5	43

$\uparrow j = i - 1 = 3$ 比较 $R[0].key$ 与 $R[j].key$, ∵ $R[0].key \not< R[j].key$
∴ $R[0]$ 的适当位置为 R 的第 $j+1$ 个位置,
即将 $R[0]$ 插入 $R[j+1]$

	$R[0]$	$R[1]$	$R[2]$	$R[3]$	$R[4]$	$R[5]$	$R[6]$	$R[7]$	$R[8]$
	54	[9	31	43]	54	16	27	5	43

d) 第三趟排序的过程和结果

	$R[0]$	$R[1]$	$R[2]$	$R[3]$	$R[4]$	$R[5]$	$R[6]$	$R[7]$	$R[8]$
$i = 5$ 时:	16	[9	31	43	54]	16	27	5	43

$\uparrow j = i - 1 = 4$ ∵ $R[0].key < R[j].key$
∴ $R[j]$ 后移一位, $j = j - 1$

	$R[0]$	$R[1]$	$R[2]$	$R[3]$	$R[4]$	$R[5]$	$R[6]$	$R[7]$	$R[8]$
	16	[9	31	43	54]	54	27	5	43

$\uparrow j$ ∵ $R[0].key < R[j].key$
∴ $R[j]$ 后移一位, $j = j - 1$

	$R[0]$	$R[1]$	$R[2]$	$R[3]$	$R[4]$	$R[5]$	$R[6]$	$R[7]$	$R[8]$
	16	[9	31	43	43]	54	27	5	43

$\uparrow j$ ∵ $R[0].key < R[j].key$
∴ $R[j]$ 后移一位, $j = j - 1$

	$R[0]$	$R[1]$	$R[2]$	$R[3]$	$R[4]$	$R[5]$	$R[6]$	$R[7]$	$R[8]$
	16	[9	31	31	43]	54	27	5	43

$\uparrow j$ ∵ $R[0].key \not< R[j].key$
∴ $R[0]$ 插入 $R[j+1]$

	$R[0]$	$R[1]$	$R[2]$	$R[3]$	$R[4]$	$R[5]$	$R[6]$	$R[7]$	$R[8]$
	16	[9	16	31	43	54]	27	5	43

e) 第四趟排序的过程和结果

图 12-2   (续)

	$R[0]$	$R[1]$	$R[2]$	$R[3]$	$R[4]$	$R[5]$	$R[6]$	$R[7]$	$R[8]$
$i=6$ 时：	27	[9	<u>16</u>	31	<u>43</u>	54]	27	5	43

$\uparrow$
$j=i-1=5$

$\because R[0].key < R[j].key$
$\therefore R[j]$ 后移一位，$j=j-1$

	$R[0]$	$R[1]$	$R[2]$	$R[3]$	$R[4]$	$R[5]$	$R[6]$	$R[7]$	$R[8]$
	27	[9	16	31	<u>43</u>	54]	27	5	43

$\uparrow$
j

$\because R[0].key < R[j].key$
$\therefore R[j]$ 后移一位，$j=j-1$

	$R[0]$	$R[1]$	$R[2]$	$R[3]$	$R[4]$	$R[5]$	$R[6]$	$R[7]$	$R[8]$
	27	[9	16	31	<u>43</u>	<u>43</u>	54]	5	43

$\uparrow$
j

$\because R[0].key < R[j].key$
$\therefore R[j]$ 后移一位，$j=j-1$

	$R[0]$	$R[1]$	$R[2]$	$R[3]$	$R[4]$	$R[5]$	$R[6]$	$R[7]$	$R[8]$
	16	[9	16	31	31	<u>43</u>	54]	5	43

$\uparrow$
j

$\because R[0].key \not< R[j].key$
$\therefore R[0]$ 插入 $R[j+1]$

	$R[0]$	$R[1]$	$R[2]$	$R[3]$	$R[4]$	$R[5]$	$R[6]$	$R[7]$	$R[8]$
	16	[9	16	27	31	<u>43</u>	54]	5	43

f）第五趟排序的过程和结果

	$R[0]$	$R[1]$	$R[2]$	$R[3]$	$R[4]$	$R[5]$	$R[6]$	$R[7]$	$R[8]$
$i=7$ 时：	5	[5	9	16	27	31	<u>43</u>	54]	43

g）第六趟排序的过程和结果

	$R[0]$	$R[1]$	$R[2]$	$R[3]$	$R[4]$	$R[5]$	$R[6]$	$R[7]$	$R[8]$
$i=8$ 时：	43	[5	9	16	27	31	<u>43</u>	43	54]

h）第七趟排序的过程和结果

图 12-2 （续）

通过示例可知，对长度为 n 序列进行直接插入排序时，需要进行 $n-1$ 趟直接插入排序。其中第 i 趟直接插入排序，是将第 $i+1$ 个记录插入到前面长度为 i 的有序序列中，从而得到长度为 $i+1$ 的有序序列。

在排序算法中，时间主要消耗在关键字的比较和记录的移动上。因此，在对上述算法进行性能分析时，我们从统计关键字的比较次数和记录的移动次数上入手进行分析。我们用变量 C 表示关键字的比较次数，用变量 M 表示记录的移动次数，并假设待排序列的长度为 n。

1）最好情况。当待排序列本身就是正序即非递减序有序时，算法所需的关键字比较次数和记录的移动次数最少。此时，每趟排序只需进行一次关键字的比较和两次记录的移动，所以有：

$$C_{\min} = n-1, \quad M_{\min} = 2(n-1)$$

此时，算法的时间复杂度为 $O(n)$。

2）最坏情况。当待排序列本身就是逆序即非递增序有序时，算法所需的关键字比较次数和记录的移动次数最多。此时，每趟排序都需要将待插入元素与前面有序序列中的所有元素比较一次，还要和"哨兵"比较一次，并且前面有序序列中的所有元素都需要后移一位。因此，对于第 i 趟排序而言，共需进行 $i+1$ 次关键字的比较和 $i+2$ 次记录的移动。所以有：

$$C_{\text{MAX}} = \sum_{i=1}^{n-1}(i+1) = \frac{n(1+n)}{2} - 1 = \frac{(n+1)(n-1)}{2}, \quad M_{\text{MAX}} = \sum_{i=1}^{n-1}(i+2) = \frac{(n+4)(n-1)}{2}$$

此时，算法的时间复杂度为 $O(n^2)$。通过对第 2 章的学习可知，算法在最好情况下的时间开销的分析实际意义不大，因此，对于时间开销与问题规模和输入的初始状态有关的算法的时间复杂度的分析，一般在最坏情况下或平均情况下进行。显然，算法所需的辅助空间是一个"哨兵"，所以此算法的空间复杂度为 $O(1)$。

【算法要点】 直接插入排序是稳定排序；它更适合于原始记录基本有序的情况；算法思想也适用于链式存储结构。

下面提出对直接插入排序算法的几种改进算法。

（1）折半插入排序

【算法思想】 将循环中每一次在区间 $[1, i-1]$ 上为确定插入位置的顺序查找操作改为折半查找操作。这样处理的话，可以减少关键字间的比较次数。此算法的时间开销为 $O(n^2)$。

（2）2 - 路插入排序

【算法思想】 设置与记录向量 R 同样大小的辅助空间 D，将 $R[1]$ 赋值给 $D[1]$，把 D 处理为循环向量。对于 $R[i]$ $(2 \leq i \leq n)$，若 $R[i] \geq D[1]$，则将 $R[i]$ 插入 $D[1]$ 之后的有序序列中，反之则插入 $D[1]$ 之前的有序序列中。在此算法中若 $R[1]$ 的关键字是最小关键字或最大关键字，那么记录在 D 中的插入方向只有一个，这时 2 - 路插入排序便退化成了直接插入排序，因此要避免这种情况的出现。此算法可以减少记录的移动次数，时间开销为 $O(n^2)$。

（3）表插入排序

【算法思想】 采用静态链表作为存储结构。若要利用折半查找，需将记录按序重排，时间开销为 $O(n^2)$。

12.2.2　希尔排序

【基本思想】 希尔排序又称缩小增量式插入排序，它也是直接插入排序算法的一种改进算法。具体做法是：先选定一个数 $d_1 = \lfloor n/2 \rfloor$（或 $d_1 = \lceil n/2 \rceil$）作为第 1 个增量，将文件的全部记录分成 d_1 个组，把所有间隔为 d_1 的记录放在一个组中，各组内部进行直接插入排序；然后取第 2 个增量 $d_2 = \lfloor d_1/2 \rfloor$（或 $d_2 = \lceil d_1/2 \rceil$）作为第 2 个增量，重复上述分组和排序操作，直到所取增量 $d_i = 1$ 为止（$d_i < d_{i-1} < \cdots < d_2 < d_1$）。当 $d_i = 1$ 时意味着所有记录放在同一组中进行直接插入排序。

例 12.2 设待排关键字序列为 $\{23, 11, 9, 25, 39, \underline{9}, 5, 7, 16, 28\}$，希尔排序过程如图 12-3 所示。

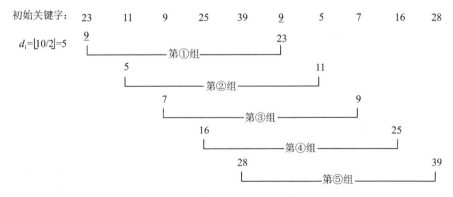

图 12-3　希尔排序过程的示例

第一趟排序结果　9　　5　　7　　16　　28　　23　　11　　9　　25　　39

$d_2 = \lfloor d_1/2 \rfloor$

$= \lfloor 5/2 \rfloor$

$= 2$　　　　　7　　　　9　　　　11　　　　25　　　　28　　第①组

　　　　　　　5　　　　9　　　　16　　　　23　　　　39

　　　　第②组

第二趟排序结果　7　　5　　9　　9　　11　　16　　25　　23　　28　　39

$d_3 = \lfloor d_2/2 \rfloor$

$= \lfloor 2/2 \rfloor$

$= 1$　　第①组　5　　7　　9　　9　　11　　16　　25　　23　　28　　39

第三趟排序结果　5　　7　　9　　9　　11　　16　　25　　23　　28　　39

图 12-3　（续）

因为希尔排序的执行时间依赖于增量序列，如何选择增量序列使得希尔排序的关键字比较次数和移动次数最少，这个问题目前还未能解决。但是有实验结果表明，当 n 较大时，比较和移动次数约在 $n^{1.25} \sim 1.6n^{1.25}$。被选择的增量序列需要满足两个条件：①最后一个增量必须为 1；②尽量避免增量之间互为倍数的情况。

为什么希尔排序在时间性能上优于直接插入排序呢？开始时，增量较大，每组中的元素少，因此组内的直接插入排序较快；当增量减小时，分组内的元素增加，但此时分组内的元素基本有序，因为通过 12.2.1 节的分析可知直接插入排序更适合于原始记录基本有序的情况，所以组内的直接插入排序也较快。因此，希尔排序在效率上较直接插入排序有较大的改进。

【算法要点】希尔排序是不稳定排序，算法的时间性能优于直接插入排序；如何选择最佳 d 序列（增量序列），目前尚未解决；最后一个增量值必须为 1；避免增量序列中的值（尤其是相邻的值）有公因子；不宜在链式存储结构上实现。

12.3　交换排序

【基本思想】两两比较待排序记录的关键字，若其次序相反，则进行交换，直到没有逆序的记录为止。

12.3.1　冒泡排序

具体做法一（上冒）：把各记录看作按纵向排列，然后自下而上地比较相邻记录的关键字 $R[j].key$ 和 $R[j-1].key$，若 $R[j-1].key > R[j].key$（称为逆序），则两者交换位置；再将 $R[j-1].key$ 和 $R[j-2].key$ 进行比较，如有逆序则交换，直到全部关键字均比较一遍。经过这样一趟加工后就使得一个关键字上升到依其大小应该到达的位置。设待排记录序列有 n 个记录，则经过 $n-1$ 趟这样的加工后，就使关键字从小到大、自上而下排列好了。

具体做法二（下沉）：把各记录看作按纵向排列，然后自上而下地比较相邻记录的关键字 $R[j].key$ 和 $R[j+1].key$，若 $R[j].key > R[j+1].key$（称为逆序），则两者交换位置；再将 $R[j+1].key$ 和 $R[j+2].key$ 进行比较，如有逆序则交换，直到全部关键字均比较一遍。经过这样一趟加工后就使得一个关键字下沉到依其大小应该到达的位置。设待排记录序列有 n 个关键字，则经过 $n-1$ 趟这样的加工后，就使关键字从小到大、自上而下排列好了。

例 12.3　对待排关键字序列为 {23，11，9，25，39，9，5，28} 进行冒泡排序。

解：1）向上冒的冒泡排序过程如图 12-4 所示。

初态	第一趟	第二趟	第三趟	第四趟	第五趟	第六趟	第七趟
23	5	5	5	5	5	5	5
11	23	9	9	9	9	9	9
9	11	23	9	9	9	9	9
25	9	11	23	11	11	11	11
39	25	9	11	23	23	23	23
9	39	25	25	25	25	25	25
5	9	39	28	28	28	28	28
28	28	28	39	39	39	39	39

图 12-4　冒泡排序过程的示例（向上冒）

从图 12-4 可以看到，进行第 i 趟冒泡排序后，会使关键字第 i 大的记录上升到序列的第 i 个位置上。因此对于长度为 n 的待排序列而言，经过 $n-1$ 趟排序后，就可以得到相应的有序序列。可见，整个冒泡排序过程要进行 $n-1$ 趟的排序。但是，观察图 12-4 发现，第四趟排序中没有发生记录交换，说明序列中两两相邻的元素之间不存在逆序的情况，这意味着此时的序列已经是有序序列了。因此，若在某一趟冒泡排序中发现没有记录进行位置交换，则说明序列已为有序序列，冒泡排序过程可在此趟排序后终止。

显然，若待排序列的初始状态本身是正序（即非递减序有序）的（这是最好情况），则上述算法经过一趟扫描即可完成排序，此时所需的关键字比较次数和记录的移动次数达到最小值：$C_{min} = n-1$，$M_{min} = 0$，即只需进行 $n-1$ 次的关键字比较，并且不需要移动记录。此时，上述冒泡的时间复杂度为 $O(n)$。若待排序列的初始状态本身是逆序（即递减序有序）的（这是最坏情况），则此时所需的关键字比较次数和记录的移动次数达到最大值。上述算法在最坏情况下，需经过 $n-1$ 趟扫描方可完成排序，并且每趟排序要进行 $n-i$ 次关键字的比较；因为每次关键字的比较都会引起记录的交换，因此每趟排序要进行 $n-i$ 次记录的交换；而每一次记录的交换需要三次记录的移动来实现，故每趟排序要进行 $3(n-i)$ 次记录的移动。所以，此时的关键字比较次数和记录的移动次数为：

$$C_{MAX} = \sum_{i=1}^{n-1}(n-i) = \frac{n(n-1)}{2} \qquad M_{MAX} = \sum_{i=1}^{n-1}3(n-i) = \frac{3n(n-1)}{2}$$

因此，在最坏情况下，冒泡排序的时间复杂度为 $O(n^2)$。

虽然冒泡排序不一定要进行 $n-1$ 趟（直接插入排序必须进行 $n-1$ 趟），但由于它的记录移动次数较多，所以平均时间性能比直接插入排序要差。

在算法实现过程中需要两个辅助变量，一个是标识变量，用来标识每趟排序是否发生了记录交换，另一个是用来实现记录交换的辅助变量，因此算法的空间复杂度为 $O(1)$。

2）向下沉的冒泡排序过程如图 12-5 所示。

观察图 12-5 发现，第六趟排序中没有发生记录交换，此时序列已是有序序列，因此，同样地，可以设置一个辅助变量来标识某一趟排序中是否发生了记录的交换，从而减少进行排序的趟数。

初态	第一趟	第二趟	第三趟	第四趟	第五趟	第六趟	第七趟
23	11	9	9	9	9	5	5
11	9	11	11	9	5	9	9
9	23	23	9	5	9	9	9
25	25	9	5	11	11	11	11
39	9	5	23	23	23	23	23
9	5	25	25	25	25	25	25
5	28	28	28	28	28	28	28
28	39	39	39	39	39	39	39

图 12-5 冒泡排序过程的示例（向下沉）

向下沉的冒泡排序算法和向上冒的冒泡排序算法的性能分析过程类似，分析结果也类似。

【算法要点】 冒泡排序是稳定排序；移动记录次数较多，平均时间性能比直接插入排序法差；也可用于链式存储结构。

对上述冒泡排序可以做如下改进：

- 在每趟冒泡排序过程中，记下最后一次发生交换的位置。假设进行的是向上冒的冒泡排序（向下沉的冒泡排序可以进行类似的分析），在第 i 趟排序过程中，最后一次发生交换的位置为 $last$。易知，此时 $R[1..last-1]$ 是有序区，而 $R[last..n]$ 是无序区。从而在进行下一趟排序中，可以直接去找第 $last$ 大的关键字，使其上升到第 $last$ 位置上，而不是去找第 $i+1$ 大的关键字，使它上升到第 $i+1$ 个位置上。一般来说，$last \geq i+1$，因此经过这样的处理可以减少排序的趟数。
- 双向冒泡排序，即在排序过程中交替改变扫描的方向。

12.3.2 快速排序

【基本思想】 快速排序又称为分区交换排序，是目前已知的平均速度最快的一种排序方法，它采用了一种分治的策略，是对冒泡排序的一种改进。其基本思想是：在待排序文件的记录中任取其中一个记录，通常选取第一个记录。以该记录的关键字为分界点（Pivot），经过一趟排序后，将全部记录分成两个部分：所有关键字比分界点小的记录都存放在该记录之前，所有关键字比分界点大的记录都放在该记录之后，然后再分别对这两个部分重复上述过程，直到每一部分只剩有一个记录为止。显然，每趟快速排序后，分界点都找到了自己在有序序列中的适当位置。

快速排序的核心操作是划分，因此分界点的选择对算法的性能影响比较大。在上述快速排序思想的描述中，采用的是一种最简单的选择分界点的方法，即每次选择待排序列中的第一个记录的关键字作为分界点。一种比较妥当的选择分界点的方法是在待排序列中随机选择一个记录，将它的关键字作为分界点。假设待排序列的第一个记录为 R_1、中间位置上的记录为 R_{mid} 和最后一个记录为 R_n，另一种可行的方法是，取 R_1、R_{mid} 和 R_n 中的第二大关键字作为分界点。当然还有其他选择分界点的策略，在这里就不一一介绍了。

下面介绍一次快速排序（即一次划分）的实现策略。

设置两个指针 low 和 $high$，分别指向待排序列两端，并将序列中的第一个记录（假设为 R）

暂存起来，取 R 的关键字作为分界点 *pivot*。首先，用 *high* 指针所指记录的关键字与 *pivot* 进行比较，若该关键字比 *pivot* 大（或相等），则 *high* 继续向前搜索；若该关键字比 *pivot* 小，则将 *high* 指向的记录存入 *low* 指针所指的位置上，此时 *high* 指针停止搜索，转由 *low* 指针开始向后搜索。

low 向后移动，将 *low* 指针所指记录的关键字与 *pivot* 进行比较，若该关键字比 *pivot* 小，则 *low* 指针继续向后搜索；若该关键字比 *pivot* 大（或相等），则将 *low* 指向的记录存入 *high* 指针所指的位置上，此时 *low* 指针停止搜索，*high* 指针重新开始被暂停的向前搜索……整个划分过程就是在 *hight* 指针和 *low* 指针不断交替地进行对序列的向前和向后搜索中进行的，直到 *low* 指针和 *high* 指针相遇为止，这时它们相遇的位置就是 *pivot* 对应记录 R 在有序序列中的位置，将暂存的记录 R 写入该位置，从而完成了一次划分。

此时再分别对 R 前面的序列（即前面的分组）和后面的序列（即后面的分组）继续划分下去，直到最后划分得到的每个分组中只有一个记录为止，此时序列中的每个记录都做了一次 *pivot*，因此它们现在都位于它们在有序序列中的位置，即得到了待排序列的有序序列，这个过程就是快速排序的过程。

例 12.4　设待排的关键字序列为 {23，11，9，25，39，<u>9</u>，16，5，30}，给出此序列的快速排序过程。

解：第一趟快速排序的过程（即一次划分过程）如图 12-6 所示。

对得到的分组分别进行类似的划分过程，对后面几趟的快速排序过程，我们不给出过程图示了，只给出排序结果。第二趟快速排序后的结果为 {5，11，9，16，<u>9</u>，23，30，25，39}；第三趟快速排序后的结果为 {5，<u>9</u>，9，11，16，23，25，30，39}；第四趟快速排序后的结果为 {5，<u>9</u>，9，11，16，23，25，30，39}。

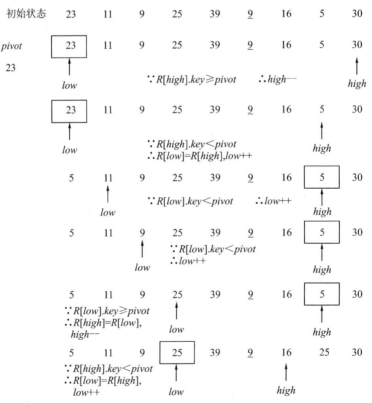

图 12-6　快速排序过程的示例

图 12-6 （续）

快速排序算法的一次划分：

```
int Partition( SeqRecList R, int low, int high)
{
    RecType pivot;
    pivot = R[ low] ;
    while( low < high)
    {
        while( low < high && R[ high]. key >= pivot. key)
            high -- ;
        if( low < high)
        {
            R[ low] = R[ high] ;
            low ++ ;
        }
        while( low < high && R[ low]. key < pivot. key)
            low ++ ;
        if( low < high)
        {
            R[ high] = R[ low] ;
            high -- ;
        }
    }
    R[ low] = pivot;
    return low;
}
```

显然，上述划分算法的时间开销为 $O(n)$ 。

算法 快速排序

```
void QuickSort( SeqRecList R, int low, int high)
{
    int i;
    static int num = 0 ;
    if( low < high)
    {
        i = Partition( R, low, high) ;
        num ++ ;
        printf( "The sort result after finishing No. %d time sort is:", num) ;
        OutPut( R, length) ;
        QuickSort( R, low, i -1) ;
        QuickSort( R, i +1, high) ;
```

```
        }
    }
```

下面对快速算法进行性能分析。

1) 最坏情况。当每次选择的分界点均是当前分组的最大关键字或最小关键字时,快速算法退化为冒泡算法。如果每次将分组的第一个记录的关键字作为 *pivot* 的话,那么待排序列本身是递增有序或递减有序时,快速排序法会退化为冒泡算法,所以此时的时间开销为 $O(n^2)$。

2) 最好情况。当每次划分的结果得到的 *pivot* 左、右两个分组的长度大致相等时,快速排序算法的性能最好。理想情况下,每次划分,左右两个分组是等长序列。假设对长度为 n 的序列进行快速排序所花费的时间为 $T(n)$,则根据上述算法可以写成下面的递推公式(前面已知划分算法的时间开销为线性级的,因此不失一般性,假设为 cn,c 是某个常数因子):

$$T(n) = 2T(n/2) + cn$$

可得到下面的推导过程:

$$\frac{T(n)}{n} = \frac{T(n/2)}{n/2} + c$$

$$\frac{T(n/2)}{n/2} = \frac{T(n/4)}{n/4} + c$$

$$\frac{T(n/4)}{n/4} = \frac{T(n/8)}{n/8} + c$$

$$\cdots\cdots$$

$$\frac{T(2)}{2} = \frac{T(1)}{1} + c$$

将上面各式相加得到:

$$\frac{T(n)}{n} = \frac{T(1)}{1} + c\log_2 n$$

$$T(n) = cn\log_2 n + n$$

故最好情况下,时间复杂度 $O(n\log_2 n)$。

快速算法通常被认为是同数量级 $O(n\log_2 n)$ 的排序算法中平均性能最好的。算法的空间复杂度取决于递归深度。

【算法要点】快速排序是不稳定排序;就平均时间而言,快速排序是目前被认为最好的一种内部排序方法;难于在单向链表结构上实现。

12.4 选择排序

【基本思想】每一趟在待排序的记录中选出关键字最小(或最大)的记录,依次放在以排好序的记录序列的后面(或前面),直至全部的记录排完为止。

12.4.1 直接选择排序

【具体做法】直接选择排序也称为简单选择排序,其基本思想是:首先在所有记录中选出关键字最小的记录,将它与第一个位置上的记录交换位置;然后选出关键字次小的记录,将它与第二个位置上的记录交换位置;依此类推,直至选出第 $n-1$ 小的记录(假设待排序列的长度为 n),将它与第 $n-1$ 个位置上的记录交换位置为止。

例 12.5 设待排的关键字序列为 |49,38,65,49,76,13,27,52|,对其进行直接选择排序,排序过程如下所示。

解: 首先在整个序列中找出最小关键字,显然为 13,让它与第一个位置上的关键字交换位置，得到的第一趟排序后的结果为：13，38，65，<u>49</u>，76，49，27，52。

　　然后在剩下的关键字中（即 38，65，<u>49</u>，76，49，27，52）找出最小关键字，显然为 27，它也是整个关键字序列的次小关键字，让它和第二个位置上的关键字进行交换，得到的第二趟排序后的结果为：13，27，65，<u>49</u>，76，49，38，52。

　　依此类推，得到的各趟排序结果为：

　　第三趟排序后的结果：13，27，38，<u>49</u>，76，49，65，52。

　　第四趟排序后的结果：13，27，38，<u>49</u>，76，49，65，52。

　　第五趟排序后的结果：13，27，38，<u>49</u>，49，76，65，52。

　　第六趟排序后的结果：13，27，38，<u>49</u>，49，52，65，76。

　　第七趟排序后的结果：13，27，38，<u>49</u>，49，52，65，76。

　　直接选择排序的具体算法如下。

算法　直接选择排序

```
void SelectSort(SeqRecList R,int n)
{
    int i,j,small;
    RecType temp;
    for(i = 1;i <= n - 1;i ++ )
    {
        small = i;
        for(j = i + 1;j <= n;j ++ )
        {
            if(R[j].key < R[small].key)
                small = j;
        }
        if(i != small)
        {
            temp = R[small];
            R[small] = R[i];
            R[i] = temp;
        }
        printf("The sort result after finishing No.%d time sort is:",i);
        OutPut(R,n);
    }
}
```

　　直接选择排序算法总的比较次数与记录排列的初始状态无关。无论待排序列的初始状态如何，在第 i 趟排序中选出当前最小关键字的记录需要进行 $n-i$ 次比较，因此，总的比较次数为：

$$C = \sum_{i=1}^{n-1} (n - i) = (n - 1) + (n - 2) + \cdots + 1 = \frac{n(n-1)}{2} = O(n^2)$$

　　在初始记录序列逆序时，每趟均要执行交换操作，所以总的记录移动次数取最大值 $3(n-1)$；在初始记录序列正序时，每趟均不需要执行交换操作，所以总的记录移动次数取最小值 0。因此，直接排序的平均时间复杂度为 $O(n^2)$，空间复杂度为 $O(1)$（只需要一个用于记录交换的辅助空间）。

　　【算法要点】直接选择排序是不稳定排序；当一个记录占用的空间较多时，此方法比直接插入排序快；可用于链式存储结构。

　　需要说明的是：就选择排序方法本身来讲，它是一种稳定的排序方法，但上例表现出的现象是不稳定的，这是由于上述实现选择排序的算法采用的"交换记录"的策略所造成的，若改变这个策略，可以写出不产生"不稳定现象"的直接选择排序算法。例如，将上述算法中的双重循环中的 if 语句修改为：

```
if(R[j].key <= R[small].key)
```

```
small = j;
```

这样修改后的直接选择排序算法是稳定的。

12.4.2 树形选择排序

【基本思想】树形选择排序也称为锦标赛排序，其基本思想是：首先对 n 个记录的关键字（对应于树中的 n 个叶子结点）进行两两比较，然后再对其中 $\lceil n/2 \rceil$ 个较小者进行两两比较，如此重复，直至选出最小关键字为止（即直到产生了根结点为止）；欲选出次小关键字，仅需将叶子结点中的最小关键字改为无穷大，然后将其与其兄弟进行比较，并修改从该叶子结点到根的路径上各结点的值，修改完成后根结点的值即为次小关键字；重复以上操作，可依次选出从小到大的所有关键字。

例 12.6　设待排的关键字序列为 $\{49，38，76，13，27，52，16，55\}$，对其进行树形选择排序，排序过程如图 12-7 所示。

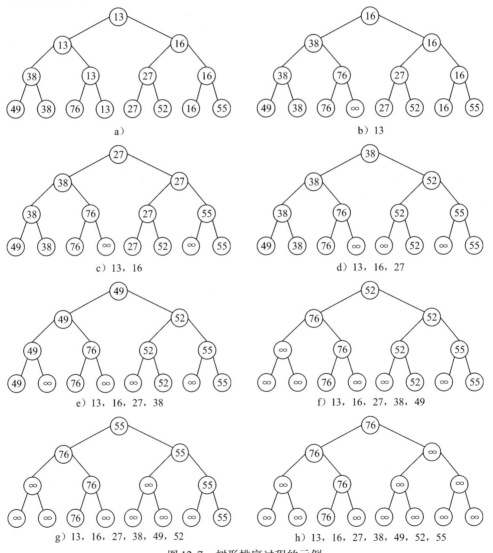

图 12-7　树形排序过程的示例

因为含有 n 个叶子的完全二叉树的深度为：

$$2^{h-1} \geq n \Rightarrow h \geq \log_2 n + 1 \Rightarrow h = \lceil \log_2 n \rceil + 1$$

因此在树形选择排序中，除了最小关键字之外，每选择一个次小关键字仅需进行 $\lceil \log_2 n \rceil$ 次比较。所以该算法的时间复杂度为 $O(n\log_2 n)$，并且树形选择排序是稳定排序。

该排序方法所需的辅助空间较多，为了弥补这一缺陷提出了另一种形式的选择排序——堆排序。

12.4.3 堆排序

堆是满足下列性质的数列 $\{r_1, r_2, \cdots, r_n\}$：

$$\begin{cases} r_i \leqslant r_{2i} \\ r_i \leqslant r_{2i+1} \end{cases} \quad \text{或} \quad \begin{cases} r_i \geqslant r_{2i} \\ r_i \geqslant r_{2i+1} \end{cases} \quad \text{其中}, i = 1, 2, \cdots, \lfloor n/2 \rfloor$$

前者称为小顶堆，后者称为大顶堆。例如，序列 $\{10, 34, 24, 85, 47, 33, 53, 90\}$ 是一个小顶堆；序列 $\{88, 45, 76, 22, 33, 50, 35, 18\}$ 是一个大顶堆。堆有很多应用，其中最常被用来实现优先队列、排序等。

可以用顺序表存储堆，即用顺序表依次存储堆序列中的各个元素，则堆序列可以看作是一棵顺序存储的完全二叉树，由二叉树的性质 5 和堆的定义可知，堆的约束条件正好体现为完全二叉树的双亲与其左右孩子之间的约束关系。因此，在后面的讨论中，堆的存储结构选择向量来实现，而逻辑描述选择用完全二叉树进行描述。

【基本思想】 对一组待排序记录的关键字（假设有 n 个），首先将它们按堆的定义排成一个序列，这个过程常被称为建堆。建堆完成后，堆顶即为最大（或最小）关键字，交换堆顶（即第 1 个位置上的关键字）和第 n 个位置上的关键字，然后对剩余的关键字（即前 $n-1$ 个关键字）重新调整成堆；调整完成后堆顶即为剩余关键字中的最大（或最小）关键字，将它与第 $n-1$ 个位置上的关键字交换位置，然后继续对剩余的关键字（即前 $n-2$ 个关键字）重新调整成堆……如此反复进行，直到全部关键字排成有序序列为止。

要想实现上面所述的堆排序，首先必须解决如何建堆的问题。可以用下面的方法来实现：首先根据待排序序列 $R[1..n]$ 画出一棵完全二叉树（可以利用序列的向量以及二叉树的性质 5 得到），然后把得到的完全二叉树转换成堆 $H[1..n]$。从最后一个分支结点开始（即编号为 $\lfloor n/2 \rfloor$ 的结点），依次将所有以分支结点为根的二叉树调整成堆，当这个过程持续到根结点时，整个二叉树就被调整成了堆，即建堆完成。也就是说，按照 $\lfloor n/2 \rfloor$，$\lfloor n/2 \rfloor - 1$，$\lfloor n/2 \rfloor - 2$，$\cdots$，1 的编号顺序依次对分支结点进行调整，将以它为根的二叉树调整为堆。

那么如何将以分支结点为根的二叉树调整成堆呢？假设被调整的分支结点为 A，它的左孩子为 B，右孩子为 C，并假设 B 和 C 也不是叶子，那么，当开始对 A 进行堆调整时，以 B 和以 C 为根的二叉树都已经被调整成堆了。如果结点 A 的值大于结点 B 和结点 C 的值（这里以大顶堆为例），那么以 A 为根的二叉树已经是堆了；如果结点 A 的值小于结点 B 的值或结点 C 的值，那么结点 A 与值较大的那个孩子交换位置，不失一般性，假设结点 B 的值大于结点 C 的值，因此交换结点 A 和结点 B。交换后三个结点之间便满足大顶堆的定义了，以 C 为根的二叉树的堆特性也没变，但是原来以 B 为根的二叉树现在的根结点为 A，因此可能会破坏原来的堆结构。此时需要将结点 A 继续与结点 B 原来的两个孩子进行比较，依此类推，直到结点 A 向下渗透到适当的位置为止。

例 12.7 关键字序列为 $\{58, 45, 72, 86, 77, 21, 34, 60\}$，将其构建成一个大顶堆。

解： 建堆的过程如图 12-8 所示。

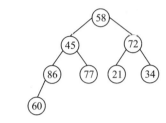

a）根据序列向量得到一棵完全二叉树

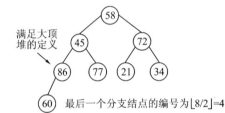

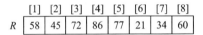

b）从最后一个分支结点开始调整

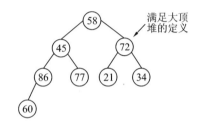

c）调整编号为3的分支结点

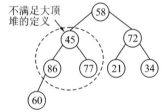

d）调整编号为2的分支结点

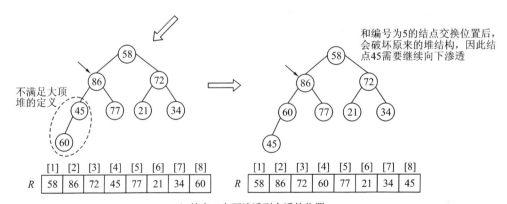

e）结点45向下渗透到合适的位置

图 12-8　大顶堆的建堆过程示例

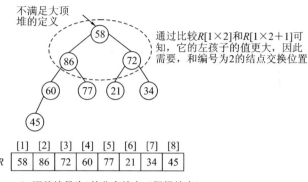

f）调整编号为1的分支结点（即根结点）

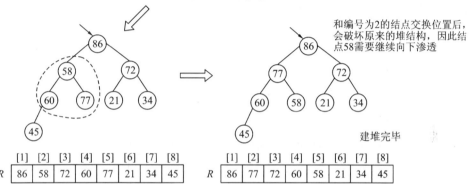

g）结点58向下渗透到合适的位置

图 12-8 （续）

建堆完成后，那么如何利用得到的堆进行排序呢？（以大顶堆为例）大顶堆建好后，堆顶 $R[1]$ 是关键字最大的记录，将 $R[1]$ 与最后一个记录 $R[n]$ 交换位置，然后将 $R[1..n-1]$ 从根开始向下进行堆调整，将 $R[1..n-1]$ 重新调整成堆。$R[1..n-1]$ 重新成为堆后，可知此时的堆顶 $R[1]$ 是关键字次大的记录，将 $R[1]$ 与记录 $R[n-1]$ 交换位置，然后将 $R[1..n-2]$ 从根开始向下进行堆调整，将 $R[1..n-2]$ 重新调整成堆。如此反复，直到 $R[1]$ 与 $R[2]$ 交换。这个过程称为堆排序。

例 12.8 设待排的关键字序列为 $\{58，45，72，86，77，21，34，60\}$，其大顶堆已在例 14.7 中建成，对其进行堆排序，其过程如图 12-9 所示。

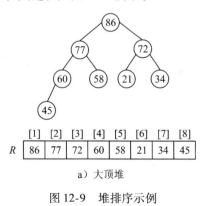

a）大顶堆

图 12-9 堆排序示例

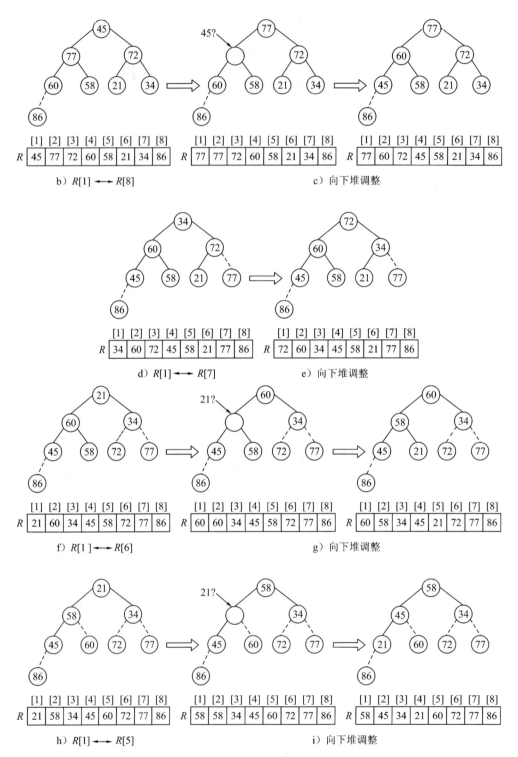

b) R[1] ⟷ R[8]

c) 向下堆调整

d) R[1] ⟷ R[7]

e) 向下堆调整

f) R[1] ⟷ R[6]

g) 向下堆调整

h) R[1] ⟷ R[5]

i) 向下堆调整

图 12-9 （续）

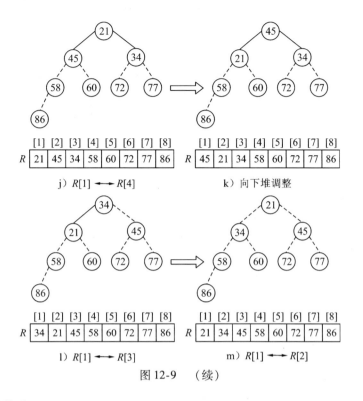

图 12-9 （续）

向下堆调整算法：

```
void SiftDown(RecType H[ ],int s,int m)
{                                   //在 H[s..m]范围内对 H[s]进行向下堆调整
    int j;
    RecType r = H[s];
    for(j = 2 * s;j < m;j = j * 2)
    {
        if(j < m && H[j].key < H[j +1].key)
            j = j +1;
        if(r.key < H[j].key)
        {
            H[s] = H[j];s = j;
        }
    }
    H[s] = r;
}
```

算法 堆排序（大顶堆）

```
void HeapSort(RecType H[],int n)
{
    int i;
    RecType r;
    for(i = n / 2;i >=1;i -- )   //建堆
        SiftDown(H,i,n);
    printf("After implementing heap's creation operation,the created heap is:");
    OutPut(H,n);
    for(i = n;i >1;i -- )
    {
        r = H[i];
        H[i] = H[1];
        H[1] = r;
        SiftDown(H,1,i - 1);
        printf("The sort result after finishing No. %d time sort is:",n - i +1);
```

```
        OutPut(H,n);
    }
}
```

从上述算法实现可知，堆排序分为两个部分：初始建堆和反复调整堆。设具有 n 个记录的原始序列所对应的完全二叉树的深度为 h，建堆时，堆每个分支结点都要进行向下堆调整，因为第 i 层上的结点数小于或等于 2^{i-1}，第 i 层上结点的最大高度为 $h-i$，而且在执行 SiftDown 时，每一次迭代要进行两次关键字的比较，所以建堆时的关键字比较次数 $T(n)$ 满足：

$$T(n) \leqslant \sum_{i=1}^{h-1} 2^{i-1} \times 2 \times (h-i) \leqslant 4(2^h - h - 1)$$

$$\because h = \lfloor \log_2 n \rfloor + 1$$

$$\therefore T(n) \leqslant 4(n - \log_2 n - 1)$$

堆排序在堆建好后，又进行了 $n-1$ 次的向下堆调整。在第 k 次调用时，堆中的元素个数为 $n-k-1$，故此时堆的深度为 $\lfloor \log_2(n-k-1) \rfloor + 1$，需要的关键字比较次数为：

$$T'(n) \leqslant \sum_{k=1}^{n-1} 2(\log_2(n-k-1) + 1)$$

$$\leqslant 2(\log_2(n-1) + \log_2(n-2) + \cdots + \log_2 1)$$

$$\leqslant 2n\log_2 n$$

所以，总的关键字比较次数是 $O(n\log_2 n)$。用类似的推导方法可以得到，堆排序总的记录移动次数也是 $O(n\log_2 n)$，故堆排序的时间复杂度即使是在最坏情况下也是 $O(n\log_2 n)$，它的平均性能接近于最坏性能 $O(n\log_2 n)$，它的辅助空间复杂度为 $O(1)$。

【算法要点】堆排序是不稳定排序；初始建堆所需比较次数较多，因此记录数较少时不宜采用；在最坏情况下时间性能优于快速排序。

12.5 归并排序

【基本思想】所谓归并，是指把两个或两个以上的有序文件合并起来，形成一个新的有序文件。

12.5.1 （内部）归并排序

本节介绍的是一种自底向上的 2-路归并排序算法。所谓 2-路归并是指，将两个有序文件合并为一个有序文件。2-路归并排序的基本思想是，对于一个长度为 n 的无序文件来说，归并排序把它看成是由 n 个只包括 1 个记录的有序文件组成的文件，然后进行两两归并，最后形成包含 n 个记录的有序文件。

例 12.9 设待排的关键字序列为 $\{49, 38, 30, 76, 13, 45, 42\}$，对其进行 2-路归并排序，排序过程如图 12-10 所示。

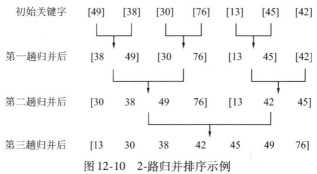

图 12-10   2-路归并排序示例

归并排序的基本操作是将两个位置相邻的有序记录子序列 $R[t..m]$，$R[m+1..n]$ 归并为一个有序记录序列 $R[t..n]$。

显然对于长度为 n 的文件而言，需要进行 $\lceil \log_2 n \rceil$ 趟 2-路归并，而每趟归并的时间开销是 $O(n)$，故在任何情况下，2-路归并的时间复杂度为 $O(n\log_2 n)$。从算法中可知，在其实现过程中用到了一个向量来暂存归并过程中的中间结果，所以算法的空间复杂度 $O(n)$。

【算法要点】归并排序是稳定排序；若采用单链表作为存储结构，可实现就地排序；很少用于内部排序。

12.5.2　外部归并排序

如果待排序的记录数很大，那么就没有办法将整个文件中的全部记录同时调入内存进行排序。对大文件的排序是把待排序的记录存储在外部存储设备中，利用多次的内、外存储设备之间的交换来实现的，将这种排序被称为外排序。需要强调的是，外排序是针对大文件而言的。此外还需要说明的是，外部排序的方法与外存储设备的特性相关。通常用的外部存储设备是磁带（它是典型的顺序存储设备）和磁盘（它是典型的直接存储设备）。基于磁盘的外排序方法有多路平衡归并、置换选择归并、归并树及最佳归并树。

12.6　分配排序

前面所讨论的各种排序方法都是基于关键字的比较来实现的，在理论上已证明，这类基于关键字比较的排序算法的时间下界是 $O(n\log_2 n)$。本节介绍的排序算法在排序过程中不进行关键字的比较，而是通过"分配"和"收集"两个过程来实现排序的。

12.6.1　箱排序

箱排序（Bin Sort）的基本思想是，假设有若干个箱子，依次扫描待排记录，把关键字等于 k 的记录全部装入第 k 个箱子里（这是分配过程），然后按序号依次将各非空箱子首尾连接起来（这是收集过程）。箱排序只适用于关键字取值范围较小的情况，否则会因为所需箱子的数目太多导致资源的浪费。这种箱排序的实用价值不大，它一般作为基数排序的一个中间过程，因此在这里不做过多的讨论。

12.6.2　基数排序

【基本思想】基数排序是箱排序的改进和推广。它的基本思想是，首先设立 r 个队列，队列编号分别为 $0 \sim r-1$，（r 为关键字的基数），然后按照下面的规则对关键字进行"分配"和"收集"：

1）先按最低有效位的值，把 n 个关键字分配到上述的 r 个队列中，然后按照队列编号从小到大的顺序依次将各队列中的关键字收集起来。也就是说，收集过程是按照 0、1、$\cdots$、$r-1$ 的顺序将 r 个队列首尾相连成一个队列的过程。

2）再按次低有效位的值重复上述的分配过程和收集过程。也就是说，把前一次收集起来的关键字再按次低有效位的值分配到 r 个队列中，然后按照 0、1、$\cdots$、$r-1$ 的顺序将 r 个队列首尾相连成一个队列。

3）依次按照关键字其他效位的值重复进行上述分配过程和收集过程直到最高有效位为止。

如果关键字的位数为 d，则分配过程和收集过程需要重复进行 d 次。d 是所有关键字中位数最多的一个关键字的位数。位数不足 d 的关键字，通过高位补 0 的方式使其位数变为 d 位。

为什么按照上述的分配和收集过程可以实现对关键字序列的排序呢？根据上述基本思想可知，第一趟分配、收集后得到的关键字序列是按关键字的最低有效位分块有序的，即最低有效位小的关键字排在最低有效位大的关键字的前面，且最低有效位相同的关键字排列在一起；第二趟分配、收集得到的关键字序列是按关键字的次低有效位分块有序的，即次低有效位小的关键字排在次低有效位大的关键字的前面，次低有效位相同的关键字排列在一起且按最低有效位有序（因为是在第一趟结果的基础上实施第二趟分配和收集的）；…；第 d 趟分配、收集得到的关键字序列是按关键字的最高有效位分块有序的，即最高有效位小的关键字排在最高有效位大的关键字的前面，最高有效位相同的关键字排列在一起且按低 $d-1$ 个有效位有序，从而得到有序关键字序列。

例 12.10 设待排的关键字序列为 $\{485，563，103，089，273，580，983，521，047，512\}$，对其进行基数排序，排序过程如图 12-11 所示。

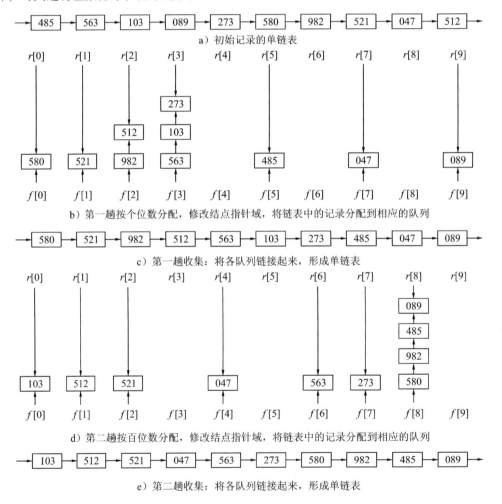

图 12-11 基数排序示例

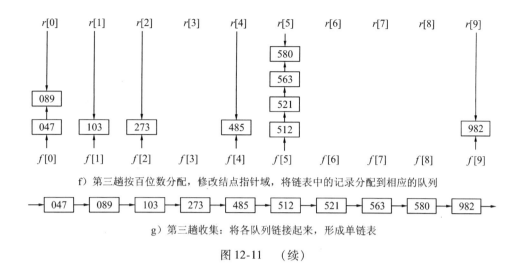

f）第三趟按百位数分配，修改结点指针域，将链表中的记录分配到相应的队列

047 → 089 → 103 → 273 → 485 → 512 → 521 → 563 → 580 → 982

g）第三趟收集：将各队列链接起来，形成单链表

图 12-11 （续）

因为每一趟分配的时间开销是 $O(n)$，收集的开销是 $O(r)$，因此执行 d 趟的分配和收集的总时间开销为 $O(d(n+r))=O(n)$，通常 d、r 均为常数。基数排序适用于采用链式存储结构组织的记录序列的排序，其要求的辅助空间有 r 个队列的头指针和尾指针。由于待排记录以链表的形式存储的，故相对于顺序分配而言，还增加了 n 个指针域的空间。

【算法要点】基数排序是稳定排序；通过"分配"和"收集"过程来实现排序，时间复杂度可以突破基于关键字比较一类方法的下界 $O(n\log_2 n)$ 达到 $O(n)$；将多关键字排序的思想用于单关键字的排序。

12.7 各种（内部）排序方法的比较

各种内排序法在时间复杂度、辅助空间、稳定性方面的比较如表 12-1 所示。

表 12-1 各种内排序法的比较

排序方法	平均时间复杂度	最坏时间复杂度	空间复杂度	稳定性
直接插入排序	$O(n^2)$	$O(n^2)$	$O(1)$	稳定
折半插入排序	$O(n^2)$	$O(n^2)$	$O(1)$	稳定
2-路插入排序	$O(n^2)$	$O(n^2)$	$O(n)$	稳定
表插入排序	$O(n^2)$	$O(n^2)$	$O(n)$	稳定
希尔排序	$O(n^{4/3})$	$O(n^{4/3})$	$O(1)$	不稳定
冒泡排序	$O(n^2)$	$O(n^2)$	$O(1)$	稳定
快速排序	$O(n\log_2 n)$	$O(n^2)$	$O(\log_2 n)$	不稳定
直接选择排序	$O(n^2)$	$O(n^2)$	$O(1)$	稳定/不稳定
树型选择排序	$O(n\log_2 n)$	$O(n\log_2 n)$	$O(n)$	不稳定
堆排序	$O(n\log_2 n)$	$O(n\log_2 n)$	$O(1)$	不稳定
归并排序	$O(n\log_2 n)$	$O(n\log_2 n)$	$O(n)$	稳定
基数排序	$O(d(n+r))$	$O(d(n+r))$	$O(n+r)$	稳定

　　　表中时间复杂度为 $O(n^2)$ 的排序算法都是简单排序算法，简单排序一般包括除"希尔排序"之外的所有插入排序、冒泡排序和直接选择排序，其中直接插入排序法最简单。

　　　快速排序是目前基于关键字比较的最好的内排序方法。关键字随机分布时，快速排序的平均时间最短，堆排序次之，但后者所需的辅助空间少。

　　　面对众多的排序方法，如何根据应用要求来具体选择，这里给出一些建议：

　　　1）当 n 较小时如（$n < 50$），可采用直接插入或直接选择排序，前者是稳定排序，但后者通常记录移动次数少于前者。

　　　2）当 n 较大时，应采用时间复杂度为 $O(n\log_2 n)$ 的排序方法（主要为快速排序和堆排序）或者基数排序的方法，但后者对关键字的结构有一定要求。

　　　3）当 n 较大时，为避免顺序存储时大量移动记录的时间开销，可考虑用链表作为存储结构（如插入排序、归并排序、基数排序）。

　　　4）快速排序和堆排序难于在链表上实现，可以采用地址排序的方法，之后再按辅助表的次序重排各记录。

　　　5）文件初态基本按正序排列时，应选用直接插入、冒泡或随机的快速排序。

　　　选择排序方法应综合考虑各种因素。

12.8　知识点小结

　　　本章介绍的内部排序大致可以分为插入排序、交换排序、选择排序、归并排序和基数排序五大类。其中插入排序可分为直接插入排序和希尔排序（有些教材上提到的折半插入排序，实际上是利用折半查找的思想进行的，因折半查找已在第 11 章进行介绍，故在本章中省略了折半插入排序的介绍）；交换排序可以分为冒泡排序和快速排序；选择排序可以分为直接选择排序、树形选择排序和堆排序。

　　　就算法的平均时间复杂度而言，快速排序的效率最好，为 $O(n\log_2 n)$；就算法的最坏时间复杂度而言，堆排序和归并排序的效率最好，为 $O(n\log_2 n)$；就算法的空间复杂度而言（以所用辅助空间的多少进行衡量），开销最大的是归并排序，其空间复杂度为 $O(n)$；开销最小的是堆排序、直接插入排序、冒泡排序和直接选择排序，其空间复杂度为 $O(1)$；就算法的稳定性而言，基数排序、直接插入排序、冒泡排序均是稳定的排序方法，而希尔排序、直接选择排序、快速排序和堆排序等排序方法都是不稳定的排序。

　　　外排序的基本方法是归并法，它主要经历两个阶段：①将文件中的记录分段输入内存，在内存中采用某种内排序方法对其进行排序，得到的排好序的文件段称为归并段，将其写回外存，这样在外存中就形成了许多的初始归并段；②对在外存上的这些初始归并段采用某种归并方法，进行多趟归并，使得有序归并段逐渐扩大，最后在外存上形成有序文件，完成该文件的外排序。

　　　常用的外排序方法有多路平衡归并法、置换—选择排序法和最佳归并树。

习　题

12.1　以关键字序列 ${245, 300, 752, 129, 931, 863, 973, 744, 698, 028, 439, 076, 155}$ 为例，分别写出执行以下排序算法的各趟排序结果：①直接插入排序；②希尔排序；③冒泡排序；④快速排序；⑤直接选择排序；⑥堆排序；⑦归并排序；⑧基数排序。上述排序方法中，哪些是稳定的排序？哪些是不稳定的排序？

12.2　判断下列序列是否为堆（小顶堆或大顶堆），若不是，请将其调整为堆。

　　　1）(100, 86, 48, 73, 35, 39, 42, 57, 66, 21)；

　　　2）(12, 70, 33, 65, 24, 56, 46, 90, 84, 33)；

3)（102, 95, 56, 38, 66, 23, 40, 12, 30, 52, 06, 20）；

4)（05, 56, 20, 24, 42, 38, 27, 60, 35, 75, 26, 98）。

12.3 高度为 h 的堆中，最多有多少个元素？最少有多少个元素？在大顶堆中，关键字最小的元素可能存放在堆的哪些地方？

12.4 法国国旗问题：设有一个仅由红、白、蓝三种颜色组成的条块序列。请编写一个时间复杂度为 $O(n)$ 的算法，使得这些条块按蓝、白、红的顺序排列成法国国旗。

12.5 已知有三个已排好序的序列，每个序列的长度为 n，试构造一个归并这三个序列成为一个有序序列的算法。

12.6 试写一个双向冒泡排序的算法，即在排序过程中交替改变扫描方向。

12.7 以单链表为存储结构，写一个直接选择排序算法。

12.8 简述外排序的基本过程。

12.9 设某文件经内部排序后获得初始归并段位 100 个，试回答：①若要使多路归并三趟完成排序，则应去归并的路数至少为多少？②若操作系统要求一个程序同时可使用的 I/O 文件数不超过 13 个，则依多路归并法至少需几趟可以完成排序？如果限定这个趟数，则可取的最低归并路数是多少？

12.10 设有 9 个初始归并段的长度分别为：10, 31, 13, 19, 4, 19, 3, 8, 26。这些长度值是指归并段占用的物理块数。试回答：①若采用 3-路归并树则总的外存读写次数是多少？②若采用最佳归并树则总的外存读写次数是多少？

12.11 外排序中"败者树"和堆排序有什么区别？

12.12 在外部排序时，为了减少读、写的次数，可以采用 k-路平衡归并的最佳归并树模式。当初始归并段的总数不足时，可以增加长度为零的"虚段"。试回答：增加的"虚段"数目为多少？假设初始归并段的总数为 m。

12.13 现有 12 个初始归并段，其记录数分别为：30, 44, 8, 6, 3, 20, 60, 18, 9, 62, 68, 85。运用 3-路平衡归并对其进行排序，试画出最佳归并树。

参 考 文 献

[1] 严蔚敏,陈文博.数据结构及应用算法教程[M].北京:清华大学出版社,2001.

[2] 严蔚敏,吴伟民.数据结构(C语言版)[M].北京:清华大学出版社,2007.

[3] Ellis H,Sartaj S. Fundamentals of Data Structures in C[M]. Computer Science Press,1981.

[4] James F,Korsh L J,Garrett. Data Structures,Algorithms and Program Style Using C[M]. PWS-Kent Publishing Co,1986.

[5] 沈华.数据结构、算法和程序之间关系的探讨[J].计算机教育,2013(4):58-61.

[6] 徐孝凯.数据结构课程入门教学方法研究[J].计算机教育,2012(6):65-67.

[7] 沈华.数据结构入门教学中的实例法[J].计算机教育,2013(24):64-67.

[8] 沈华.数据结构课内实践教学方案[J].实验室研究与探索,2013,32(10):396-400.

[9] 沈华.二叉树顺序存储结构探讨[J].电脑编程技巧与维护,2014(10):6-8.

[10] Gilles B,Paul B.算法基础[M].邱仲潘,柯渝,徐峰,译.北京:清华大学出版社,2005.

[11] Narasimha K. Data Structures and Algorithms Made Easy[M]. CareerMonk Publications,2014.

[12] Alsuwaiyel M H.算法设计技巧与分析[M].吴伟昶,方世昌,等译.北京:电子工业出版社,2004.

[13] 徐绪松.数据结构与算法导论[M].北京:电子工业出版社,1998.

[14] 黄刘生,唐策善.数据结构[M].2版.合肥:中国科学技术大学出版社,2004.

[15] 傅清祥,王晓东.算法与数据结构[M].2版.北京:电子工业出版社,2001.

[16] 周伟明.多任务下的数据结构与算法[M].武汉:华中科技大学出版社,2006.

[17] 朱儒荣,朱辉.数据结构常见题型解析及模拟题[M].西安:西北工业大学出版社,2000.

[18] 朱战立,刘天时.数据结构——使用C语言[M].2版.西安:西安交通大学出版社,2002.